中文版
Cinema 4D R18
基础培训教程

麓山文化 编著

人民邮电出版社
北京

图书在版编目（CIP）数据

中文版Cinema 4D R18基础培训教程 / 麓山文化编著
. -- 北京 : 人民邮电出版社, 2021.2
ISBN 978-7-115-54815-3

Ⅰ. ①中… Ⅱ. ①麓… Ⅲ. ①三维动画软件－教材
Ⅳ. ①TP391.414

中国版本图书馆CIP数据核字(2020)第170305号

内 容 提 要

本书系统地介绍了 CINEMA 4D R18 软件的各类基本操作，以及三维建模、图形图像处理等技巧。全书内容丰富，涵盖面广，详细讲解了 CINEMA 4D R18 软件的工作界面、建模、材质、灯光、动画、摄像机、渲染、粒子、毛发等内容。

本书以课堂案例为主线，通过对各案例实际操作的详细介绍，帮助读者快速熟悉软件的基本功能和案例制作思路。书中的课堂练习和课后习题可以帮助读者掌握软件使用技巧，并拓展读者的实际应用能力。商业案例实训帮助读者快速掌握商业案例的设计理念及制作技巧，并引导读者回顾前面所学的软件基础知识，举一反三。

随书赠送书中案例的素材和效果源文件，也为教师提供了教学 PPT 课件、课后习题答案，满足不同读者需求，同时本书提供同步在线教学视频，读者可随时观看学习。

本书适合作为高等院校相关专业及培训机构设计课程的教材，也可以作为 CINEMA 4D R18 软件自学人员的参考用书。

◆ 编　　著　麓山文化
责任编辑　王　冉
责任印制　马振武

◆ 人民邮电出版社出版发行　　北京市丰台区成寿寺路 11 号
邮编　100164　　电子邮件　315@ptpress.com.cn
网址　https://www.ptpress.com.cn
北京隆昌伟业印刷有限公司印刷

◆ 开本：787×1092　1/16
印张：16.75
字数：396 千字　　　　2021 年 2 月第 1 版
印数：1－2 500 册　　　　2021 年 2 月北京第 1 次印刷

定价：59.00 元

读者服务热线：(010)81055410　印装质量热线：(010)81055316
反盗版热线：(010)81055315
广告经营许可证：京东市监广登字 20170147 号

前言

CINEMA 4D 软件由德国 Maxon 公司研发，是集建模、渲染、动画制作等多种功能于一体的综合型高级三维设计软件。在众多的三维设计软件中，CINEMA 4D 以高速的图形计算速度著称，并有着令人惊叹的渲染器和粒子系统，在众多行业中发挥着至关重要的作用。

编者在编写本书时对内容进行了精心的设计，主要按照"课堂案例—软件功能解析—课堂练习—课后习题"这一思路进行编排，力求通过课堂案例演练使读者快速熟悉软件功能和项目模型设计思路，通过软件功能解析使读者深入学习软件操作和设计制作技巧，通过课堂练习和课后习题使读者的实际应用能力得到拓展。本书在内容编写方面，力求通俗易懂、细致全面；在文字叙述方面，注意言简意赅、重点突出；在案例选取方面，则强调案例的针对性及实用性。

本书的配套资源包含所有案例的素材及效果文件。另外，为了方便教学，本书还配备了详尽的课堂练习和课后习题的操作步骤，以及 PPT 课件、课后习题答案等丰富的教学资源，教师可以直接使用或作为教学参考。本书的参考学时为 46 学时，其中实训环节为 22 学时，各章的学时安排可参考下面的学时分配表。

学时分配表

章节	课程内容	学时分配	
		讲授	实训
第 1 章	CINEMA 4D 入门知识	1	—
第 2 章	CINEMA 4D 基础	1	1
第 3 章	CINEMA 4D 建模技术	3	3
第 4 章	材质技术	3	3
第 5 章	灯光照明技术	2	2
第 6 章	动画与摄像机	2	2
第 7 章	渲染输出	2	2
第 8 章	动力学技术	2	1
第 9 章	粒子技术与毛发	1	1
第 10 章	运动图形和效果器	1	1
第 11 章	商业案例实训	6	6

由于编者水平有限，书中难免存在疏漏与不妥之处。在感谢您选择本书的同时，也希望您能够把对本书的意见和建议告诉我们。

编者

2020 年 12 月

资源与支持

本书由“数艺设”出品，“数艺设”社区平台（www.shuyishe.com）为您提供后续服务。

配套资源

书中案例的素材文件和效果文件　在线教学视频　教学 PPT 课件

教师专享资源

教学 PPT 课件、课后习题答案

资源获取请扫码

在线视频

提示：微信扫描二维码，点击页面下方的**“兑”→“在线视频+资源下载”**，输入51页左下角的5位数字，即可观看视频。

“数艺设”社区平台，为艺术设计从业者提供专业的教育产品。

与我们联系

我们的联系邮箱是szys@ptpress.com.cn。如果您对本书有任何疑问或建议，请您发邮件告知我们，并请在邮件标题中注明本书书名及 ISBN，以便我们更高效地做出反馈。

如果您有兴趣出版图书、录制教学课程，或者参与技术审校等工作，可以发邮件给我们；有意出版图书的作者也可以到“数艺设”社区平台在线投稿（直接访问 www.shuyishe.com 即可）；如果学校、培训机构或企业想批量购买本书或“数艺设”出版的其他图书，也可以发邮件联系我们。

如果您在网上发现针对“数艺设”出品图书的各种形式的盗版行为，包括对图书全部或部分内容的非授权传播，请您将怀疑有侵权行为的链接通过邮件发给我们。您的这一举动是对作者权益的保护，也是我们持续为您提供有价值的内容的动力之源。

关于“数艺设”

人民邮电出版社有限公司旗下品牌“数艺设”，专注于专业艺术设计类图书出版，为艺术设计从业者提供专业的图书、U 书、课程等教育产品。出版领域涉及平面、三维、影视、摄影与后期等数字艺术门类，字体设计、品牌设计、色彩设计等设计理论与应用门类，UI 设计、电商设计、新媒体设计、游戏设计、交互设计、原型设计等互联网设计门类，环艺设计手绘、插画设计手绘、工业设计手绘等设计手绘门类。更多服务请访问“数艺设”社区平台 www.shuyishe.com。我们将提供及时、准确、专业的学习服务。

目录

第1章 CINEMA 4D 入门知识

本章介绍

随着 CG（Computer Graphics，计算机图形）行业和影视产业的不断发展，从电影特效到游戏动画再到电视传媒，各行业对专业化人才的需求越来越大。CINEMA 4D 作为主流的三维绘图软件之一，集三维渲染、动画制作和特效于一体，有着高速的运算能力和功能强大的渲染命令，能够应对各种高质量的特效制作需求，是 CG 领域人才必须掌握的软件之一。

学习目标

- 掌握 CINEMA 4D 的常用功能
- 了解 CINEMA 4D 的应用领域

1.1 CINEMA 4D 概述

如今，CINEMA 4D 已经引起了相关行业人士的重视，并被广泛应用于广告、电影、工业设计等行业的项目中。这些项目以前大多是由不同的设计软件制作完成的，并且这些设计软件彼此之间几乎不存在兼容性。但近年来，CINEMA 4D 强势崛起，它所提供的各种无缝连接工具能够与各大设计软件紧密联系，同时，CINEMA 4D 本身就是一款功能强大的复合软件，即使只使用 CINEMA 4D，用户也能够在不同的行业中创作出优秀的作品。

1.1.1 CINEMA 4D 功能概述

CINEMA 4D 是一款综合型高级三维设计软件，具备多种复合功能，无论是建模、渲染、动画制作还是后期合成，它都可以独当一面。

1. 建模功能

CINEMA 4D 中有可以通过参数调节的基本几何体，这些参数化几何体可以转换为多边形，并以此来创建复杂的对象。而立方体、球体、圆锥、圆柱、多边形、平面、圆盘、管道、地形等原始几何体的创建是非常方便的，因为这些原始几何体都是系统预先定义好的模型，用户只需单击相应的创建工具或命令，即可打开这些预定义的模型。大量的变形器和其他生成器都可以与模型对象联合使用。图 1-1 所示为使用 CINEMA 4D 创建的复杂模型。

图 1-1

CINEMA 4D 中的样条曲线工具可以用来执行调整、挤压、放样和扫描等操作，这些操作都有单独的参数可以调节，有的甚至可以自动生成动画。CINEMA 4D 软件在未来将会支持导入和导出更多的文件格式，以此来适应各种工作环节。

2. 材质贴图功能

现在绝大多数的三维设计软件都具备添加材质功能，并提供了大量的材质供用户选择，CINEMA 4D 也不例外。从渲染原理上看，这些软件创建材质的途径都是通过控制颜色通道来为模型进行贴图或者指定颜色进行调节，因此就渲染技术层面而言，CINEMA 4D 与其他软件相比并无太大差异。

图 1-2

目前，国内外流行的扁平化风格正在平面设计、工业设计、建筑设计、室内设计、动画设计等各个设计领域广泛运用，如图 1-2 所示。其独特的未来感和极具浪漫气息的设计风格，恰好可以通过 CINEMA 4D 的渲染库和渲染效果来进行表现。

3. 灯光功能

CINEMA 4D 提供了诸多灯光和阴影类型，足以满足众多复杂的渲染场景的需求。CINEMA 4D 的照明系统提供了许多选项来控制灯光的颜色、亮度、衰减及其他属性。同时，用户还可以使用该系统调整每个阴影的密度和颜色，以及对比度、镜头反射、可见光、体积光、噪波等灯光设置参数。这些特性使 CINEMA 4D 能够提供非常真实的照明效果，如图 1-3 所示。

此外，CINEMA 4D 提供的物理天空功能允许用户轻松创建户外自然环境。该功能提供了许多预设选项，包括云、雾、大风和其他天气情况，以帮助用户创建合适的户外自然环境，如图 1-4 所示。

图 1-3

图 1-4

4. 动画制作

CINEMA 4D 也是一款出色的动画制作软件，贴图功能和运算功能都是该软件的优点，它有着优异快速的运算引擎、易学易用的建模工具、专业的灯光材质预设、流畅的动态设定及高速的绘图能力，能让动画师们在短时间内制作出绚丽的三维动画。CINEMA 4D 中还包含 PyroCluster、Thinking Particles、Hair、MoGraph 等模块，用户使用这些模块可以创作出逼真的效果，如烟雾、火焰、灰尘或云朵等，如图 1-5 所示。

图 1-5

在角色动画方面，CINEMA 4D 拥有全新的基于关节系统的骨骼系统、全新的 IK（Inverse Kinematics，逆向动力学）算法和自动蒙皮权重等完整独立的角色模块。它不仅吸取了目前 XSI 与 Maya 两大角色动画软件骨骼系统的优点，还简化了搭建骨骼的流程。再配合功能强大的约束系统，CINEMA 4D 不用编写任何表达式、脚本，就能搭建出非常高级且复杂的角色运动动画，而 Maya 和 XSI 等软件在某些情况下就必须借助 MEL、插件或其他的脚本工具来完成动画的创建。

5. 预设项目

CINEMA 4D 的内容浏览器中提供了大量已经创建好的预设项目，包括模型、材质、场景和灯光等。打开 CINEMA 4D 的内容浏览器，借助这些预设，用户可以快速开始任何一个项目。用户只需要从内容浏览器中将预设拖动至场景，就可以快速获取非常惊艳的效果，如图 1-6 所示。

预设包括各种从抽象到写实、从二维到三维的模型，同时还包括各种办公家具（桌子、椅子、书架、货柜、讲台等）、客厅家具（桌子、沙发、台灯、椅子等）以及浴室装备（浴缸、水槽、马桶、镜子等）模型，另外还有一系列实用的室外模型（交通路灯、长椅、公交车站等）。

对于产品可视化，CINEMA 4D 提供了一些完美的摄影棚照明预设。用户只需要将模型拖入，调整一下灯光设置，就可以得到非常漂亮的效果，如图 1-7 所示，所有的模型、材质和场景都经过了优化，可直接进行调用。CINEMA 4D 的材质可以轻松实现完美的渲染结果，并且在不影响质量的前提下，模型也经过优化使内存使用最小化。

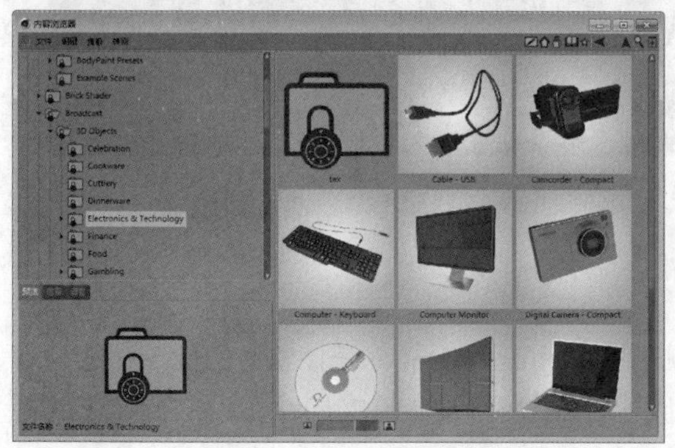

图 1-6

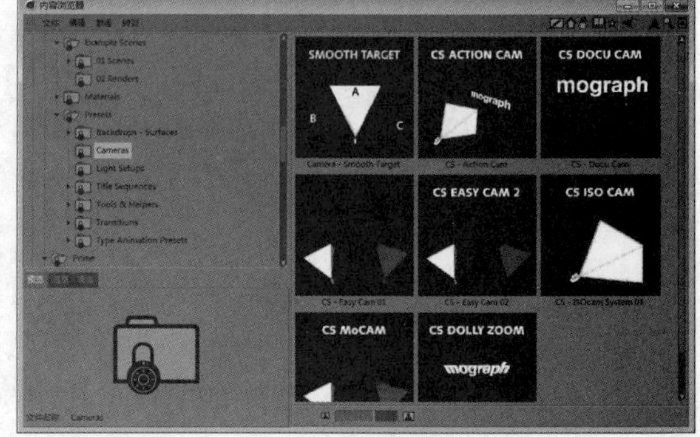

图 1-7

1.1.2 CINEMA 4D 的特色

CINEMA 4D 对于用户来说非常友好，用户在该软件的界面上就可以完成很多操作，简化了烦琐的步骤。同时，CINEMA 4D 把很多需要后台运行的程序都进行了图形化和参数化的设计，这无疑让用户体验更佳。

1. 简单明了的操作界面

在 CINEMA 4D 中，各个功能界面的设置都很合理，几乎每个工具和菜单命令都有相对应的图标，用户可以很直观地了解每个图标的功能。此外，在中文版 CINEMA 4D 软件中，几乎所有命令都进行了汉化处理，中文界面被内置到了软件设置中，而且软件内核本身也支持中文的文件路径，极大地方便了国内用户的学习和使用。图 1-8 所示为 CINEMA 4D R18 的中文界面。

2. 高效的渲染速度

CINEMA 4D 在其更新研发的过程中不断吸取 3ds Max、Maya、Photoshop 等各类软件的优秀设计经验，使得有其他三维和图形图像软件使用经验的用户在操作时更加快捷和便利。CINEMA 4D 拥有目前业界最快的图计算引擎，渲染出同样的画面效果所需时间是其他传统三维软件的 1/3~1/2，而且渲染出来的效果非常绚丽，如图 1-9 所示。

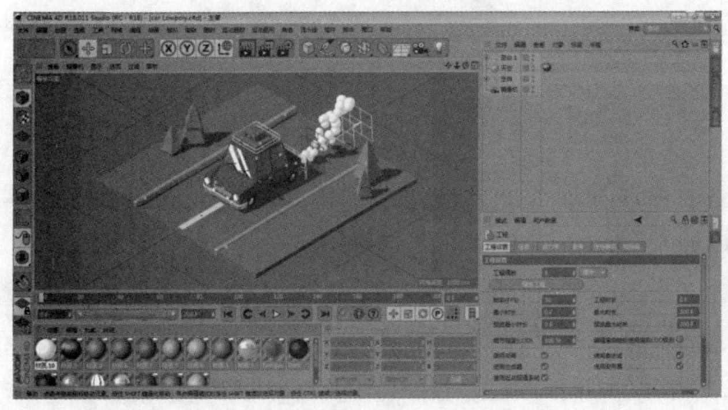
图 1-8

图 1-9

3. 强大的兼容性

现在国际上主流的三维软件工程文件都可以在 CINEMA 4D 中打开。CINEMA 4D 有 V-Ray、FinalRende 等多种高级渲染器可供选择，它还支持多种多样的插件，其自带的 After Effect、Combustion 等接口能够使 CINEMA 4D 与后期软件更加全面地结合起来。用户通过 After Effect 接口可以导出包含 CINEMA 4D 摄像机动画和三维物体运动信息的 After Effect 文件，这极大地方便了后续在 After Effect 中进行三维合成，如图 1-10 所示。

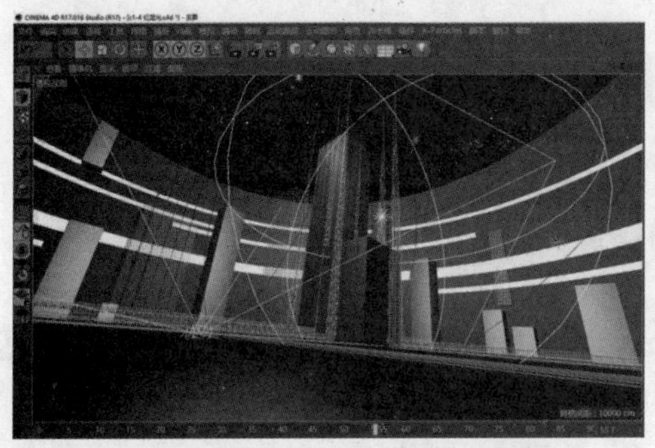

图 1-10

4. 人性化的操作模块

CINEMA 4D 在菜单的操作上进行了优化，尽量简化了用户的操作步骤。其他三维软件中需要很多步骤才能实现的效果，在 CINEMA 4D 中可能只需简单的几步便可以实现。而且 CINEMA 4D 软件的设置自由度很高，软件的界面、快捷键等都可以进行自由定制（快捷键还支持组合设定），用户甚至可以把 CINEMA 4D 的快捷键设定成与 Photoshop 一样的快捷键。

1.1.3 与其他建模软件的区别

CINEMA 4D 的开发年代和 Maya、3ds Max 相差无几，在一些欧美国家，CINEMA 4D 流行已久，用户非常多，但它在国内起步比较晚。以前国内很少有设计师关注 CINEMA 4D，但如今，CINEMA 4D 已经成为全国设计师广泛使用的设计软件。

3ds Max 和 Maya 都属于综合性软件，功能很全面。其中，3ds Max 的插件非常多，可以实现很多复杂视觉效果的制作。目前在国内，3ds Max 主要应用于游戏和建筑行业，同时在电视栏目包装中也有应用。相比之下，Maya 的应用领域也有侧重点，它在动画和特效方面的应用比较多。

1.1.4 发展前景

CINEMA 4D 最初应用于工业建模、渲染和建筑等方面，后来逐渐扩展到了广告和电视栏目包装领域，如今在影视特效的制作上也经常可以见到 CINEMA 4D 的身影。

以前，国内的设计师几乎都使用 3ds Max 或 Maya 进行设计，CINEMA 4D 的应用要少很多，只有一些软件爱好者在使用。所以，很长一段时间内，国内的 CINEMA 4D 是较为沉寂的，在商业应用领域也得不到很好的推广。而在国外，尤其是欧洲，CINEMA 4D 几乎是从事三维设计的工作人员必备的一个软件，因为CINEMA 4D 完全能够胜任电视栏目包装、建筑表现和电影特效等各种工作，这相当于花一份软件的钱得到多种软件的效果，其竞争力有多强便可想而知了。

CINEMA 4D 经过多次的版本升级，如今已经具备了一个中高端三维软件所应有的功能，相较于 3ds Max 或 Maya 等老牌设计软件来说也毫不逊色。随着近年来国内影视行业的快速发展，优秀的 CINEMA 4D 作品陆续出现，这一软件也逐渐为设计师们所熟知。相信在不远的将来，CINEMA 4D 会凭借着其简单、易上手的操作体验，便捷的文件管理功能，强大的渲染能力，以及与后期影视编辑软件的无缝结合等特点，让更多的用户接受和喜爱。

1.2 CINEMA 4D 的应用领域

CINEMA 4D 软件功能强大，高效的工作模块可以使工作的效率得到提高，并能让展现出来的效果更加逼真。目前 CINEMA 4D 的应用范围越来越广，已逐渐应用于电视栏目包装、广告制作、影视后期特效制作、建筑设计、产品设计等行业。

1.2.1 电视栏目包装

在数字电视内容创作流程中，CINEMA 4D 软件可以为制作动态图像提供重要解决方案，实现以较低的成本达到较高效益。CINEMA 4D 在全球被包括 The Weather Channel、ESPN、USA Network、BBC 等公司在内的很多广播产业公司公认为三维设计领域的最佳软件，如今国内也有很多自媒体栏目开始使用 CINEMA 4D 制作片头效果，如图 1-11 所示。

图 1-11

1.2.2 广告制作

现在的广告设计师需要可靠、快速且灵活的软件工具，让他们在长期紧迫的工作压力下，仍然可以制作出优质的视频内容，从而提高其创收价值，如图 1-12 所示。CINEMA 4D 软件拥有很强的结合能力、较好的品质与稳定性，被认为是广告行业最适用的软件之一。

图 1-12

1.2.3 影视后期特效制作

如今，人们在很多影片的特效中都能见到 CINEMA 4D 的身影。例如，荣获“第 80 届奥斯卡金像奖最佳视觉效果奖”的电影——《黄金罗盘》就大量应用了 CINEMA 4D 软件，该电影中的装甲熊、动作特效等，均是使用 CINEMA 4D 和其他强大的后期软件一起制作完成的。类似的还有电影《普罗米修斯》中的宇宙飞船、外星生物等，如图 1-13所示。

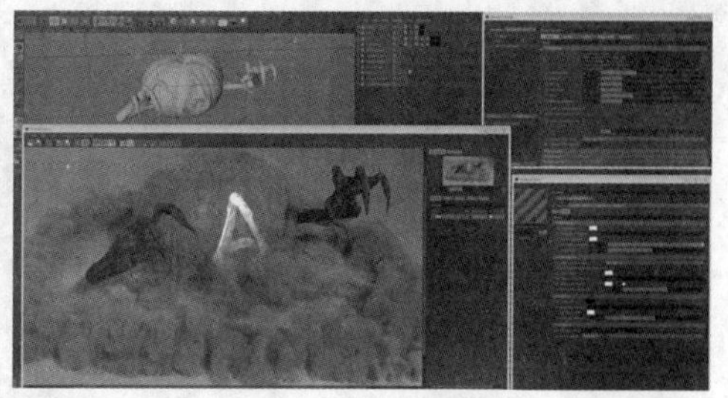

图 1-13

1.2.4 建筑设计

CINEMA 4D 有着专业的三维绘图功能，其针对建筑和室内设计所推出的 CINEMA 4D Architecture Bundle 迎合了使用者的需求，提供了专用的材质库和家具库。其完整的功能搭配和极具亲和力的操作界面，无疑让设计师使用起来更加得心应手。此外，无论是平面、动画还是虚拟的建筑场景，该软件都可以直接输出，如图 1-14 所示。

图 1-14

1.2.5 产品设计

CINEMA 4D 强大的建模功能使其备受设计师喜爱。设计师可以使用 CINEMA 4D 创作出多种多样的产品模型，且制作出来的产品效果精细程度和流畅感令人叹服。这得益于 CINEMA 4D 中强大的材质和灯光效果，它们可以使产品的质感更加真实。CINEMA 4D 适用的产品类型众多，小到珠宝首饰、家居用品，大到汽车、轮船等大型机械，均可以使用 CINEMA 4D 来制作产品的效果图，如图 1-15 所示。

图 1-15

第2章 CINEMA 4D 基础

本章介绍

在深入学习 CINEMA 4D 之前，先学习 CINEMA 4D 的启动与退出、操作界面、视图的控制和工作空间等基本知识，以便全面地了解和认识 CINEMA 4D 及其操作方式，为熟练掌握该软件打下坚实的基础。

学习目标

- 掌握 CINEMA 4D 文件的基本操作方法
- 了解 CINEMA 4D 的启动与退出方法
- 认识 CINEMA 4D 的操作界面方法

技能目标

- 掌握“骰子模型”的创建方法
- 掌握新建工程文件的方法
- 掌握“App 图标”的创建方法
- 掌握导出 3D 打印文件的方法

2.1 CINEMA 4D 的操作界面与布局

CINEMA 4D 的操作界面主要由标题栏、菜单栏、工具栏、编辑模式工具栏、视图窗口、动画编辑窗口、材质窗口、坐标窗口、对象 / 场次 / 内容浏览器 / 构造窗口、属性 / 层窗口和提示栏组成，如图 2-1 所示。

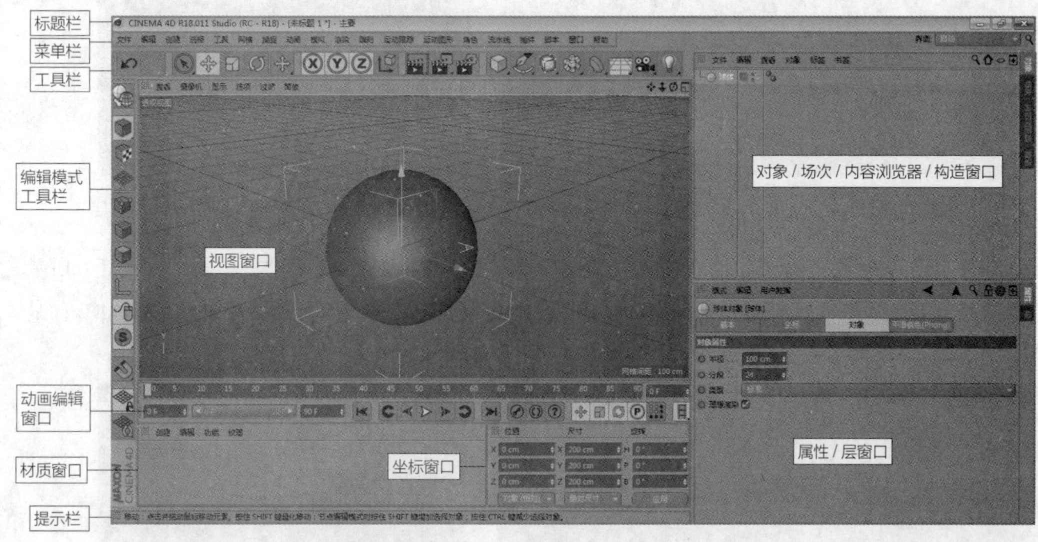

图 2-1

2.1.1 课堂案例：创建骰子模型

【学习目标】对 CINEMA 4D 的界面有一个大概的认识，掌握如何通过界面调用命令，并通过简单模型之间的操作来得到较为复杂的效果。

【知识要点】使用立方体工具创建模型本体，然后使用球体创建辅助体，最后使用布尔运算得到最终的模型效果，如图 2-2 所示。

【所在位置】Ch02\ 素材 \ 创建骰子模型 .c4d

（1）创建骰子主体。启动 CINEMA 4D 软件，然后单击工具栏中的“立方体”按钮，创建一个立方体，如图 2-3 所示。

（2）在软件操作界面右下角的“属性”窗口中，调整其“尺寸 . X”“尺寸 . Y”“尺寸 . Z”的参数均为 80cm，然后勾选下方的“圆角”复选框，再将“圆角半径”设置为 5cm，将“圆角细分”参数设置为 5，如图 2-4 所示。

图 2-2

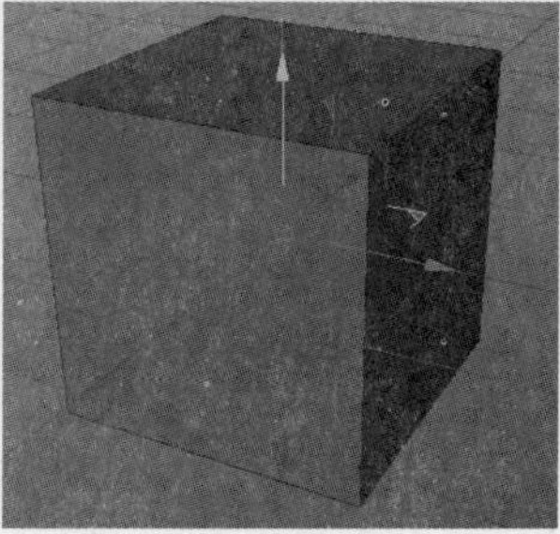

图 2-3

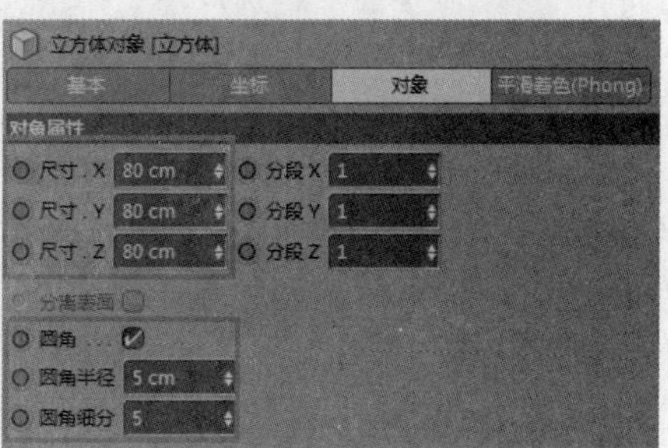

图 2-4

（3）创建点数。长按工具栏中的“立方体”按钮，在展开的菜单中单击“球体”按钮，在视图窗口中创建一个球体，如图 2-5 所示。

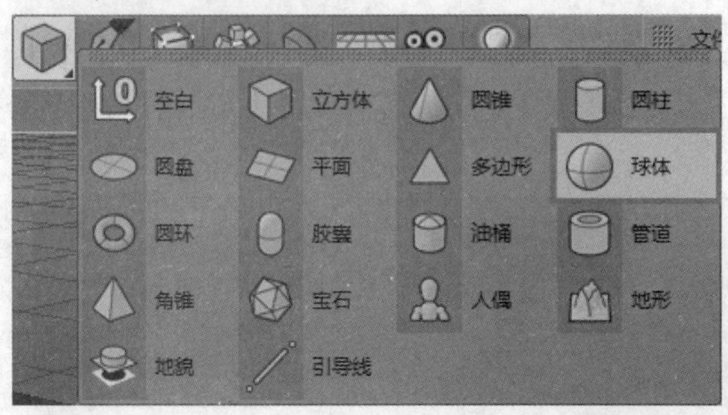

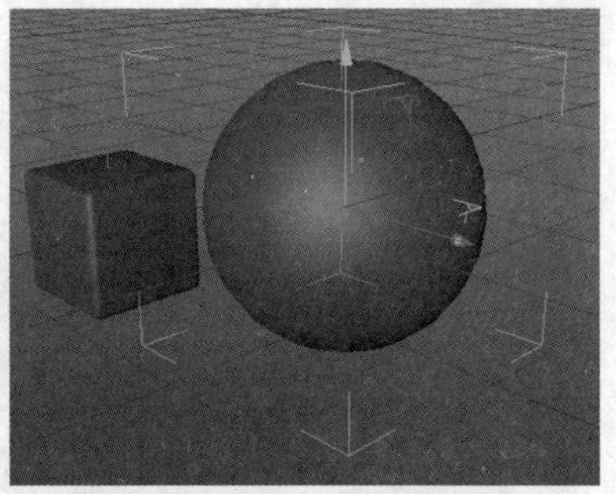

图 2-5

（4）选择球体，然后在软件操作界面右下角的“属性”窗口中修改球体的“半径”为 10cm，如图 2-6 所示。

（5）在球体被选择的状态下，按住鼠标左键进行拖动，即可调整球体的位置。拖动球体至立方体的表面，如图 2-7 所示。

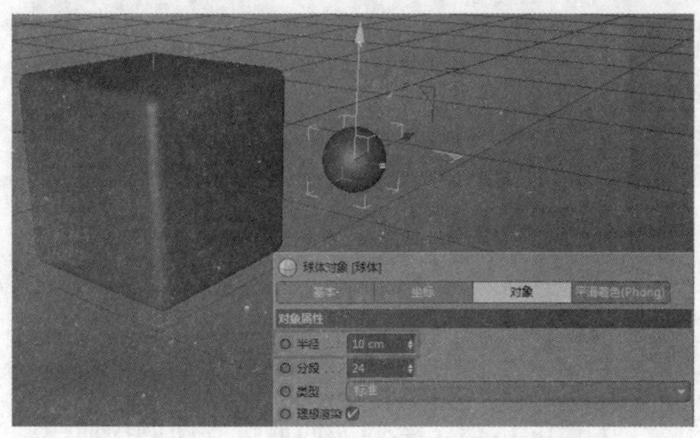

图 2-6

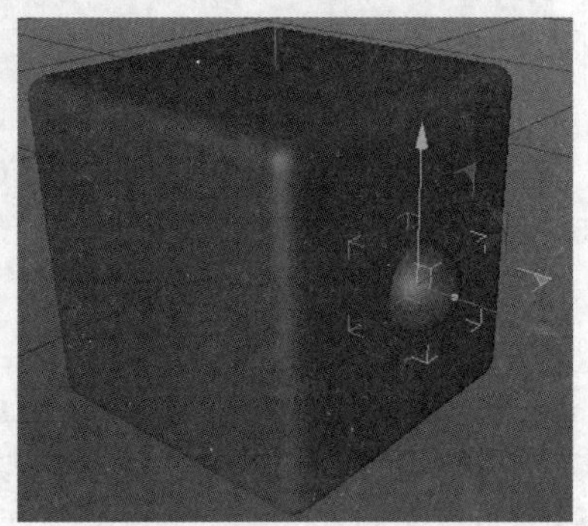

图 2-7

（6）进行布尔运算。将球体移动至立方体表面后，可见二者有部分重叠，因此只需从立方体中“挖”去球体，即可得到骰子模型中表示点数的凹坑。这在 CINEMA 4D 中可以通过布尔运算来实现。

（7）长按操作界面上方的“阵列”按钮，在展开的菜单中单击其中的“布尔”按钮，即可在工具栏中的“对象”窗口中创建一个“布尔”对象，如图 2-8 所示。

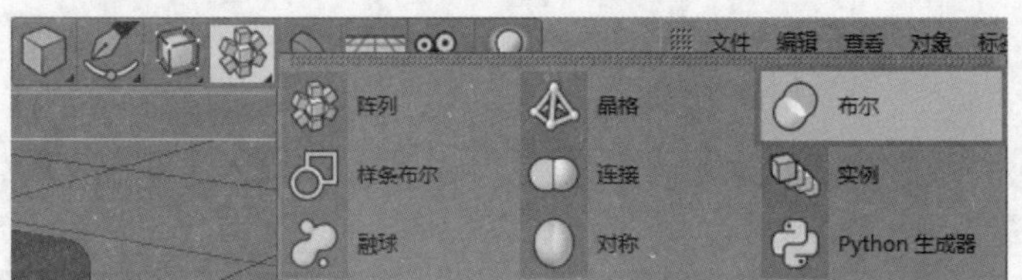

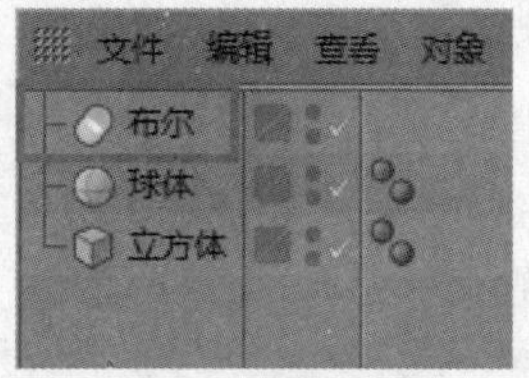

图 2-8

（8）此时，“对象”窗口中除了“布尔”对象外，还可见“球体”和“立方体”对象，即之前所创建的对象。在“对象”窗口中选择“球体”和“立方体”对象，接着将其拖至“布尔”对象的下方，待鼠标指针变为符号时释放，此时可见“球体”和“立方体”成了“布尔”对象的子对象。这里注意调整“立方体”和“球体”对象的上下顺序，如图 2-9 所示。

（9）得到的模型效果如图 2-10 所示，可以看到已经成功创建了一个点数凹坑。

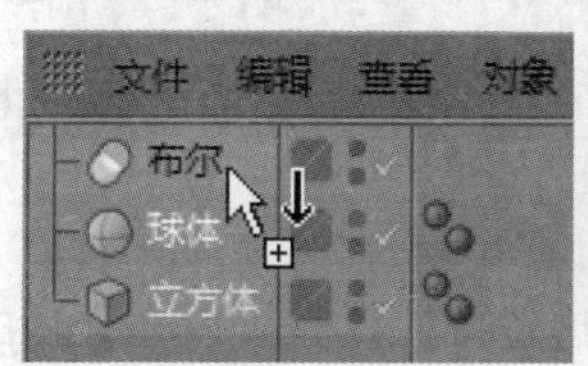

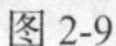

图 2-9

图 2-10

提示

在 CINEMA 4D 中进行布尔运算时，一定要注意被操作对象之间的上下顺序，不然可能会得到和预期相反的效果。如果本例中没有将“立方体”对象移至“球体”对象的上方，而是和原位置保持一致，则会得到图 2-11 所示的效果，可以发现此时被“挖”去的是立方体和一半的球体。布尔运算的更多知识将在后面的章节中进行介绍。

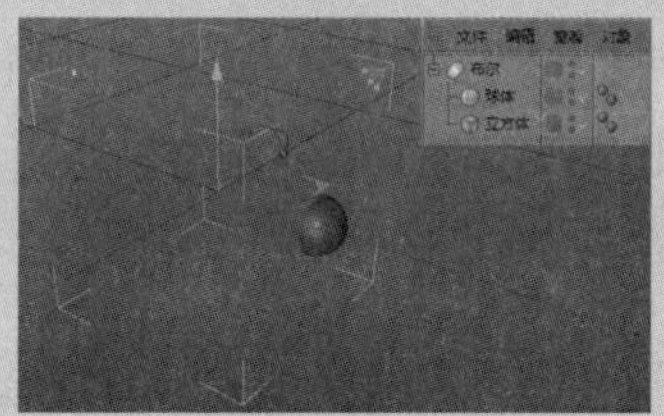

图 2-11

（10）用上述同样的方法，根据每个面的点数依次创建一些球体，并移动到对应的面上，得到图 2-12 所示的模型效果。

（11）依次对这些球体进行布尔运算，即可得到图 2-13 所示的骰子模型。

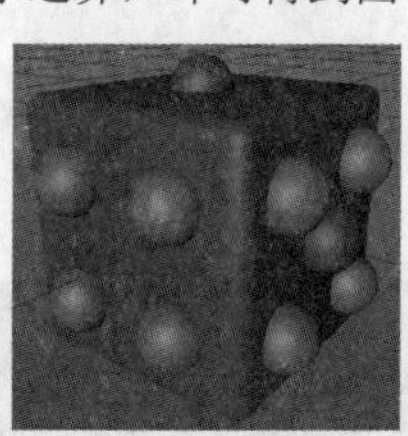

图 2-12

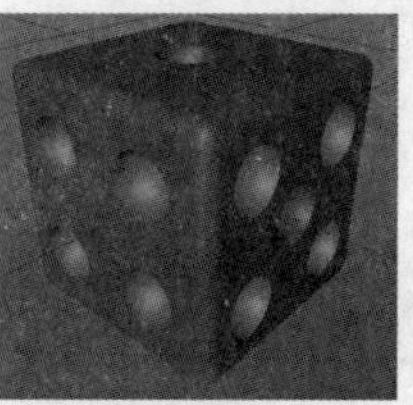

图 2-13

2.1.2 标题栏

标题栏位于 CINEMA 4D 操作界面的最上方，如图 2-14 所示，标题栏显示了当前新建或打开的文件名称、软件版本信息等内容。标题栏最右侧为“最小化”按钮、“向下还原”按钮和“关闭”按钮。

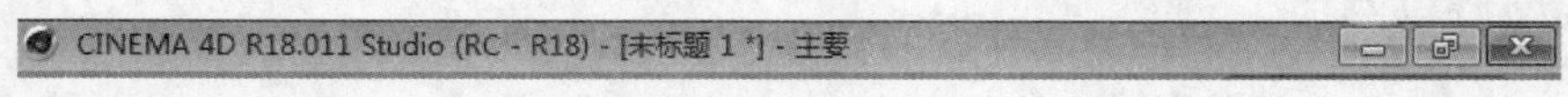

图 2-14

2.1.3 菜单栏

菜单栏位于标题栏的下方，包括“文件”“编辑”“创建”“选择”“工具”“网格”“捕捉”“动画”“模拟”“渲染”“雕刻”“运动跟踪”“运动图形”“角色”“流水线”“插件”“脚本”“窗口”“帮助”这 19 个菜单选项，几乎囊括了所有的工具和命令，如图 2-15 所示。

图 2-15

CINEMA 4D 的菜单除了类型不同外，还具有很多特性，这些特性读者可以在之后的深入学习中慢慢去体会。

1. 子菜单

CINEMA 4D 的菜单中，如果工具后面带有三角形符号，就表示该工具拥有子菜单，如图 2-16 所示。

2. 隐藏的菜单

如果用户的计算机显示器比较小，不足以显示管理器中的所有菜单，那么系统会自动将剩余的菜单隐藏在一个三角形按钮下，单击该按钮即可展开菜单，如图 2-17 所示。

3. 具有可选项的菜单命令

有些菜单命令具有可选项，这些可选项的前面如果带有复选标记☑，则表示相应的菜单命令当前为选中状态，如图 2-18 所示。

4. 可移动的菜单

有些菜单组的顶部有双线，单击双线，该菜单组即可脱离菜单成为独立面板，如图 2-19 所示。

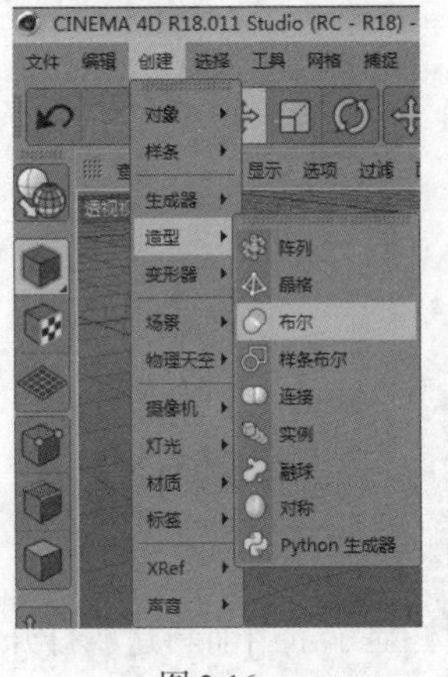

图 2-16

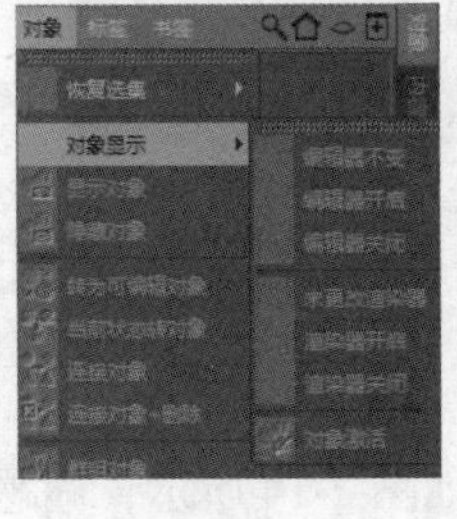

图 2-17

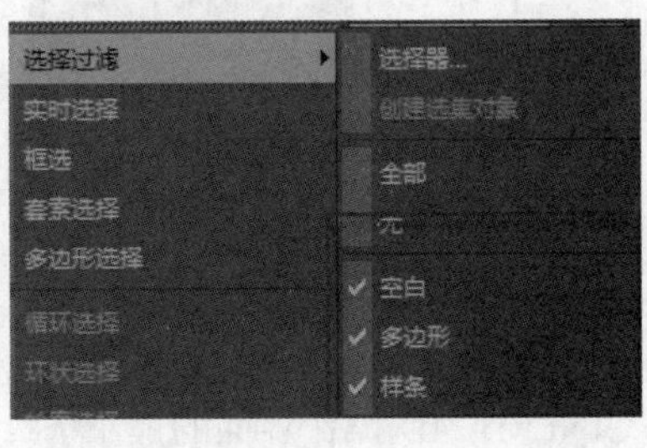

图 2-18

图 2-19

2.1.4 工具栏

工具栏位于菜单栏的下方，其中包含了 CINEMA 4D 预设的一些常用工具，使用这些工具可以创建和编辑模型，如图 2-20 所示。

图 2-20

提示

如果用户的计算机显示器比较小，那么界面上显示的工具栏就会不完整，一些工具图标将会被隐藏。如果想显示这些隐藏的图标，用户只需在工具栏的空白处单击鼠标左键，待鼠标指针变为抓手形状后左右拖动即可显示。

工具栏中的工具按照特点可以分为两类：一类是单独的工具，这类工具的图标右下角没有黑色三角形符号，如、等；另一类则是图标工具组，图标工具组是按照类型，将功能相似的工具集合在一个图标下形成的，如参数几何体工具组，长按该类型图标即可显示相应的工具组。图标工具组的显著特征就是在图标的右下角有一个黑色三角形符号，如图 2-21 所示。

图 2-21

工具栏中的图标是 CINEMA 4D 操作中应用频率最高的地方，因此需要对一些图标进行比较详细的介绍。

1. “撤销”工具

单击该按钮可以返回上一步。这是常用的工具之一，用于撤销错误的操作，快捷键为 Ctrl+Z。

2. “重做”工具

单击该按钮可以重新执行被撤销的操作，快捷键为 Ctrl+Y。

3. 选择工具组

选择工具组中包含了 4 个工具，分别为“实时选择”工具、“框选”工具、“套索选择”工具和“多边形选择”工具，如图 2-22 所示。

“实时选择”工具

将场景中的对象转换为可编辑对象后，激活该工具并单击拖动，即可对相应的元素（点、线、面）进行选择。单击后在鼠标指针处将出现一个小圆，即使元素只有一小部分位于圆内也可以被选择。如图 2-23 所示，将鼠标指针放置在模型的单个面上，即可选择对象。

“框选”工具

将场景中的对象转换为可编辑对象后，激活该工具并拖动出一个矩形框，即可对相应的元素（点、线、面）进行选择，只有完全位于矩形框内的元素才能被选择。如图 2-24 所示，框选择心区域的 9 个点即可选择这些点对象，被选择的对象会高亮显示。

图 2-22

图 2-23

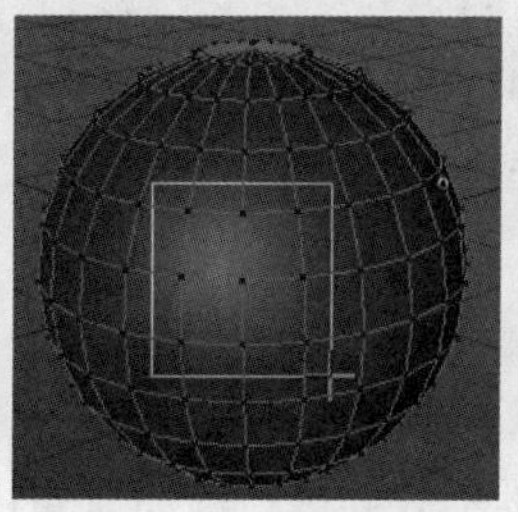

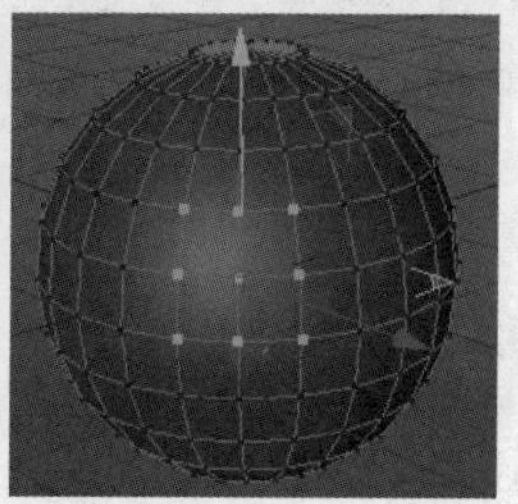

图 2-24

“套索”工具

将场景中的对象转换为可编辑对象后，激活该工具并绘制一个不规则的区域，即可对相应的元素（点、线、面）进行选择，只有完全位于绘制区域内的元素才能被选择，如图 2-25 所示。这里需要注意的是，在使用“套索”工具进行绘制选区操作时，选区不一定要形成封闭的区域。

“多边形选择”工具

将场景中的对象转换为可编辑对象后，激活该工具并绘制一个多边形，即可对相应的元素（点、线、面）进行选择，只有完全位于多边形区域内的元素才能被选择，如图 2-26 所示。

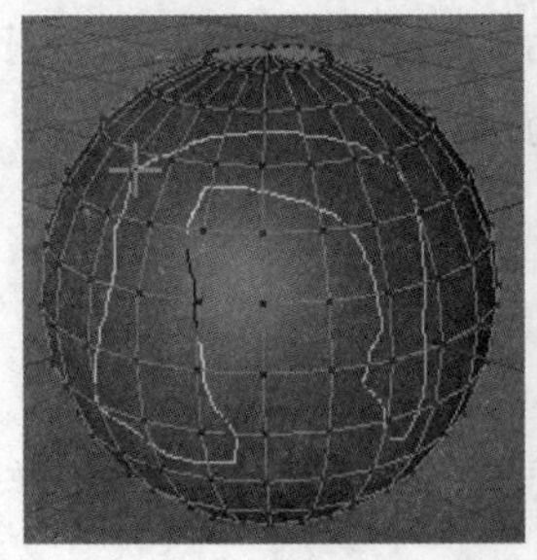
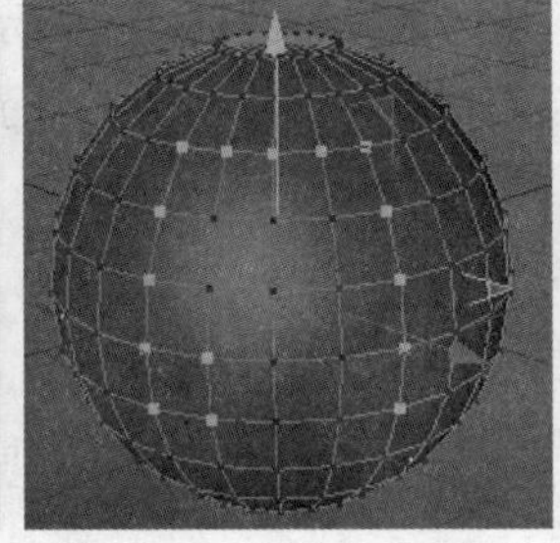

图 2-25

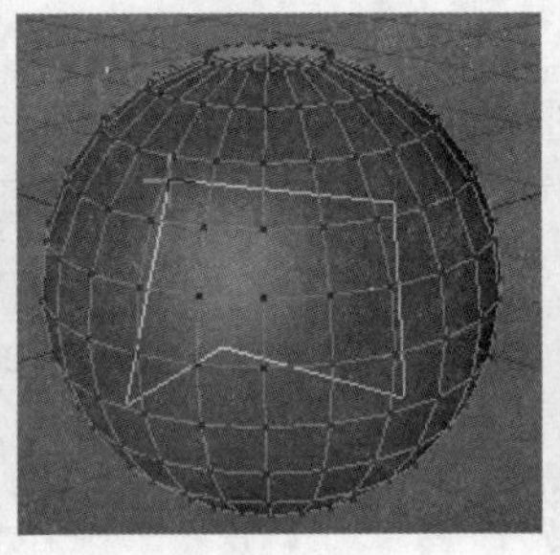
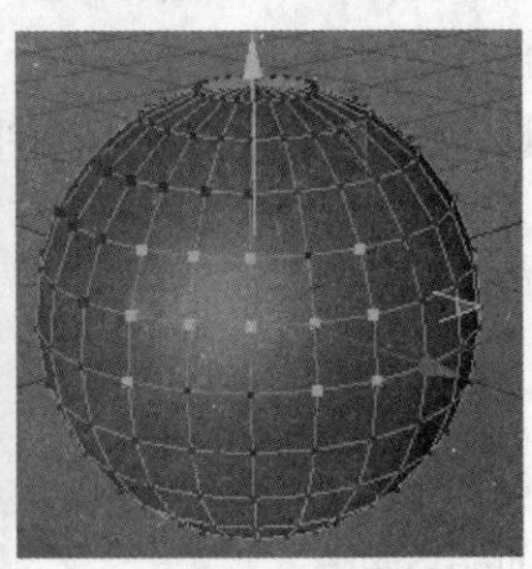

图 2-26

4.“移动”工具

激活该工具后，视图窗口中被选择的模型上将会出现一个三维坐标轴，其中红色代表 x 轴，绿色代表 y 轴，蓝色代表 z 轴。如果用户在绘图区的空白处单击鼠标左键不放并进行拖动，可以将模型移动到三维空间的任何位置；如果将鼠标指针指向某个轴向，则该轴将改变颜色，同时模型也被锁定为只能沿着该轴进行移动如图 2-27 所示，且工具栏中的工具被激活后会呈高亮显示。

当激活“移动”工具、“缩放”工具或者“旋转”工具时，在模型的 3 个轴向上会分别出现黄点，拖动某个轴向上的黄点可以使模型沿着该轴向进行缩放，如图 2-28 所示。

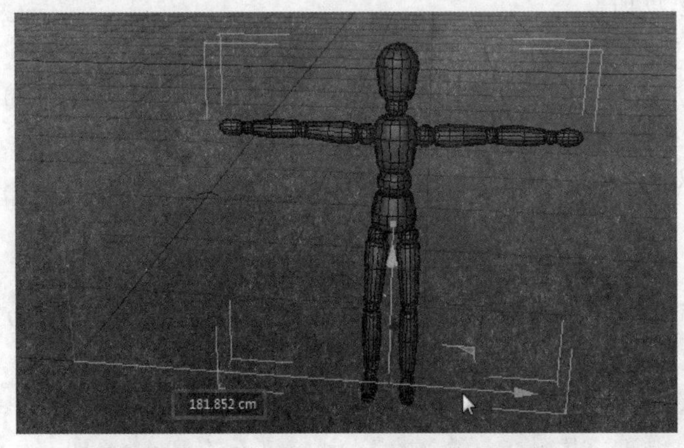

图 2-27

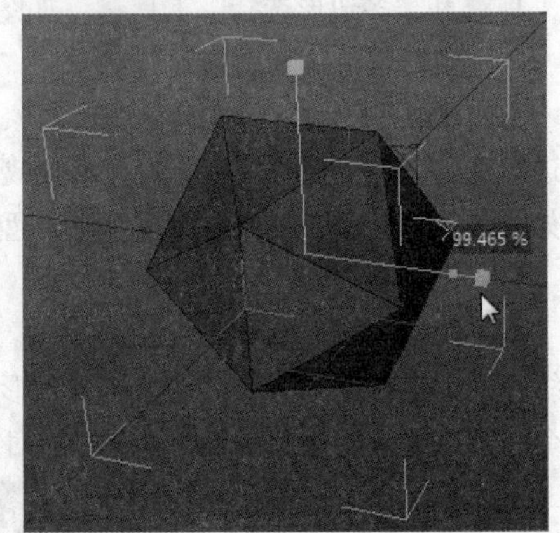

图 2-28

5.“缩放”工具

激活该工具后，单击任意轴向上的小方块进行拖动可以对模型进行等比缩放；用户也可以在绘制区的任意位置单击鼠标左键不放并进行拖动，对模型进行等比缩放。

6. “旋转”工具

该工具用于控制模型的旋转。激活该工具后，模型上将会出现一个球形的旋转控制器，旋转控制器上的 3 个圆环分别控制模型的 x 轴、y 轴、z 轴，如图 2-29 所示。

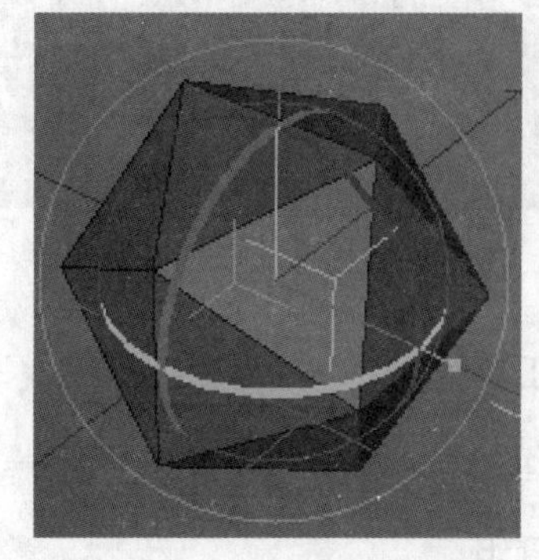

图 2-29

7. 最近使用工具组

该工具组中包含了最近使用的几个工具，当前使用的工具会位于最上方，如图 2-30 所示，一般情况下均会显示为“移动”工具的图标。

图 2-30

8. x 轴 /y 轴 /z 轴工具

这 3 个工具默认为激活状态，用于控制轴向的锁定。例如对模型进行移动时，如果关闭 x 轴和 y 轴，那么模型将只能在 z 轴方向上进行移动。（这一点针对在绘图区的空白区域进行拖动，如果用户拖动的是 x 轴或者 y 轴，那么模型还是能够在这两个方向上进行移动的。）

9. “坐标系统”工具

该工具用于切换坐标系统，默认为对象坐标系统，单击后将切换为世界坐标系统。

10. 参数几何体工具组

该工具组如图 2-31 所示，组中的工具用于创建一些基本几何体，用户也可以对这些几何体进行变形，从而得到更复杂的形体。

11. 曲线工具组

该工具组如图 2-32 所示，组中的工具可以用于绘制任意形状的样条曲线。

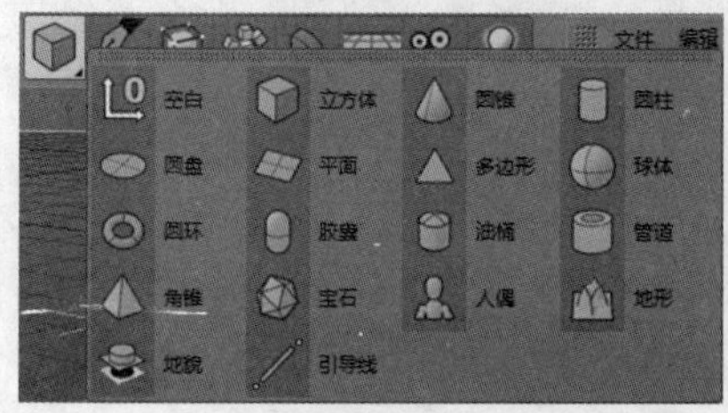

图 2-31

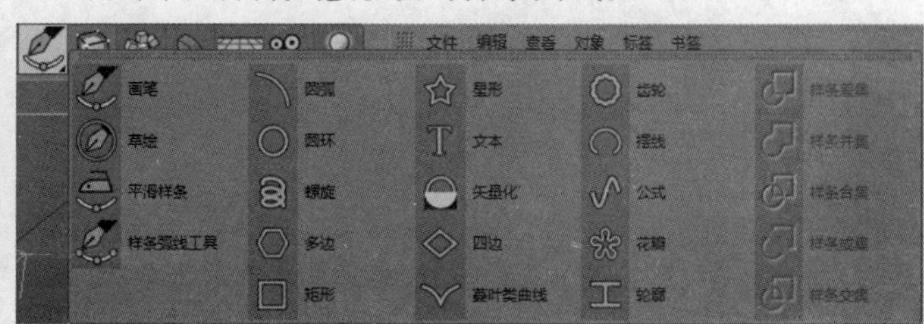

图 2-32

12.NURBS 曲面工具组

该工具组如图 2-33 所示，可以用来创建各种形态的曲面。

13. 造型工具组

造型工具组如图 2-34 所示，里面集中了诸如阵列、布尔运算等编辑命令在内的实体、曲面类工具。

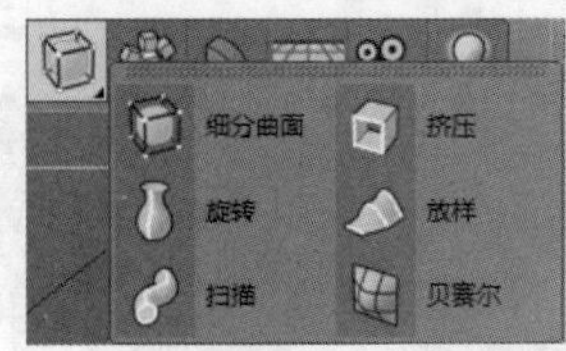

图 2-33

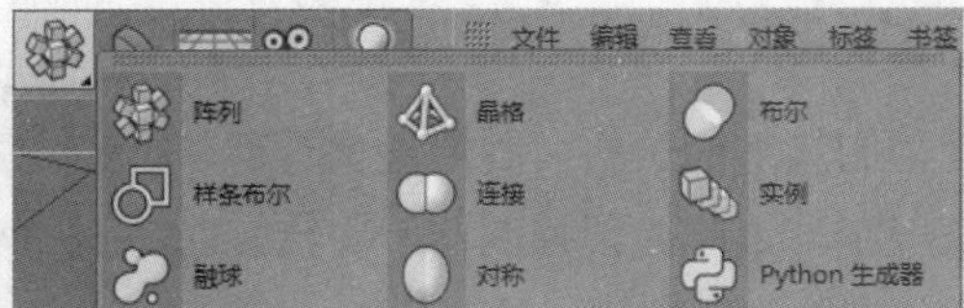

图 2-34

14. 变形器工具组

变形器工具组如图 2-35 所示，组中的工具用于对场景中的对象进行变形操作。

15. 场景工具组

该工具组如图 2-36 所示，组中的工具用于创建场景中的地面、天空、背景对象。

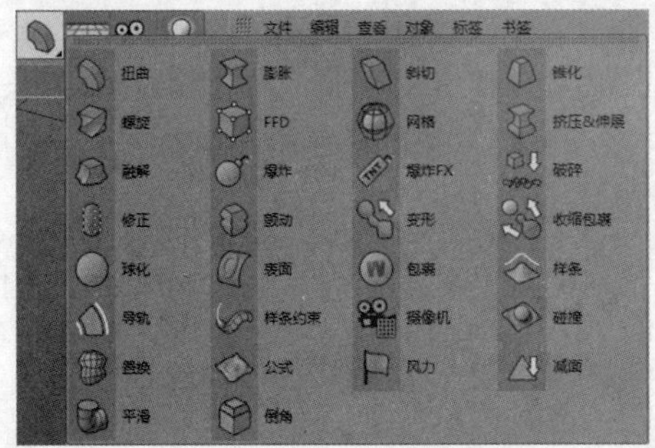

图 2-35

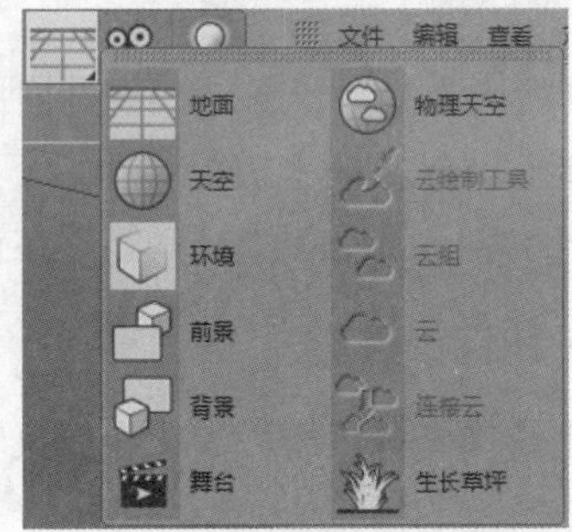

图 2-36

2.1.5 编辑模式工具栏

编辑模式工具栏位于操作界面的最左侧，用户可以在这里切换不同的编辑模式，如图 2-37 所示。

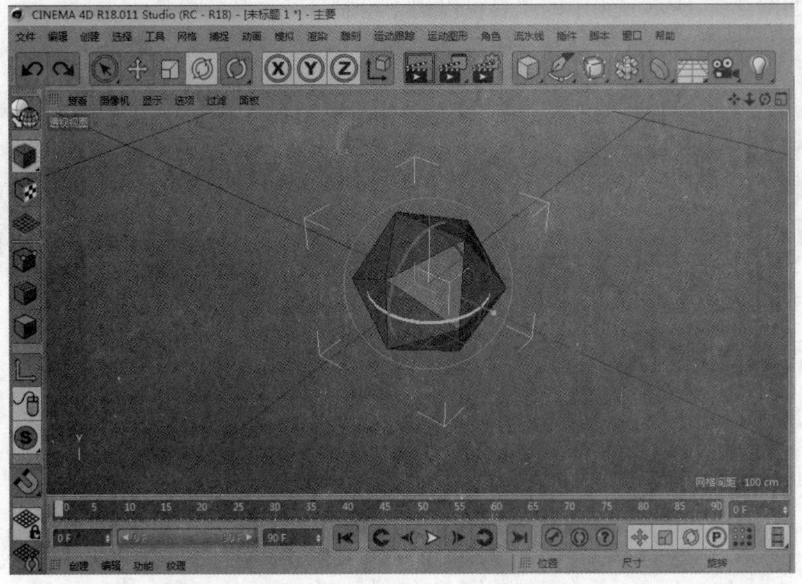

图 2-37

1. “转为可编辑对象”工具

单击该工具可以将选择的实体模型或者 NURBS 物体快速转换为可编辑对象，很多的三维软件都有类似的功能。实体模型无法直接进行点、线、面元素的操作，如图 2-38 所示，只有转换为可编辑对象后，用户才能对模型的点、线、面元素进行操作，如图 2-39 所示。

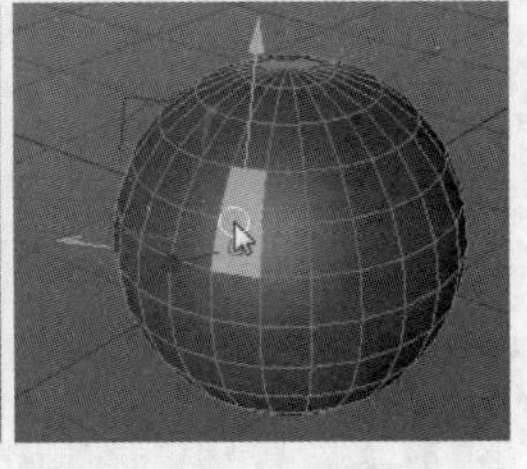

图 2-38

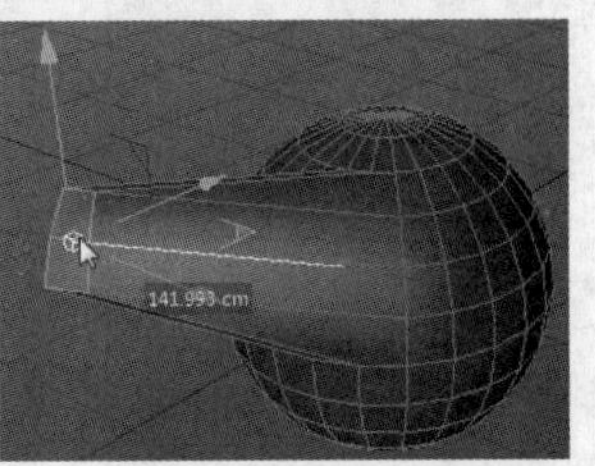

图 2-39

> **提示**
> 当场景中不存在任何对象时，该工具不能被激活。

2. “模型”工具

单击该工具将进入模型编辑模式，通常在建模时使用。

3. “纹理”工具

单击该工具将进入纹理编辑模式，用于编辑当前被激活的纹理，如图 2-40 所示。

4. “工作平面”工具

单击该工具可以控制模型外围工作平面的显示，即橘黄色的最大外围框，如图 2-41 所示。

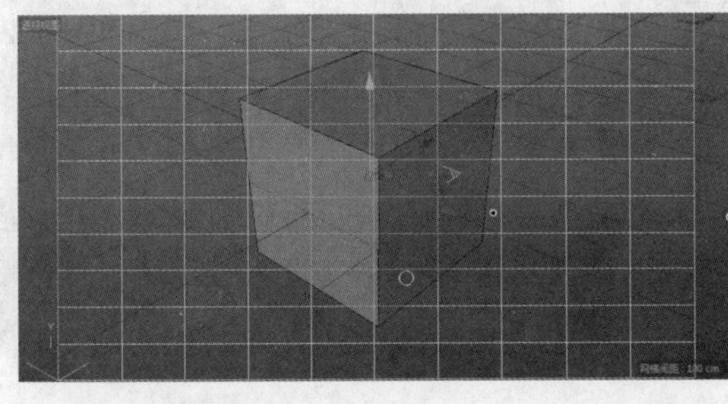

图 2-40

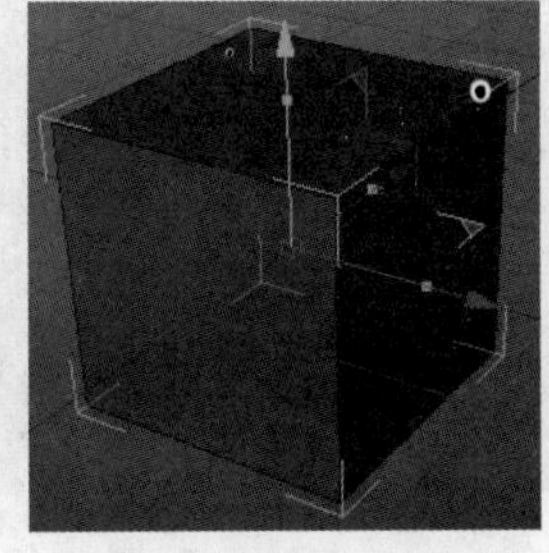

图 2-41

5. “点”工具

单击该工具将进入点编辑模式，用于对可编辑对象上的点元素进行编辑，被选择的点将呈高亮显示，如图 2-42 所示。

6. “边”工具

单击该工具将进入边编辑模式，用于对可编辑对象上的边元素进行编辑，被选择的边将呈高亮显示，如图 2-43 所示。

7. “多边形”工具

单击该工具将进入面编辑模式，用于对可编辑对象上的面元素进行编辑，被选择的面将呈高亮显示，如图 2-44 所示。

图 2-42

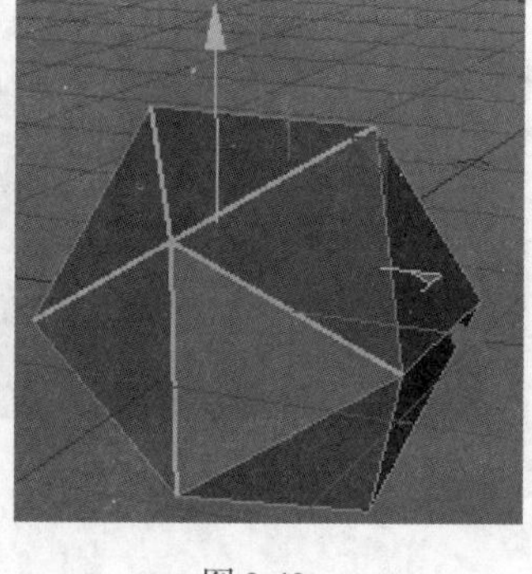

图 2-43

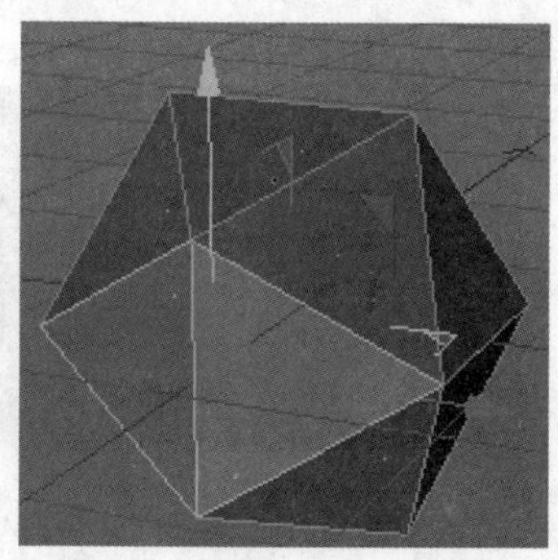

图 2-44

在点、线、面编辑模式中编辑对象时，需要先将模型转换为可编辑对象。

2.1.6 视图窗口

视图窗口是 CINEMA 4D 主要的工作显示区，模型的创建和各种动画的制作都会在这里进行显示。这里要注意的是，初学者经常会误操作按中鼠标中键，导致视图被分成 4 个区域，如图 2-45 所示。

此时可以将鼠标指针放置在需要退回的视图上，单击鼠标中键即可进入对应的视图。如果要回到默认的视图，移动鼠标指针至左上角的轴测图再单击中键即可，如图 2-46 所示。

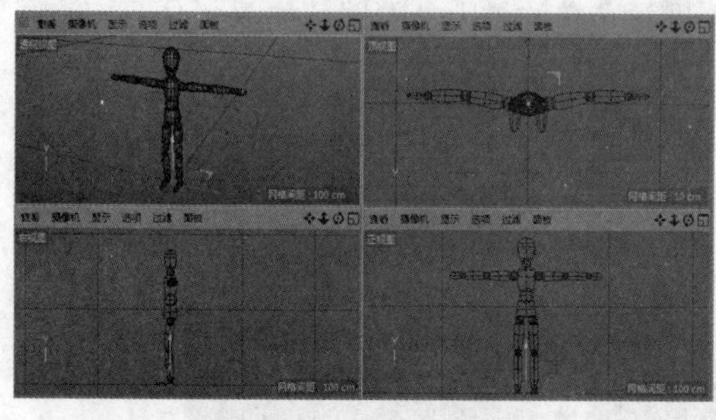

图 2-45

图 2-46

2.1.7 动画编辑窗口

CINEMA 4D 的动画编辑窗口位于视图窗口的下方，包含时间线和动画编辑工具，如图 2-47 所示。在使用 CINEMA 4D 进行动画制作的时候，用户将用到该窗口的命令。

图 2-47

2.1.8　材质窗口

材质窗口用于管理材质，包括材质的新建、导入和应用等，如图 2-48 所示。

图 2-48

在材质管理器中，一个材质球代表一种材质。CINEMA 4D 中的材质以自带的材质预设为主，其中包含金属、塑料、自然环境、木料、石材、液体、冰雪等 15 类材质。

提示

在材质管理器的空白区域双击鼠标左键，或者按快捷键 Ctrl+N，可以快速新建一个普通材质，如图 2-49 和图 2-50 所示。

图 2-49

图 2-50

2.1.9　坐标窗口

坐标窗口位于材质窗口的右侧，是 CINEMA 4D 中独具特色的窗口之一，常用于控制模型的精确位置和大小，如图 2-51 所示。其中“位置”栏中的“X”“Y”“Z”参数即对象的坐标，而“尺寸”栏中的“X”“Y”“Z”参数表示对象本身的大小，其测量基准均为中心对称测量法。

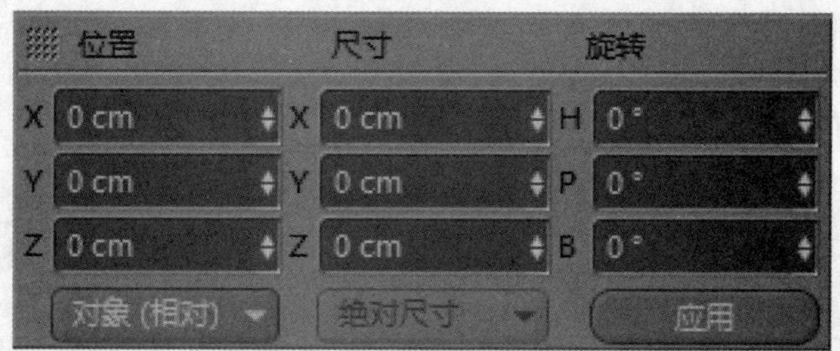

图 2-51

提示

中心对称测量法即模型的位置测量点始终位于模型的几何中心，而模型的外围尺寸相对于该点为中心对称。图 2-52 所示的矩形，其在 x 轴和 y 轴方向上的边长均为 2cm，因此可以在“尺寸”栏下的“X”和“Y”文本框中各输入 2cm，而在“位置”栏中应该输入几何中心所在的坐标，因此在“位置”栏下的“X”和“Y”文本框中分别输入 4cm 和 3cm。

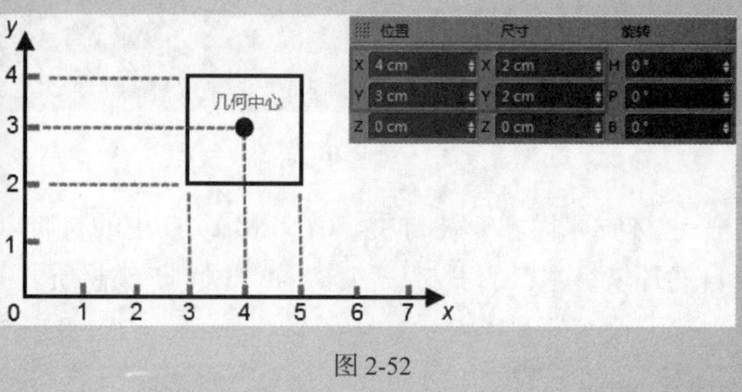

图 2-52

2.1.10 对象 / 场次 / 内容浏览器 / 构造窗口

对象 / 场次 / 浏览器 / 构造窗口位于软件操作界面的右上方，通过该窗口，用户可以快速地对场景中的对象进行选择、编辑、赋予材质、调整坐标位置等操作。

该窗口总的来说可以分为 4 个子窗口，其标签分别是“对象”“场次”“内容浏览器”“构造”，每个子窗口都拥有独立面板，它们之间既可单独存在，也可共同存在，如图 2-53 所示。该窗口收纳于软件操作界面的最右侧，其中各属性的具体含义介绍如下。

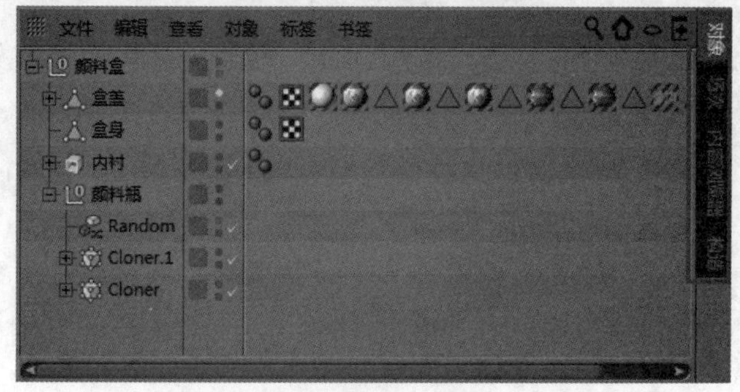

图 2-53

1.“对象”窗口

“对象”窗口用于管理场景中的对象，是默认的子窗口。它大致可以划分为 4 个区域，分别是菜单栏、对象列表区、隐藏 / 显示区和标签区，如图 2-54 所示。

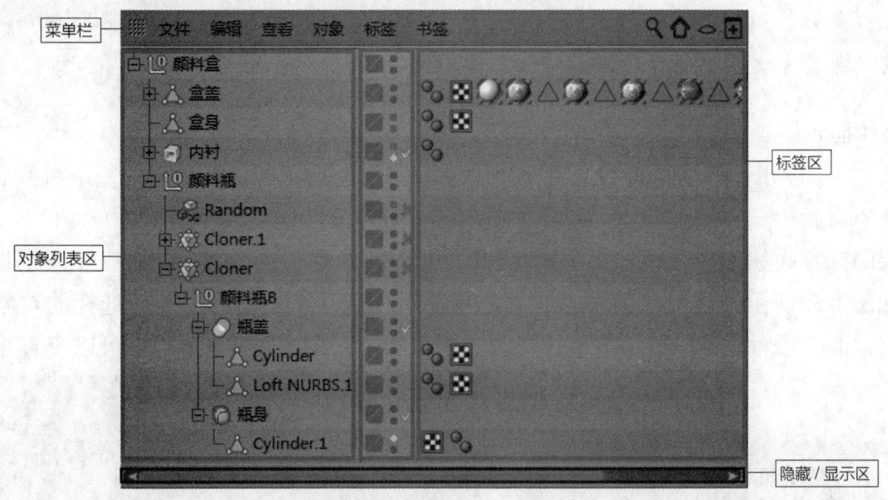

图 2-54

菜单栏

菜单栏的命令用于管理对象列表区中的对象，例如合并对象、设置对象层级、复制对象、隐藏或显示对象、为对象添加标签以及为对象命名等。

对象列表区

对象列表区显示了场景中所有存在的对象，包括几何体、灯光、摄像机、骨骼、变形器、样条曲线和粒子等，这些对象通过结构线组成树型结构图，即所谓的父子关系。如果要编辑某个对象，可以在场景中直接选择该对象，也可以在该区域中进行选择，选择的对象其名称将呈高亮显示。如果选择的是子对象，那么与其相关联的父级对象也将呈高亮显示，但颜色会稍暗一些。图 2-55 中的克隆对象为高亮显示，而最上方的颜料盒与颜料瓶对象也会高亮显示，但程度明显不如克隆对象。

此外，每个对象都有自己的名称，如果用户在创建的时候没有给对象命名，那么系统将自动以递增序列号为对象命名，排列方式由下至上，如图 2-56 所示。

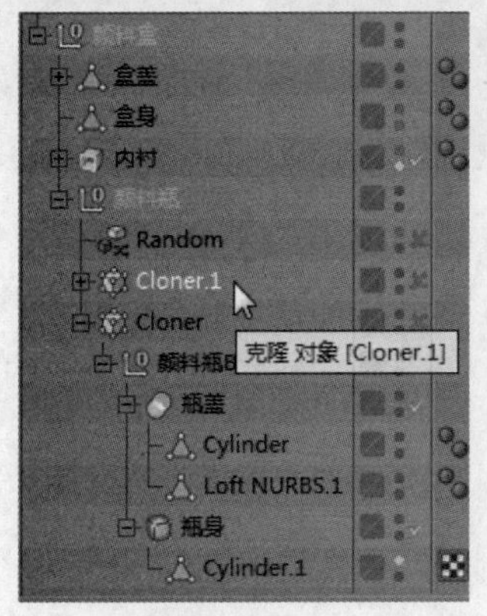

图 2-55

图 2-56

提示

对象的层级关系可以根据用户的意愿进行调整，如果想要让一个对象成为另一个对象的子对象，只需将该对象拖动到另一个对象上，当鼠标指标呈现如的形状时，释放鼠标左键即可建立这种层级关系；同理，如果想要解除层级关系，只需将子对象拖动到空白区域即可。另外，如果只是想要调整对象之间的顺序，可以将需要调整顺序的对象拖动到另一个对象下方。

隐藏 / 显示区

隐藏 / 显示区用于控制对象在视图窗口中或渲染时的隐藏和显示状态，每个对象后面都有一个方块、两个圆点和一个绿色的勾，如图 2-57 所示。各含义的说明具体如下。

- 层的操作按钮：单击隐藏/显示区中的方块图形，会弹出一个包含了两个选项的菜单，如图2-58所示。其中“加入新层”选项用于创建一个新的图层并使选择的对象自动加入该层，而“层管理器”选项用于打开“层浏览器”，在“层浏览器”中可以查看并编辑图层。

图 2-57

图 2-58

- 图形的显示与隐藏按钮：方块图形后面的两个小圆点呈上下排列，上面的圆点控制对象在视图窗口中的隐藏或显示，下面的圆点控制对象在渲染时的隐藏或显示。圆点有3种颜色状态，分别为灰色、绿色和红色，单击圆点即可在3种显示状态之间进行切换。其中灰色是默认的显示状态，表示对象被正常显示，如图2-59所示；绿色代表强制显示状态，通常情况下父级对象被隐藏时，子级对象也会跟着被隐藏，而当圆点为绿色时，则无论父级对象是否被隐藏，其子级对象均会显示，如图2-60所示；红色代表对象被隐藏，如图2-61所示。

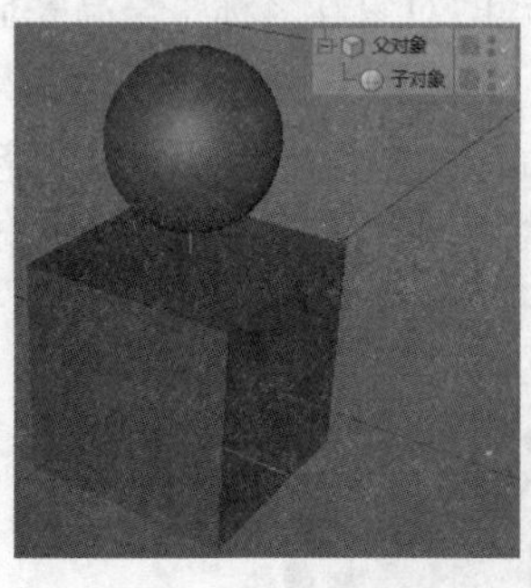

图 2-59

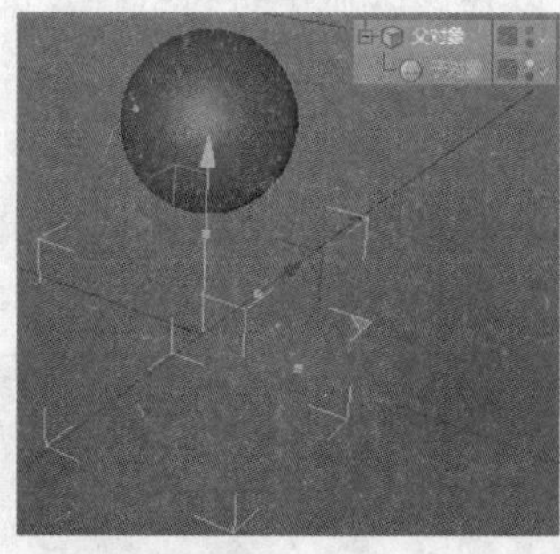

图 2-60

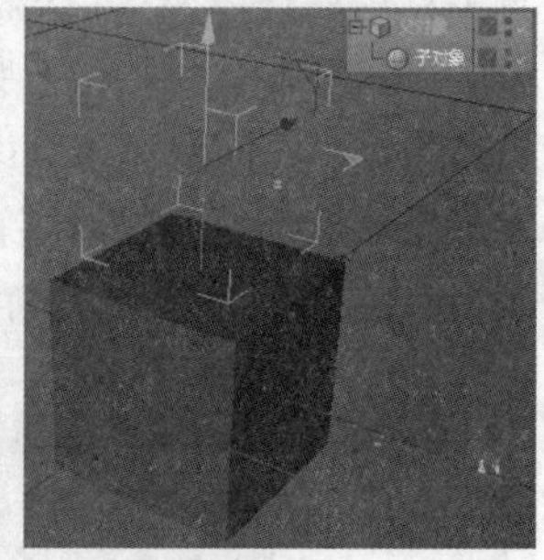

图 2-61

- 对象的关闭与启用按钮：当显示为绿色的勾时，表示该对象呈启用状态；如果单击这个绿色的勾，它会变成红色的叉，表示该对象已经被关闭，此后文件中的任何操作均不会影响该对象，同时外观上此对象会被隐藏。

标签区

在标签区中，用户可以为对象添加或删除标签，标签可以被复制，也可以被移动。CINEMA 4D 为用户提供的标签种类很多，使用标签可以为对象添加各种属性。例如，将材质球赋予模型后，材质球会以标签的形式显示在“对象”窗口中，如图 2-62 所示。

此外，一个对象可以拥有多个标签，标签的顺序不同，产生的效果也会不同。为对象添加标签的方法有两种，一种是选择要添加标签的对象，然后单击鼠标右键，在弹出的快捷菜单中选择相应的标签进行添加即可，如图 2-63 所示；另一种是选择要添加标签的对象，然后单击“对象”窗口中的“标签”选项卡，即可同样打开图 2-63 所示的菜单进行添加标签操作。

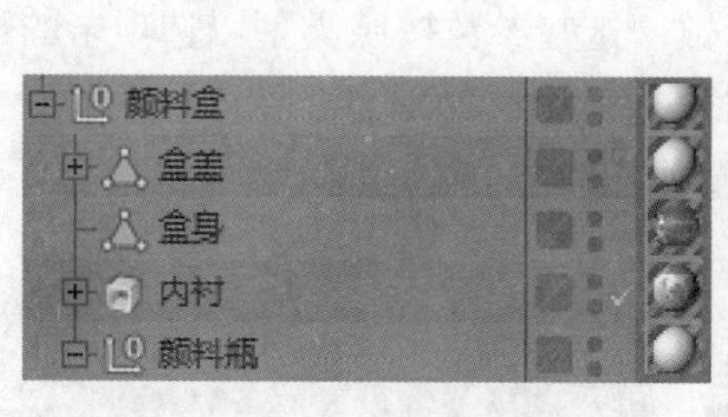

图 2-62

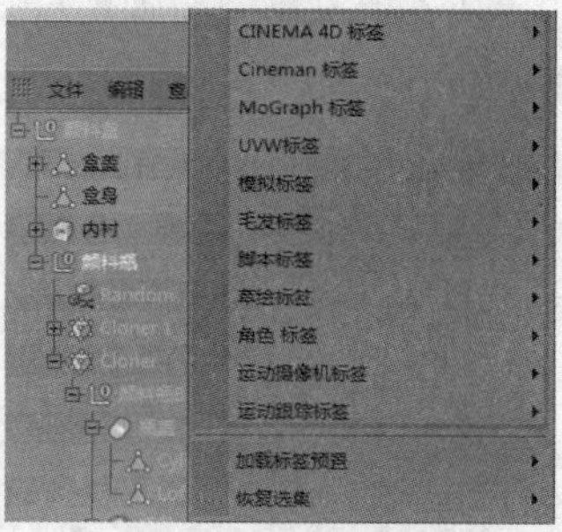

图 2-63

2. “场次”窗口

“场次”窗口是 CINEMA 4D R17 版本以后的一个新增功能。“场次”窗口可以有效提升设计师的效率，它允许设计师在同一个工程文件中进行视角切换、材质编辑、渲染设置等各种编辑修改操作，如图 2-64 所示。场次呈现层级结构，如果想激活当前场次，需要选中场次名称前面的方框将其激活。

3. “内容浏览器”窗口

该窗口用于管理场景、图像、材质、程序着色器和预置档案等，也可以添加和编辑各类文件，在预置中可以加载有关模型、材质等文件。定位到文件所在位置后，可以直接将文件拖入场景中进行使用，如图 2-65 所示。

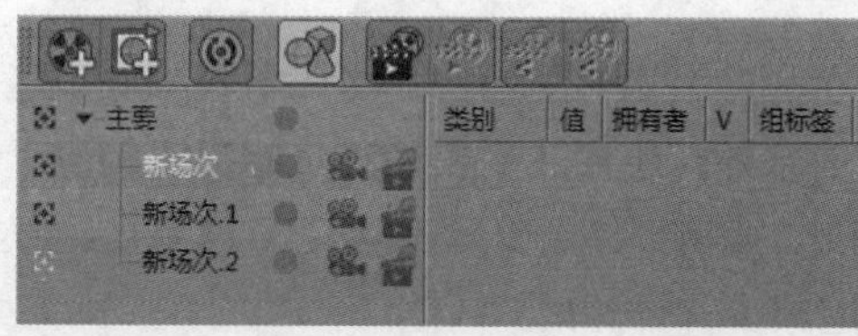

图 2-64

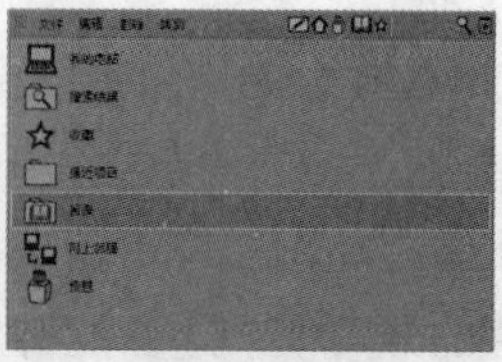

图 2-65

4. “构造”窗口

构造窗口用于设置对象由点构造而成的参数，如图 2-66 所示。

文件 编辑 视图 模式

点	X	Y	Z	<- X
0	-206.718 cm	136.634 cm	-64.414 cm	-239.89 cm
1	-180.167 cm	-11.556 cm	-140.524 cm	0 cm
2	24.862 cm	-61.835 cm	-21.579 cm	0 cm
3	131.245 cm	55.923 cm	133.05 cm	0 cm
4	85.352 cm	165.743 cm	170.091 cm	0 cm

图 2-66

2.1.11　属性 / 层窗口

属性 / 层窗口是 CINEMA 4D 中非常重要的一个区域，这里将会根据当前所选择的工具、对象、材质或者灯光来显示相关的属性。也就是说如果选择的是工具，那么这里显示的就是工具的属性；如果选择的是材质，那么这里显示的则是材质的属性；如果没有任何选择或者选择的内容没有任何属性，那么这里将显示为空白。

属性 / 层窗口中包含了所选对象的所有参数，这些参数按照类型以选项卡的形式进行区分，单击选项卡即可将选项卡的内容显示在“属性”窗口中。如果想要在窗口中同时显示几个选项卡的内容，只需按住 Shift 键的同时单击想要的选项卡即可，显示的选项卡将呈高亮显示，如图 2-67 所示。

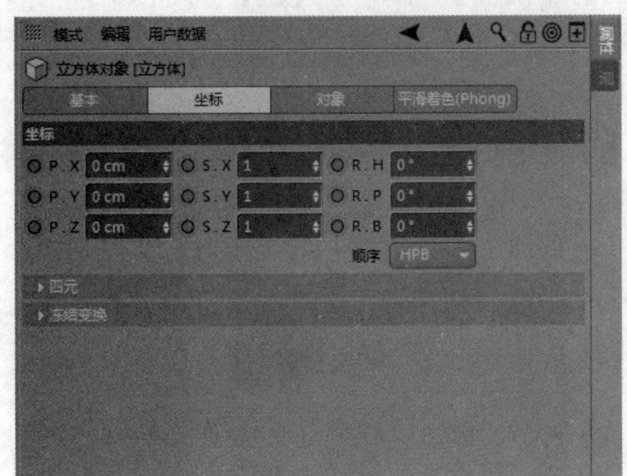

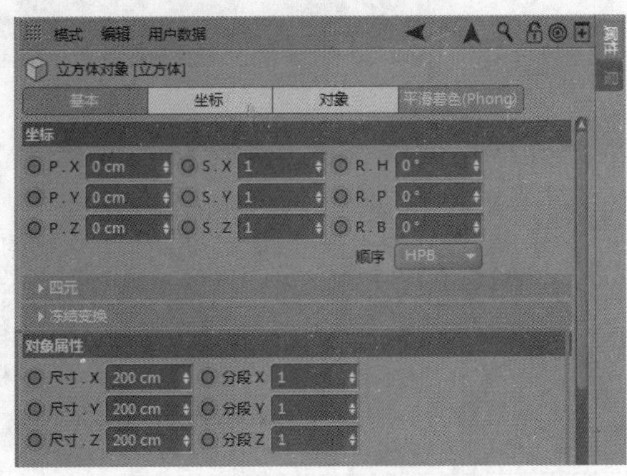

图 2-67

2.1.12　提示栏

提示栏位于 CINEMA 4D 软件的最下方，对于刚刚接触软件的初学者来说，这是一个很实用的帮助区域。该区域除了会显示错误和警告信息外，还会显示相关工具的提示信息，告知用户接下来所要进行操作的步骤，如图 2-68 所示。因此，在刚刚接触 CINEMA 4D 软件的时候，用户一定要养成经常查看提示栏的好习惯，这样能有效地减少盲目探索的时间。

00:00:38　移动：点击并拖动鼠标移动元素。按住 SHIFT 键量化移动；节点编辑模式时按住 SHIFT 键增加选择对象；按住 CTRL 键减少选择对象。

图 2-68

2.1.13　自定义操作界面及布局

用户可以通过自定义面板对操作界面中所有的工具、命令进行设置，然后对其进行保存。在“窗口”菜单中选择“自定义布局” | “自定义命令”选项，将弹出“自定义命令”对话框。该对话框包含了 CINEMA 4D 中的所有命令，勾选对话框左上方的“编辑图标面板”复选框，即可看到软件操作界面的所有命令图标都被蓝色的方框包围起来，表示这些命令图标已进入可编辑状态，选择想要调整的图标进行拖动，即可调整命令的位置，如图 2-69 所示。

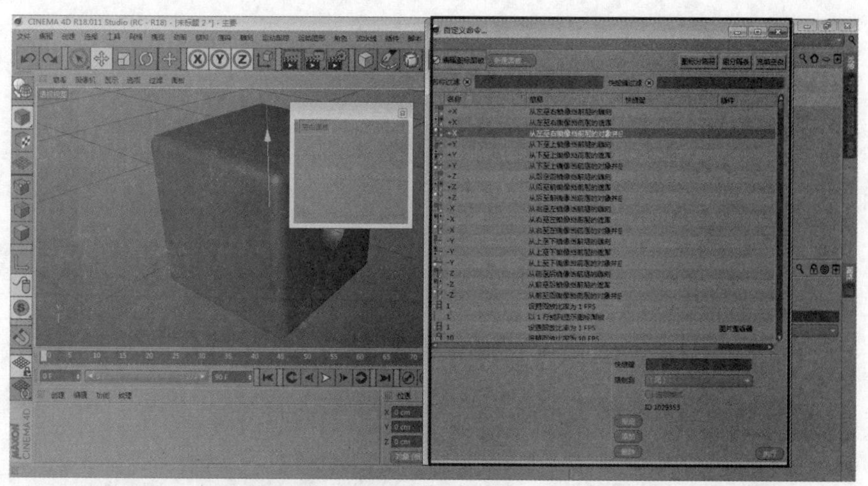

图 2-69

调整完命令的位置之后，再在“窗口”菜单中选择“自定义布局”|“保存为启动布局”或“另存布局为”选项，即可对调整后的布局进行保存，如图 2-70 所示。

如需调用所保存的布局，可在“窗口”菜单中选择“自定义布局”|“加载布局”选项，或者在“界面”选项中直接选择所保存的新布局名称，即可打开自定义的布局，如图 2-71 所示。

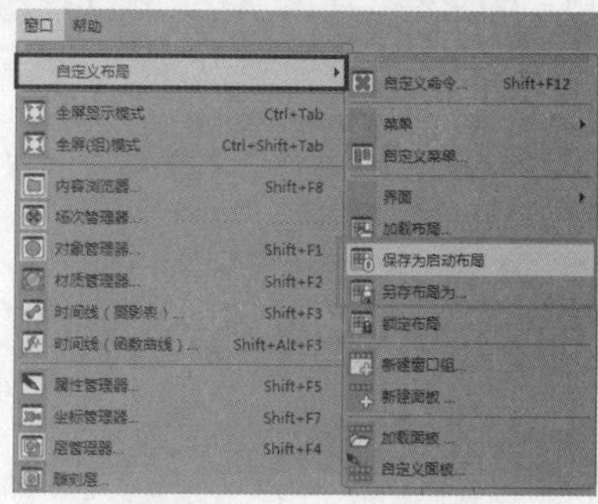

图 2-70

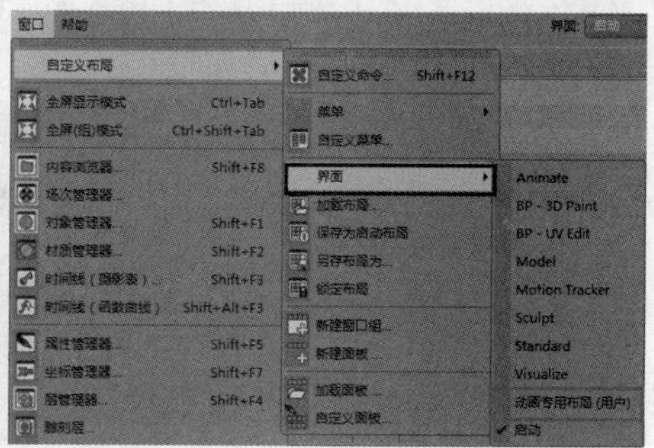

图 2-71

2.2 工程文件的操作及管理

CINEMA 4D 的主要文件操作命令均集中于“文件”菜单中，如图 2-72 所示，下面将对其中常用的几种操作进行介绍。

2.2.1 课堂案例：新建工程文件

【学习目标】使用 CINEMA 4D 新建一个空白文件，并在其中创建模型，最后输出为可用其他软件（如 3ds Max、Maya 等）打开的通用格式文件。

【知识要点】CINEMA 4D 的一大特点就是可以和多种软件交互使用，因此创建好的 CINEMA 4D 模型也可以直接另存为其他软件的格式文件，并在其他软件中打开，效果如图 2-73 所示。

【所在位置】Ch02\ 素材 \ 新建工程文件 .3ds

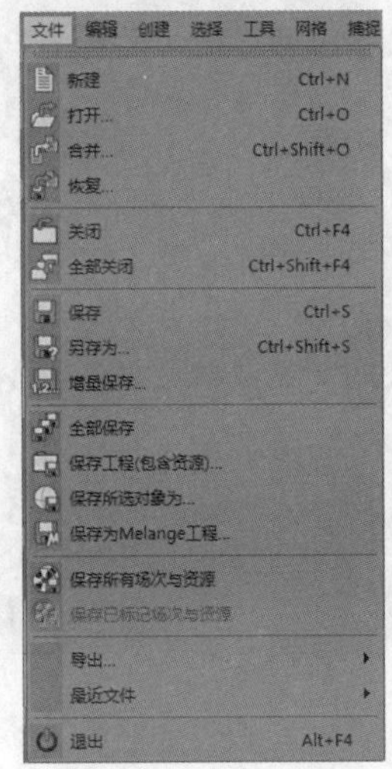

图 2-72

图 2-73

（1）启动 CINEMA 4D 软件，即可自动新建一个空白文件，并自动命名为“未标题 1*”。

（2）创建模型。相较于其他软件而言，在 CINEMA 4D 中进行建模相对简单，因为它提供了多种较为复杂的预设模型，可以直接调用，省去了复杂的建模过程。如需调用预设的模型，用户可在“窗口”菜单中选择“内容浏览器”选项，或按快捷键 Shift+F8，如图 2-74 所示。

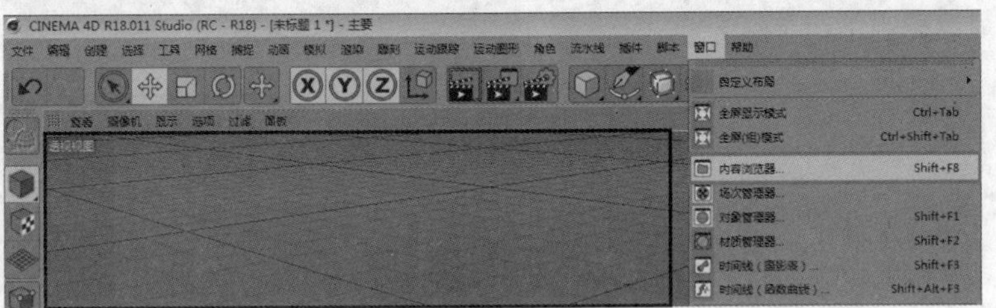

图 2-74

（3）执行上述操作后将弹出“内容浏览器”对话框，在其中的“预置”选项下可以选择包含杯具、厨具在内的各种模型，如图 2-75 所示。

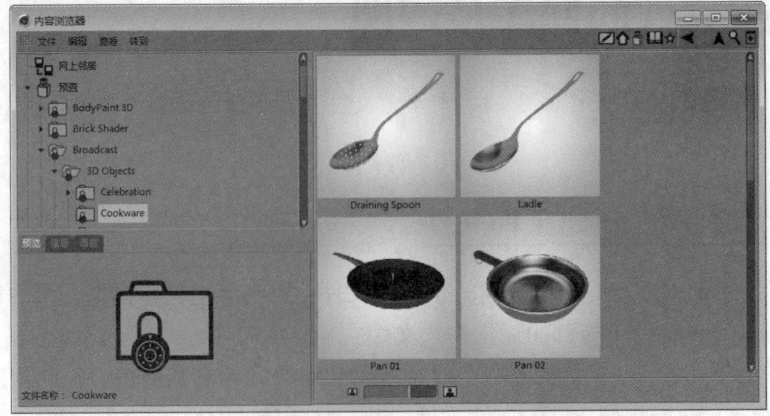

图 2-75

（4）在要调用的模型图标上双击鼠标左键，如“Cookware”子菜单下的“Pan 02”平底锅模型，即可将其加载至视图窗口中，如图 2-76 所示。

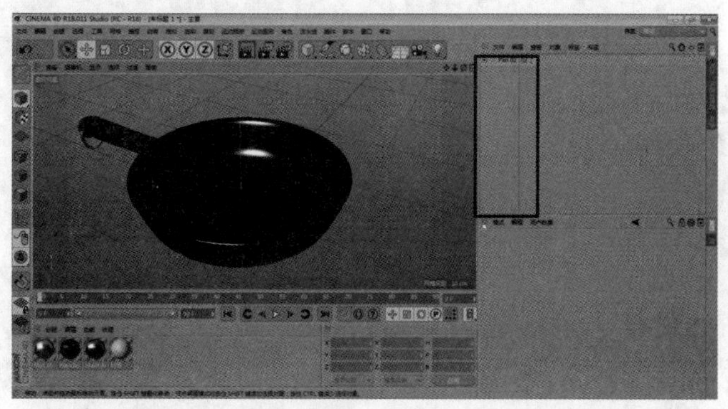

图 2-76

（5）保存为其他格式的文件。在“文件”菜单中选择“导出”|“3D Studio（*.3ds）”选项，弹出“保存文件”对话框，此时文件的后缀名变为“.3ds”的 3ds Max 文件格式后缀，接着在其中定义保存路径和文件名，最后单击“保存”按钮，这样就将文件保存为可在 3ds Max 软件中打开的格式，如图 2-77 所示。

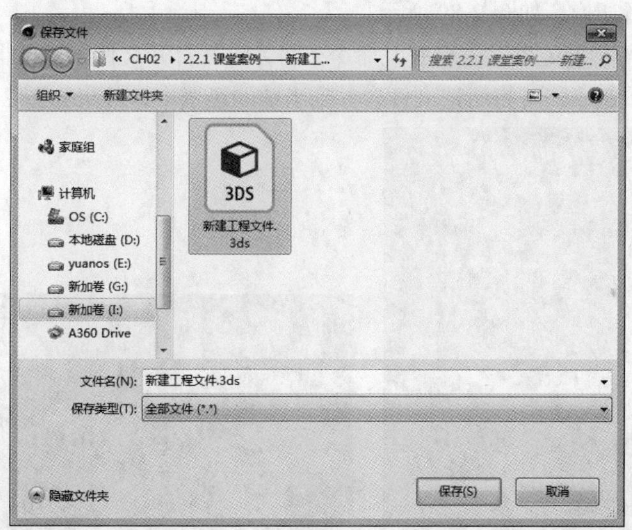

图 2-77

2.2.2 新建文件

文件的新建与打开是使用 CINEMA 4D 软件最基本的操作。在菜单栏中执行“文件”|“新建”命令，即可创建一个新文件，如图 2-78 所示，此外还可以使用快捷键 Ctrl+N 来完成该操作，新建文件的默认文件名为“未标题 1*”。

2.2.3 打开文件

在菜单栏中执行“文件”|“打开”命令，将弹出“打开文件”对话框，如图 2-79 所示，从中定位到要打开的文件，然后单击右下角的“打开”按钮即可打开对应的文件。

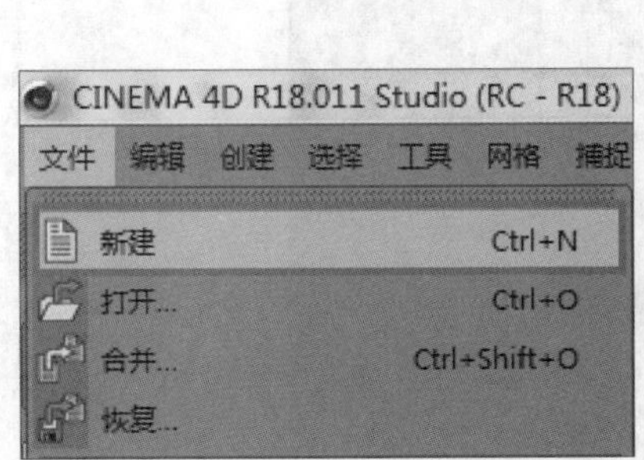

图 2-78

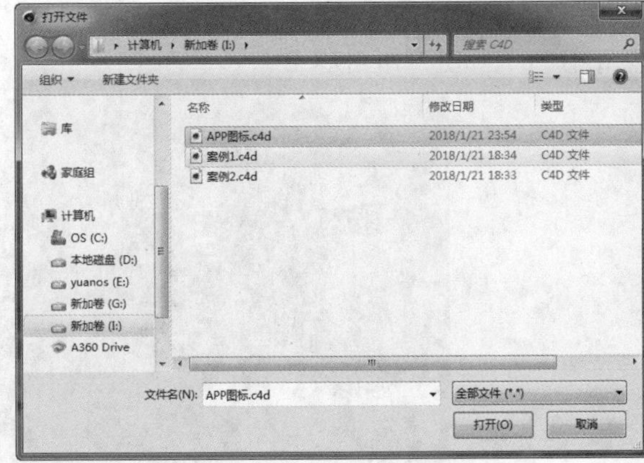

图 2-79

2.2.4 合并文件

当打开两个或更多的文件时，软件的操作界面中仍然只显示出单个文件，其余的文件需要在“窗口”菜单的最底端进行切换，如图 2-80 所示。

此时，在菜单中执行“文件”|“合并”命令，将弹出“打开文件”对话框，从中选择要合并的文件，单击“打开”按钮，即可将所选文件合并到当前的场景中，效果如图 2-81 所示。

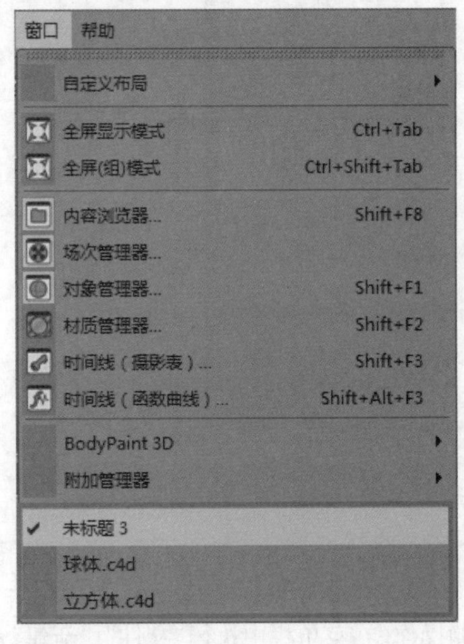

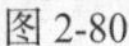

图 2-80

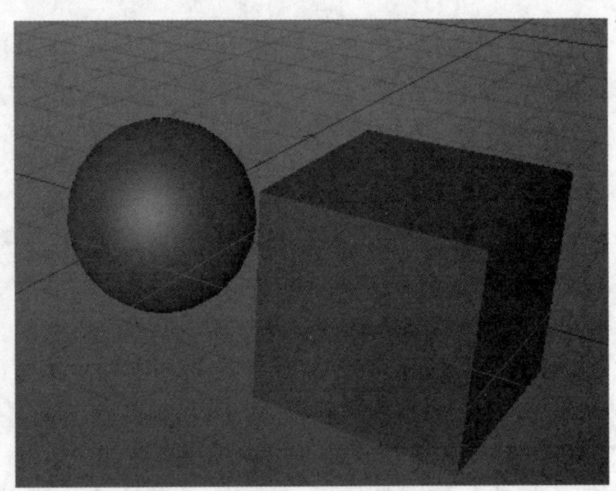

图 2-81

2.2.5 保存文件

执行“文件”菜单下的“保存”或“另存为”命令，可以将当前打开的单个文件保存为 c4d 格式；执行“文件”菜单下的“全部保存”命令，可以将所有打开的文件一次性保存为 c4d 格式，如

图 2-82 所示。保存文件时会弹出“保存文件”对话框，如图 2-83 所示，用户可在其中指定文件的保存名称和路径。

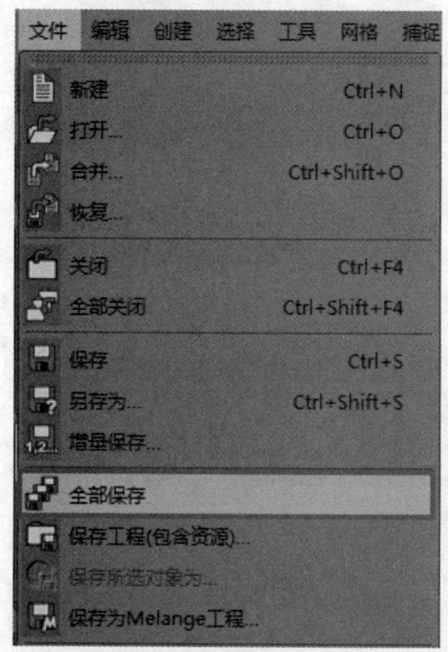

图 2-82

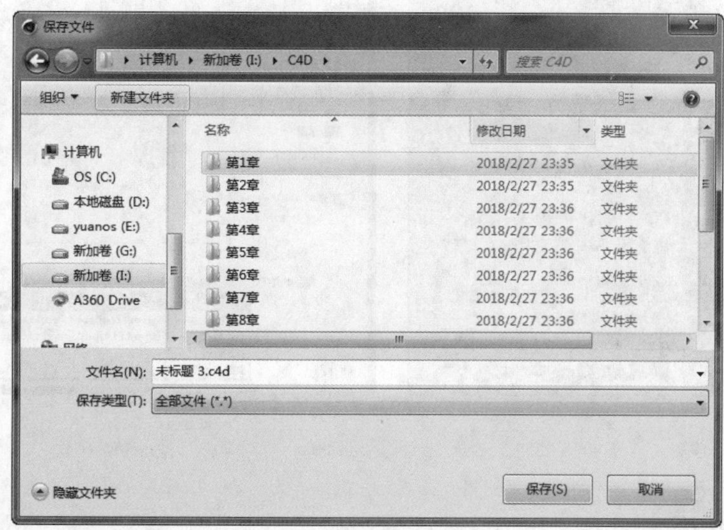

图 2-83

除此之外，还可以执行“文件”|“增量保存”命令，将文件保存为“三维格式”“图片格式”“参数设置”或“参数”格式，如图 2-84 所示。

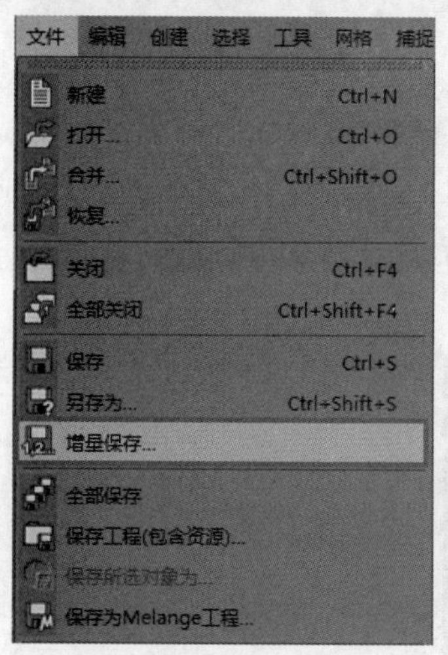

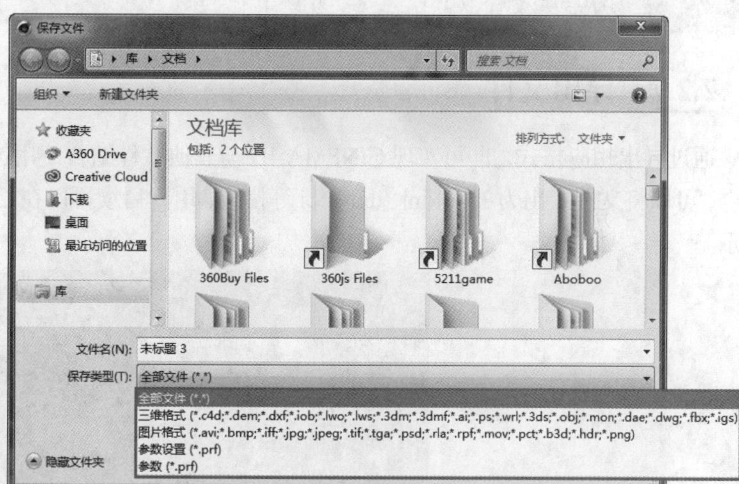

图 2-84

2.2.6 保存工程文件

在菜单栏中执行“文件”|“保存工程（包含资源）”命令，可以将当前编辑的文件保存为一个工程文件，文件中用到的资源素材也将保存到工程文件中，如图 2-85 所示。

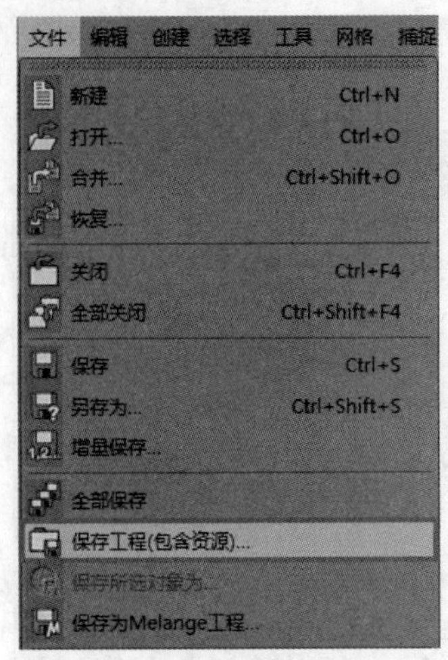

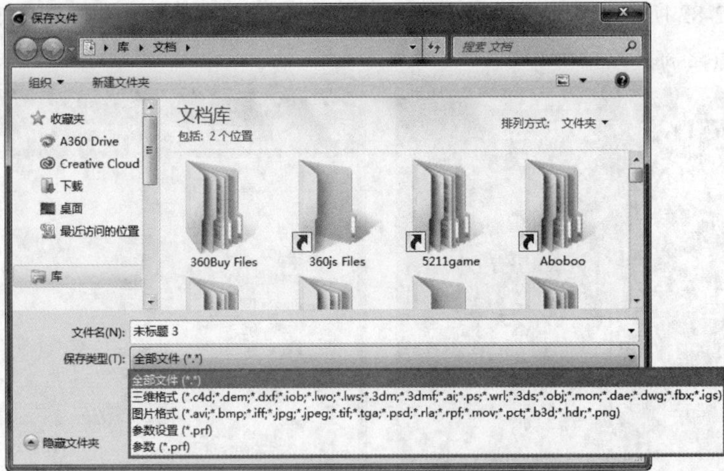

图 2-85

提示

保存工程文件也就是工作中常常提到的"将工程打包"。一般的场景文件在创作完毕后，如果没有同时将相关的材质、贴图等资源文件夹一起打包发给用户，那用户很有可能打不开该文件，或在打开后出现各种信息丢失的情况。因此，在场景文件创作完毕后，建议大家进行保存工程文件的操作，避免日后丢失资源，也方便交接给其他的用户。

2.2.7 导出文件

通过导出相应格式，即可实现 CINEMA 4D 与其他软件结合使用这一操作。执行"文件" | "导出"命令，可以将文件导出为 3ds、xml、dxf、obj 等格式，用户后续可以在相应的软件中进行编辑，如图 2-86 所示。

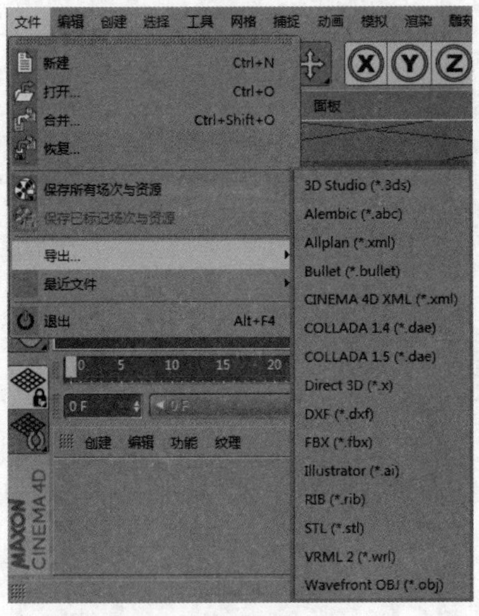

图 2-86

2.3 课堂练习：创建 App 图标

【知识要点】使用 CINEMA 4D 自带的基本几何体模型，如立方体、圆柱等，搭建出大致的模型本体，然后通过布尔运算删去多余的部分，最终创建出 App 图标效果，如图 2-87 所示。

【所在位置】Ch02\ 素材 \ 创建 App 图标 .c4d

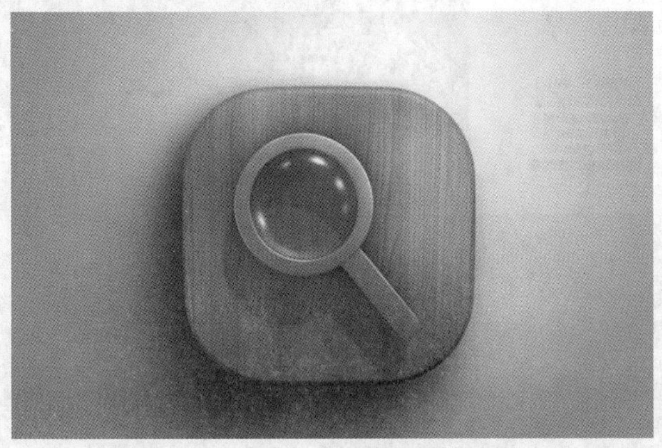

图 2-87

2.4 课后习题：导出 3D 打印文件

【知识要点】CINEMA 4D 是一款功能强大的建模软件，为用户提供了多种预设模型，这些预设模型只要通过简单调用即可获得，为用户省去了大量的建模时间。同时 CINEMA 4D 便捷的文件转换功能可以支持用户快速创建特定模型，并转换为 3D 打印用的 stl 文件以获得模型实物，效果如图 2-88 所示。

【所在位置】Ch02\ 素材 \ 导出 3D 打印文件 .stl

图 2-88

第3章 CINEMA 4D 建模技术

本章介绍

建模一般是指在场景中创建二维图形或三维模型。三维建模是三维设计的第 1 步，没有一个好的模型，则其他任何效果都难以表现。CINEMA 4D 提供了多种建模命令，用户除了使用内置的模型外，也可以通过创建基本对象物体，对图形进行挤压、放样、扫描等操作创建模型，此外还可以使用造型工具、变形器工具等高级的建模方法创建模型。

学习目标

- 学会使用样条曲线创建二维图形
- 学会通过 NUBRS 命令将二维图形转换为三维模型
- 掌握造型工具与变形器工具的应用

技能目标

- 掌握扁平风格场景的创建方法
- 掌握吊灯的创建方法
- 掌握日历的创建方法
- 掌握魔法气泡的创建方法
- 掌握多彩文字的创建方法
- 掌握电商海报的创建方法
- 掌握香水瓶模型的创建方法

3.1 创建基本对象物体

在 CINEMA 4D 的工具栏中单击“立方体”按钮，弹出一个可供选择的菜单，如图 3-1 所示。该菜单中有常用的基本几何体建模命令，如立方体、圆柱、球体等，灵活组合使用这些基本模型，可以创建出一些简单的三维模型。

图 3-1

3.1.1 课堂案例：创建扁平风格场景

【学习目标】综合使用 CINEMA 4D 提供的各种基本几何体模型，如立方体、圆柱等创建出简洁的场景模型。

【知识要点】扁平化是近年来较为流行的一种设计风格，而 CINEMA 4D 所创建的扁平化场景模型则是其中常见的设计表现方式，多用于概念设计、MG（Motion Graphics，动态图形）动画等。本例将使用立方体创建商店主体，再通过圆柱等命令做出细节，最终效果如图 3-2 所示。

【所在位置】Ch03\ 素材 \ 创建扁平风格场景 .c4d

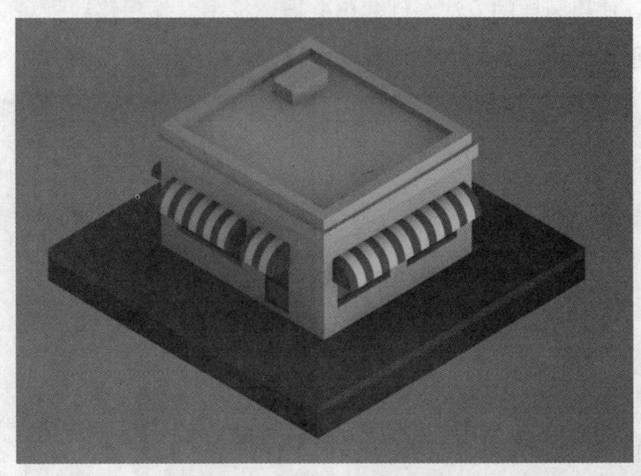

图 3-2

（1）创建商店主体。启动 CINEMA 4D 软件，然后单击工具栏中的“立方体”按钮，创建一个立方体，如图 3-3 所示。

（2）在软件操作界面右下角的“属性”窗口中调整“尺寸 .X”为 110cm、“尺寸 .Y”为 70cm、“尺寸 .Z”为 120cm，如图 3-4 所示。

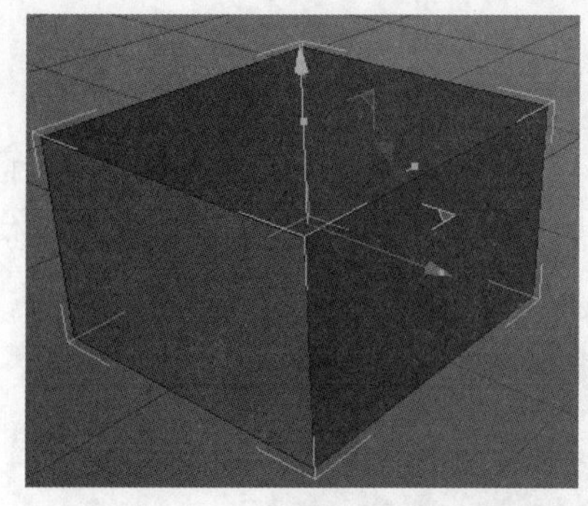

图 3-3

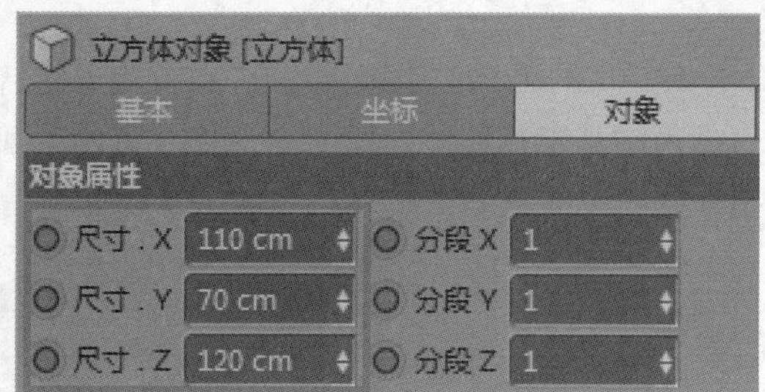

图 3-4

（3）使用上述方法，再创建一个尺寸为 115cm×8cm×125cm 的立方体，并调整其位置，将其放置在第 1 个立方体的上方，如图 3-5 所示。

（4）创建屋顶。分别创建尺寸为 120cm×7cm×110cm 和 106cm×10cm×96cm 的一大一小两个立方体，并将它们放置在第 2 个立方体的上方，如图 3-6 所示。

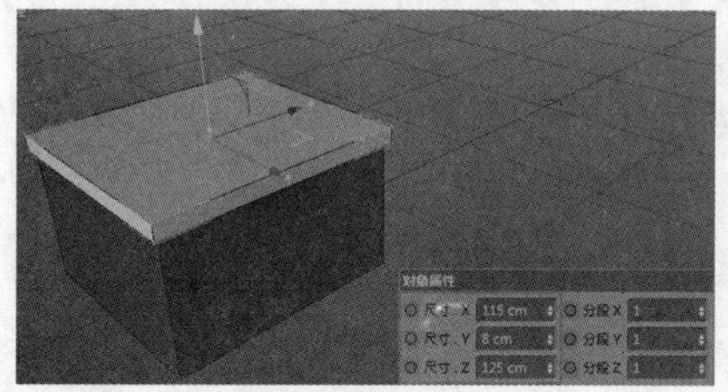

图 3-5

图 3-6

（5）修剪屋顶。在工具栏中单击“布尔”按钮，选择“布尔类型”为“A 减 B”，然后将步骤（4）中所创建的两个立方体移至“布尔”对象下方，得到图 3-7 所示的模型效果。

（6）创建其他门窗效果。使用同样的方法，创建出立方体模型，然后移动到对应的位置上，通过布尔运算创建出门窗和其他效果，如图 3-8 所示。

图 3-7

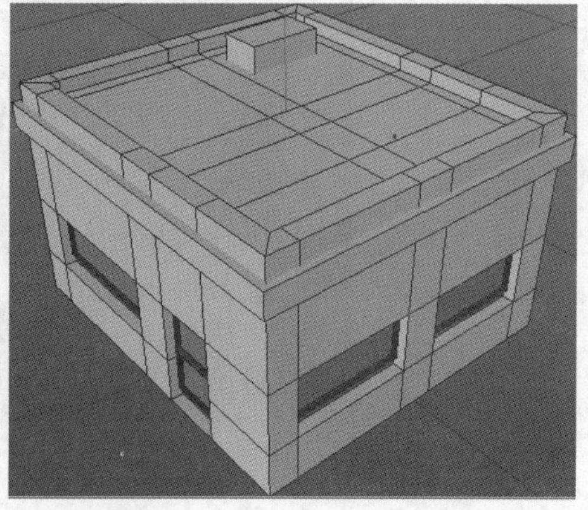

图 3-8

（7）创建遮阳棚。遮阳棚主要通过圆柱命令来进行创建，长按工具栏中的“立方体”按钮，展开菜单，单击其中的“圆柱”按钮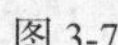，在视图中创建一个圆柱，如图 3-9 所示。

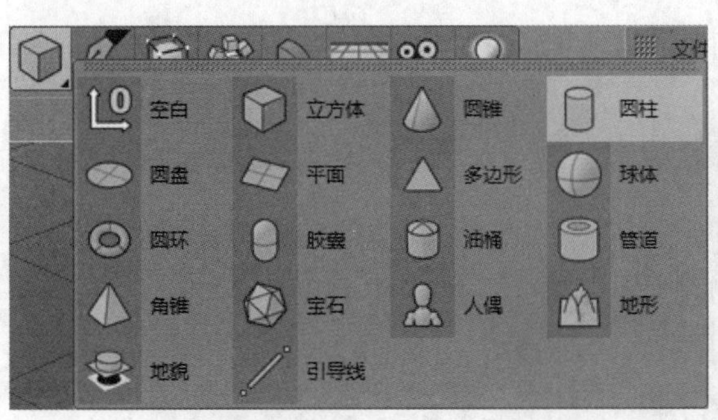

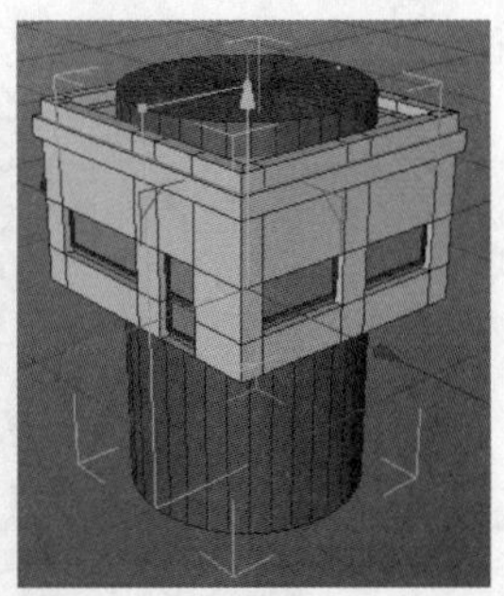

图 3-9

（8）选择圆柱，在软件操作界面右下角的“属性”窗口中调整其“高度”为 54cm、“半径”为 14cm，选择“方向”为“+Z”，调整其位置如图 3-10 所示。

（9）切换至“切片”选项卡，勾选“切片”复选框，设置“起点”参数为 270°，设置“终点”参数为 360°，然后调整圆柱位置，即可得到遮阳棚效果，如图 3-11 所示。

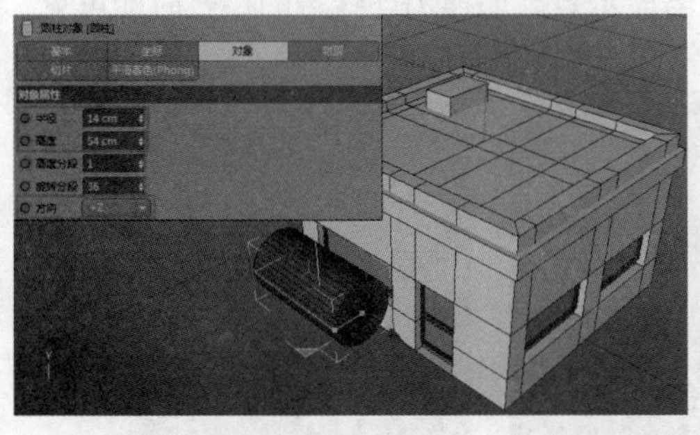

图 3-10

图 3-11

（10）使用上述方法，在其他门窗处创建遮阳棚，效果如图 3-12 所示。

（11）创建地面。单击工具栏中的“立方体”按钮，创建一个尺寸为 200cm×20cm×200cm 的立方体，并调整其位置，将其放置在模型的最下方，即可得到图 3-13 所示的场景效果。

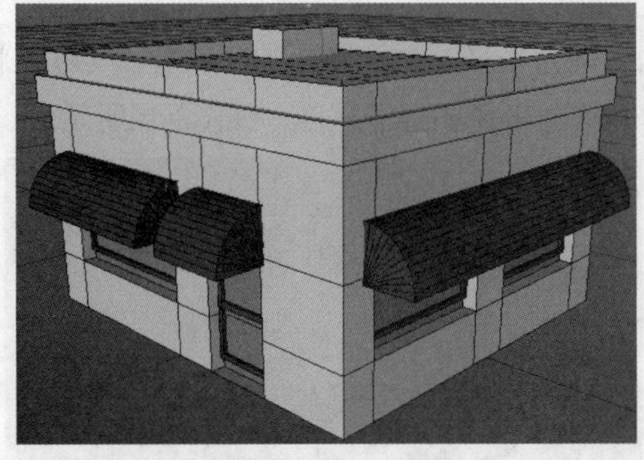

图 3-12

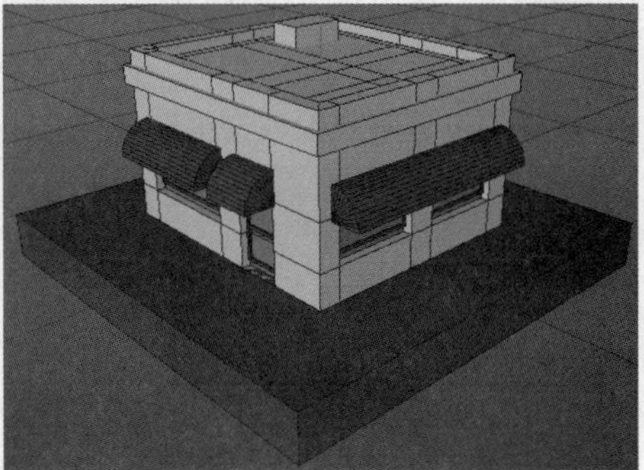

图 3-13

3.1.2 立方体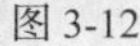

现实生活中由立方体构建的物体有很多，因此立方体是建模中常用的几何体之一。在 CINEMA 4D 工具栏中单击“立方体”按钮，即可创建一个立方体对象，在软件操作界面右下方的“属性”

窗口中可以看到立方体对象的一些基本参数，如图 3-14 所示。

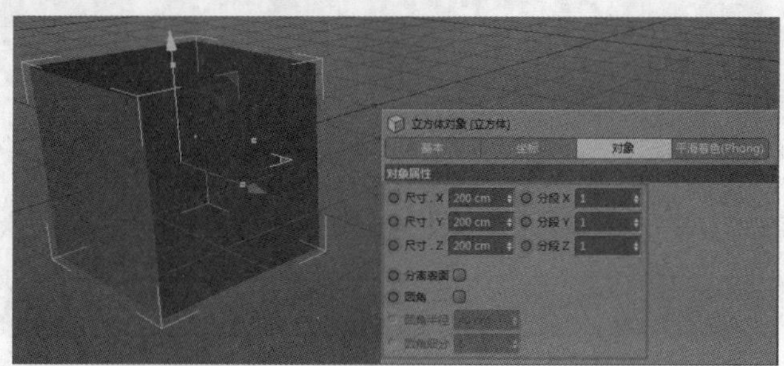

图 3-14

“对象属性”面板中各参数的具体含义如下。

- 尺寸.X/尺寸.Y/尺寸.Z：新创建的立方体的边长均默认为200cm，如需修改大小，可以在这3个参数文本框中输入新的数值来进行调整，如图3-15所示。
- 分段X/分段Y/分段Z：用于增加模型的分段数，当显示效果切换为含线条的模式时即可见，如图3-16所示。

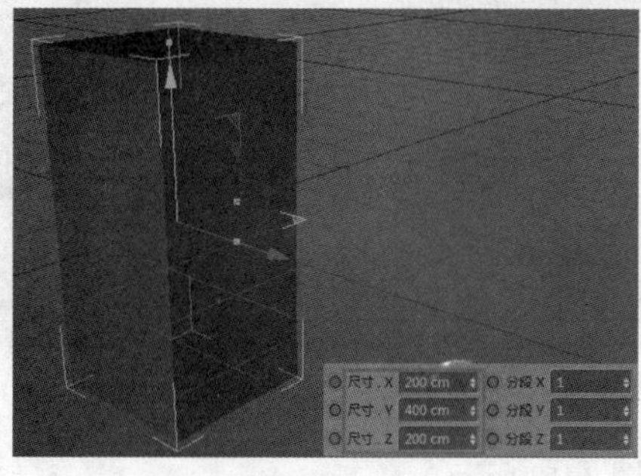

图 3-15

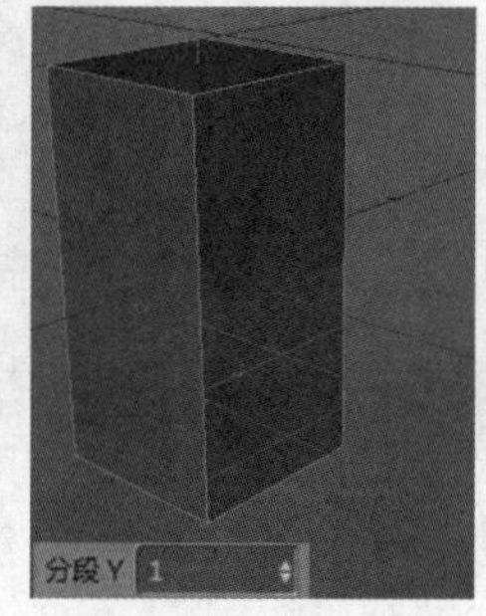

图 3-16

- 分离表面：勾选“分离表面”复选框后，按快捷键C，即可将立方体模型由参数对象转换为多边形对象，此时立方体被分解为6个平面，如图3-17所示。
- 圆角：勾选“圆角”复选框后，该属性下的“圆角半径”和“圆角细分”参数文本框将被激活，可以通过这两个参数文本框设置立方体的倒圆半径和圆滑程度，如图3-18所示。

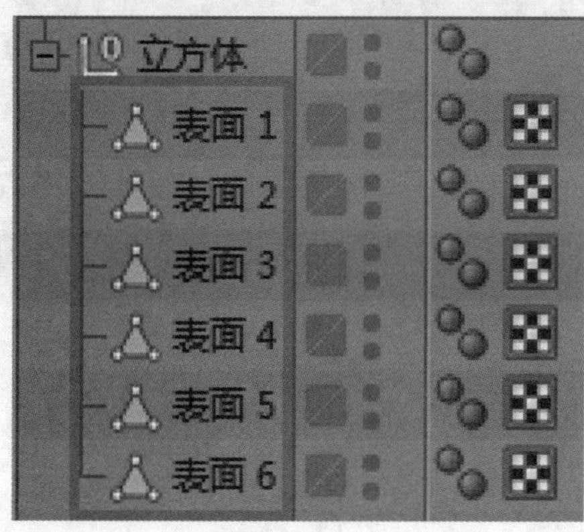

图 3-17

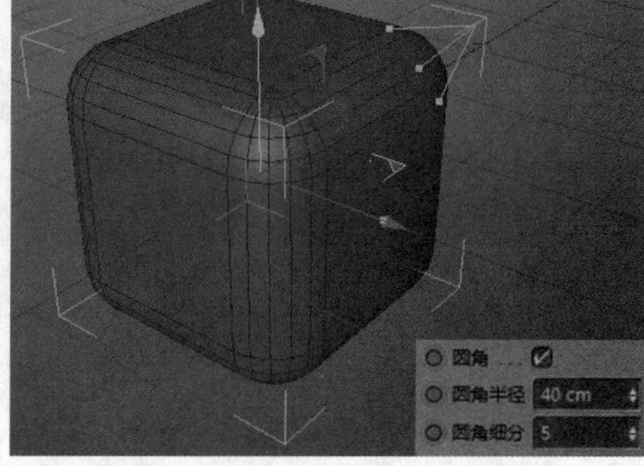

图 3-18

3.1.3 圆锥

圆锥是以一条直线为中心轴线，以另一条与其成一定角度的线段为母线，然后使母线围绕中心轴线旋转 360° 形成的实体。

在 CINEMA 4D 工具栏中单击“圆锥”按钮，即可创建一个圆锥对象，如图 3-19 所示，在软件操作界面右下方的“属性”窗口中可以看到该对象的一些基本参数。

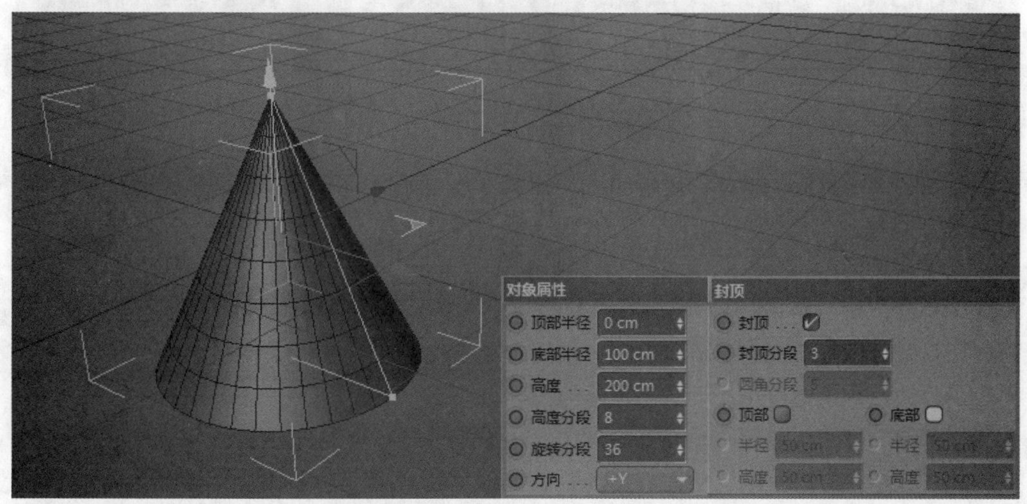

图 3-19

1. “对象属性”面板

- 顶部半径：设置圆锥顶部的半径，默认尺寸为0cm，如果将其设置为非零的数值，便会得到一个圆台，如图3-20所示。
- 底部半径：设置圆锥底部的半径，默认尺寸为100cm，如果数值和顶部半径相同且非0，则会得到一个圆柱，如图3-21所示。

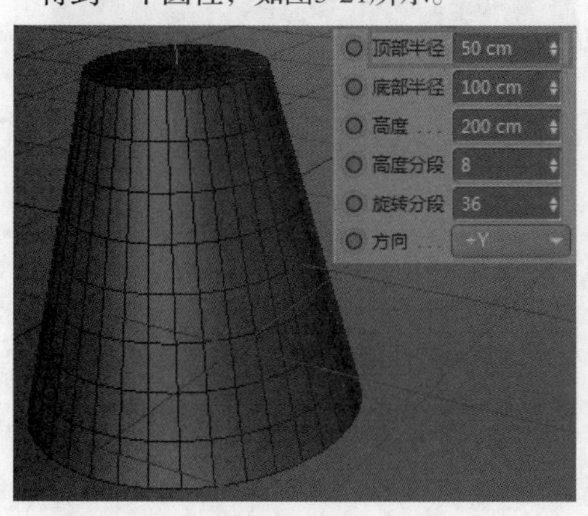

图 3-20

图 3-21

- 高度：设置圆锥的高度，默认尺寸为200cm。
- 高度分段/旋转分段：设置圆锥在高度和纬度上的分段数，如图3-22所示。

◆ 方向：设置圆锥的创建方向，即底部平面的法向（法线的方向）指向顶面的方向，有+X、+Y、+Z和－X、－Y、－Z这6个方向可供选择，如图3-23所示。

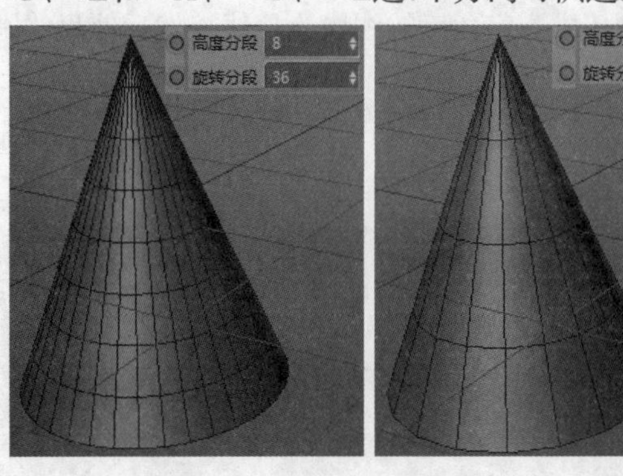

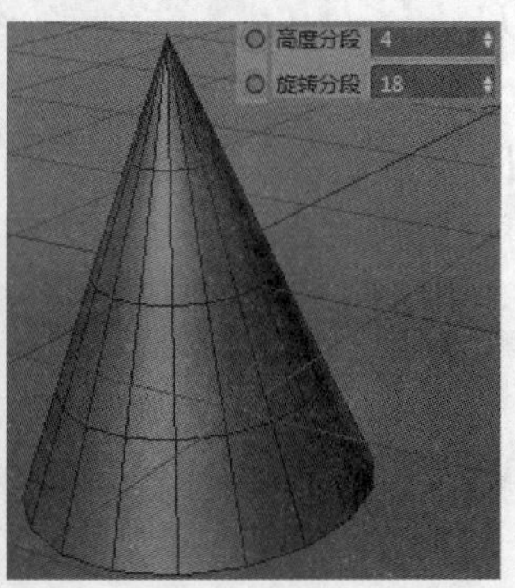

图 3-22

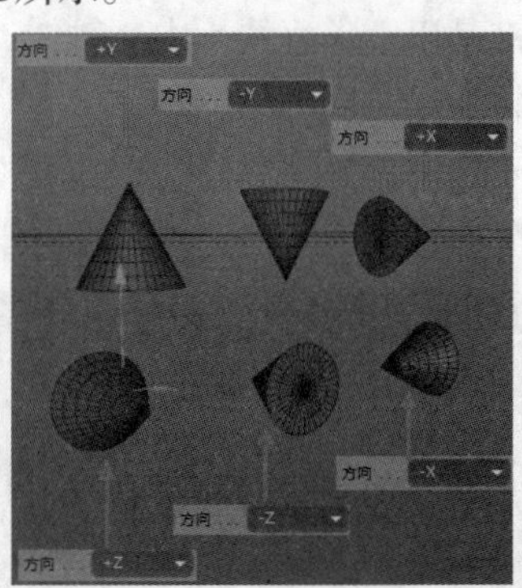

图 3-23

2. “封顶”面板

◆ 封顶：勾选该复选框后，可以对圆锥进行封顶操作。

◆ 封顶分段：该参数可用来调节封顶后的顶面分段。

◆ 圆角分段：设置封顶后圆角的分段。

◆ 顶部：勾选该复选框后，可以在下面的“半径”和“高度”文本框中设置顶部的圆角大小，如图3-24所示。

◆ 底部：勾选该复选框后，可以在下面的“半径”和“高度”文本框中设置底部的圆角大小，如图3-25所示。

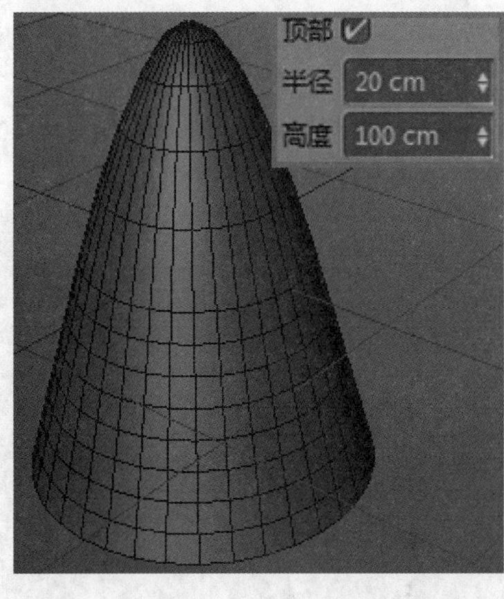

图 3-24

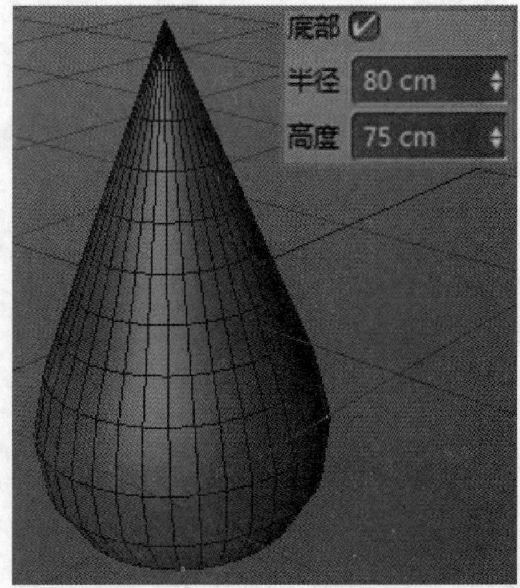

图 3-25

3.1.4 圆柱

圆柱可以看作以长方形的一条边为旋转中心线，并绕中心线旋转 360° 所形成的实体。此类实体特征生活中比较常见，如柱子、杆子等。在工具栏中单击“圆柱”按钮即可创建一个圆柱，在软件操作界面右下方的“属性”窗口中可以看到该对象的一些基本参数，如图 3-26 所示。

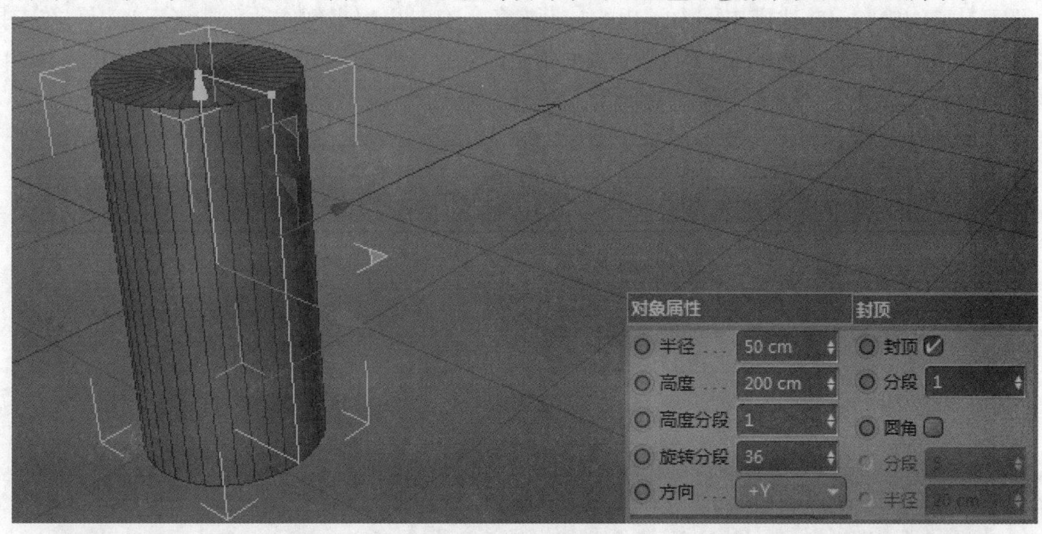

图 3-26

1. “对象属性”面板

- 半径：设置圆柱的半径，默认尺寸为50cm。
- 高度：设置圆柱的高度，默认尺寸为200cm。
- 高度分段/旋转分段：设置圆柱在高度和纬度上的分段数，效果同圆锥，这里不再重复介绍。
- 方向：从+X、+Y、+Z和－X、－Y、－Z这6个方向中选择圆柱的朝向，效果同圆锥。

2. “封顶”面板

- 封顶：该复选框默认为勾选状态，如果取消勾选，则圆柱的上、下两个顶面将被删除，仅得到圆柱的侧面，如图3-27所示。
- 分段：该参数可用来调节圆柱的顶面径向分段，如图3-28所示。
- 圆角：勾选该复选框后，其下的“分段”和“半径”参数文本框将被激活，可以通过这两个参数文本框设置圆柱的倒圆半径和圆滑程度，如图3-29所示。

图 3-27

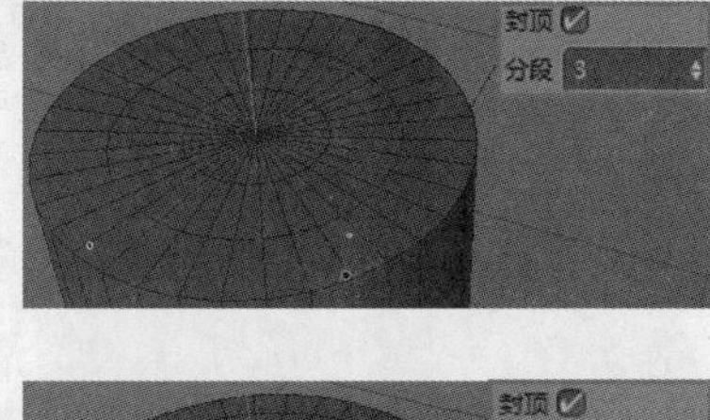

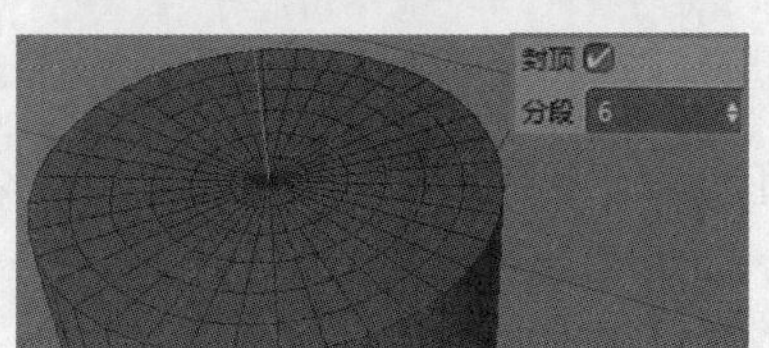

图 3-28

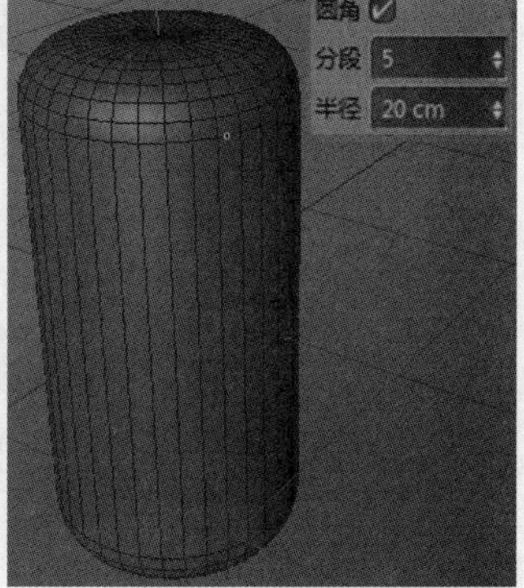

图 3-29

3.1.5 平面

平面是 CINEMA 4D 建模工作中常用的辅助对象，有时也用来创作地面或者反光板。在工具栏中单击“平面”按钮，即可创建一个平面对象，在软件操作界面右下方的“属性”窗口中可以看到平面对象的一些基本参数，如图 3-30 所示。

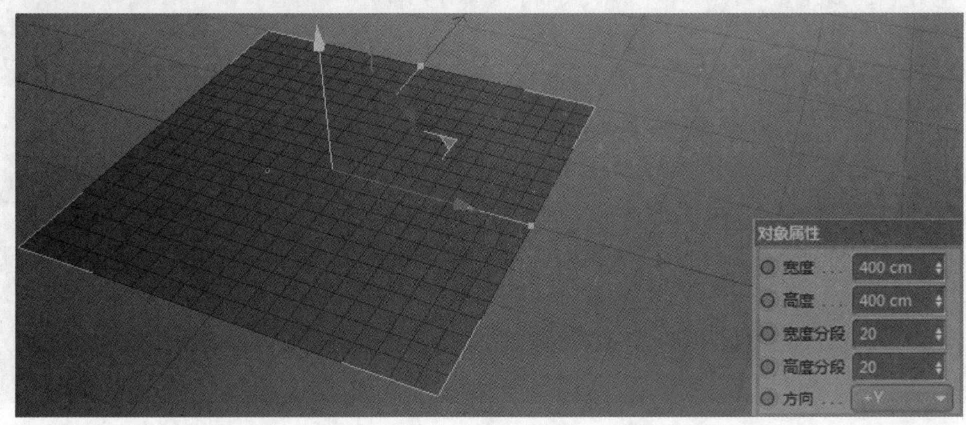

图 3-30

“对象属性”面板中各参数的具体含义如下。

- 宽度：设置平面的宽度，即x轴方向上的长度，默认尺寸为400cm。
- 高度：设置平面的高度，即z轴方向上的长度，默认尺寸为400cm。
- 宽度分段/高度分段：设置平面在宽度和高度上的分段数。
- 方向：从+X、+Y、+Z和－X、－Y、－Z这6个方向中选择平面的法向，如图3-31所示。

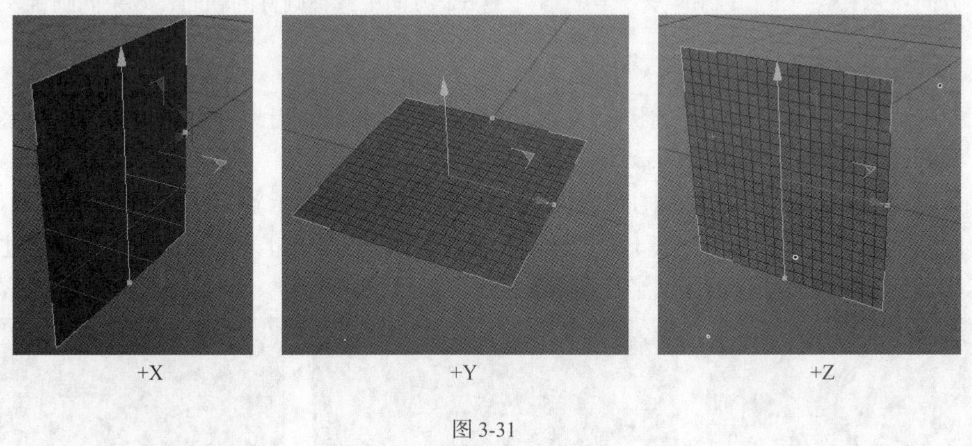

+X　　+Y　　+Z

图 3-31

3.1.6 多边形

多边形是建模中常用的构造面，通常用来配合非参数化模型的编辑。在工具栏中单击“多边形”按钮即可创建一个多边形对象，如图 3-32 所示。

多边形对应的“属性”窗口的各参数含义与平面大体一致，但多出了一个“三角形”复选框，勾选该复选框后多边形将变为三角形的平面，如图 3-33 所示。

图 3-32

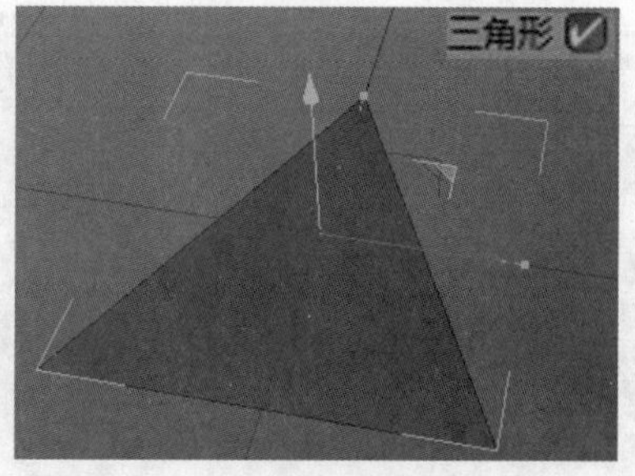

图 3-33

3.1.7 球体

在创建类似星球和一些曲面的模型时，需要用到“球体”命令，这也是 CINEMA 4D 中使用频率较高的一个命令。在工具栏中单击“球体”按钮，即可创建一个球体对象，在软件操作界面右下方的“属性”窗口中可以看到球体对象的一些基本参数，如图 3-34 所示。

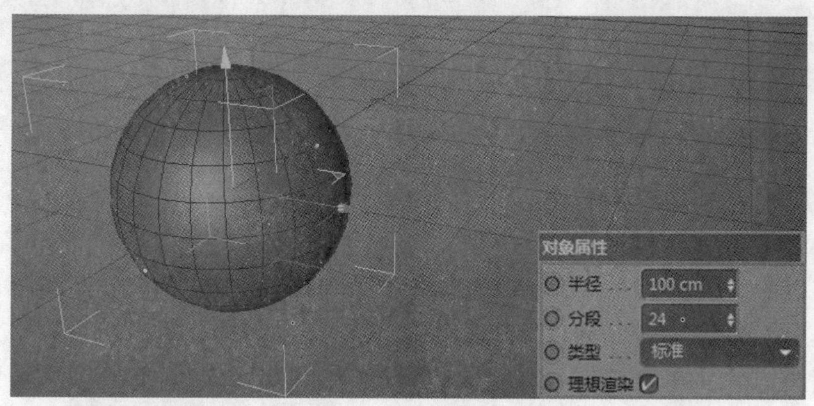

图 3-34

“对象属性”面板中各参数的具体含义如下。

- 半径：设置球体的半径，默认尺寸为100cm。
- 分段：设置球体的分段数，以控制球体的光滑程度，默认为24，分段数越多，球体越光滑，反之就越粗糙，如图3-35所示。

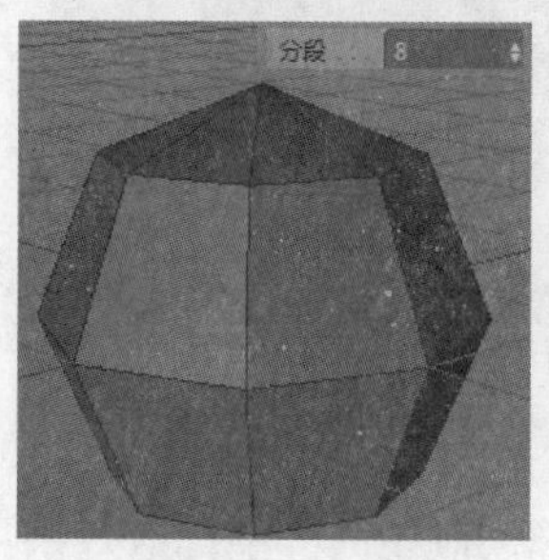

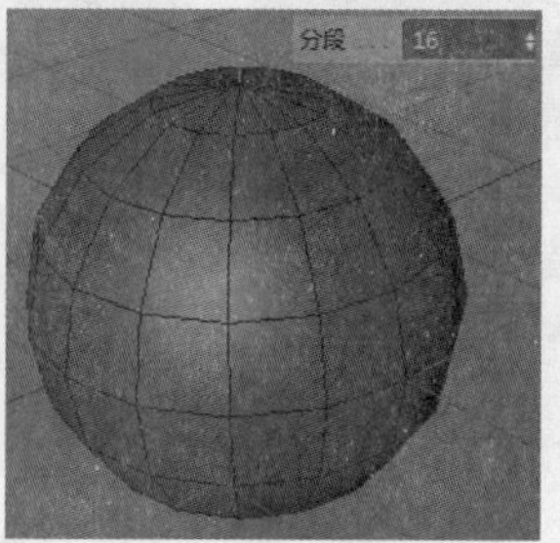

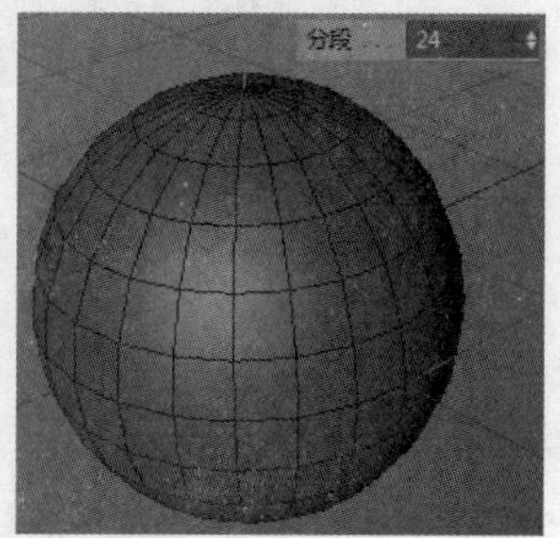

图 3-35

- 类型：球体包含6种类型，分别为“标准”“四面体”“六面体”“八面体”“二十面体”“半球体”，效果如图3-36所示。

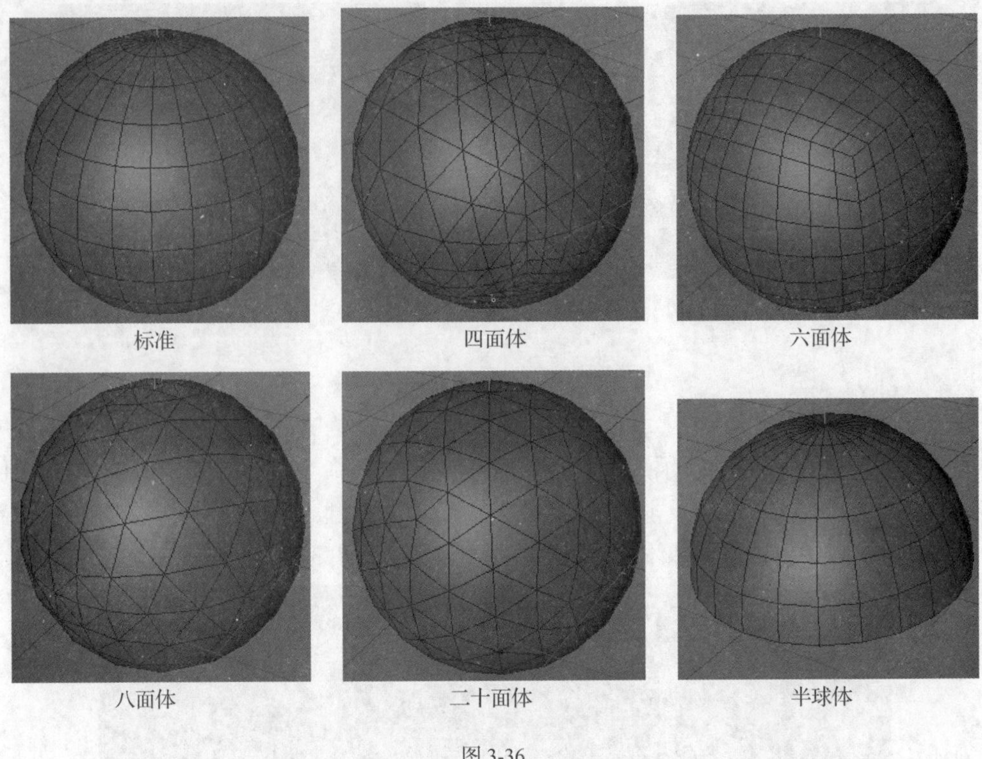

图 3-36

◆ 理想渲染：勾选该复选框后可以启用“理想渲染”功能，该功能是CINEMA 4D中很人性化的一项功能，无论视图场景中的模型显示效果如何，勾选该复选框后渲染出来的效果都非常完美，并且可以节省内存，如图3-37所示。

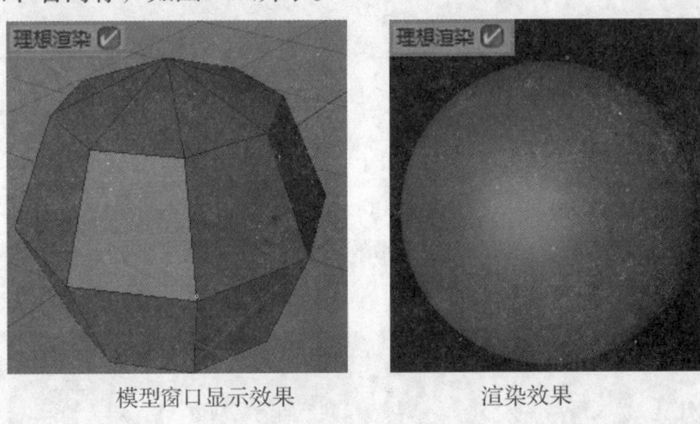

图 3-37

3.1.8 圆环

圆环工具可用于制作一些装饰性的模型，有时也会用于制作动画中的一些扩散效果。在工具栏中单击“圆环”按钮，即可创建一个圆环对象，在软件操作界面右下方的“属性”窗口中可以看到圆环对象的一些基本参数，如图 3-38 所示。

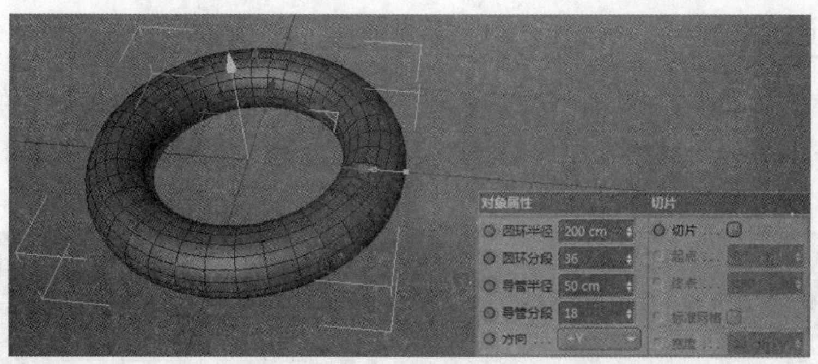

图 3-38

1. “对象属性”面板

- 圆环半径/圆环分段：圆环由圆环和导管两条圆形曲线组成，“圆环半径”控制圆环曲线的半径，“导管半径”控制圆环的粗细，如图3-39所示；而圆环分段控制圆环的分段数。
- 导管半径/导管分段：设置导管曲线的半径和分段数，如果“导管半径”为0cm，则在视图窗口中会显示出导管曲线，如图3-40所示。

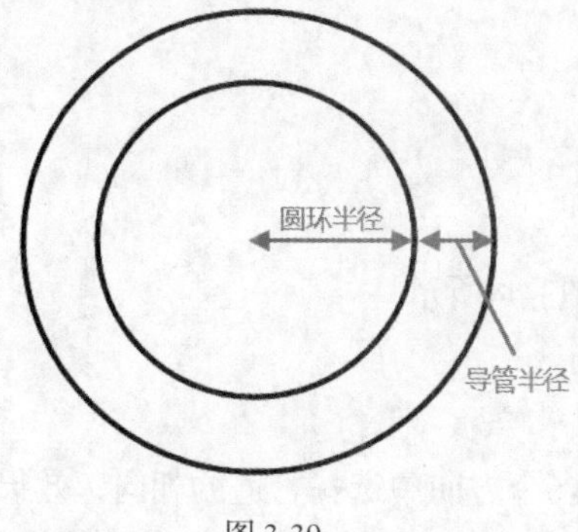

图 3-39

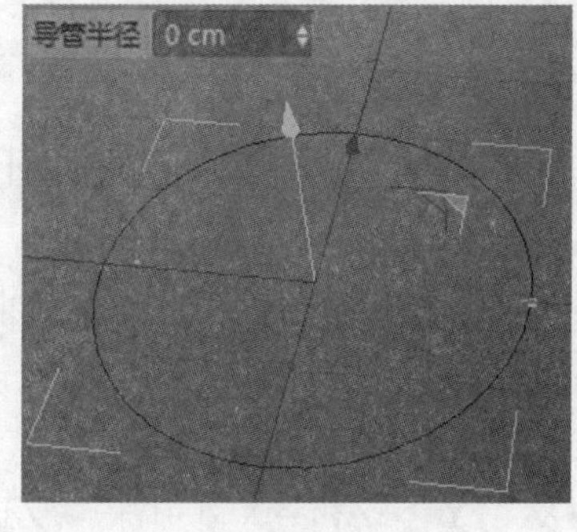

图 3-40

2. “切片”面板

- 切片：勾选该复选框后，可以对圆环模型进行切片，即根据用户输入的角度对圆环进行切割，如图3-41所示。
- 起点/终点：输入要分割圆环部分的起始角度与最终角度。
- 标准网格：勾选该复选框后，分割后的圆环截面被规范化为标准的三角面，如图3-42所示，可以根据下方的“宽度”来改变三角面的密度。

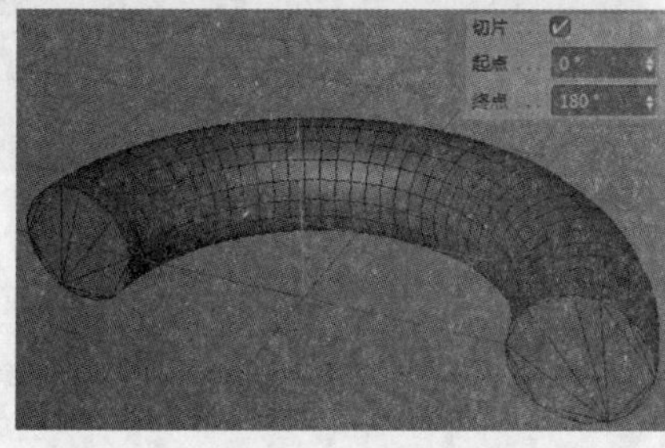

图 3-41

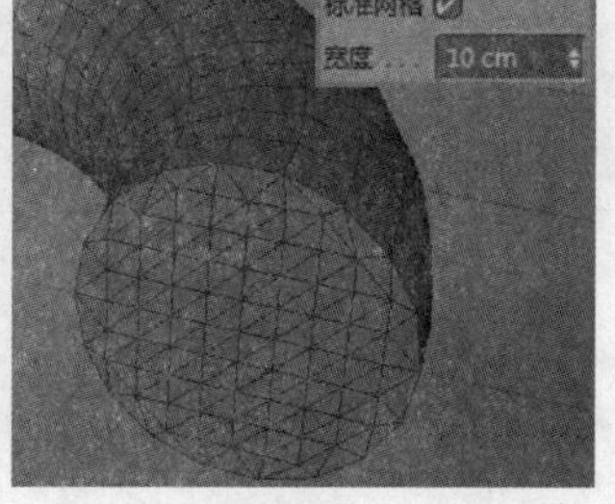

图 3-42

3.1.9 管道

使用管道工具可以快速创建一些中空圆柱体模型。在工具栏中单击“管道”按钮，即可创建一个管道对象，在软件操作界面右下方的“属性”窗口中可以看到管道对象的一些基本参数，如图 3-43 所示。

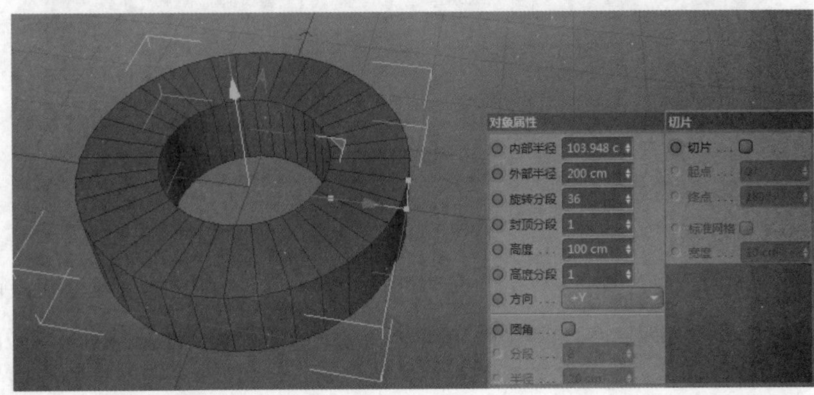

图 3-43

1. “对象属性”面板

- 内部半径/外部半径：设置管道的内径与外径大小。
- 旋转分段：控制管道的旋转分段数。
- 封顶分段：控制管道顶面的径向分段，如图3-44所示。
- 高度：设置管道的高度，默认尺寸为100cm。
- 高度分段：设置管道在高度上的分段。
- 方向：从+X、+Y、+Z和－X、－Y、－Z这6个方向中选择管道的朝向，效果同圆锥。
- 圆角：勾选该复选框后，其下的“分段”和“半径”参数文本框将被激活，可以通过这两个参数文本框设置管道的倒圆半径和圆滑程度，如图3-45所示。

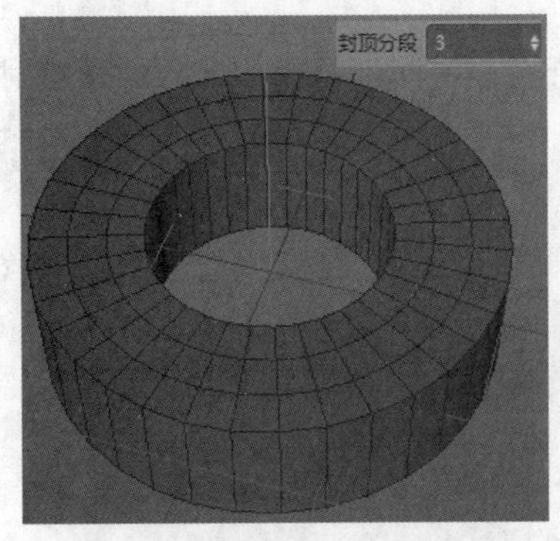

图 3-44

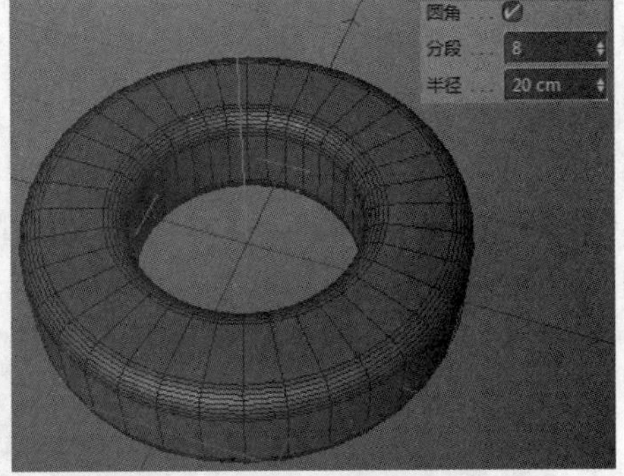

图 3-45

提示

包括圆环、立方体、圆柱等所有体素模型在内的建模命令，它们的圆角参数均是针对所有边进行设置的，如果要修改某条特定的边，则需要将其转换为非参数化的模型，然后手动进行调整。

2. “切片”面板

该选项卡下的各参数含义与圆环工具相同，这里不再重复介绍。

3.1.10 角锥

角锥是由 4 个平面封闭而成的简单几何体，通常用于低面体（Low-Poly）场景模型中的装饰。在工具栏中单击“角锥”按钮，即可创建一个角锥对象，在软件操作界面右下方的“属性”窗口中可以看到角锥对象的一些基本参数，如图 3-46 所示。

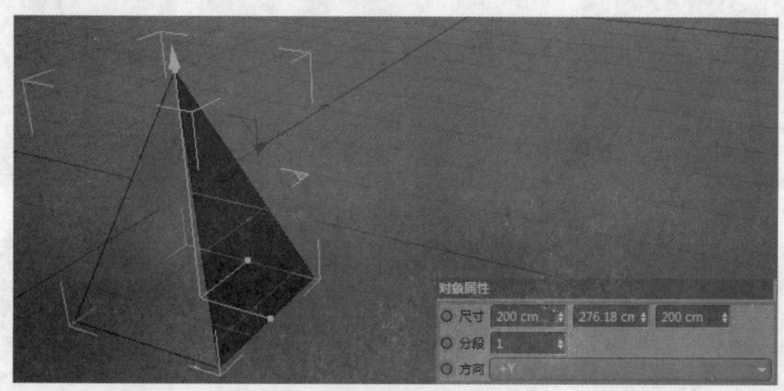

图 3-46

“对象属性”面板中各参数的具体含义如下。

- 尺寸：通过右侧的3个文本框来设置角锥在*x*轴、*y*轴、*z*轴方向上的长度。
- 分段：用于增加角锥的分段数。
- 方向：设置角锥尖端部分的朝向，效果同圆锥，这里不再重复介绍。

3.1.11 宝石

宝石工具可以快速创建一些精美的装饰图形。在工具栏中单击“宝石”按钮，即可创建一个宝石对象，在软件操作界面右下方的“属性”窗口中可以看到宝石对象的一些基本参数，如图 3-47 所示。

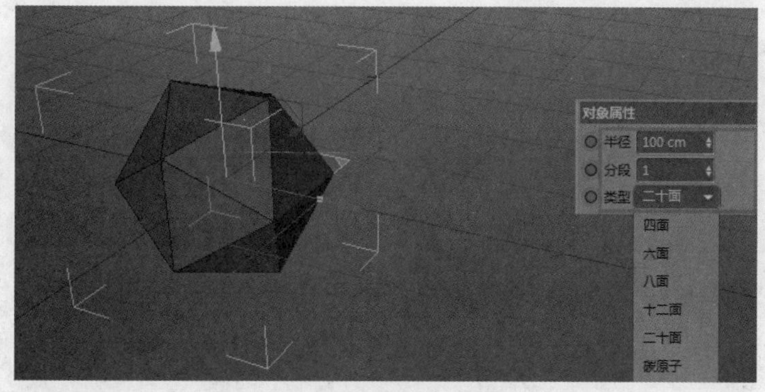

图 3-47

“对象属性”面板中各参数的具体含义如下。

- 半径：宝石模型本质上是一种正多面体模型的集合，因此各顶点可以看成是分布在一个共同的球面上，此处便可以设置该球面的半径值，半径越大，宝石的外观也会越大。
- 分段：用于增加宝石的分段数。
- 类型：提供了“四面”“六面”“八面”“十二面”“二十面”“碳原子”这6个选项供用户选择，效果如图3-48所示。

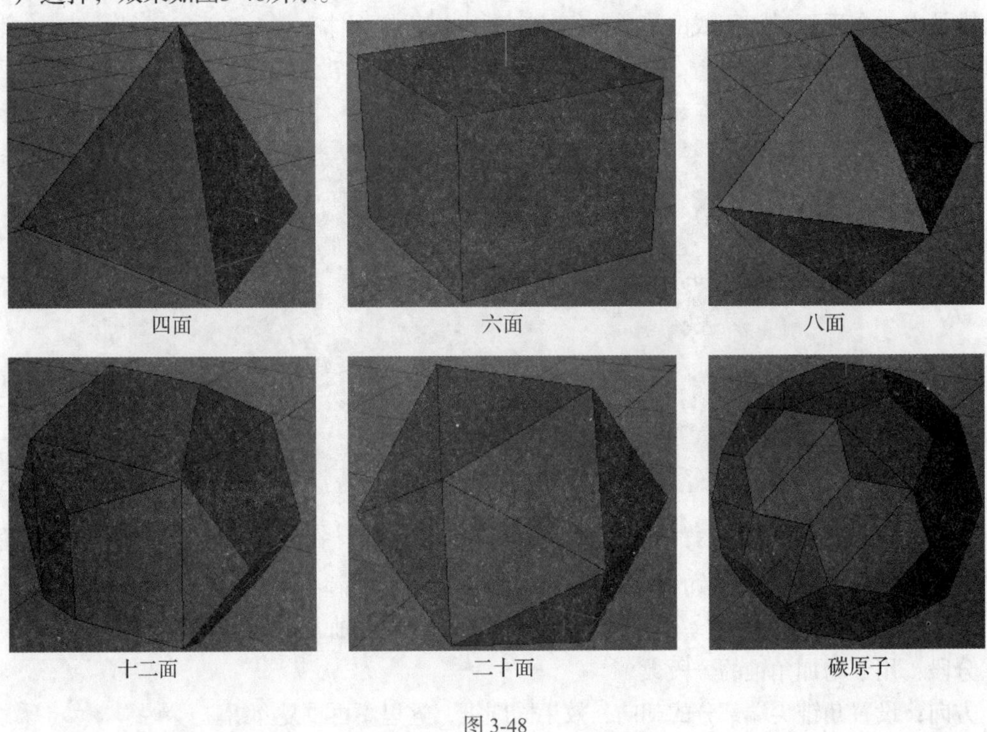

图 3-48

3.1.12　地形

地形工具可以用来创建复杂的地貌效果，从而快速制作出渲染用的场景。在工具栏中单击“地形”按钮，即可创建一个地形对象，在软件操作界面右下方的“属性”窗口中可以看到地形对象的一些基本参数，如图 3-49 所示。

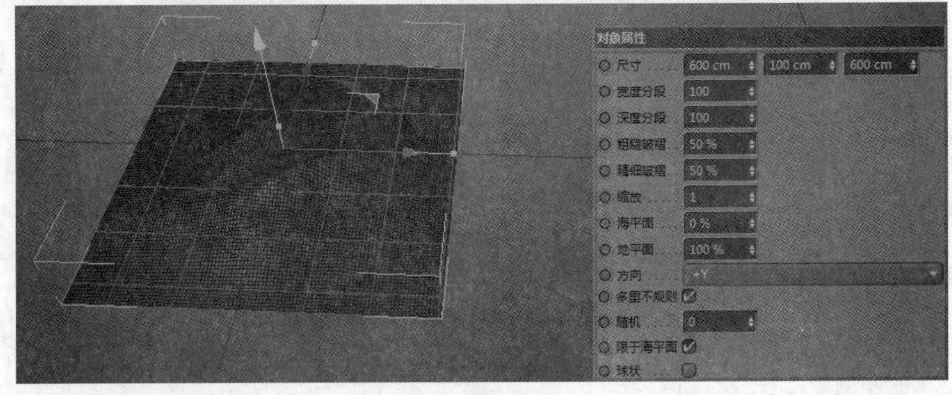

图 3-49

“对象属性”面板中各参数的具体含义如下。

◆ 尺寸：通过右侧的3个文本框来设置地形对象在x轴、y轴、z轴方向上的长度。

◆ 宽度分段/深度分段：设置地形在宽度与深度上的分段数，值越大，网格越密集，模型也越精细，如图3-50所示。

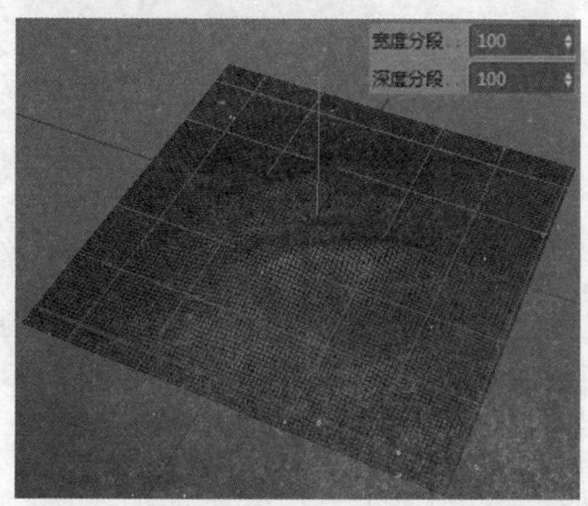

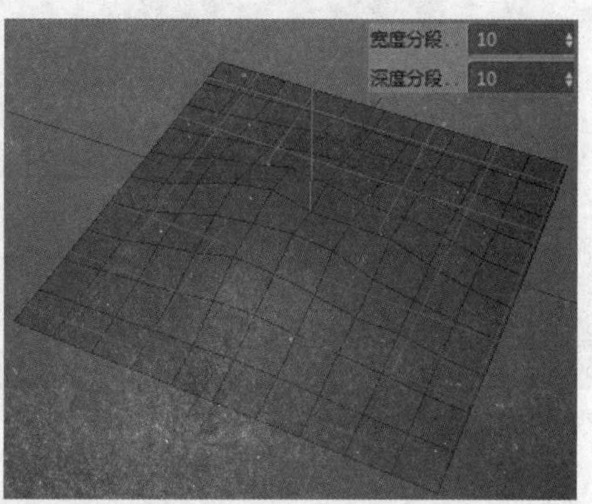

图 3-50

◆ 粗糙褶皱/精细褶皱：设置地形褶皱的粗糙和精细程度，值越大，褶皱越复杂，如图3-51所示。

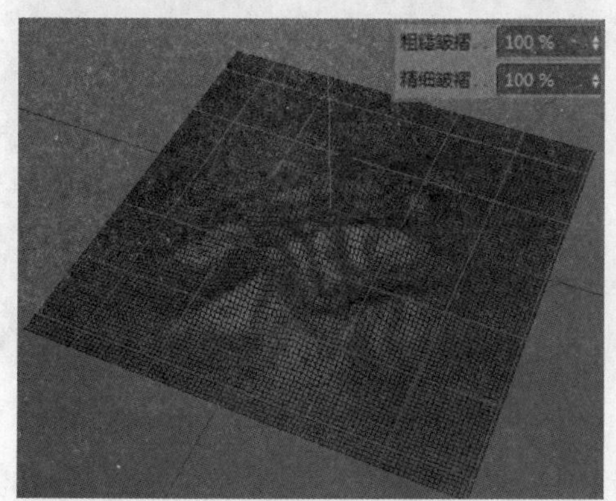

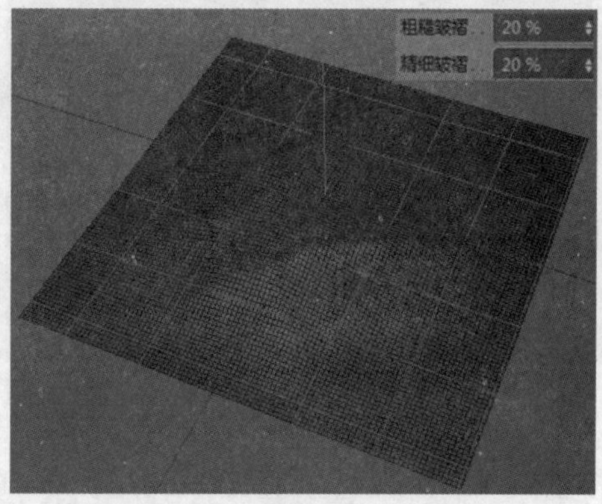

图 3-51

◆ 缩放：设置地形褶皱的缩放大小，值越大，褶皱的数量越多，如图3-52所示。

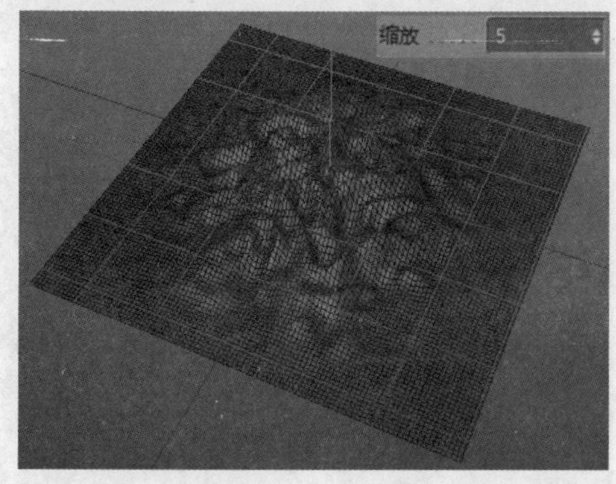

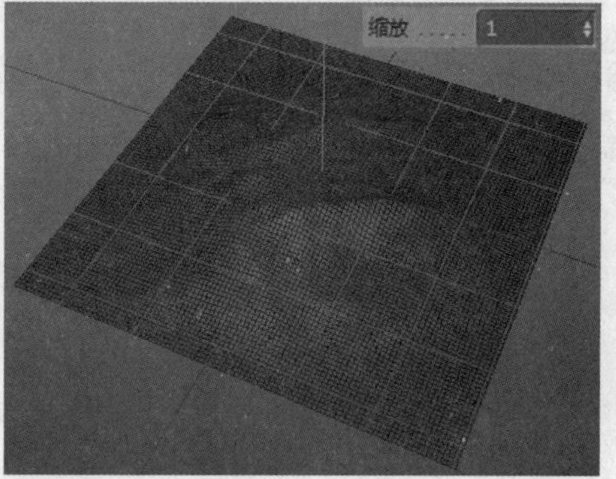

图 3-52

- 海平面：用于设置海平面的高度，值越大，海平面就越高，显示在海平面上的褶皱便越少，类似于孤岛效果，如图3-53所示。

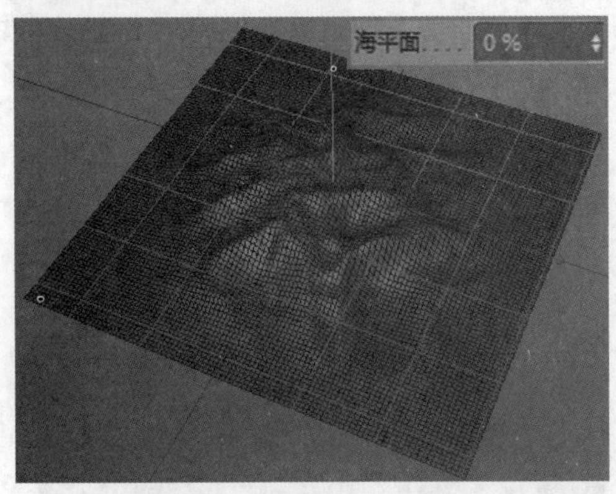

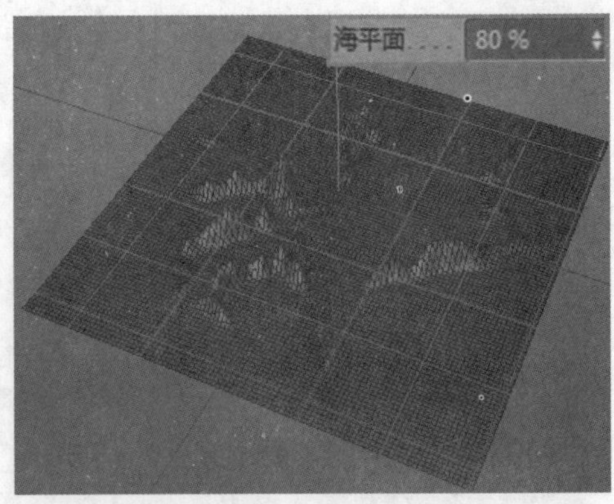

图 3-53

- 地平面：设置地平面的高度，值越小，地平面越高，顶部也会越平坦，如图3-54所示。

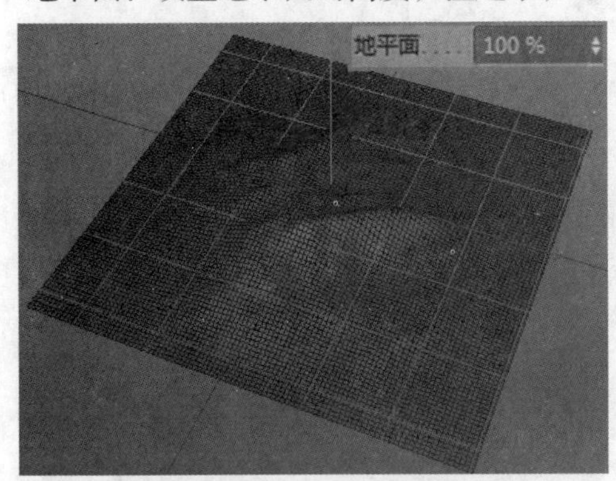

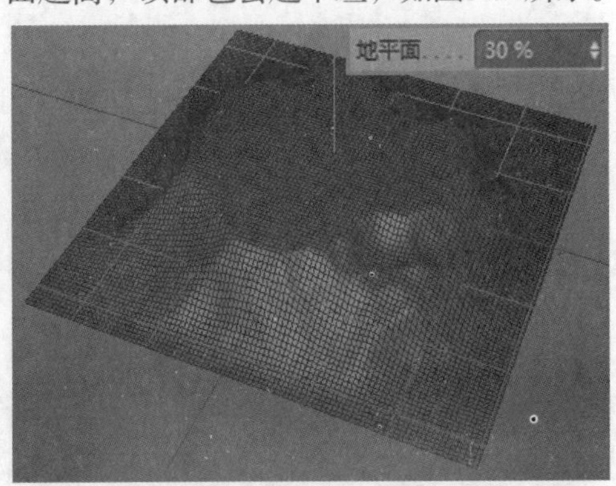

图 3-54

- 多重不规则：该复选框默认为勾选状态，在该状态下褶皱可以产生不同的形态；如果取消勾选，褶皱效果将趋于相似，如图3-55所示。
- 随机：设置不同的数值将产生不同的褶皱形态，该数值本身并无特定含义，如图3-56所示。

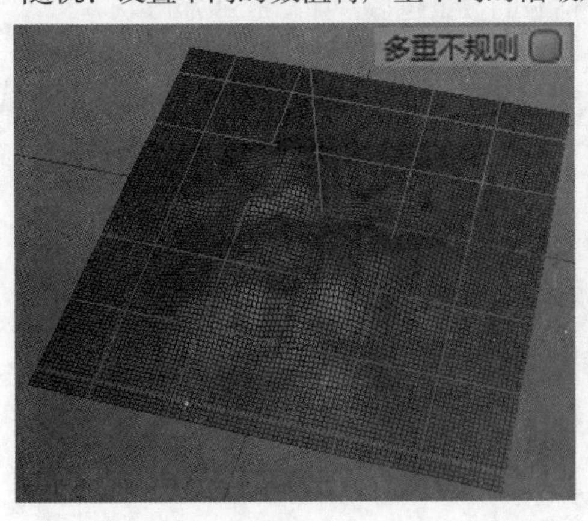

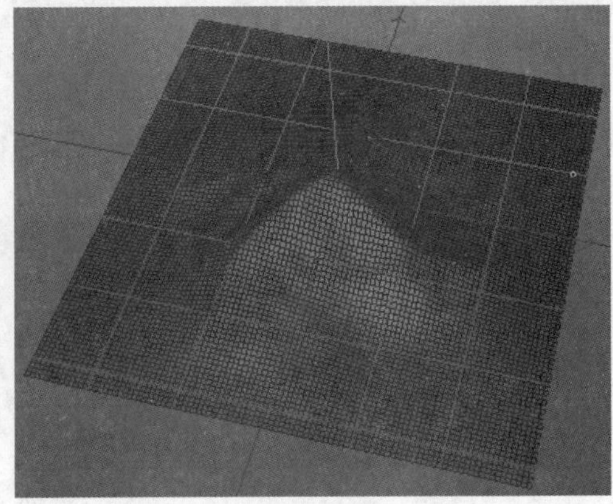

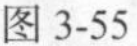
图 3-55

图 3-56

- 限于海平面：默认为勾选状态，如果取消勾选，则会取消地平面的显示，仅显示褶皱效果，如图3-57所示。
- 球状：默认为非勾选状态，如果勾选则可以形成一个球形的地形结构，如图3-58所示。

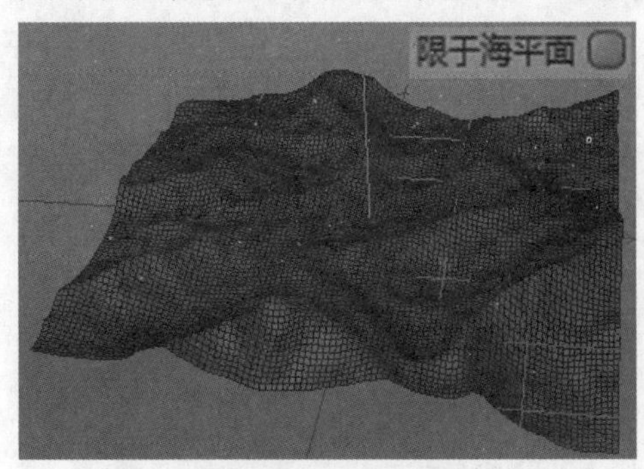

图 3-57

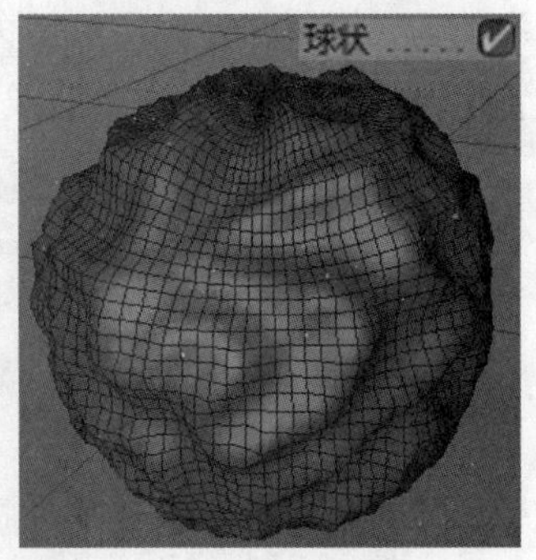

图 3-58

3.2 样条曲线建模

样条曲线是指通过绘制的点生成曲线，然后通过这些点来控制曲线。样条曲线结合其他命令可以生成三维模型，是一种基本的建模方法。在 CINEMA 4D 的工具栏中长按“画笔”按钮，可以打开样条曲线菜单，里面集中了常用的样条曲线命令，如图 3-59 所示。此外，在菜单栏中执行“创建” | “样条”命令，也可以在展开菜单中选择相应的样条曲线命令进行创建，如图 3-60 所示。

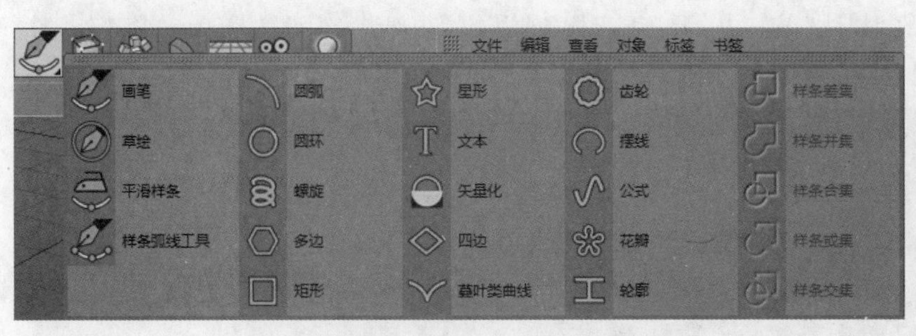

图 3-59

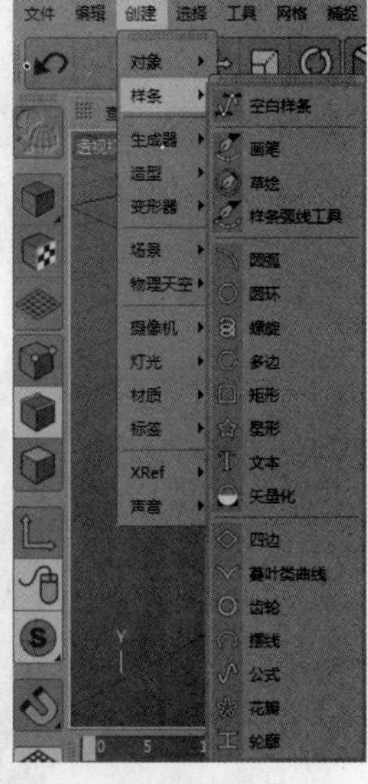

图 3-60

3.2.1 课堂案例：用样条曲线创建吊灯

【学习目标】使用星形、圆环等样条曲线命令创建吊灯的轮廓，然后通过 NUBRS 曲面工具将其转换为三维模型。

【知识要点】先绘制草图，再在草图的基础上创建三维模型，是 AutoCAD 或犀牛等一些工程三维软件的主要建模方法，CINEMA 4D 中也提供了相应的命令，供用户进行选择。本例将先使用样条曲线创建类似的二维草图轮廓，然后再将其创建为三维模型，效果如图 3-61 所示。

【所在位置】Ch03\ 素材 \ 用样条曲线创建吊灯 .c4d

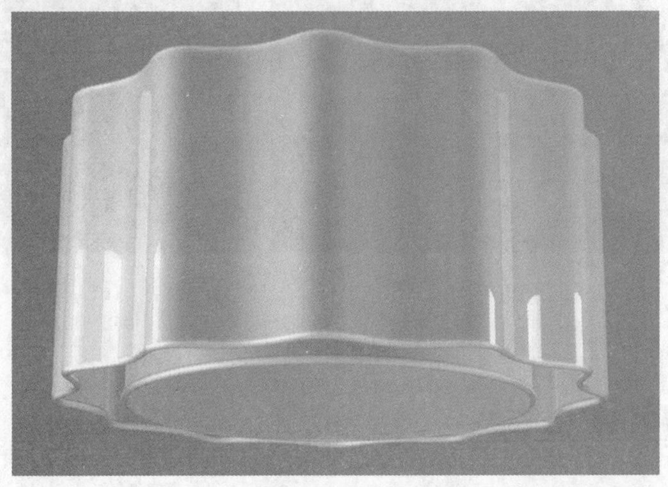

图 3-61

（1）创建二维草图。启动 CINEMA 4D 软件，然后长按工具栏中的“画笔”按钮，在展开的菜单中单击“星形”按钮，如图 3-62 所示。

图 3-62

（2）在操作界面右下方的“属性”窗口中，将该星形样条曲线的“内部半径”设置为 60cm、将“外部半径”设置为 70cm，将“点”设置为 12，选择“平面”为“XZ”，如图 3-63 所示。

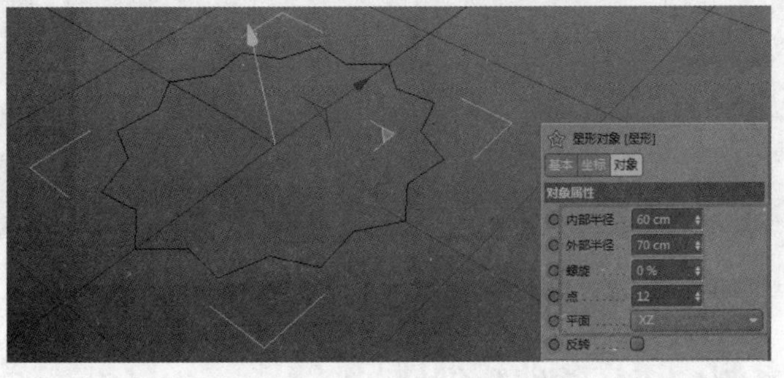

图 3-63

（3）选择创建的星形曲线，单击编辑模式工具栏中的“转为可编辑对象”按钮，或者按键盘上的快捷键

C，将其转换为可编辑样条曲线。此时星形曲线在操作界面右上方的“对象”窗口中，图标由变为，如图 3-64 所示，即表示可编辑样条曲线。

（4）单击编辑模式工具栏中的“点”按钮，进入点模式，此时可以选择可编辑对象上的点。选择星形曲线内圈的所有端点，然后单击鼠标右键，在弹出的快捷菜单中选择“倒角”选项，如图 3-65 所示。

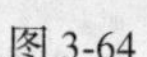
图 3-64

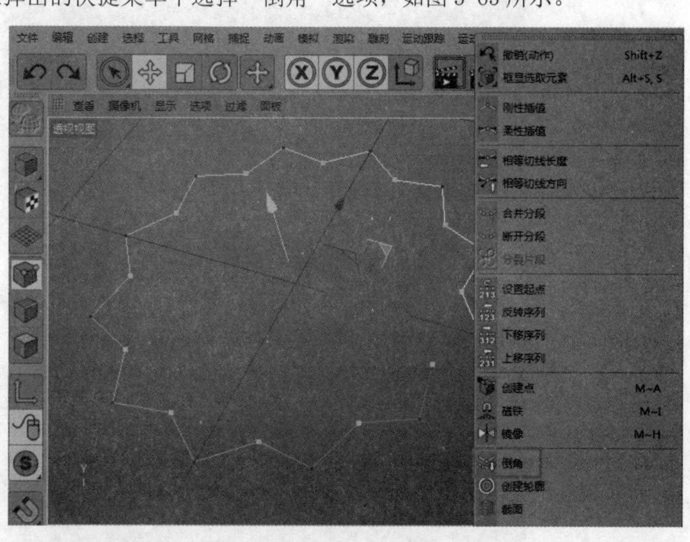

图 3-65

提示

转为可编辑对象后的模型相当于去除了参数，用户不可以再通过原来的建模命令进行修改。如果此时再选择星形曲线，将不可以在操作界面右下角的“属性”窗口中修改参数。如确需修改，只能通过选择“点”“线”“面”这些组成元素进行手动修改。

（5）选择“倒角”选项后，在操作界面右下角的“属性”窗口中会显示“倒角”的相关参数，将其中的“半径”设置为 30cm，单击下方的“应用”按钮或单击键盘上的 Enter 键，即可确认倒角以此参数呈现，如图 3-66 所示。

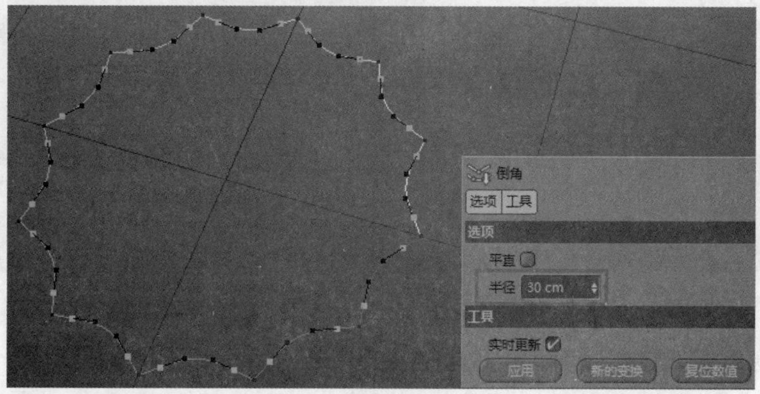

图 3-66

（6）选择星形曲线外圈的所有端点，单击鼠标右键，参照上述步骤中的操作对其设置倒角，倒角半径为 20cm，如图 3-67 所示。

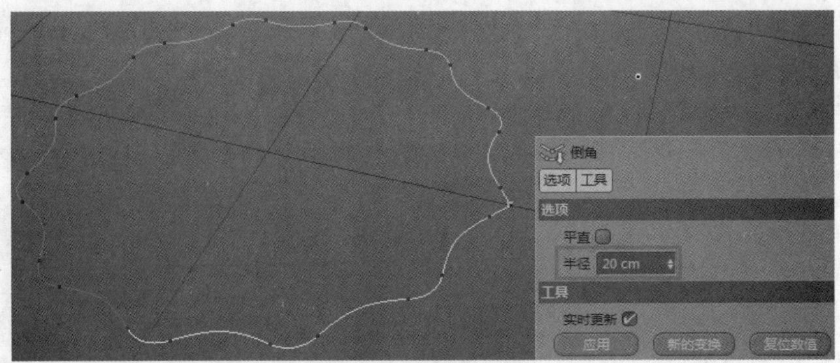

图 3-67

（7）创建挤压工具。长按操作界面上方的“细分曲面”按钮，在展开的菜单中单击“挤压”按钮，即在“对象”窗口中创建一个“挤压”对象，如图 3-68 所示。

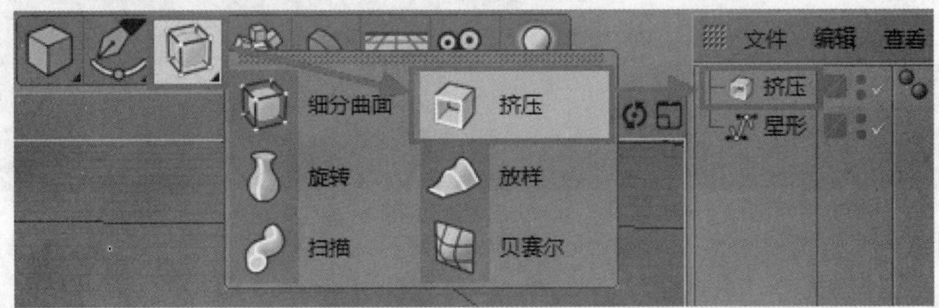

图 3-68

（8）接着选择之前创建的“星形”对象，将其拖动至“挤压”对象的下方，待鼠标指针变为符号时释放鼠标左键，“星形”对象即可成为“挤压”对象的子对象，如图 3-69 所示。

（9）在视图中得到一个挤压效果，选择所创建的挤压效果，在操作界面右下角的“属性”窗口中设置“移动”参数值为 0cm、1cm、0cm，如图 3-70 所示。

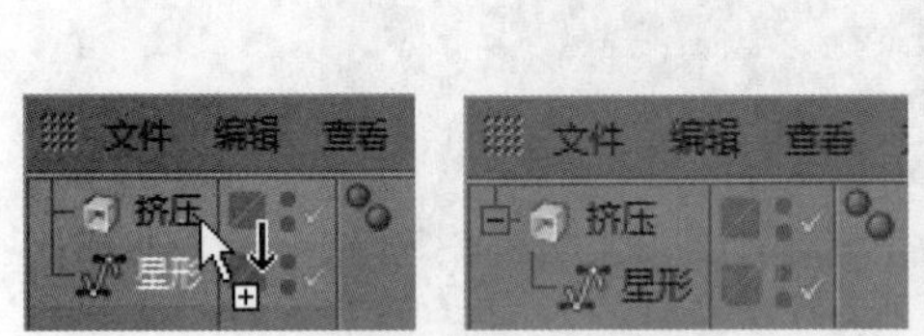

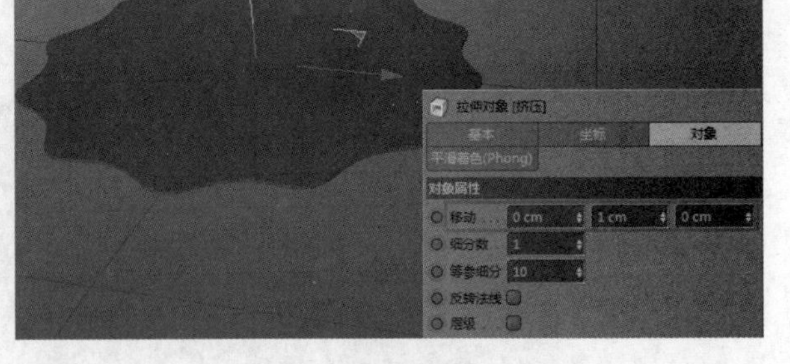

图 3-69　　图 3-70

（10）在“对象”窗口中选择星形对象，按住 Ctrl 键并向上进行拖动，即可快速复制出一条星形曲线。选择复制出来的星形曲线，单击鼠标右键，在弹出的快捷菜单中选择“创建轮廓”选项，如图 3-71 所示。

（11）在“创建轮廓”的“属性”窗口中设置“距离”为 1cm，然后单击“应用”按钮或按 Enter 键确认操作，则可得到一条向外侧偏移了 1cm 的星形曲线，如图 3-72 所示。

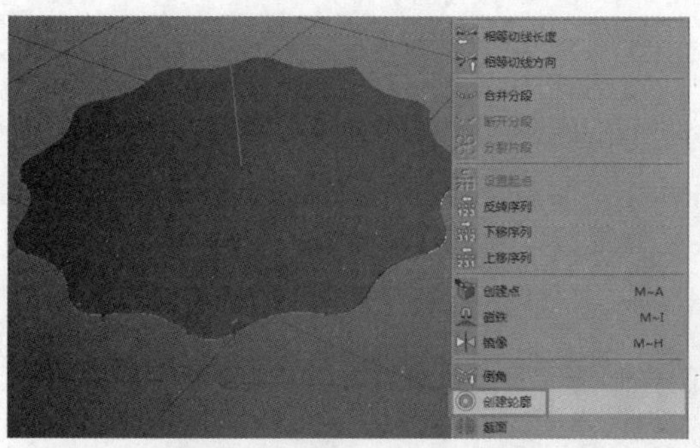

图 3-71

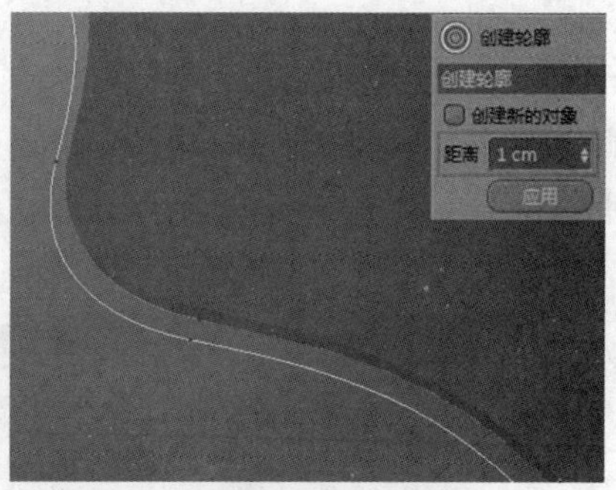

图 3-72

（12）参照与上述相同的操作方法，创建“挤压”对象，然后将新得到的“星形”对象移至“挤压”对象下，设置挤压的 y 轴方向移动值为 60cm，x 轴、z 轴方向为 0cm，同时调整位置，得到图 3-73 所示的第 2 个挤压图形。

（13）在“对象”窗口中选择“星形”对象，然后按住 Ctrl 键并进行拖动，再次复制出一条星形曲线，同时创建一个圆环，设置其“半径”为 1cm，如图 3-74 所示。

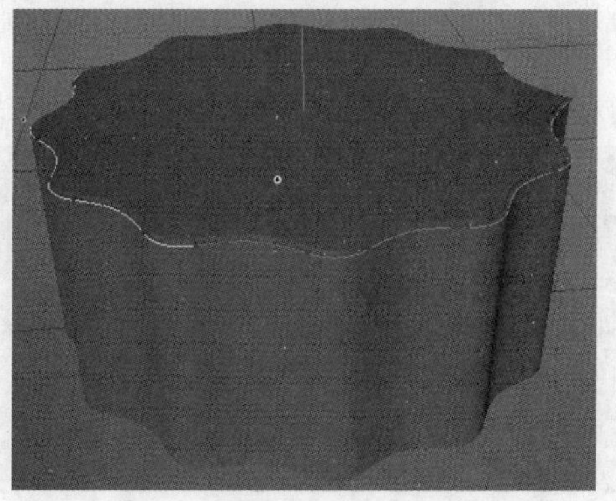

图 3-73

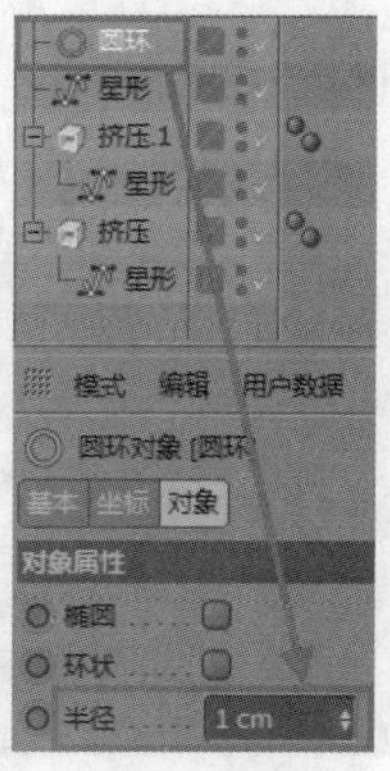

图 3-74

（14）创建扫描 NURBS。长按工具栏中的“细分曲面”按钮，在展开的菜单中单击“扫描”按钮，将“圆环”对象和最新复制出来的“星形”对象移至“扫描”对象下方，调整位置，即可创建两个挤压对象之间的过渡效果，如图 3-75 所示。

（15）在工具栏中单击“圆柱”按钮，创建一个半径为 50cm、高度为 60cm 的圆柱，再单击“圆环”按钮，创建一个圆环半径为 50cm、导管半径为 1cm 的圆环，调整其位置，吊灯模型便创建完成，效果如图 3-76 所示。

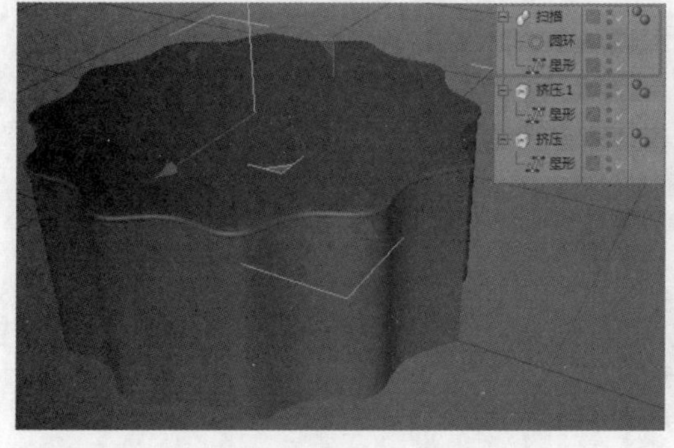

图 3-75

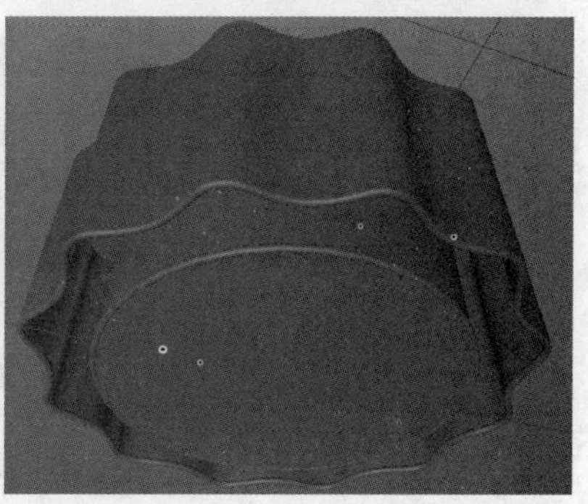

图 3-76

3.2.2 圆弧

圆弧是常用的曲线对象之一，通常用来连接不同的样条曲线，使其平缓过渡。在工具栏中单击“圆弧”按钮，即可创建一条圆弧曲线，在软件操作界面右下方的“属性”窗口中可以看到圆弧对象的一些基本参数，如图 3-77 所示。

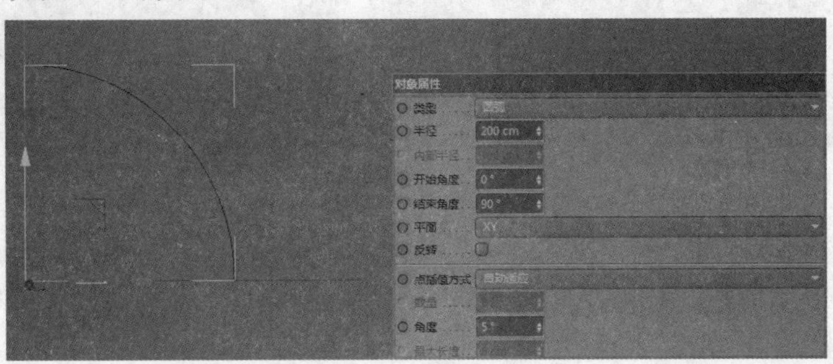

图 3-77

“对象属性”面板中部分参数的具体含义如下。

◆ 类型：圆弧对象包含4种类型，分别为“圆弧”“扇区”“分段”“环状”，效果如图3-78所示。

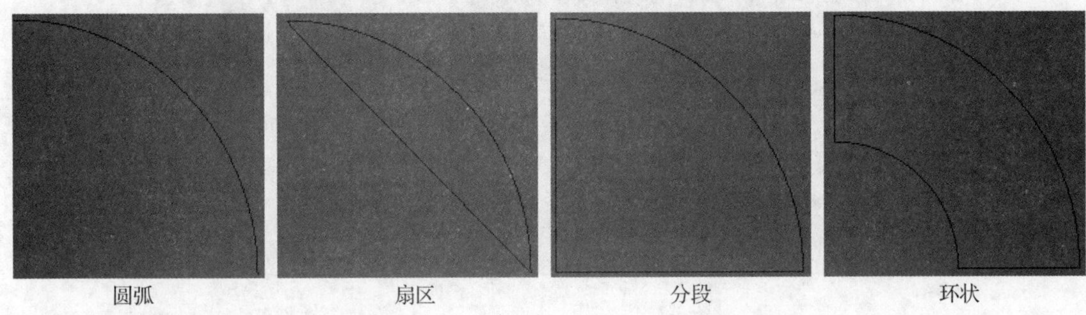

圆弧　扇区　分段　环状

图 3-78

◆ 半径：设置圆弧的半径。

◆ 开始角度/结束角度：设置圆弧的起始位置与末点位置，通过这两个参数可以控制圆弧的范围，如果开始角度为0°，结束角度为360°，则为一个整圆，如图3-79所示。

◆ 平面：以任意两个轴形成的面，为圆弧放置的平面，如图3-80所示。

◆ 反转：反转圆弧的起始方向。

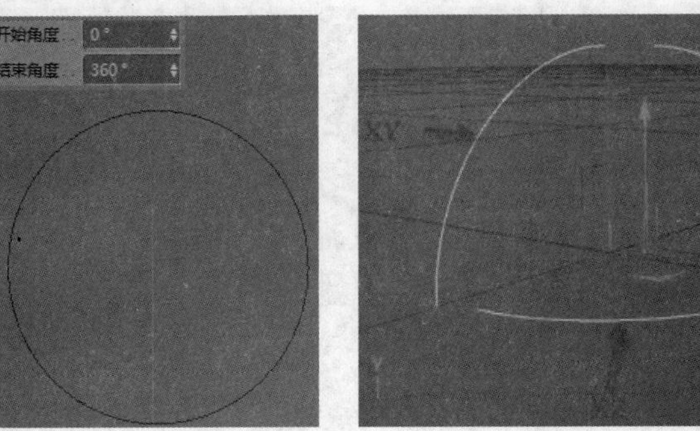

图 3-79　图 3-80

3.2.3 星形

星形是一种常用的样条曲线，通常用来绘制某些特殊结构的草图轮廓。在工具栏中单击“星形”按钮，即可创建一条星形曲线，在软件操作界面右下方的“属性”窗口中可以看到星形对象的一些基本参数，如图 3-81 所示。

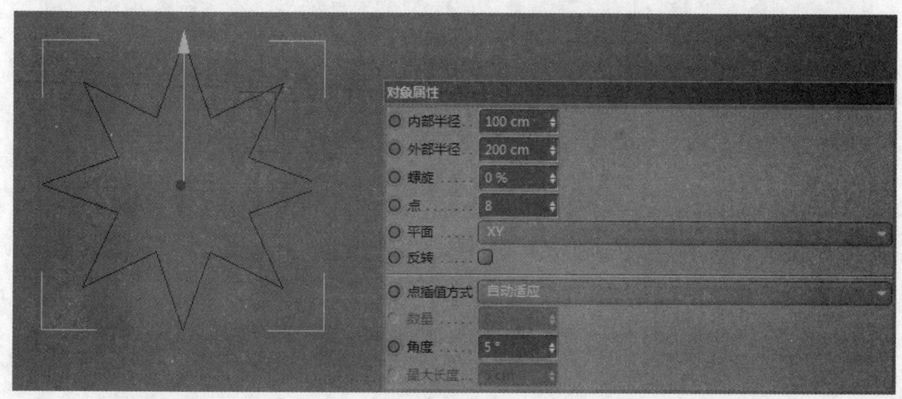

图 3-81

“对象属性”面板中部分参数的具体含义如下。

- 内部半径/外部半径：这两项分别用来设置星形内部顶点和外部顶点的半径大小，如图3-82所示。
- 螺旋：用于设置星形内部控制点的旋转程度，默认为0%，数值越大越扭曲，图3-83为50%时的效果。
- 点：用于设置星形的角点数量。

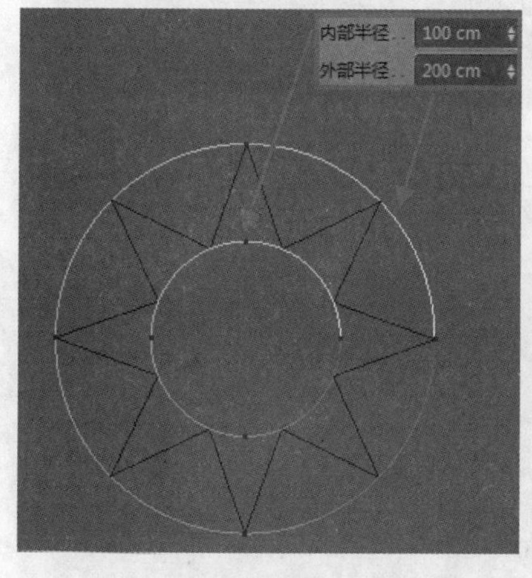

图 3-82

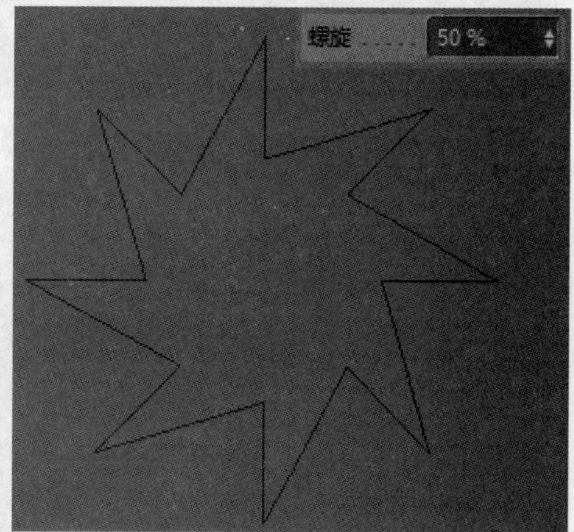

图 3-83

3.2.4 圆环

圆环可以看成是一个封闭的圆弧，因此在实际操作中很多时候都使用圆弧工具来代替圆环工具。在工具栏中单击“圆环”按钮，即可创建一条圆环曲线，在软件操作界面右下方的“属性”窗口中可以看到圆环对象的一些基本参数，如图 3-84 所示。

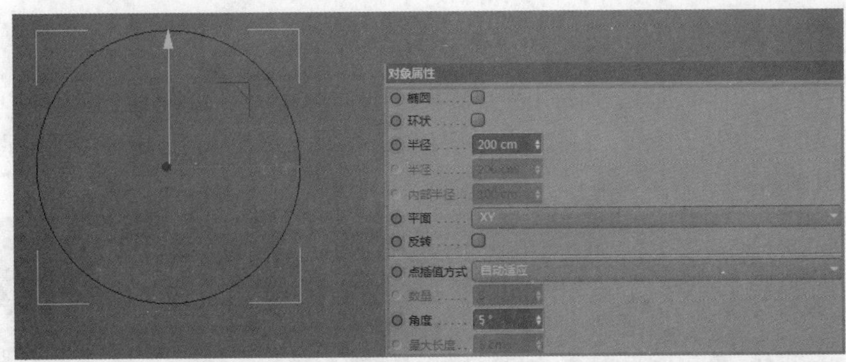

图 3-84

“对象属性”面板中部分参数的具体含义如下。

- 椭圆：该复选框默认为不勾选状态，勾选后圆环将变成椭圆，同时在“半径”下方会新增一个“半径”文本框，如图3-85所示。
- 环状：该复选框默认为不勾选状态，勾选后圆环将变成两个同心圆，同时在“半径”下方会新增一个“内部半径”文本框，如图3-86所示。

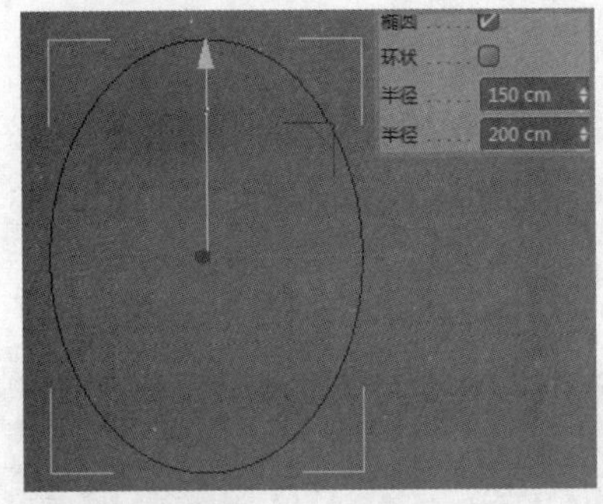

图 3-85

图 3-86

提示

如果同时勾选“椭圆”和“环状”复选框，则会创建椭圆环效果，如图 3-87 所示。

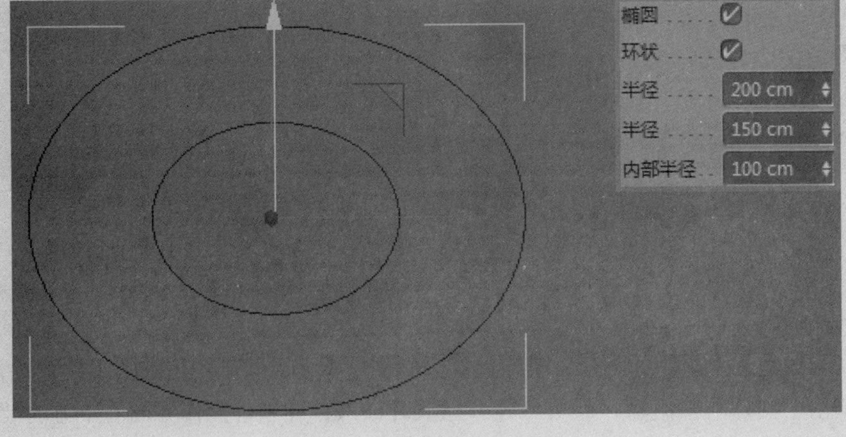

图 3-87

3.2.5 文本

文本是最常用的曲线命令之一，可以使用该命令来创建所需的文案或者产品 Logo。在工具栏中单击“文本”按钮，即可创建文本曲线，在软件操作界面右下方的“属性”窗口中可以看到文本对象的一些基本参数，如图 3-88 所示。

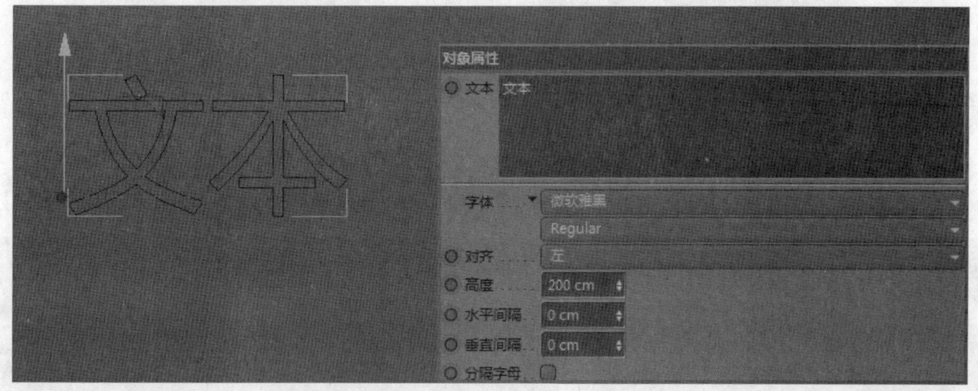

图 3-88

“对象属性”面板中部分参数的具体含义如下。

- 文本：在这里输入需要创建的文字。
- 字体：在系统已安装的字体中选择所需的字体。
- 对齐：设置文字的对齐方式，包括“左”“中对齐”“右”3种对齐方式。
- 高度：设置文字的高度。
- 水平间隔/垂直间隔：设置横排/竖排文字的间隔距离。
- 分隔字母：勾选该复选框后，当转化为多边形对象时，文字会被分离为各自独立的对象，如图3-89所示。

图 3-89

3.2.6 摆线

一个动圆沿着一条固定的直线或者固定的圈缓慢滚动时，动圆上一个固定点所经过的轨迹被称为摆线，摆线是数学中非常迷人的曲线之一。在工具栏中单击“摆线”按钮，即可创建一条摆线，在软件操作界面右下方的“属性”窗口中可以看到摆线对象的一些基本参数，如图 3-90 所示。

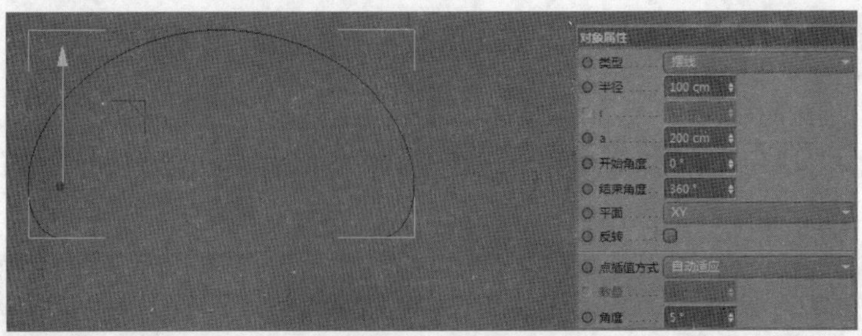

图 3-90

“对象属性”面板中部分参数的具体含义如下。

◆ 类型：分为“摆线”“外摆线”“内摆线”3种类型，如图3-91所示。

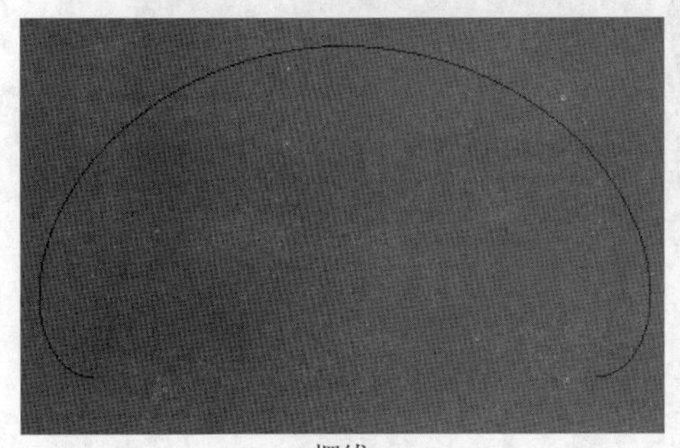

摆线

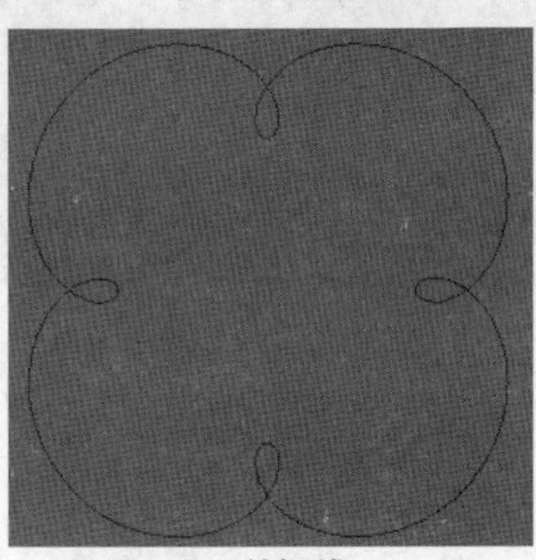

外摆线

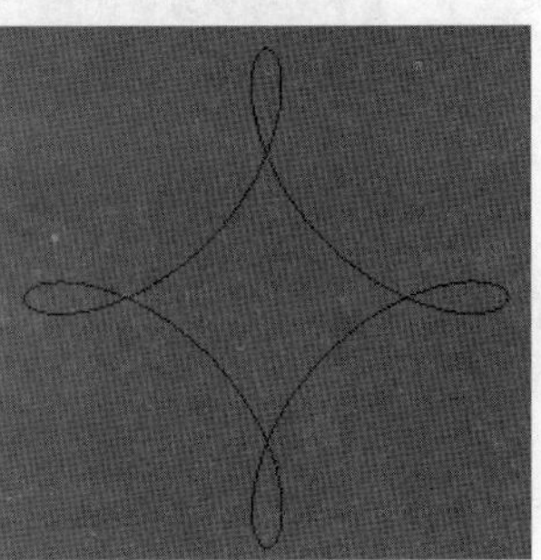

内摆线

图 3-91

◆ 半径/r/a：绘制摆线时，“半径”代表动圆的半径，a代表固定点与动圆圆心的距离，当摆线类型为“外摆线”和“内摆线”时，r才能被激活，此时“半径”代表固定圈的半径，r参数代表动圆的半径，a参数代表固定点与动圆圆心的距离。

◆ 开始角度/结束角度：设置摆线轨迹的起始点和结束点。

3.2.7 螺旋

螺旋通常是用来制作某些特殊对象的扫描路径曲线，如电话线、弹簧等。在工具栏中单击“螺旋”按钮，即可创建一条螺旋曲线，在软件操作界面右下方的“属性”窗口中可以看到螺旋对象的一些基本参数，如图 3-92 所示。

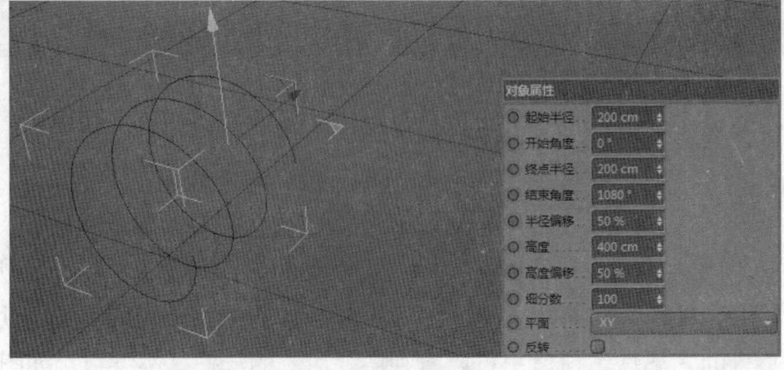

图 3-92

“对象属性”面板中部分参数的具体含义如下。

◆ 起始半径：设置螺旋线起始端的半径，如果与终点半径不一样，便会得到漩涡般的螺旋曲线，如图3-93所示。

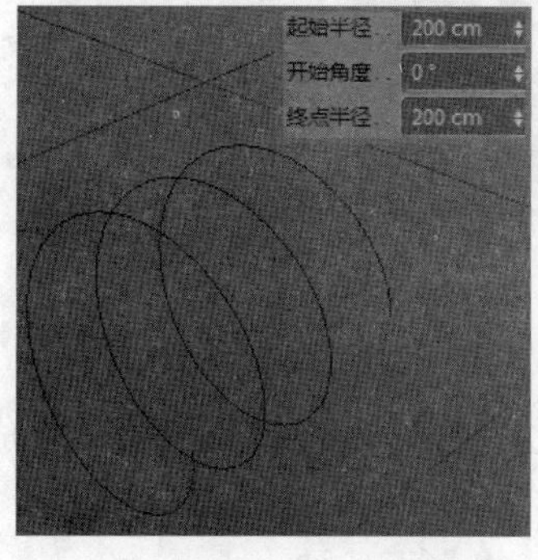

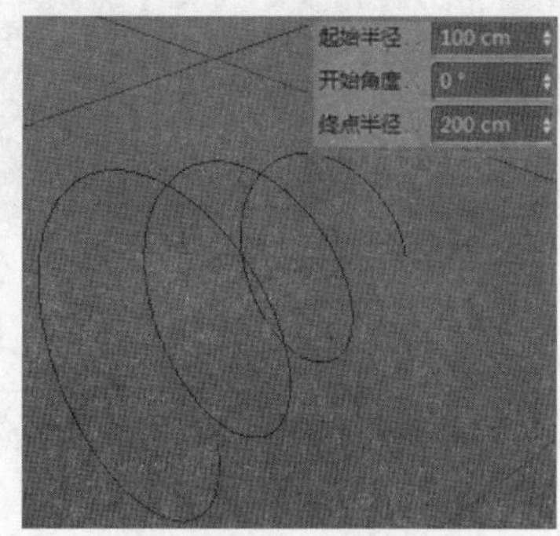

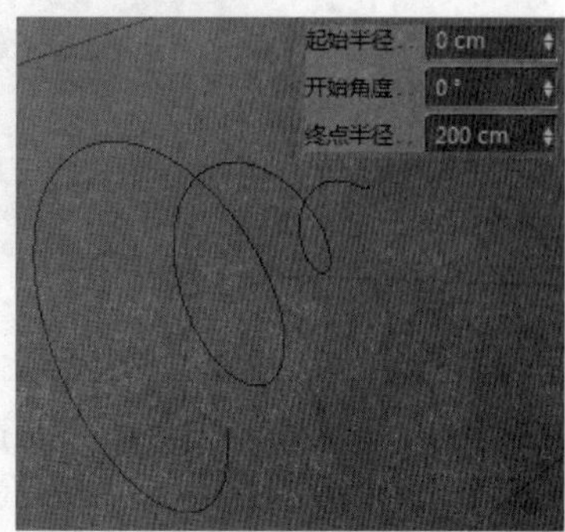

图 3-93

◆ 开始角度：根据输入的角度值设置螺旋的起点位置。

◆ 终点半径：设置螺旋线的末端半径尺寸。

◆ 结束角度：根据输入的角度值设置螺旋的终点位置。

◆ 半径偏移：设置螺旋半径的偏移程度，只有起始半径和终点半径不一样时才能看到效果，如图3-94所示。

◆ 高度：设置螺旋的高度。

◆ 高度偏移：设置螺旋高度的偏移程度，如图3-95所示。

◆ 细分数：设置螺旋线的细分程度，值越高越圆滑。

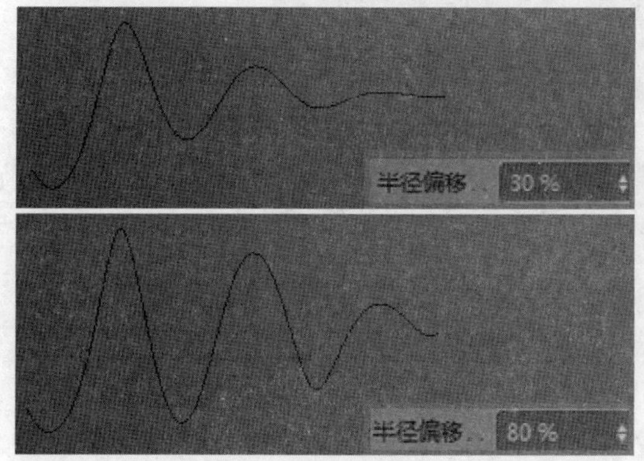

图 3-94

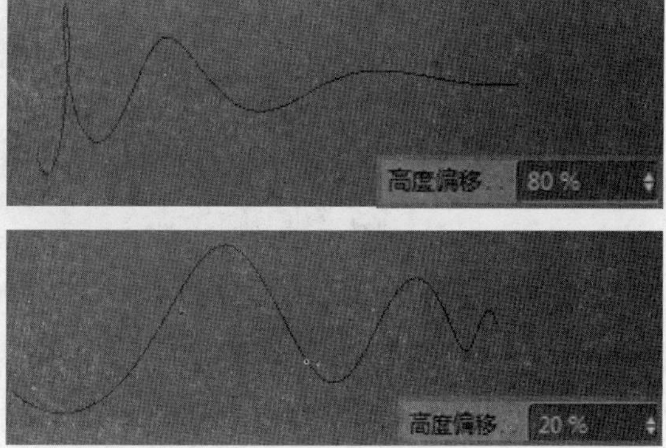

图 3-95

3.2.8 公式

公式工具可以用来创建用户所需的数学函数曲线，如正弦曲线、抛物线、渐开线等。在工具栏中单击“公式”按钮，即可创建一条公式曲线，在软件操作界面右下方的“属性”窗口中可以看到公式对象的一些基本参数，如图 3-96 所示。

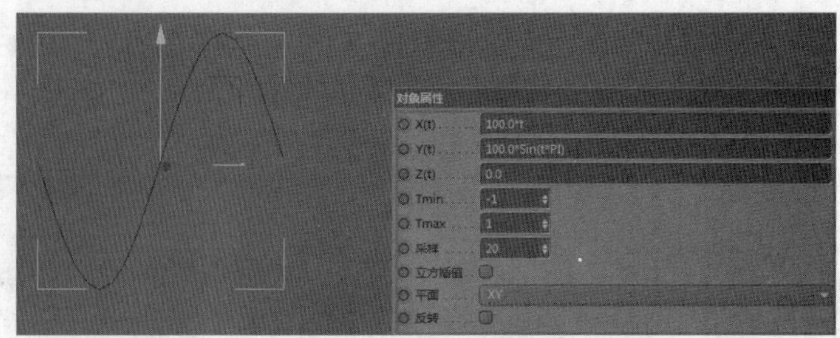

图 3-96

“对象属性”面板中部分参数的具体含义如下。

- X（t）/Y（t）/Z（t）：在这3个参数的文本框内输入数学函数公式后，系统将根据公式生成曲线。
- Tmin/Tmax：用于设置公式中*t*参数的最小值和最大值。
- 采样：用于设置曲线的采样精度。
- 立方插值：勾选该复选框后，曲线将变得平滑。

3.2.9 多边

多边工具可以用于创建规则的正多边形曲线，通常用来绘制某些模型的外观轮廓。在工具栏中单击“多边”按钮，即可创建一条多边曲线，在软件操作界面右下方的“属性”窗口中可以看到多边对象的一些基本参数，如图 3-97 所示。

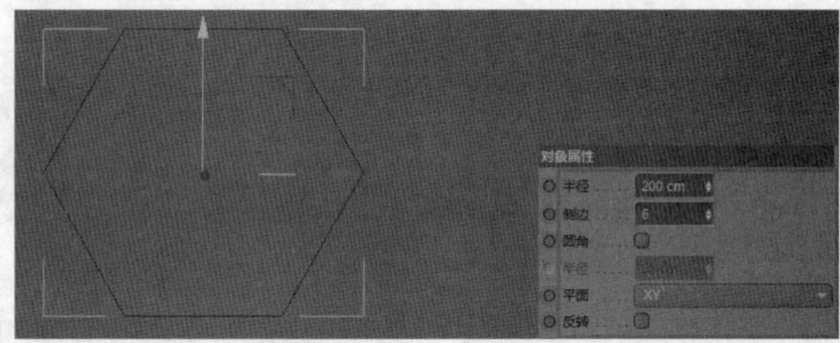

图 3-97

“对象属性”面板中部分参数的具体含义如下。

- 侧边：设置多边形的边数，默认为六边形，输入其他数值则变形为对应的多边形，如图3-98所示。
- 圆角/半径：勾选“圆角”复选框后，多边形曲线变为圆角多边形曲线，“半径”文本框用来控制圆角的大小，如图3-99所示。

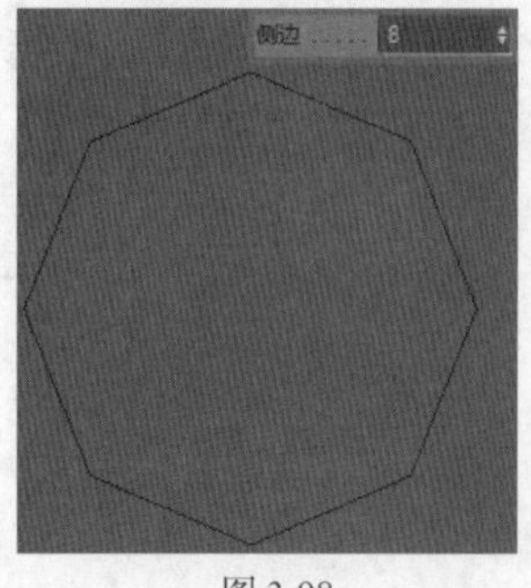

图 3-98

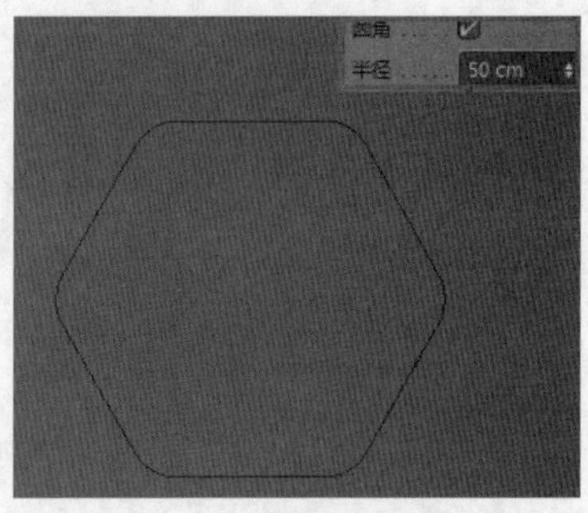

图 3-99

3.3 NURBS 建模

NURBS 是大部分三维软件都支持的一种优秀的建模方式，它能够很好地控制物体表面的曲线度，从而创建出更逼真、生动的模型。NURBS 是非均匀有理样条曲线（Non-Uniform Rational B-Splines）的缩写。CINEMA 4D 提供的 NURBS 建模方式分为细分曲面、挤压、旋转、放样、扫描和贝塞尔 6 种。

创建 NURBS 有以下两种方法。

- 长按“细分曲面”按钮，打开NURBS曲面工具组菜单，选择相应的工具，如图3-100所示。
- 执行菜单栏中的“创建”|“生成器”命令，在展开的菜单中选择相应的选项，如图3-101所示。

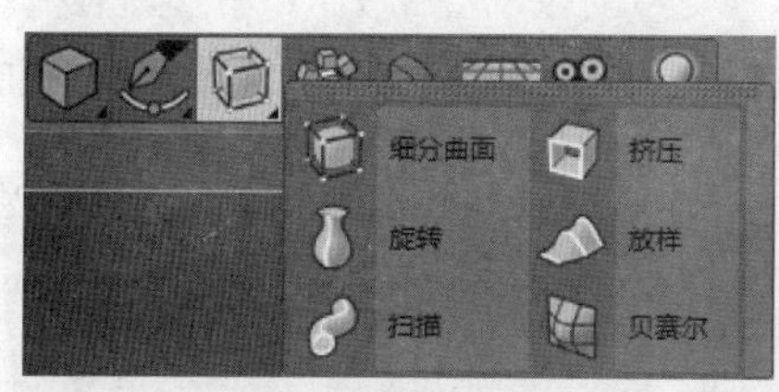

图 3-100

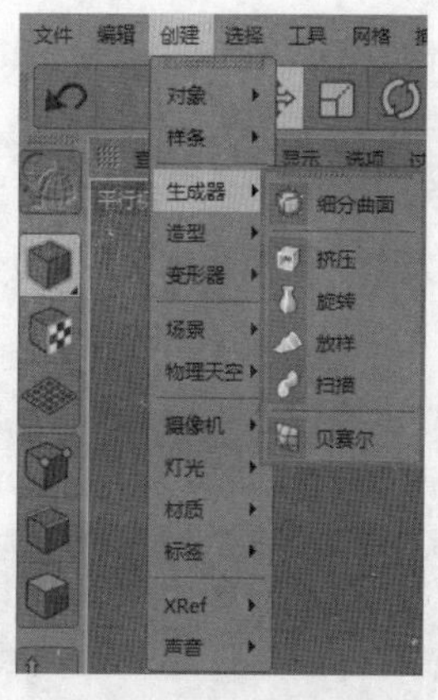

图 3-101

3.3.1 课堂案例：创建日历

【学习目标】NURBS 建模是建立在样条曲线基础之上的，要想得到所需模型，必须学会如何创建所需模型的截面。

【知识要点】先创建三角形的样条曲线，再通过“创建轮廓”命令得到日历的截面，最后配合 NURBS 曲面工具组中的“挤压”工具创建出日历的本体。本例所创建的日历最终效果如图 3-102 所示。

【所在位置】Ch03\ 素材 \ 创建日历 .c4d

图 3-102

（1）绘制日历截面。启动 CINEMA 4D 软件，单击操作界面上方工具栏的“画笔”按钮，在展开的菜单中单击“多边”按钮，设置“侧边”为 3，同时在“R.B”一栏中输入值为 -90°，创建的三角形如图 3-103 所示。

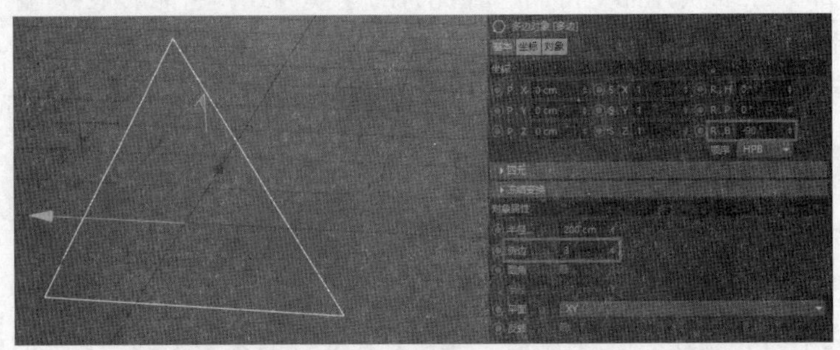

图 3-103

（2）选择所创建的三角形，单击编辑模式工具栏中的“转为可编辑对象”按钮，或者按键盘上的快捷键 C，将其转换为可编辑样条曲线。

（3）接着单击侧边工具栏中的“点”按钮，进入点模式，选择三角形的 3 个顶点，然后单击鼠标右键，在弹出的快捷菜单中选择“倒角”选项，设置倒角“半径”为 4.5cm，效果如图 3-104 所示。

（4）创建截面轮廓。在“对象”窗口中选择“多边”对象，然后按住 Ctrl 键进行拖动，复制出一条三角形曲线。选择复制出来的三角形曲线，单击鼠标右键，在弹出的快捷菜单中选择“创建轮廓”选项，设置“距离”为 2cm，然后单击“应用”按钮或按 Enter 键确认操作，效果如图 3-105 所示。

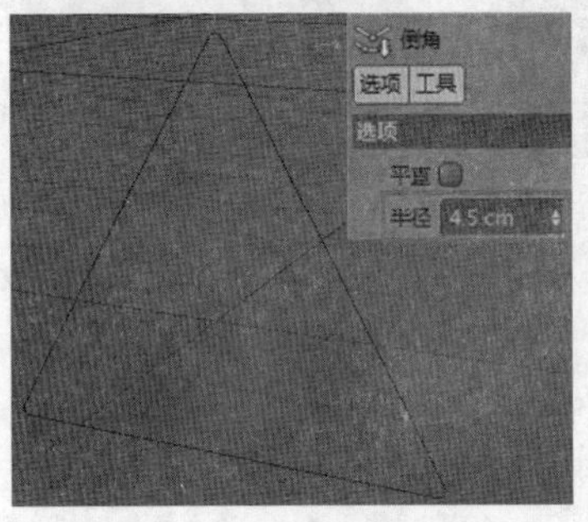

图 3-104

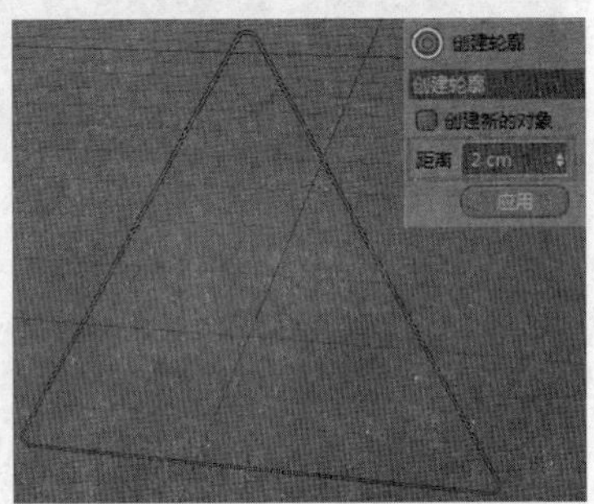

图 3-105

（5）创建“挤压”对象。长按工具栏中的“细分曲面”按钮，在展开的菜单中单击“挤压”按钮，即在“对象”窗口中创建一个“挤压”对象，设置挤压参数的 z 轴方向移动值为 600cm，将所创建的截面轮廓拖动至“挤压”对象的下方，待鼠标指针变为符号时释放，得到图 3-106 所示的挤压效果。

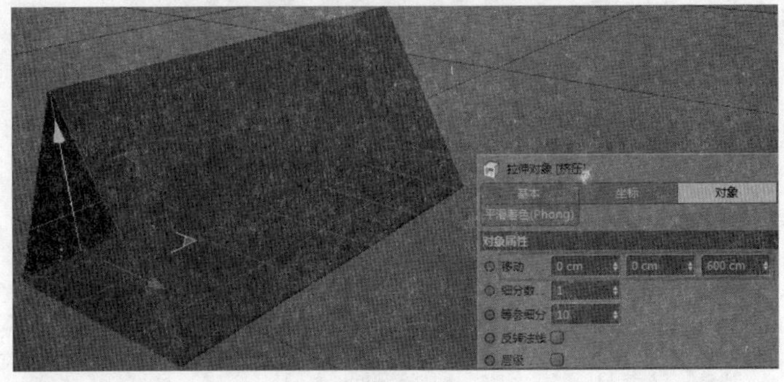

图 3-106

（6）创建日历翻页。长按操作界面上方的“立方体”按钮，在展开的菜单中单击“平面”按钮，在视图窗口中创建一个尺寸为 300cm×560cm 的平面，如图 3-107 所示。

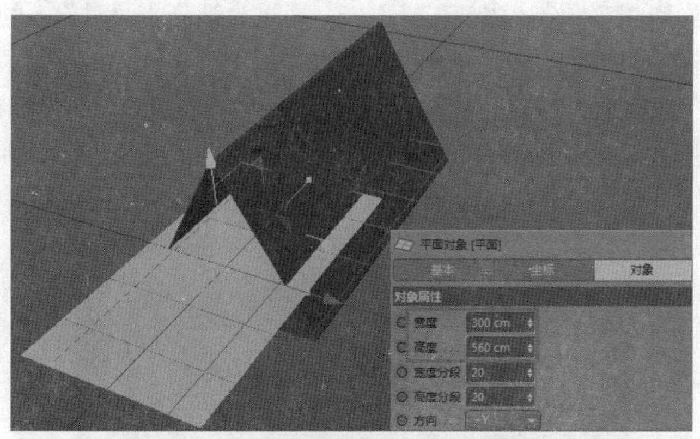

图 3-107

（7）在“属性”窗口中，切换到“坐标”选项卡，将“P.Z”参数值设置为 300cm，将“R.B”参数值设置为 60°，同时微调位置，如图 3-108 所示。

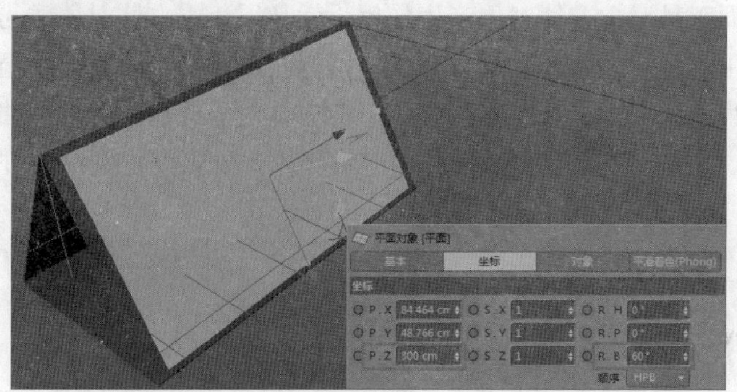

图 3-108

（8）制作日历上的圆扣。长按工具栏中的“立方体”按钮，展开菜单，单击其中的“圆环”按钮，在视图窗口中创建一个圆环，然后设置“圆环半径”为 30cm，设置“导管半径”为 1cm，设置“方向”为“+Z”，如图 3-109 所示。

（9）使用相同的方法创建剩余的圆环，得到的最终模型效果如图 3-110 所示。

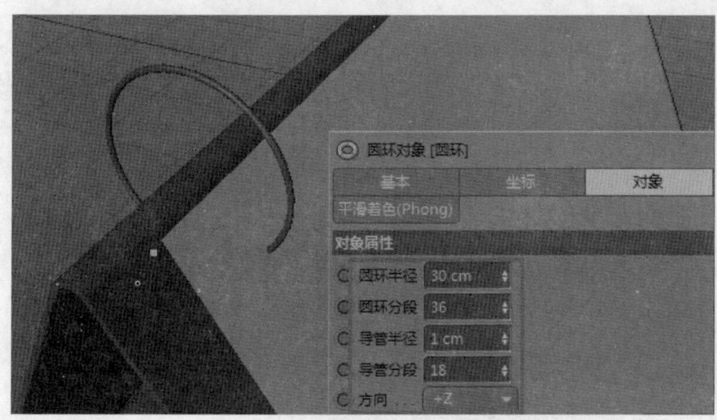

图 3-109

图 3-110

3.3.2 细分曲面

细分曲面是非常强大的三维设计雕刻工具之一，通过为细分曲面对象上的点、边添加权重，以及对表面进行细分，来制作出精细的模型。

在工具栏中单击“细分曲面”按钮，即可创建一个细分曲面对象，但其在模型窗口中不可见，仅在“对象”窗口中显示。此时再创建一个立方体对象，二者之间是互不影响的，没有建立任何关系，如图 3-111 所示。

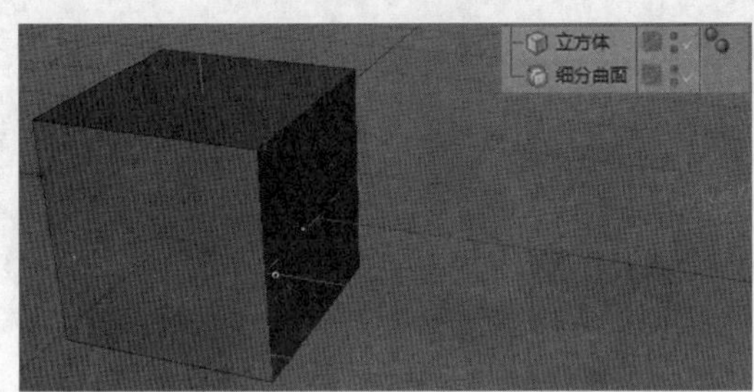

图 3-111

如果想让细分曲面工具对立方体对象产生作用，就必须让立方体对象成为细分曲面对象的子对象。在“对象”窗口中选择“立方体”对象，按住鼠标左键不动，将其移动至“细分曲面”对象的下方，待鼠标指针变为符号时，释放鼠标左键，立方体对象即可成为细分曲面对象的子对象，如图 3-112 所示。此时，立方体对象有了细分曲面工具作用，外表变得圆滑，并且其表面会被细分，如图 3-113 所示。

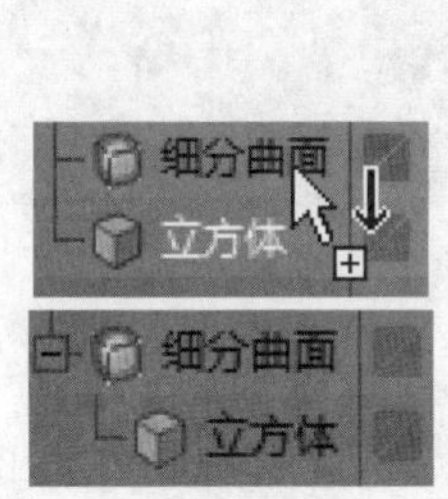

图 3-112

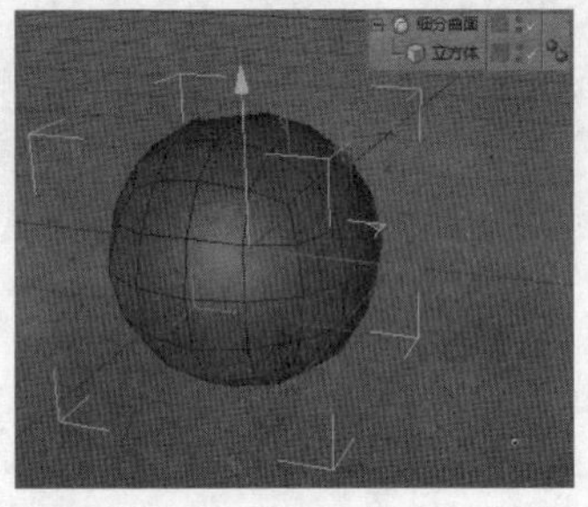

图 3-113

提示

在 CINEMA 4D 中，无论是 NURBS 曲面工具组中的工具，还是造型工具组或变形器工具组中的工具，它们都不会直接作用在模型上，而是以对象的形式显示在场景中，如果想为模型对象施加这些工具，就必须使这些模型对象和工具对象形成父子对象。

在“对象属性”面板中可以看到细分曲面对象的一些基本参数，如图 3-114 所示。

图 3-114

- 编辑器细分：该参数控制视图窗口中编辑模型对象的细分程度，也就是只影响显示的细分数，如图3-115所示。
- 渲染器细分：该参数控制渲染时显示出的细分程度，也就是只影响渲染结果的细分数，如图3-116所示。

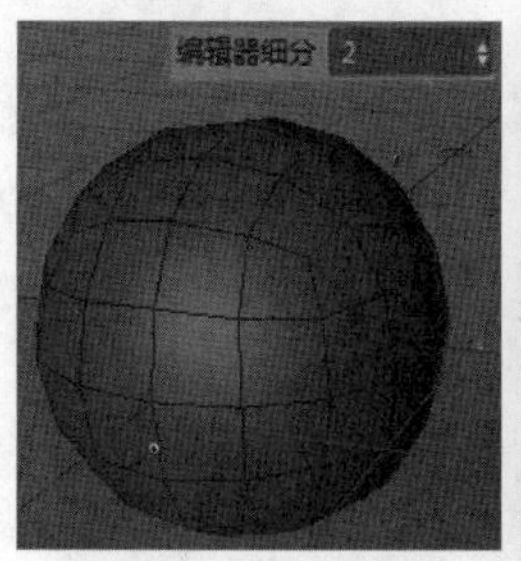

图 3-115

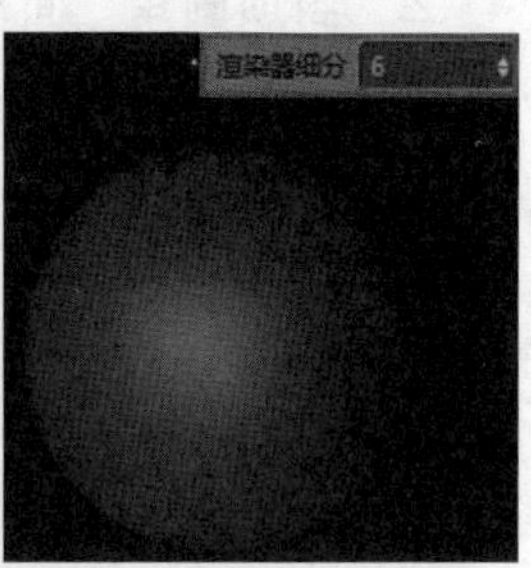

图 3-116

提示

修改渲染器细分参数后只有在图片查看器中才能观察到渲染后的真实效果，不能用渲染当前视图的方法查看。

3.3.3 挤压

挤压是针对样条曲线建模的工具，可将二维曲线挤出成为三维模型。在场景中创建一个挤压对象，再创建一个星形曲线对象，让星形曲线对象成为挤压的子对象，即可创建出三维的星形模型，如图 3-117 所示。

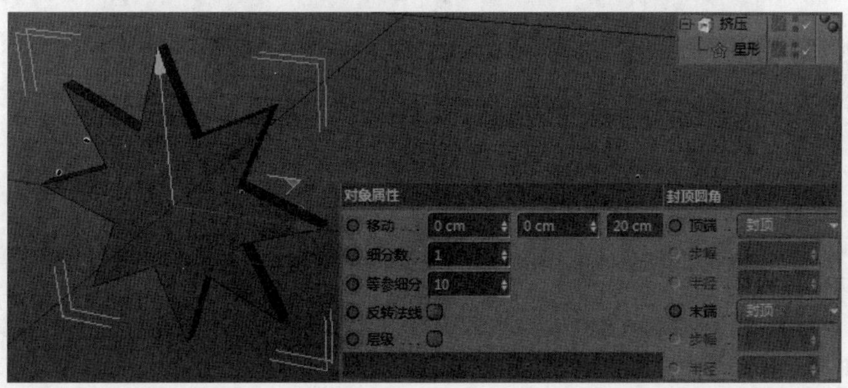

图 3-117

1. “对象属性”面板

- 移动：该参数包含3个数值的文本框，从左至右依次代表在x轴上的挤出距离、在y轴上的挤出距离和在z轴上的挤出距离。
- 细分数：控制挤压对象在挤压轴上的细分数量。
- 等参细分：执行视图窗口菜单栏中的“显示”|“等参线”命令，可以发现该参数控制等参线的细分数量。

◆ 反转法线：勾选该复选框后，可以反转法线的方向。

◆ 层级：勾选该复选框后，如果将挤压过的对象转换为可编辑多边形对象，那么该对象将按照层级进行划分。

2. “封顶圆角”面板

◆ 顶端/末端：这两个参数都包含了“无”“封顶”“圆角”“圆角封顶”这4个选项，如图3-118所示。

无

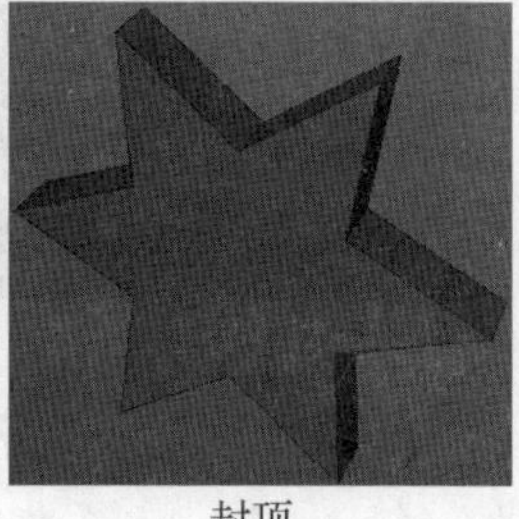
封顶

圆角

圆角封顶

图 3-118

◆ 步幅/半径：这两个参数分别控制圆角处的分段数和圆角半径，数值越大越趋近于圆角，如果步幅数为1，则显示为倒斜角效果，如图3-119所示。

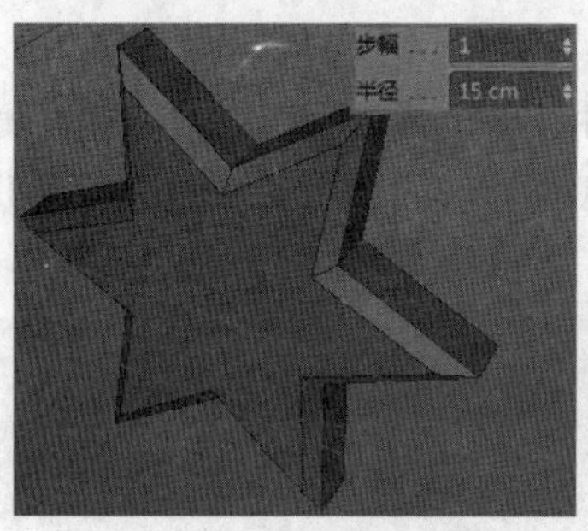

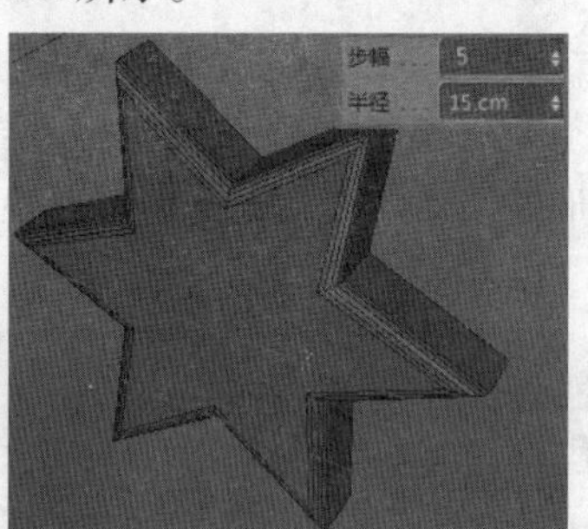

图 3-119

3.3.4 旋转

旋转工具可将二维曲线围绕 y 轴旋转，生成三维模型。在场景中创建一个旋转对象，再创建一个样条曲线对象，让样条曲线对象成为旋转对象的子对象，即可创建出三维的旋转模型，如图 3-120 所示。

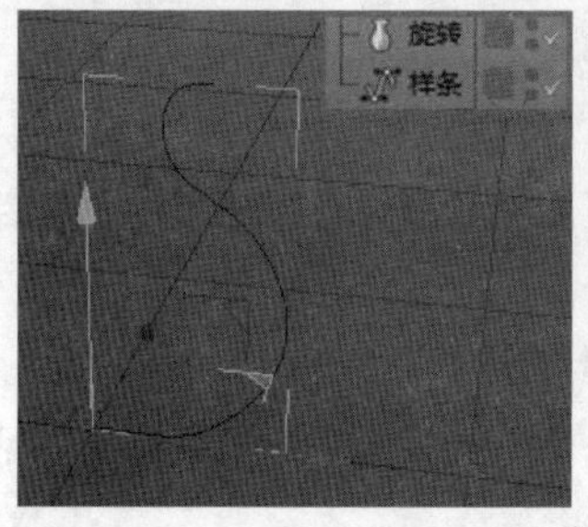

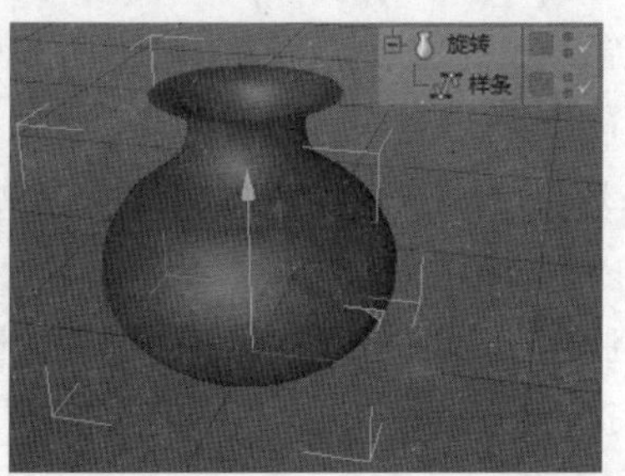

图 3-120

创建样条曲线对象时最好在二维视图中创建，这样能更好地把握模型的精准度。

在“对象属性”面板中可以看到旋转对象的一些基本参数，如图 3-121 所示。

- 角度：该参数控制样条曲线对象绕 y 轴旋转的角度，如图3-122所示。
- 细分数：该参数定义旋转对象的细分数量。
- 网格细分：用于设置等参线的细分数量。
- 移动：该参数用于设置旋转对象在旋转时纵向移动的距离，如图3-123所示，默认参数为0cm时为正常状态。
- 比例：该参数用于设置旋转对象绕 y 轴旋转时移动的比例，如图3-124所示，默认参数为100%时为正常状态。

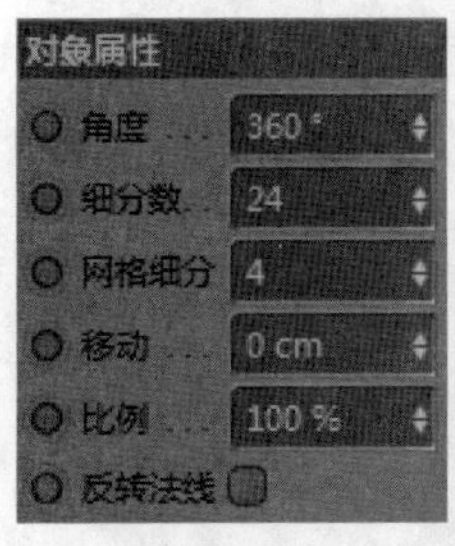

图 3-121

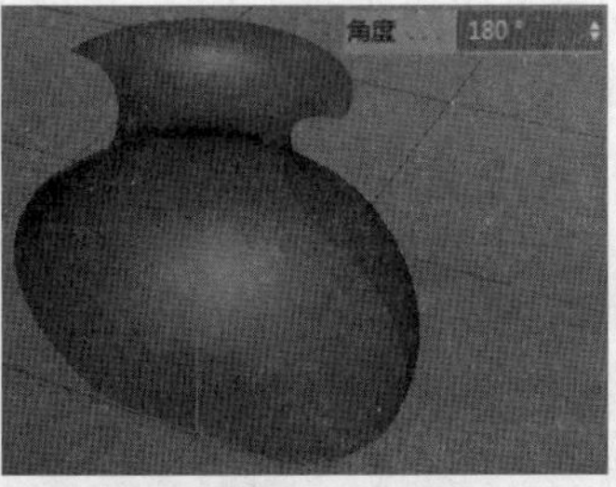

图 3-122

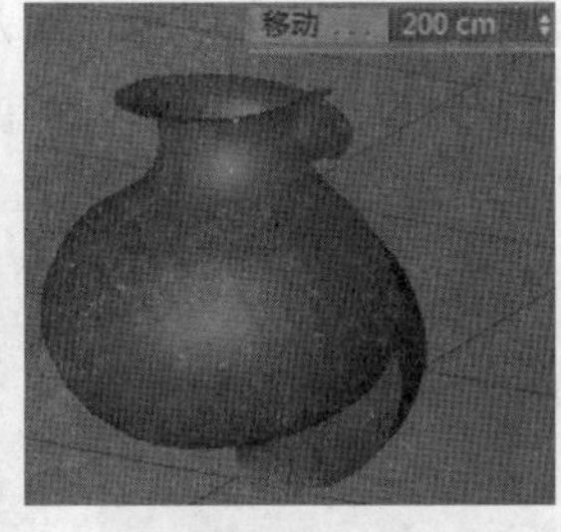

图 3-123

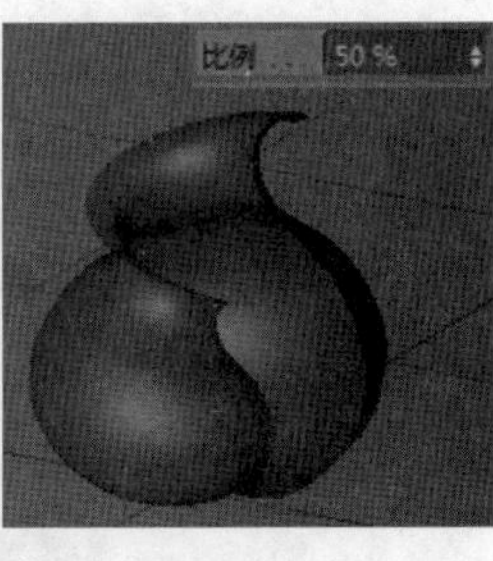

图 3-124

3.3.5 放样

放样工具可根据多条二维曲线的外边界搭建曲面，从而形成复杂的三维模型。在工具栏中单击“放样”按钮，便会在场景中创建一个放样 NURBS 对象。再创建多条样条曲线，并让样条曲线成为放样 NURBS 对象的子对象，即可让这些样条曲线生成复杂的三维模型，如图 3-125 所示。

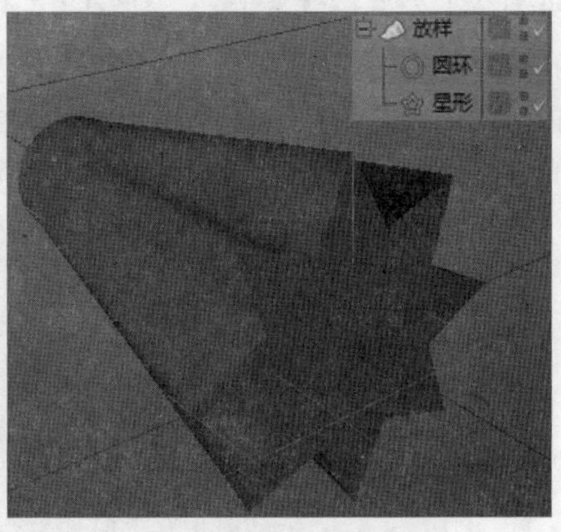

图 3-125

在“属性”窗口中可以看到放样对象的一些基本参数，如图 3-126 所示。

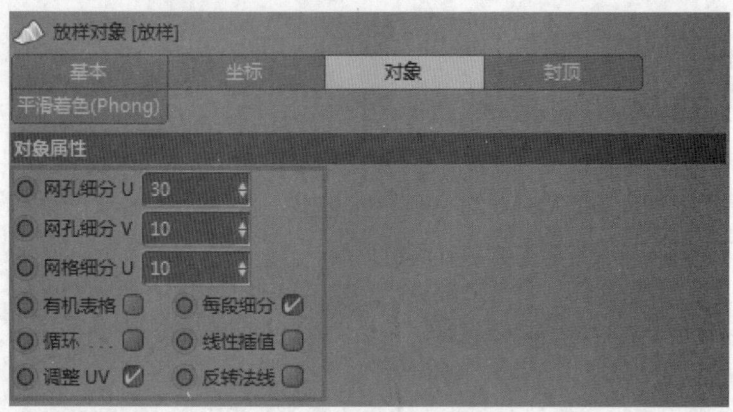

图 3-126

- 网孔细分U/网孔细分V：这两个参数分别用于设置网孔在U方向（沿圆周的截面方向）和V方向（纵向）上的细分数量，如图3-127所示。
- 网格细分U：用于设置等参线的细分数量，如图3-128所示。

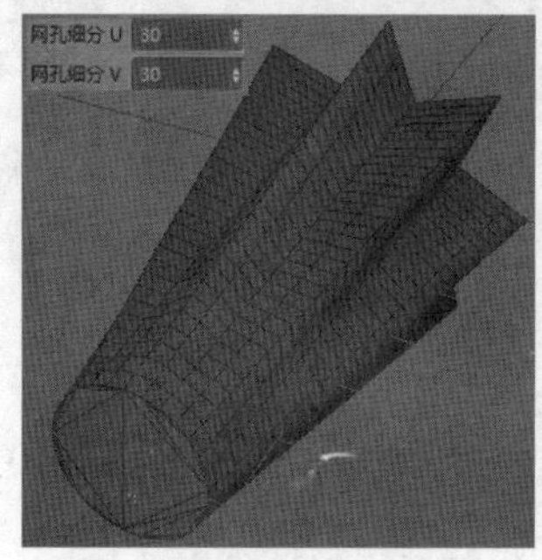

图 3-127

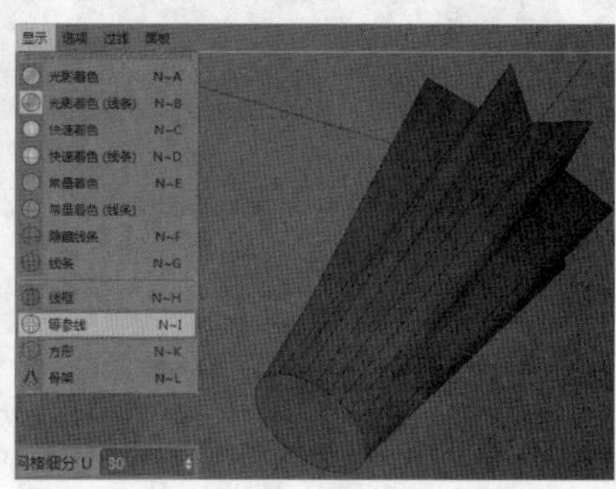

图 3-128

- 有机表格：未勾选状态下，放样时是通过样条曲线上的各对应点来构建模型的；如果勾选该复选框，放样时就可以自由地构建模型形态，如图3-129所示。
- 每段细分：勾选该复选框后，V方向（纵向）上的网格细分就会根据设置的"网孔细分V"中的参数均匀细分。
- 循环：默认为不勾选状态，勾选该复选框后，两条样条轮廓将保持原样，因此放样体将变成开放的放样面，如图3-130所示。

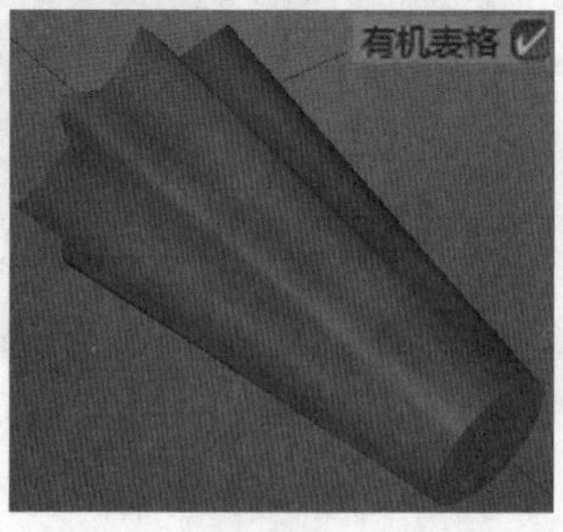

图 3-129

图 3-130

3.3.6 扫描

扫描工具可以使一个二维图形的截面，沿着某条样条曲线路径移动形成三维模型。在工具栏中单击“扫描”按钮，就会在场景中创建一个扫描 NURBS 对象。再创建两条样条曲线，一条充当截面，一条充当路径，让这两个样条曲线对象成为扫描 NURBS 对象的子对象，即可扫描生成一个三维模型，如图 3-131 所示。

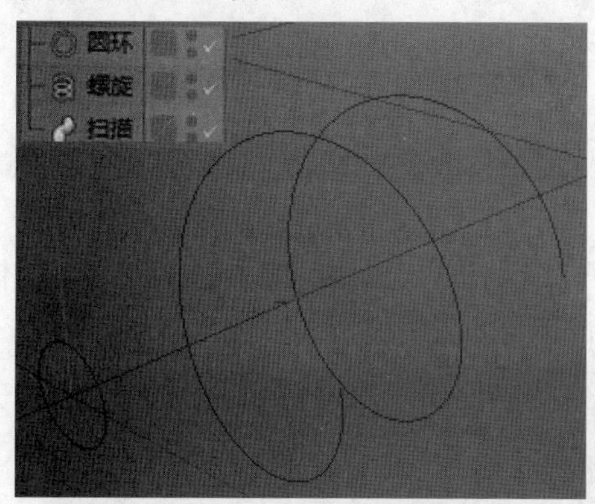

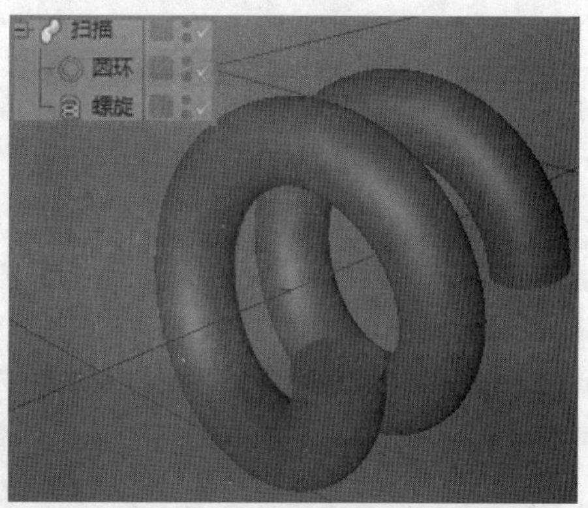

图 3-131

> **提示**
>
> 两个样条曲线对象成为扫描 NURBS 对象的子对象时，代表截面的样条曲线在上，代表路径的样条曲线在下。

在“属性”窗口中可以看到扫描对象的一些基本参数，如图 3-132 所示。

- 网格细分：设置等参线的细分数量。
- 终点缩放：设置扫描对象在路径终点的缩放比例，缩放比例为0%时，扫描终端将缩小成一个点，如图3-133所示。

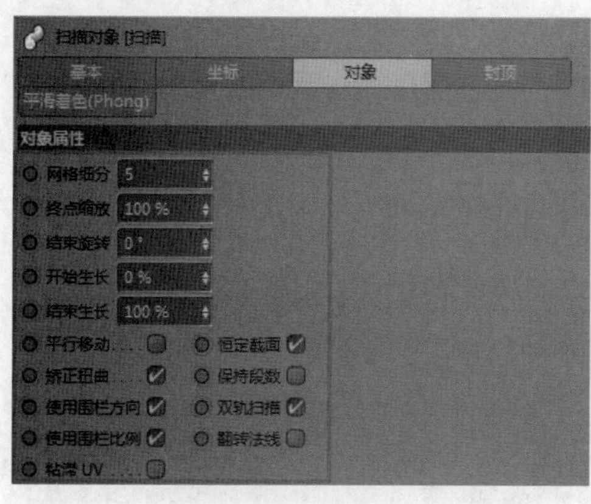

图 3-132

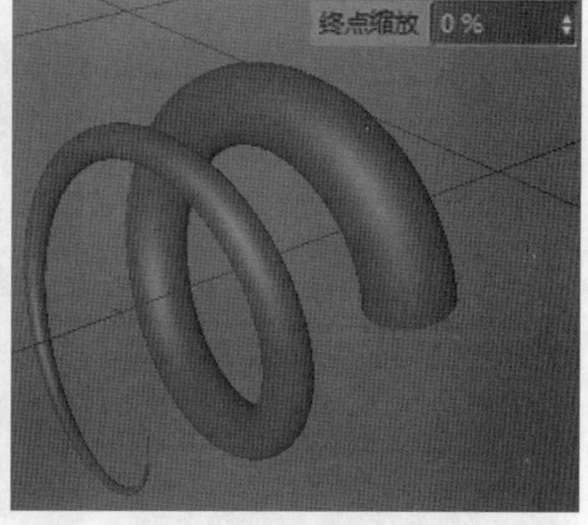

图 3-133

- 结束旋转：设置对象到达路径终点时的旋转角度，如图3-134所示。
- 开始生长/结束生长：这两个参数分别用于设置扫描对象沿路径移动形成三维模型的起点和终点，可以用来调整扫描对象的长度，如图3-135所示。

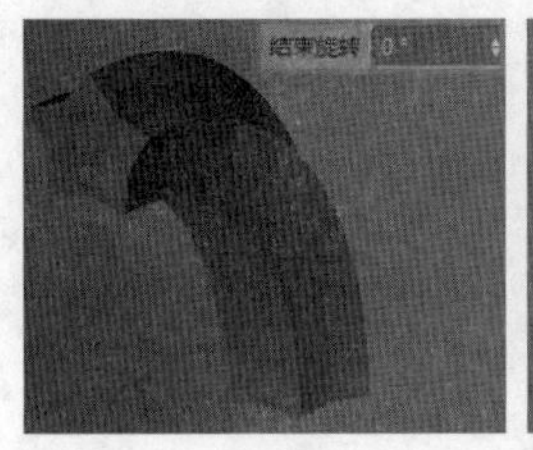

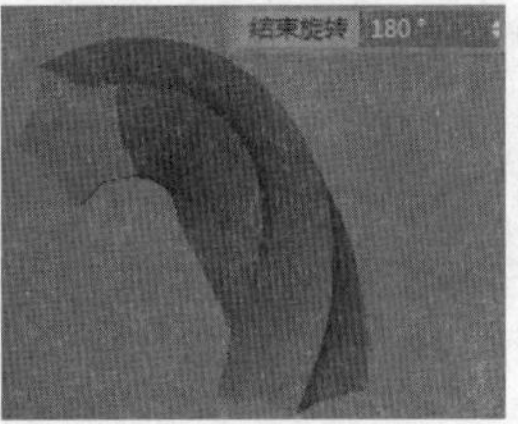

图 3-134

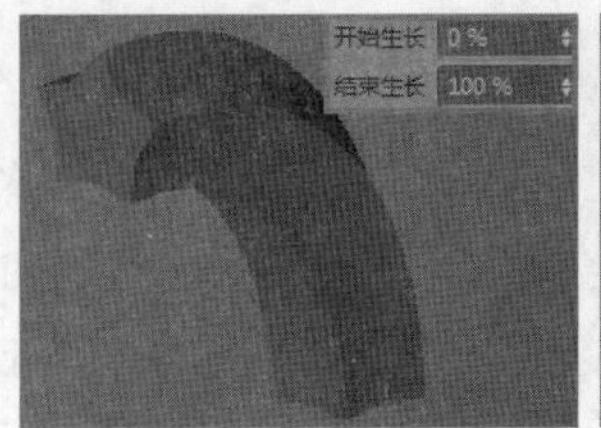

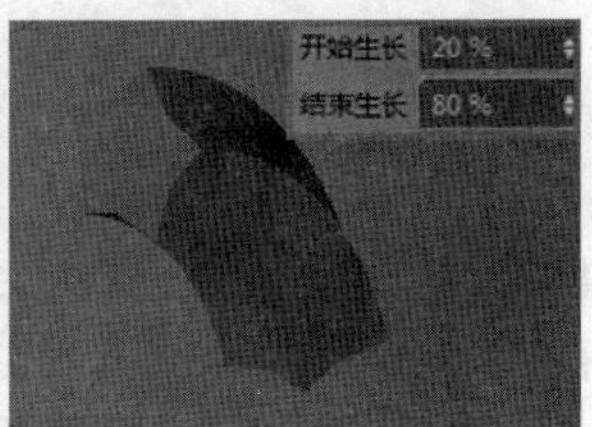

图 3-135

3.3.7 贝塞尔

贝塞尔工具与其他 NURBS 曲面工具不同，它不需要任何子对象就能创建出三维模型。在工具栏中单击“贝塞尔”按钮，便会在场景中创建一个贝塞尔 NURBS 对象，它在视图窗口中显示的是一个曲面，通过对曲面进行编辑和调整，即可形成想要的三维模型，如图 3-136 所示。

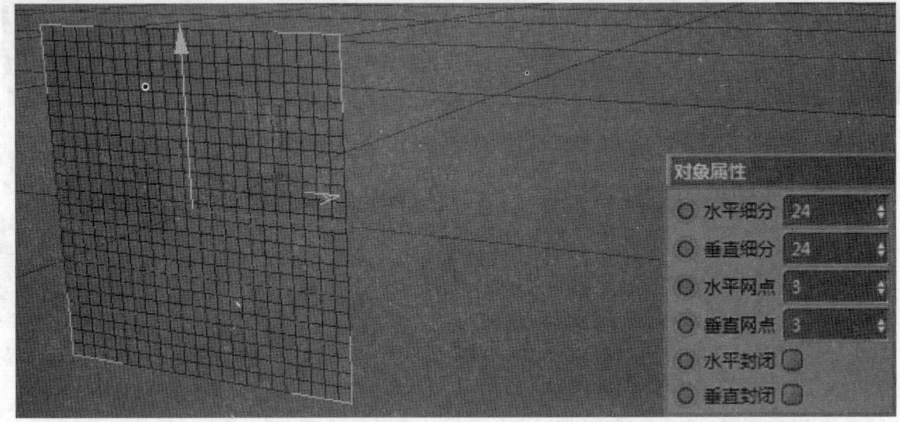

图 3-136

要对贝塞尔曲面进行编辑，需要先选择曲面上的控制点（即曲面上蓝色控制线的交点），然后手动进行拖动，如图 3-137 所示。

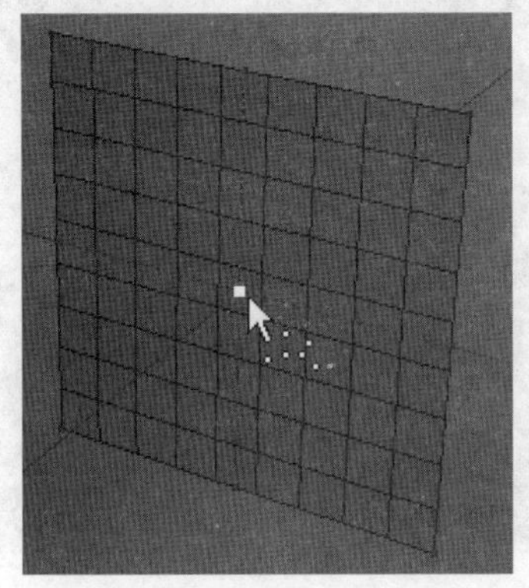
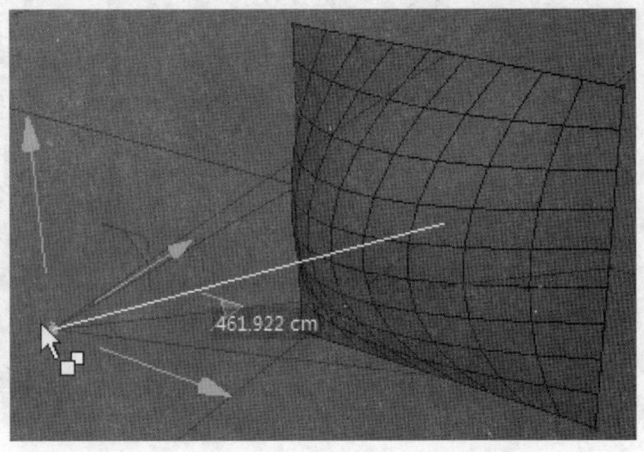

图 3-137

蓝色控制线如果不明显，可以将显示状态切换为“等参线”，这样等参线的交点就是贝塞尔曲面的控制点，如图 3-138 所示。

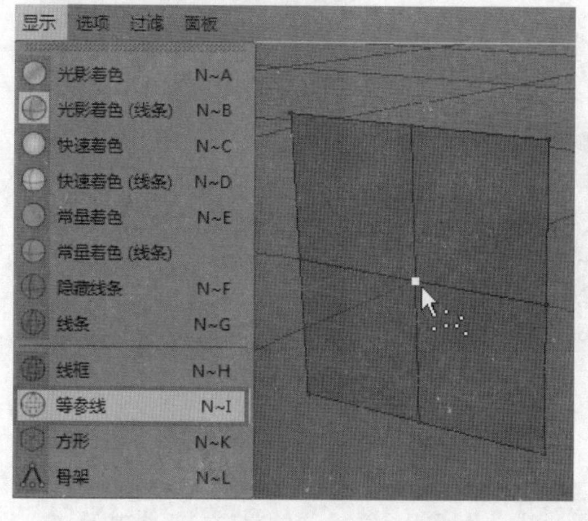

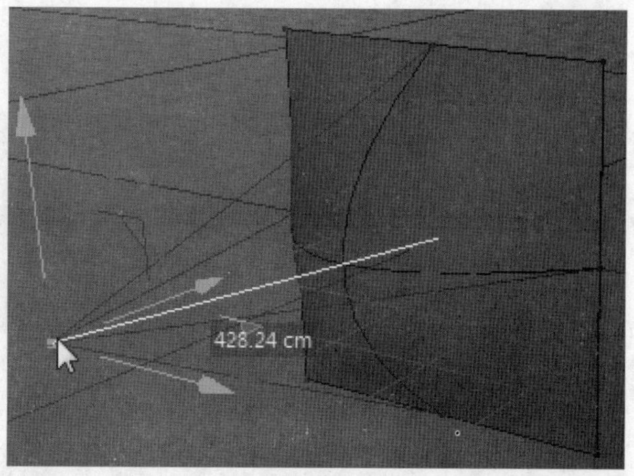

图 3-138

“对象属性”面板中各参数的具体含义如下。

- 水平细分/垂直细分：这两个参数分别用于设置在曲面的x轴方向和y轴方向上的网格细分数量，如图3-139所示。
- 水平网点/垂直网点：这两个参数分别用于设置在曲面的x轴方向和y轴方向上的控制点数量，即蓝色控制线的交点数量，如图3-140所示。
- 水平封闭/垂直封闭：这两个选项分别用于在x轴方向和y轴方向上的封闭曲面，常用于制作管状物体，如图3-141所示。

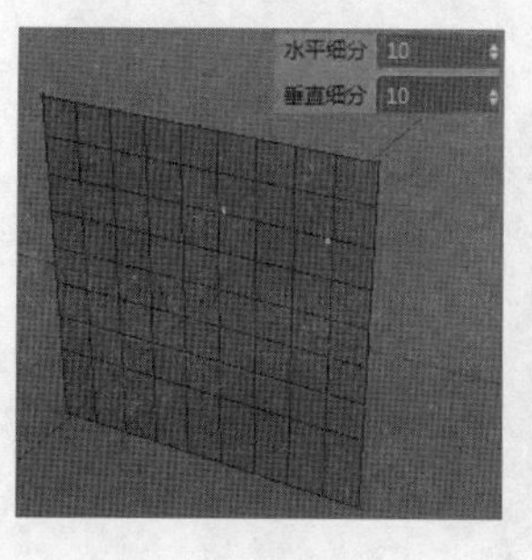

图 3-139

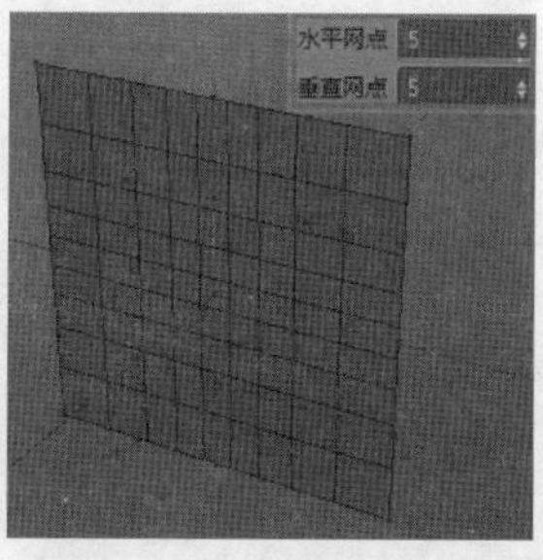

图 3-140

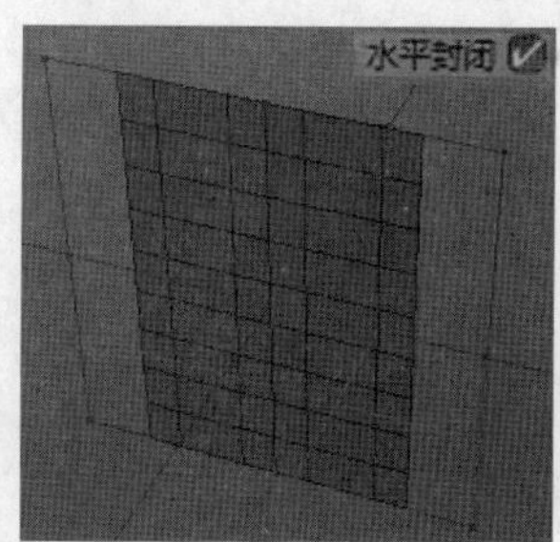

图 3-141

3.4 造型工具

CINEMA 4D 中的造型工具非常强大，可以自由组合出各种不同的效果，它的可操控性和灵活性是其他三维软件无法比拟的。在 CINEMA 4D 的工具栏中长按“阵列”按钮，可以展开造型工具组菜单，里面集中了常用的造型工具，如图 3-142 所示。此外，执行“创建”|“造型”命令，也可以在展开的快捷菜单中选择相应的造型工具，如图 3-143 所示。

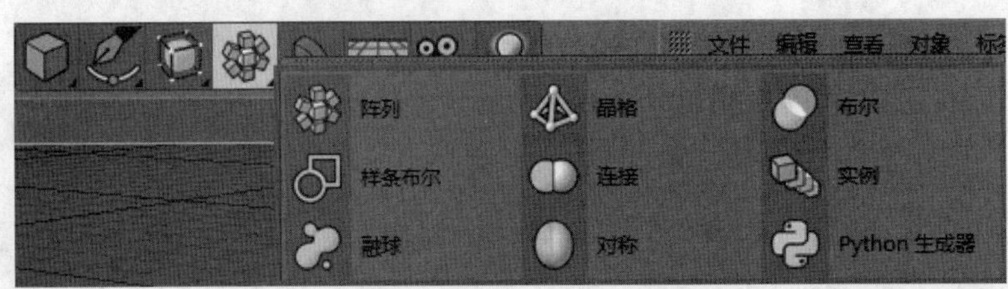

图 3-142

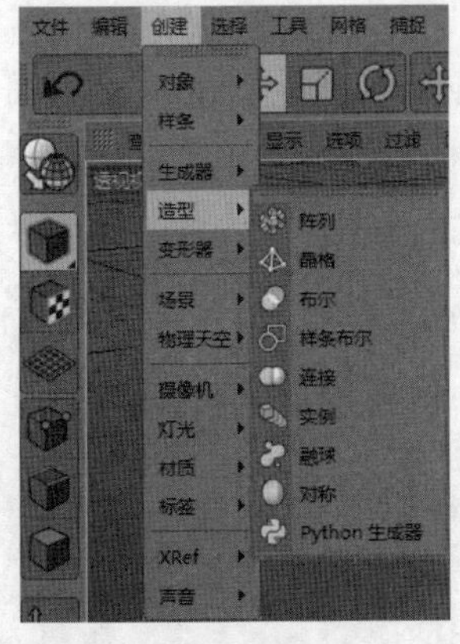

图 3-143

造型工具必须和几何体连用，单独使用无效。

3.4.1　课堂案例：创建魔法气泡

【学习目标】CINEMA 4D 中可以通过发射器快速创建一些动画效果，但是所发射出来的粒子却需要用户自行创建。搭配一些造型工具，还可以创建出气泡、火焰等较为复杂的效果。

【知识要点】先创建一大一小两个球体，将小的球体作为所发射的气泡，然后通过融球工具将其融合。接着创建发射器，将小的球体作为发射对象，再对发射器参数进行设置，即可得到所需效果，如图 3-144 所示。

【所在位置】Ch03\ 素材 \ 创建魔法气泡 .c4d

图 3-144

（1）启动 CINEMA 4D 软件，长按工具栏中的“立方体”按钮，展开其扩展菜单，单击其中的“球体”按钮，在视图窗口中创建一个半径为 100cm 的球体，如图 3-145 所示。

（2）选择所创建的球体，按住 Ctrl 键进行拖动，得到一个复制体，修改复制体的“半径”为 25cm，如图 3-146 所示。

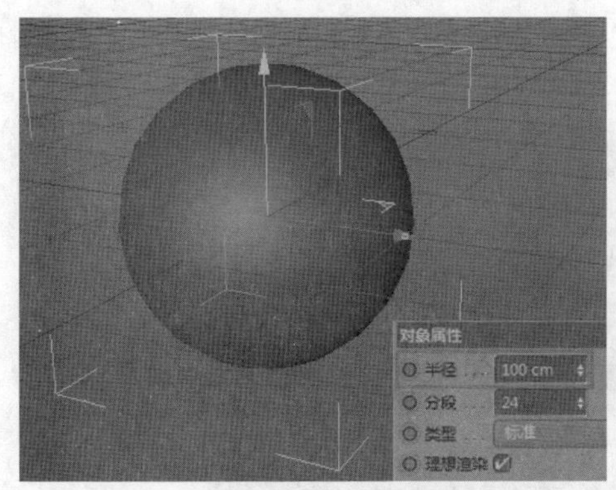

图 3-145

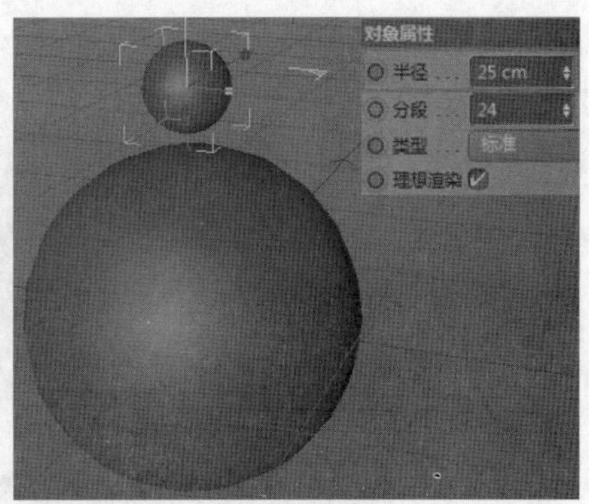

图 3-146

（3）长按工具栏中的“阵列”按钮，展开其扩展菜单，单击其中的“融球”按钮，创建一个“融球”对象，如图 3-147 所示。

（4）在“对象”窗口中将所创建的两个球体对象拖动到“融球”对象下，待鼠标指针变为符号时释放，得到图 3-148 所示的融球效果。

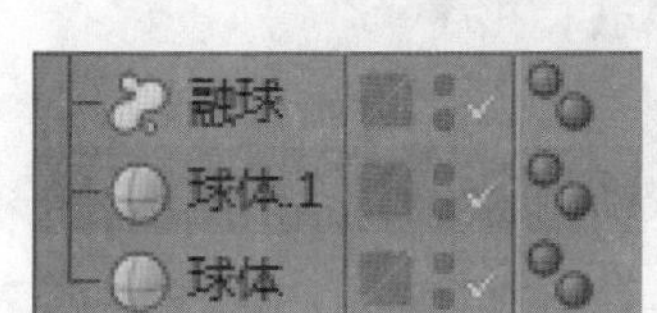

图 3-147

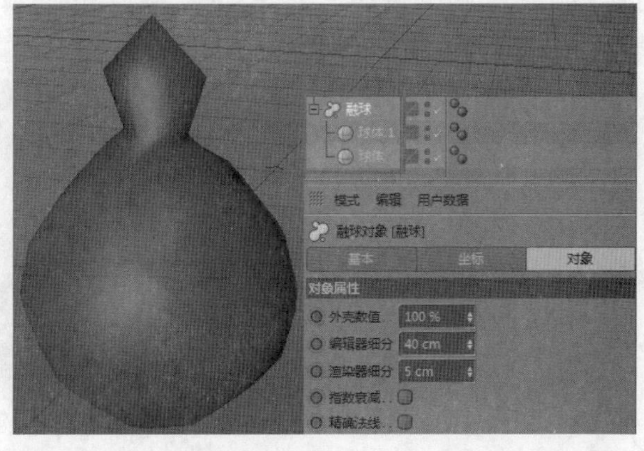

图 3-148

（5）此时效果并不理想。选择“融球”对象，然后在“属性”窗口中设置“编辑器细分”为 10cm，设置“渲染器细分”为 1cm，此时视图窗口中的效果变得柔顺，如图 3-149 所示。

（6）创建发射效果。在菜单栏中执行“模拟”|“粒子”|“发射器”命令，创建一个粒子发射器（外形为白色方框），如图 3-150 所示。

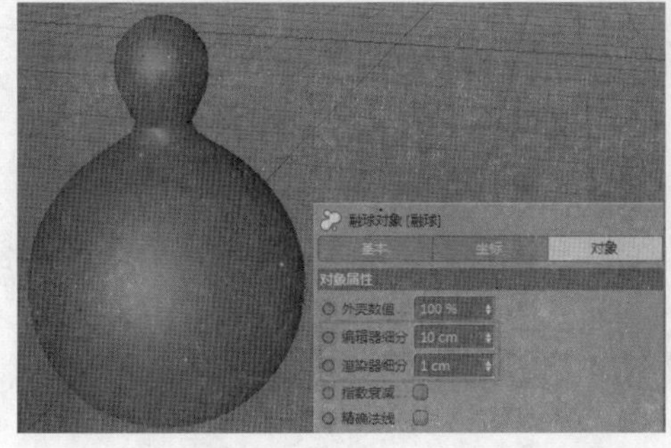

图 3-149

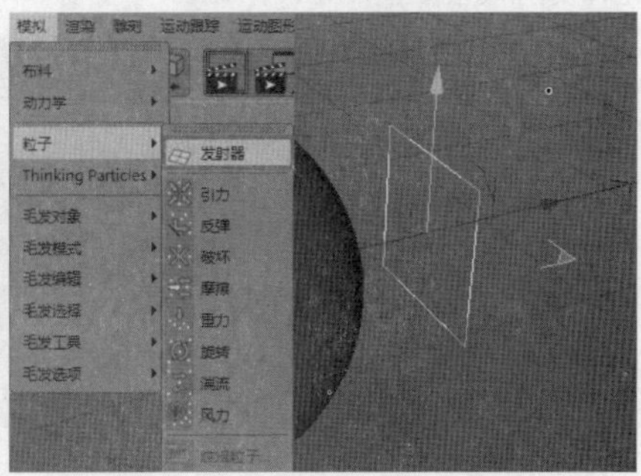

图 3-150

（7）此时如果单击动画编辑窗口中的“向前播放”按钮，则可见在发射器处有白色粒子发射出来，如图 3-151 所示。

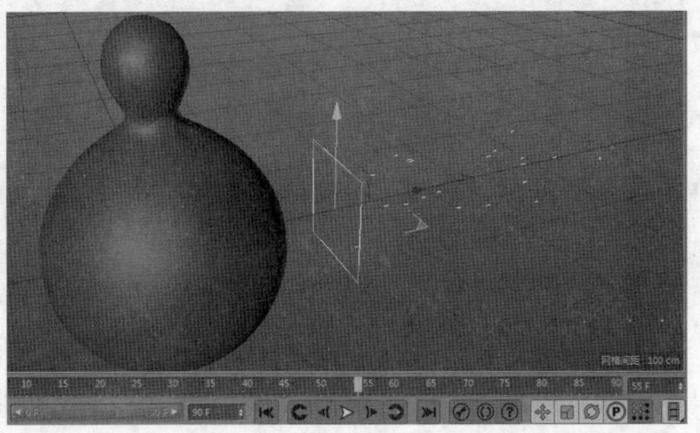

图 3-151

（8）在“对象”窗口中将半径为 25cm 的小球体拖到“发射器”对象下，再选择“发射器”对象，在操作界面右下角的“属性”窗口中切换至“粒子”选项卡，勾选其中的“显示对象”复选框，此时单击“向前播放”按钮，则会发射出所创建的小球体，如图 3-152 所示。

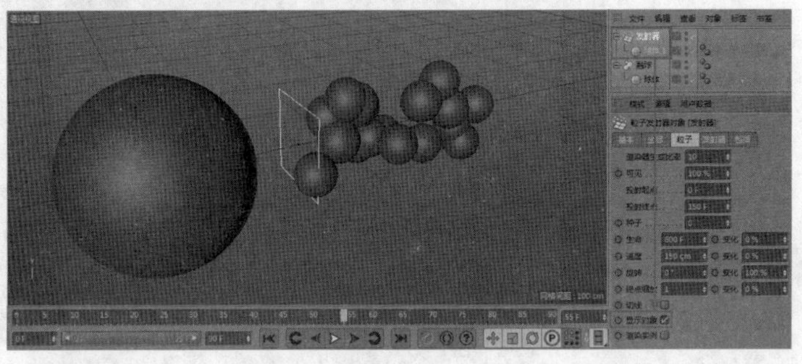

图 3-152

（9）由于默认的发射方向是 +*z* 轴方向，而在 CINEMA 4D 中，+*y* 轴才是朝向上方的，因此要制作向上发射的气泡效果，需要将发射器向上旋转 90°。选择“发射器”对象，在“属性”窗口中切换至“坐标”选项卡，将“R.P”参数值设置为 90°，如图 3-153 所示。

（10）在“对象”窗口中将“发射器”拖至“融球”对象的下方，成为其子对象，然后单击“向前播放”按钮，此时发射效果如图 3-154 所示。

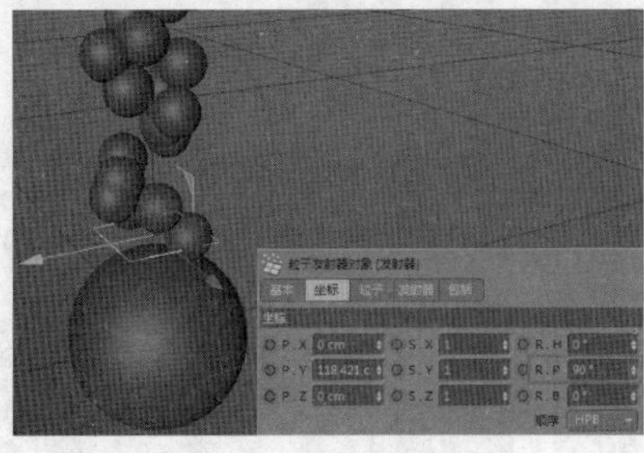

图 3-153

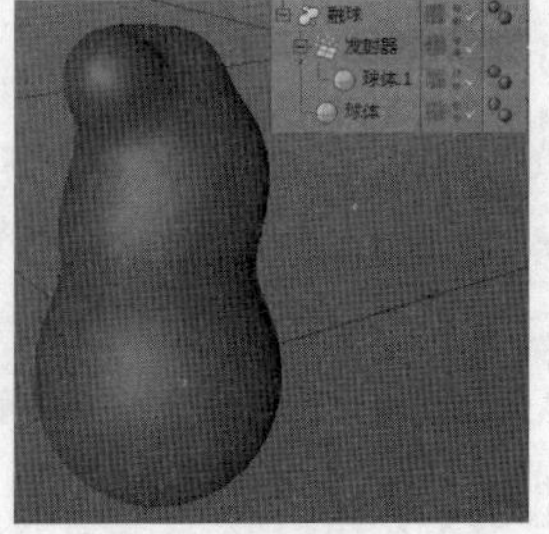

图 3-154

（11）可见，所发射的粒子经过融球变形后粘连在了一起，并没有像实际蒸发一样出现分隔开来的气泡效果。

接下来选择“发射器”对象，在“属性”窗口的“粒子”选项卡中，设置其“编辑器生成比率”和“渲染器生成比率”均为 5；设置“生命”为 90F，将“生命”后的“变化”设为 50%；将“速度”设置为 200cm，将“终点缩放”设置为 0，将“终点缩放”后的“变化”设置为 20%，再单击“向前播放”按钮，则可以得到正确的气泡效果，如图 3-155 所示。

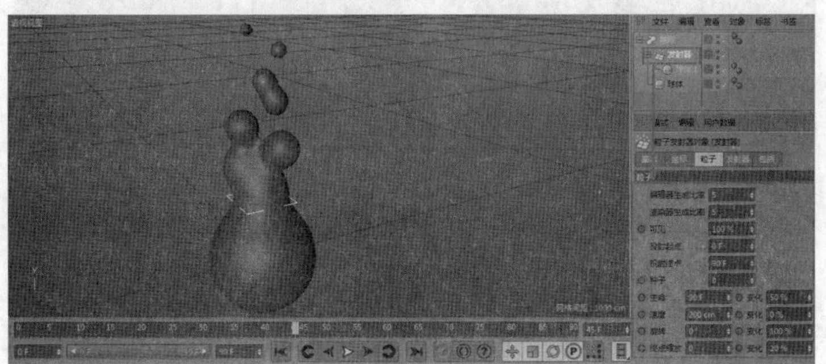

图 3-155

3.4.2 阵列

阵列是一种功能强大的多重复制工具，它可以一次将选择的对象复制多个并使复制的对象按指定的规律进行排列。在工具栏中单击“阵列”按钮，即可在“对象”窗口中创建一个“阵列”对象，然后将要阵列的模型对象移动至“阵列”对象的下方，成为其子对象，便可以得到阵列效果。在软件操作界面右下方的“属性”窗口中可以看到阵列对象的一些基本参数，如图 3-156 所示。

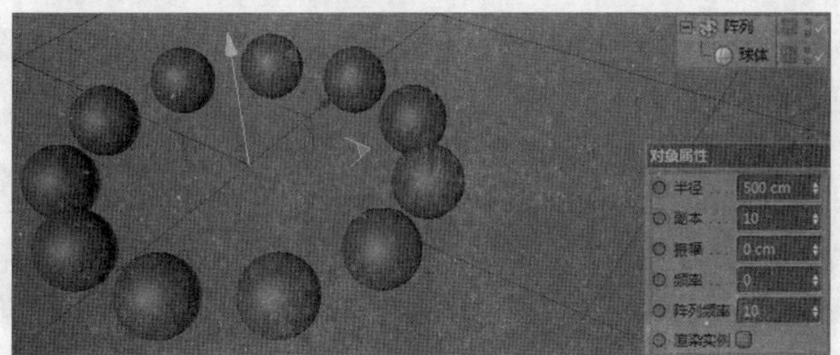

图 3-156

“对象属性”面板中一些参数的具体含义如下。

- 半径：设置阵列范围的半径大小，如图3-157所示。
- 副本：设置阵列中物体的数量，如图3-158所示。

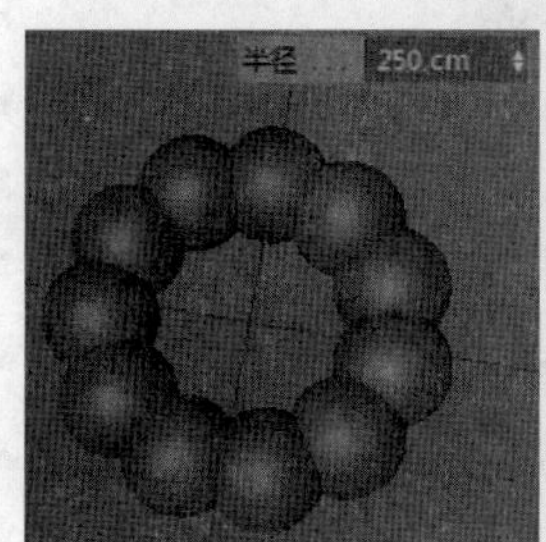

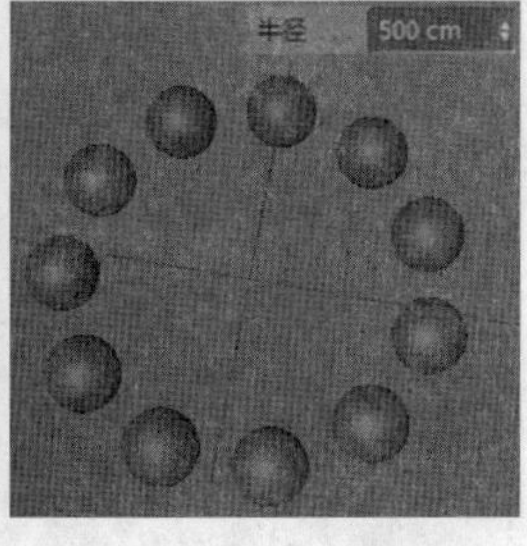

图 3-157

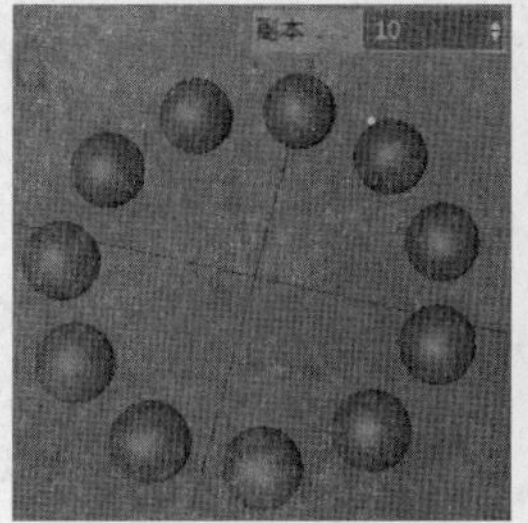

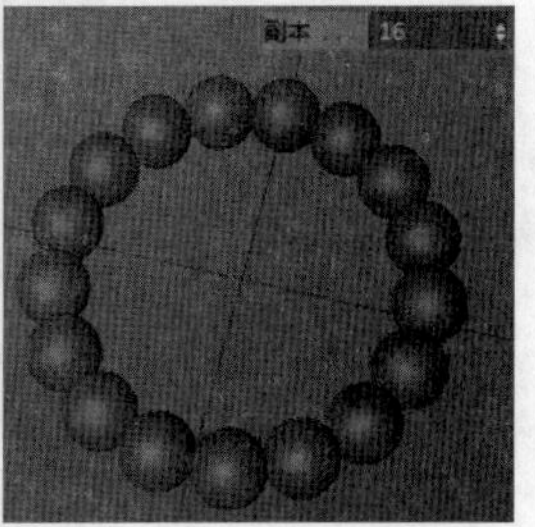

图 3-158

◆ 振幅：表示阵列对象的波动范围，在播放动画时才能观察到该参数的效果。其默认值为0cm，表示运动时没有波动幅度；值越大，波动幅度越大，如图3-159所示。

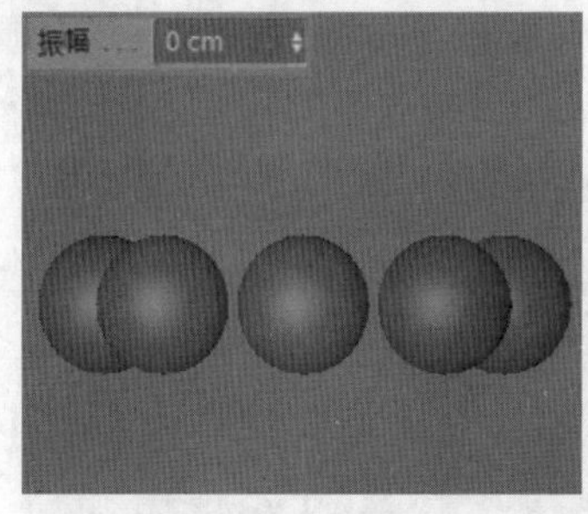

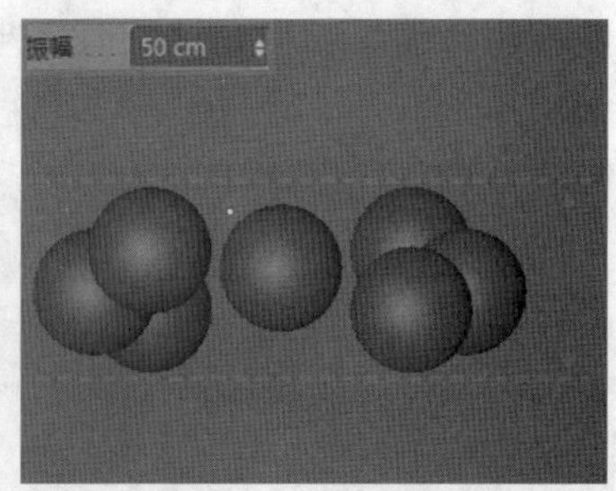

图 3-159

◆ 频率：表示阵列对象的振动快慢，同样只有在播放动画时才能观察到效果。默认值为0时，不显示振动的变化，值越大，振动的变化速度也会越快。

◆ 阵列频率：阵列中每个物体波动的范围，需要与振幅和频率结合使用。

3.4.3 晶格

晶格工具可以将对象转变为类似晶体的造型，给对象施加晶格工具后，对象将从内部转换为晶体结构。在工具栏中单击“晶格”按钮，即可在“对象”窗口中创建一个“晶格”对象，然后将要晶格化的模型对象移动至“晶格”对象的下方，成为其子对象，便可以得到晶格效果。在软件操作界面右下方的“属性”窗口中可以看到“晶格”对象的一些基本参数，如图 3-160 所示。

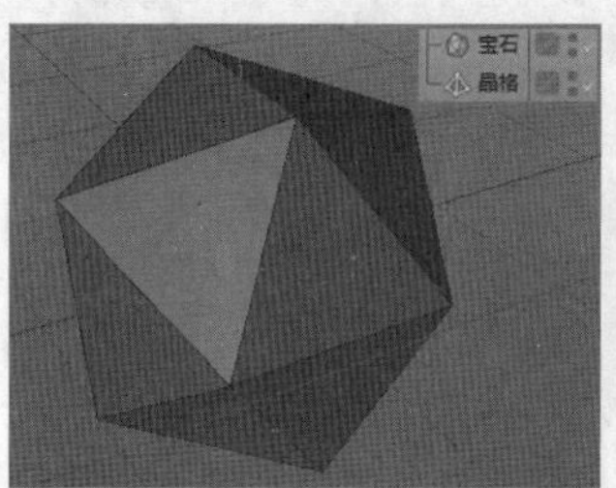

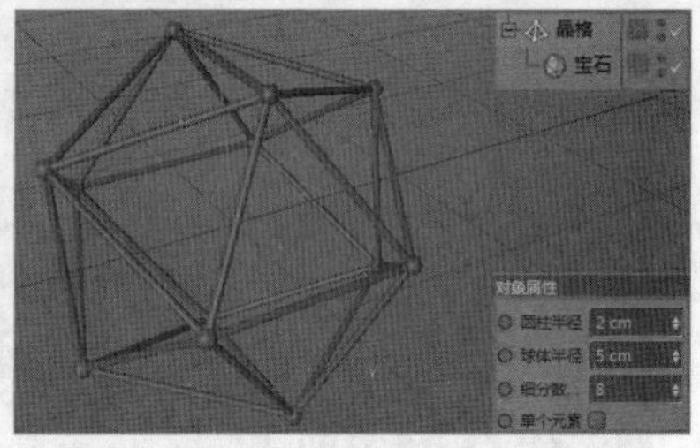

图 3-160

“对象属性”面板中各参数的具体含义如下。

◆ 圆柱半径：几何体上的样条曲线变为圆柱，该参数用于控制圆柱的半径大小，如图3-161所示。

◆ 球体半径：几何体上的点变为球体，该参数用于控制球体的半径大小，如图3-162所示。

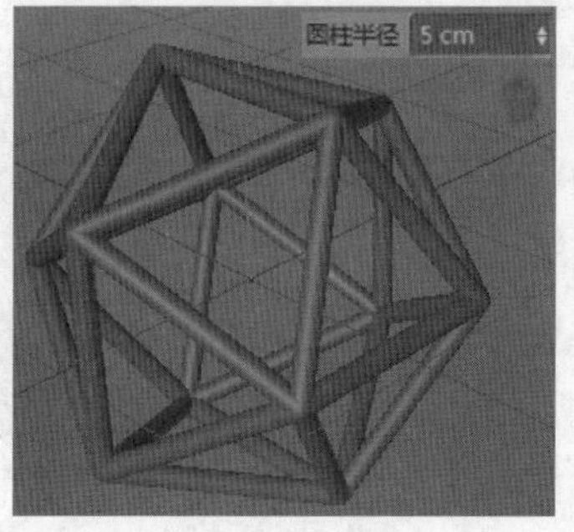

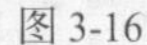

图 3-161

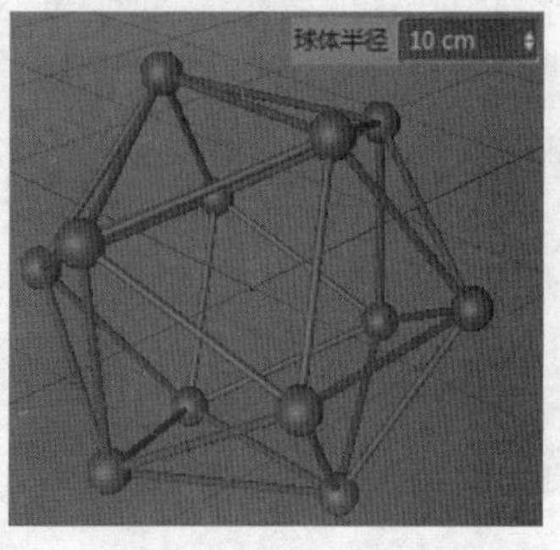

图 3-162

◆ 细分数：控制圆柱和球体的细分。

◆ 单个元素：勾选该复选框后，当晶格对象转化为多边形对象时，晶格会被分离成独立的对象。

3.4.4 布尔

模型通常由多个实体组成，但在建模过程中，每次只能创建单个的实体，因此需要将多个实体或对象组合成一个整体，从而得到最后的模型，这个操作过程称为“布尔运算”（或布尔操作）。

在工具栏中单击“布尔”按钮，即可在“对象”窗口中创建一个“布尔”对象，然后将要进行布尔操作的模型对象全部移至“布尔”对象的下方，成为其子对象，便可以得到布尔效果，如图 3-163 所示。

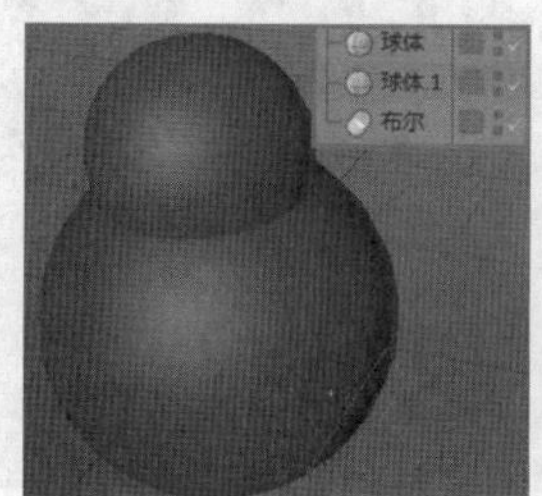

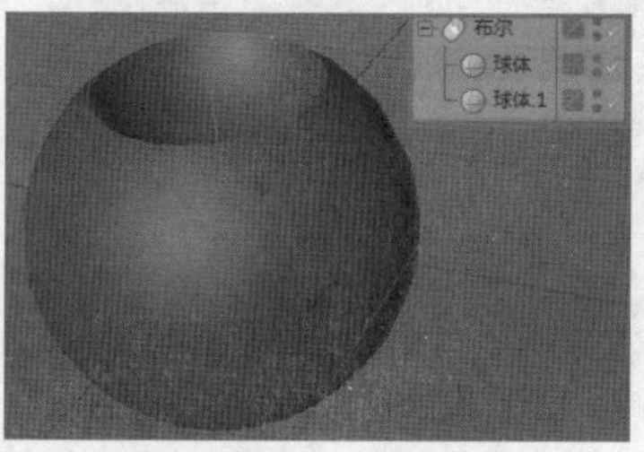

图 3-163

在软件操作界面右下方的“属性”窗口中可以看到布尔对象的一些基本参数，如图 3-164 所示。

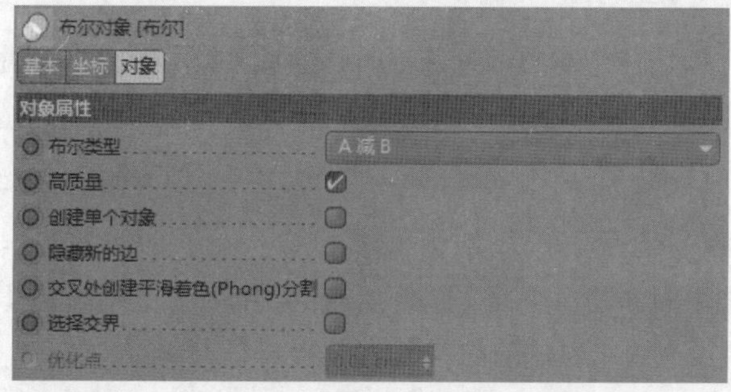

图 3-164

“对象属性”面板中一些参数的具体含义如下。

◆ 布尔类型：提供了4种类型，分别通过“A减B”“A加B”“AB交集”“AB补集”对物体进行运算，从而得到新的物体，如图3-165所示。

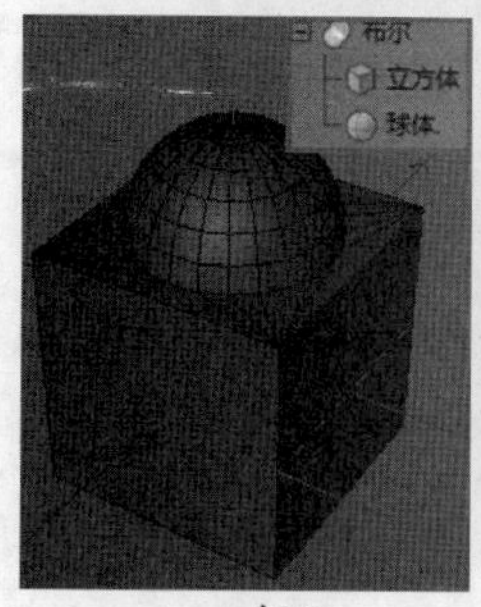

A 加 B

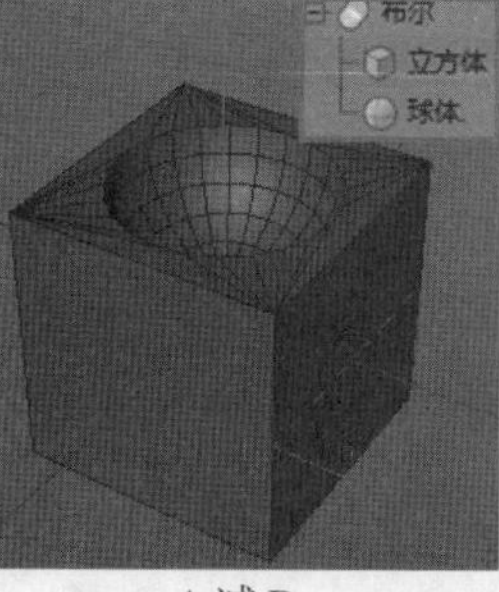

A 减 B

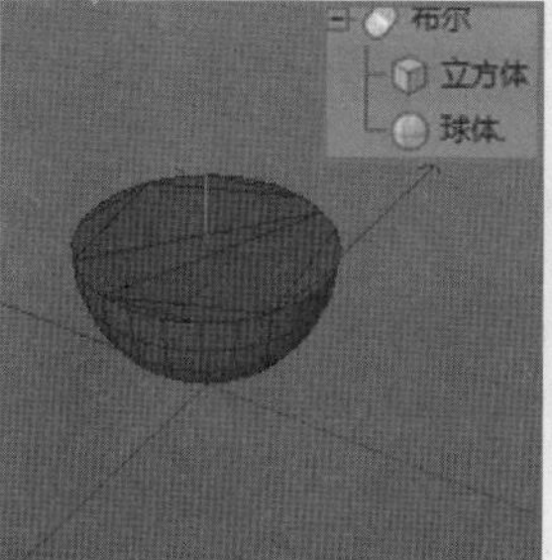

AB 交集

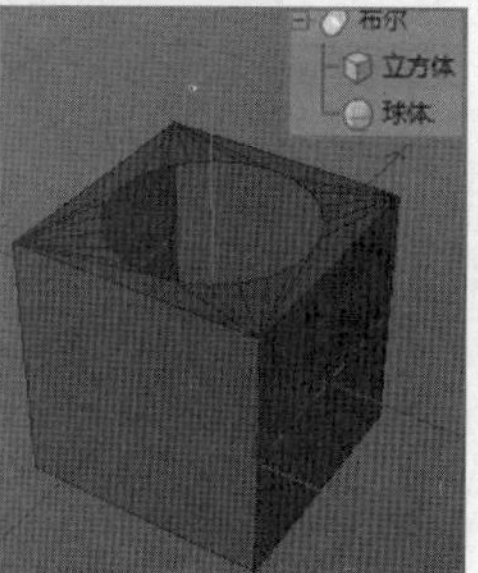

AB 补集

图 3-165

此处 A 为立方体，B 为球体，要注意“A 减 B”时的模型顺序。

- 创建单个对象：勾选该复选框后，当布尔对象转化为多边形对象时，物体被合并为一个整体。
- 隐藏新的边：布尔运算后，线的分布很可能出现不均匀的现象，而勾选该复选框后可以隐藏不规则的线，如图3-166所示。

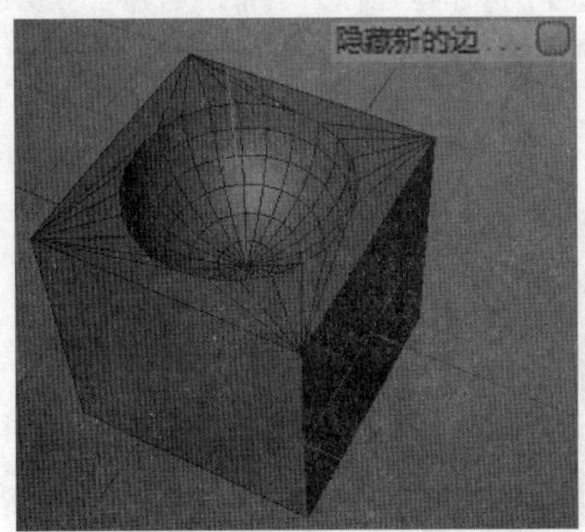

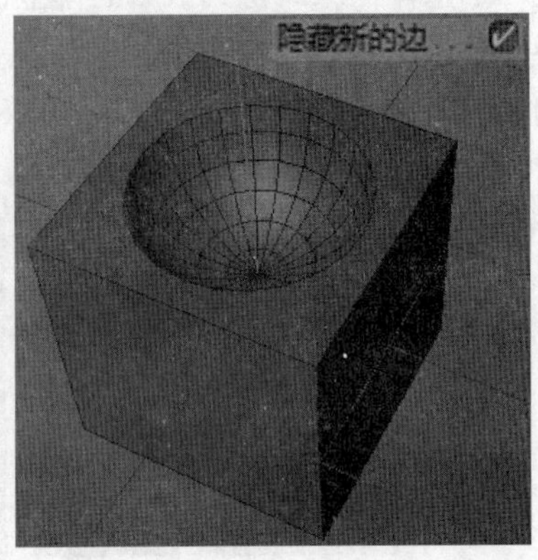

图 3-166

- 交叉处创建平滑着色（Phong）分割：对交叉的边缘进行平滑处理，在遇到较复杂的边缘结构时才有效果。
- 优化点：当勾选“创建单个对象”复选框时，此项才能被激活，以用于对布尔运算后物体中的点元素进行优化处理，删除无用的点。

3.4.5 对称

对称工具可以以基准平面为镜像平面，镜像所选的实体或曲面模型。其镜像后的对象和原实体或曲面相关联，但其本身没有可编辑的对象参数。

在工具栏中单击“对称”按钮，即可在“对象”窗口中创建一个“对称”对象，然后将要对称的模型对象移至“对称”对象的下方，成为其子对象，便可以得到对称效果。在软件操作界面右下方的“属性”窗口中可以看到对称对象的一些基本参数，如图 3-167 所示。

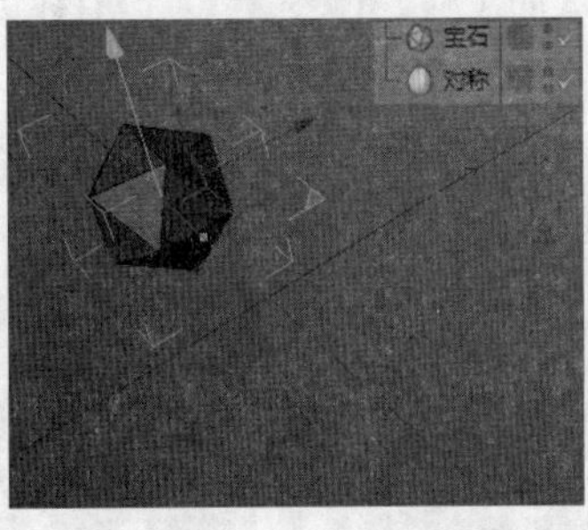

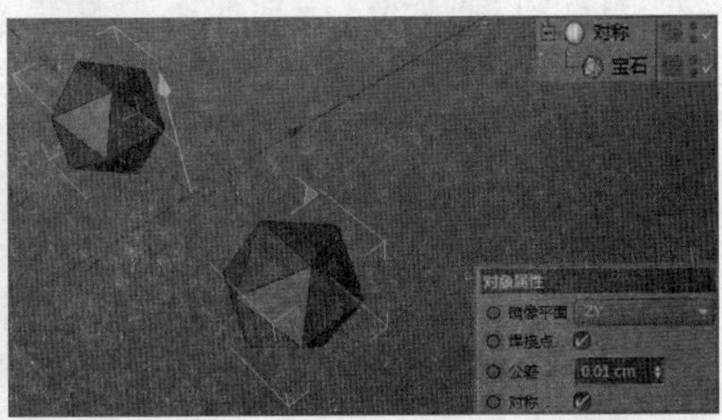

图 3-167

“对象属性”面板中一些参数的具体含义如下。

- 镜像平面：只能选择“XY”“ZY”“XZ”这3种基准平面。

◆ 焊接点/公差：勾选“焊接点”复选框以后，“公差”被激活，调节公差数值，两个物体就会连接到一起。

3.5 变形器工具

变形器工具是通过给几何体添加各式各样的变形效果，从而达到合适几何形态的工具。CINEMA 4D 的变形器工具和其他三维软件相比，出错率更小，灵活性更大，速度也更快，是使用 CINEMA 4D 建模时必不可少的一项基本工具。

在 CINEMA 4D 的工具栏中长按“扭曲”按钮，可以展开变形工具组菜单，里面集中了常用的变形器工具，如图 3-168 所示。此外，执行“创建”|“变形器”命令，也可以在展开的快捷菜单中选择相应的变形器工具，如图 3-169 所示。

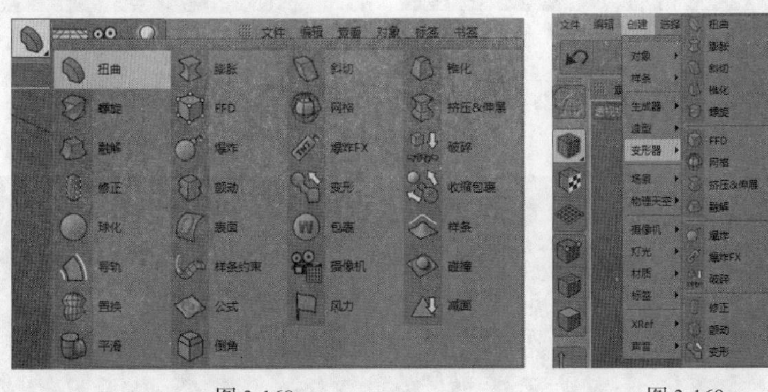

图 3-168　　图 3-169

3.5.1 课堂案例：创建多彩文字

【学习目标】灵活使用 CINEMA 4D 提供的参数几何体工具，配合各种变形器工具创建出复杂的模型。

【知识要点】由于在 CINEMA 4D 中创建的文字是空心的，而本例所需的是单线字，因此需要使用“草绘”工具来得到一个简单的样条曲线效果，然后通过“地形”这一非常规的模型来配合样条约束进行创建。最终效果如图 3-170 所示。

【所在位置】Ch03\ 素材 \ 创建多彩文字 .c4d

图 3-170

（1）启动CINEMA 4D软件，然后在工具栏中单击“文本”按钮，在“属性”窗口中输入文本“2020”，设置“字体”为“Arial”，设置文字“高度”为200cm，设置对齐方式为“中对齐”，如图 3-171 所示。

（2）在视图窗口菜单栏中选择“摄像机”|“正视图”选项，或按快捷键F4进入正视图窗口，如图 3-172 所示。

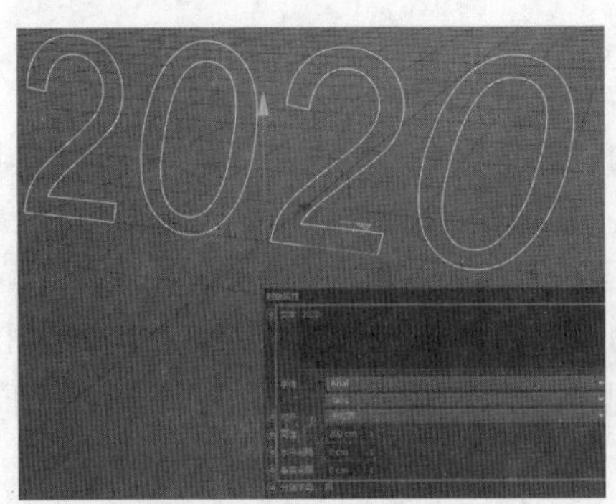

图 3-171

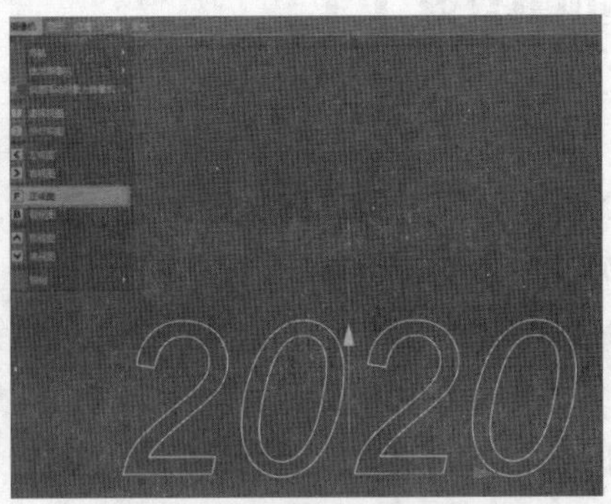

图 3-172

（3）在工具栏中单击“草绘”按钮，然后将鼠标指针移至文字内部，按住鼠标左键，沿文字内部轮廓绘制样条曲线，如图 3-173 所示。

图 3-173

（4）使用同样的方法，在其他文字内部描绘样条曲线，完成后得到图 3-174 所示的效果。

图 3-174

（5）文字的样条曲线创建完成后，按快捷键 F1 回到轴测视图，然后隐藏最开始创建的文本，效果如图 3-175 所示。

（6）单击工具栏中的“地形”按钮，在“属性”窗口中修改其尺寸为10cm×10cm×10cm，设置“宽度分段”为400，然后勾选最下方的“球状”复选框，创建的模型如图 3-176 所示。

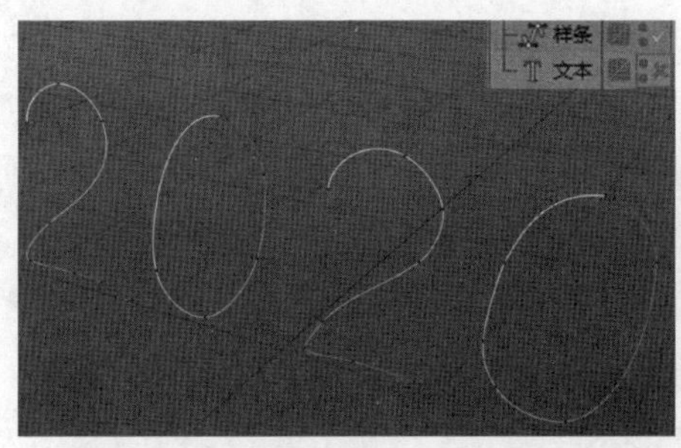

图 3-175

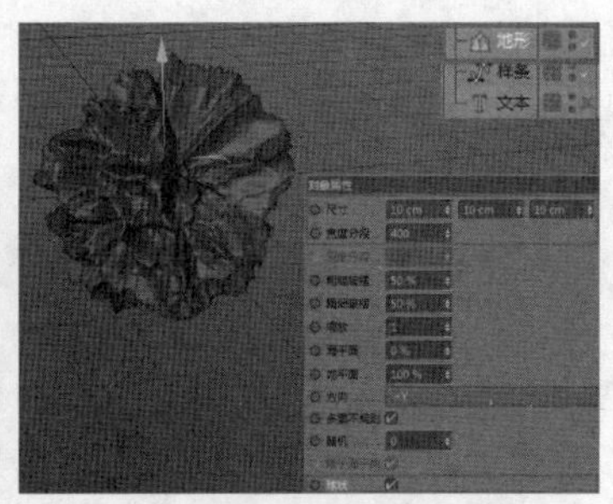

图 3-176

提示

"宽度分段"可以有效地影响地形模型的外观，数值越小地形越粗糙，反之越精细，数值最大为 1 000。较高的数值会加长计算机的运算时间，严重影响操作的速度，因此用户应根据计算机的实际配置来决定参数大小。

（7）在变形器工具组中单击"样条约束"按钮，然后在"对象"窗口中选择已添加的"样条约束"对象，接着将其移至"地形"对象的下方，待鼠标指针变为符号时释放鼠标左键，"样条约束"对象将成为"地形"对象的子对象，如图 3-177 所示，同时在视图窗口中可以看到地形有了代表样条约束的蓝紫色外框，如图 3-178 所示。

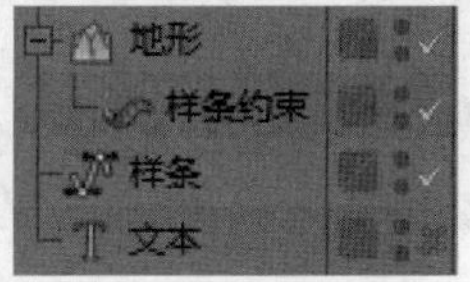

图 3-177

图 3-178

（8）在"对象"窗口中选择"样条约束"对象，在下方的"属性"窗口中单击"样条"栏最右侧的"选择"按钮，待鼠标指针变为形状时，返回"对象"窗口，选择所创建的文字样条曲线，在视图窗口中即可得到图 3-179 所示的效果。

图 3-179

（9）此时会发现样条曲线被球化的地形模型所覆盖，已经呈现出大致形状，但样条曲线上仍有部分长度未被完全覆盖，此时可以在“样条约束”的“属性”窗口中调整起点值和终点值，如图 3-180 所示。

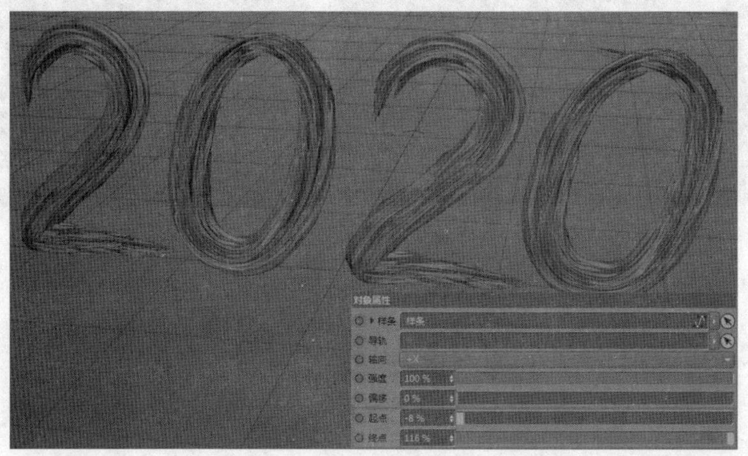

图 3-180

（10）此时模型的字体已经大致呈现出所需的效果，但是放大视图可以看到模型的整体细节非常粗糙，如图 3-181 所示，还需要再进一步进行优化。

（11）在“对象”窗口中选择“样条约束”对象，然后在下方的“属性”窗口中展开“旋转”选项组，如图 3-182 所示。

图 3-181

图 3-182

（12）在“旋转”面板中选择“旋转”的“0.0”处的起点，然后将其向上拖动，会发现模型对象上发生了相应的扭曲变化，如图 3-183 所示。

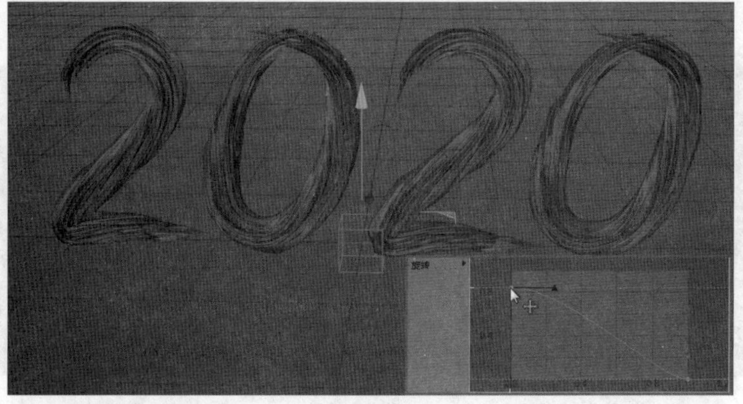

图 3-183

（13）同理，选择“旋转”这一栏的模型终点，将其向上拖动，模型会从另一端开始反向扭曲，如图 3-184 所示。

图 3-184

（14）此外，还可以调整“样条旋转”这一栏的曲线，如图 3-185 所示。

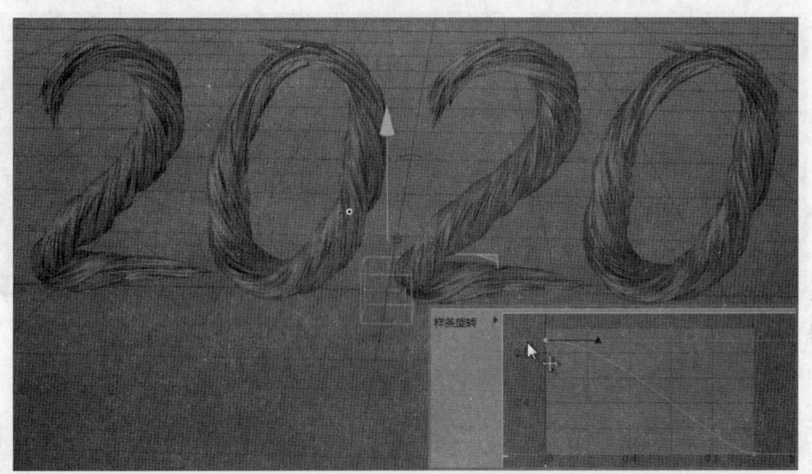

图 3-185

（15）按此方法调整模型“旋转”和“样条旋转”的扭曲效果，使模型的表面尽可能变得平缓，最终的“旋转”和“样条旋转”参考曲线如图 3-186 和图 3-187 所示。

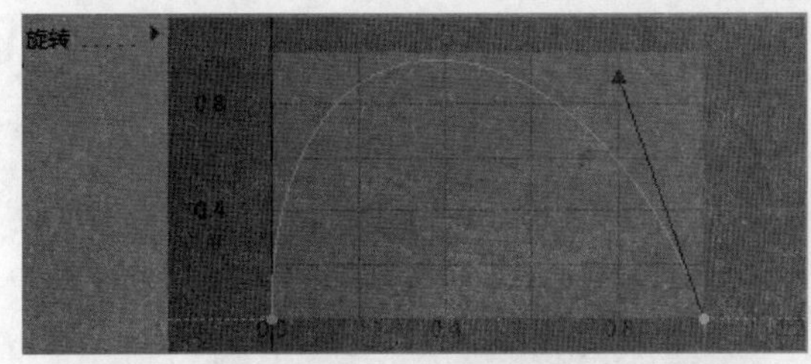

图 3-186

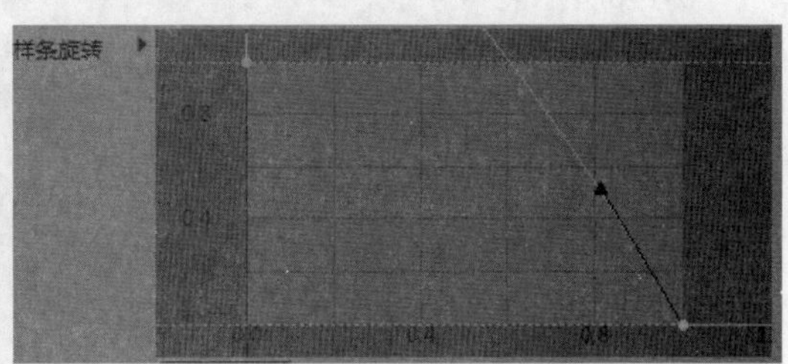

图 3-187

（16）此时字体模型已经创建完毕，效果如图 3-188 所示。

图 3-188

3.5.2 扭曲

扭曲工具可用于对场景中的对象进行扭曲和变形操作。在工具栏中单击“扭曲”按钮，即可在“对象”窗口中创建一个“扭曲”对象，然后将“扭曲”对象移动至要扭曲的模型对象下方，成为其子对象，便可以得到扭曲效果。在软件操作界面右下方的“属性”窗口中可以看到扭曲对象的一些基本参数，如图 3-189 所示。

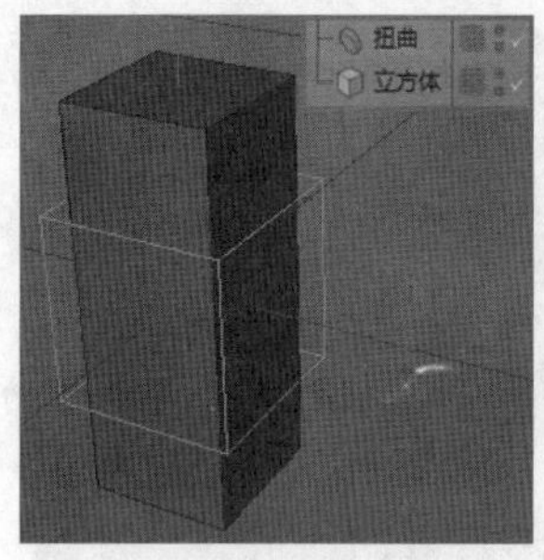

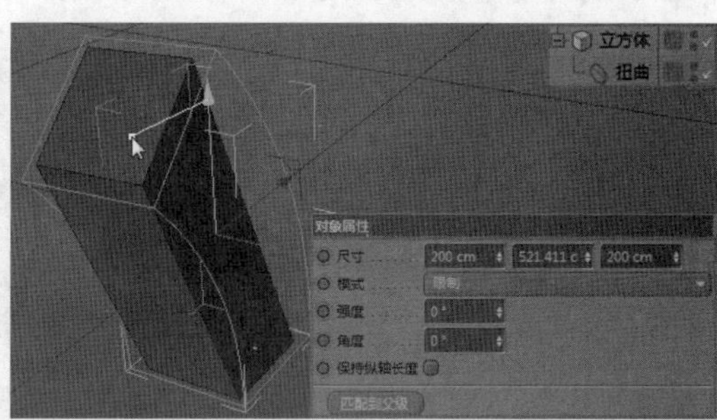

图 3-189

被扭曲的模型对象要有足够的细分段数，否则执行扭曲命令后的效果会不理想。

“对象属性”面板中各参数的具体含义介绍如下。

- 尺寸：该参数包含3个数值的文本框，从左到右依次代表x轴、y轴、z轴上扭曲的尺寸，如图 3-190所示。

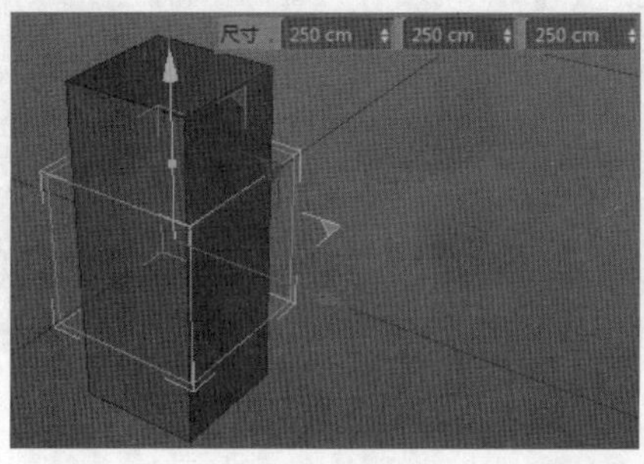

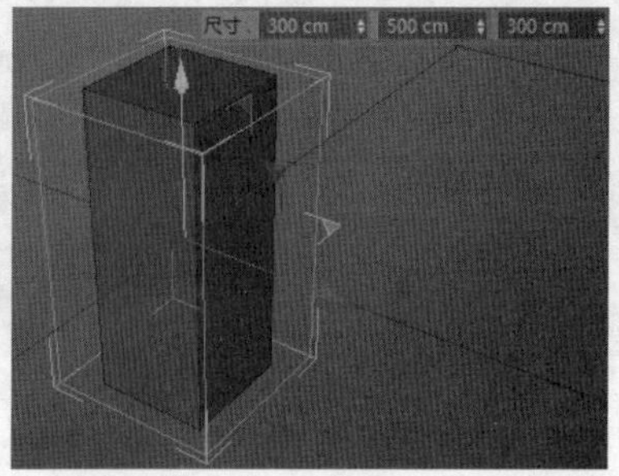

图 3-190

◆ 模式：用于设置模型对象扭曲模式，有“限制”“框内”“无限”3个选项。“限制”是指模型对象在扭曲框的范围内产生扭曲的作用；“框内”是指模型对象只有在扭曲框内的部分才能产生扭曲的效果；“无限”是指模型对象不受扭曲框的限制，如图3-191所示。

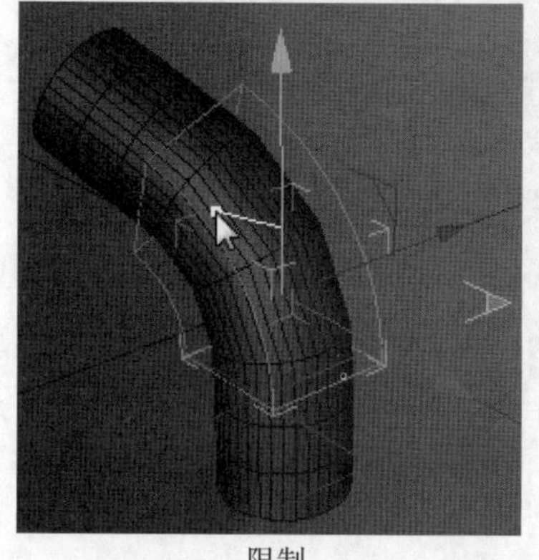
限制

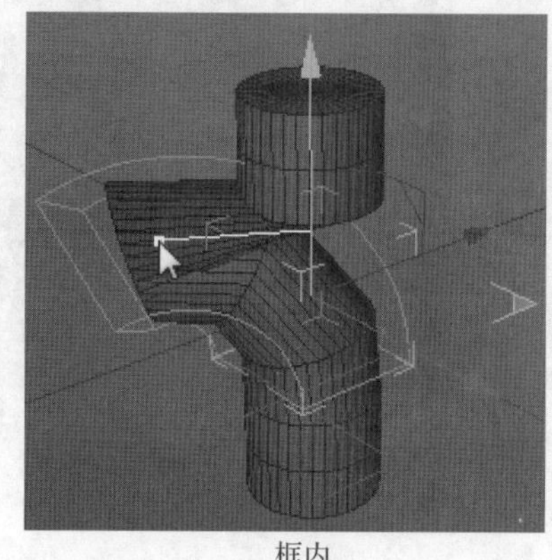
框内

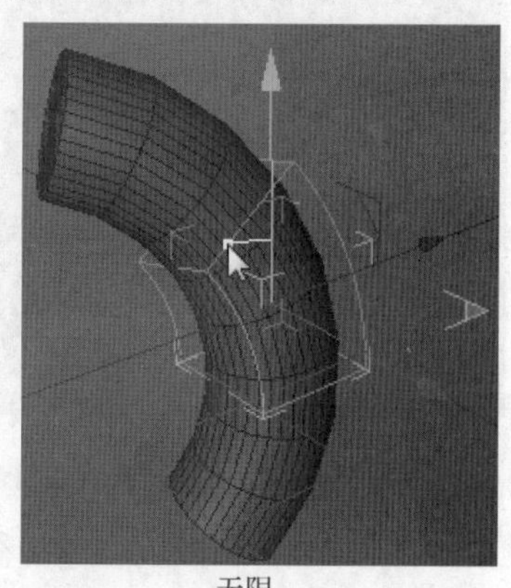
无限

图 3-191

◆ 强度：控制扭曲的强度。
◆ 角度：控制扭曲的角度变化。
◆ 保持纵轴长度：勾选该复选框后，模型对象将始终保持原有的纵轴长度不变，如图3-192所示。
◆ 匹配到父级：当变形器作为物体子对象的时候，执行“匹配到父级”，可自动与父级大小位置进行匹配，如图3-193所示，匹配后表示“扭曲”对象大小的蓝紫色边框已经与立方体的轮廓重合。

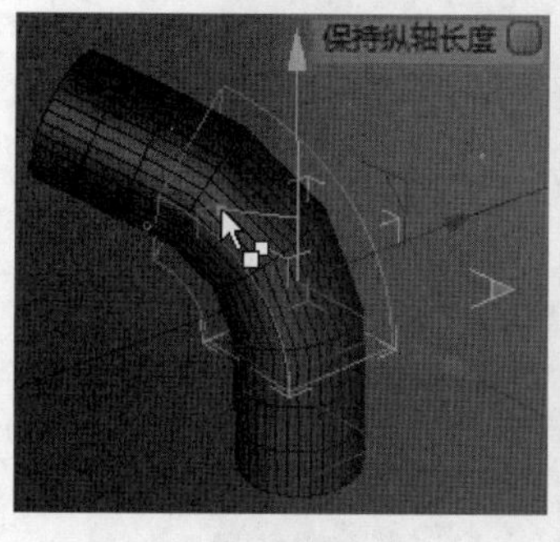

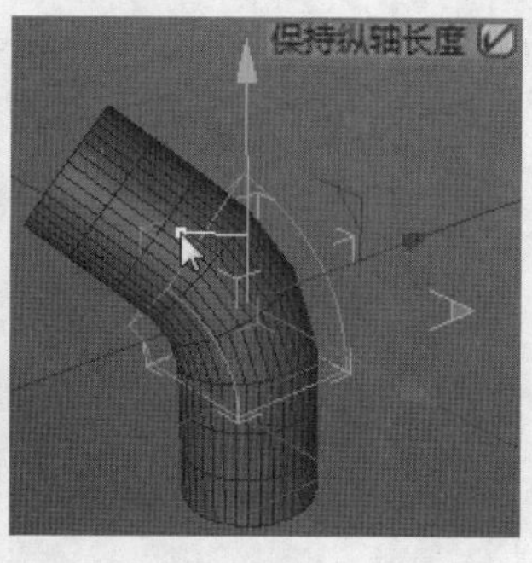

图 3-192

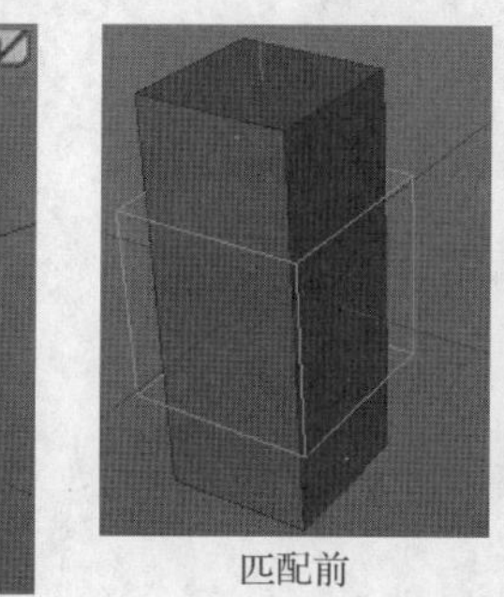
匹配前

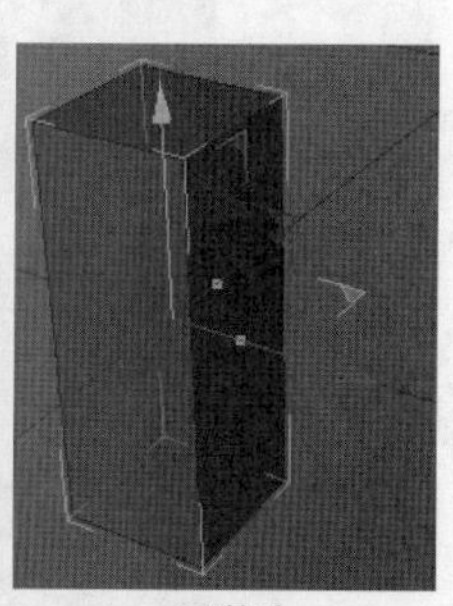
匹配后

图 3-193

3.5.3 锥化

锥化工具能够流畅地缩放模型对象的某个面，使其扩大或者缩小，如果对象是球体，“锥化”就能够创建很逼真的水滴效果。在工具栏中单击“锥化”按钮，即可在“对象”窗口中创建一个“锥化”对象，然后将“锥化”对象移至要锥化的模型对象下方，成为其子对象，便可以得到锥化效果。在软件操作界面右下方的“属性”窗口中可以看到锥化对象的一些基本参数，如图 3-194 所示。

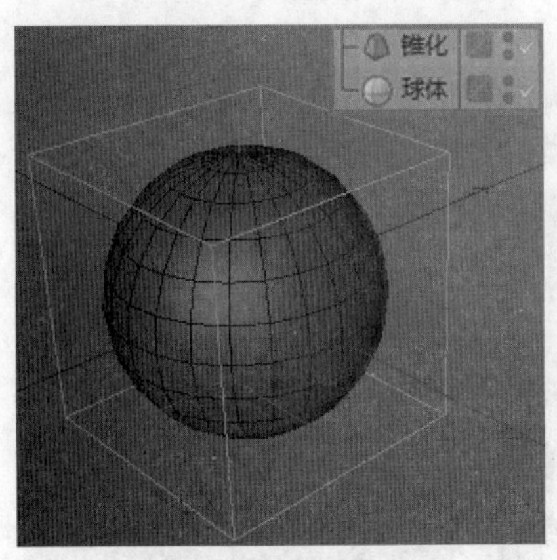

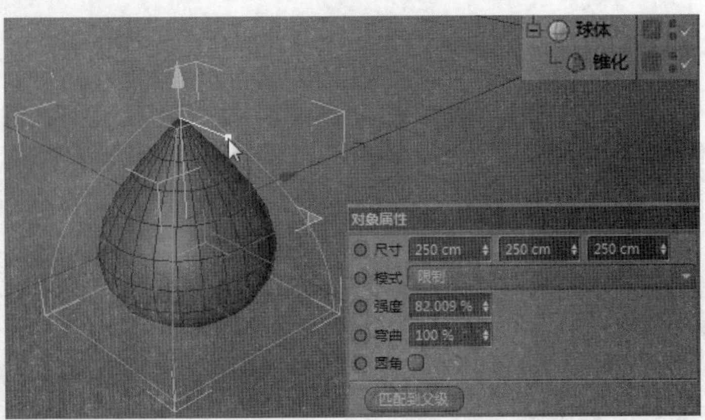

图 3-194

“对象属性”面板中一些参数的具体含义如下。

- 尺寸：该参数包含3个数值的文本框，从左到右依次代表x轴、y轴、z轴上锥化的尺寸。
- 模式：用于设置模型对象的锥化模式，有“限制”“框内”“无限”3个选项。“限制”是指模型对象在锥化框的范围内产生锥化的作用；“框内”是指模型对象只有在锥化框内的部分才能产生锥化的效果；“无限”是指模型对象不受锥化框的限制。
- 强度：控制锥化的强度。
- 弯曲：控制锥化的角度变化。
- 圆角：勾选该复选框后，变化效果将呈流线型效果，如图3-195所示。

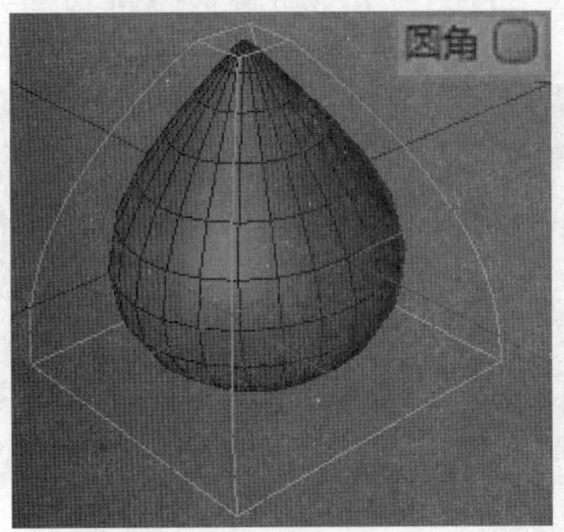

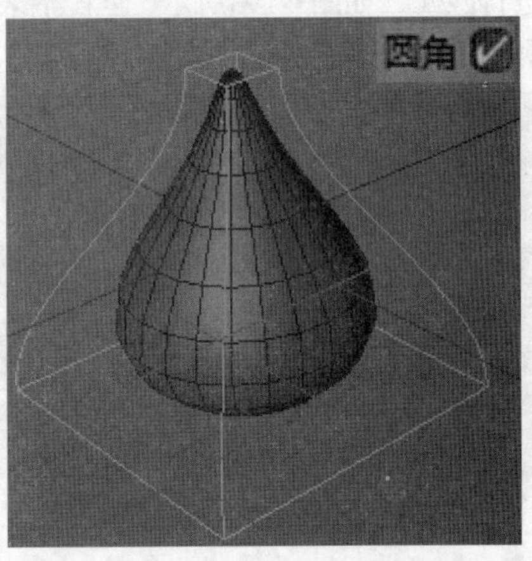

图 3-195

3.5.4 爆炸

爆炸工具可以使场景中的对象产生爆炸的效果。在工具栏中单击“爆炸”按钮，即可在“对象”窗口中创建一个“爆炸”对象，然后将“爆炸”对象移至要设置爆炸效果的模型对象下方，成为其子对象，便可以得到爆炸效果。在软件操作界面右下方的“属性”窗口中可以看到爆炸对象的一些基本参数，如图 3-196 所示。

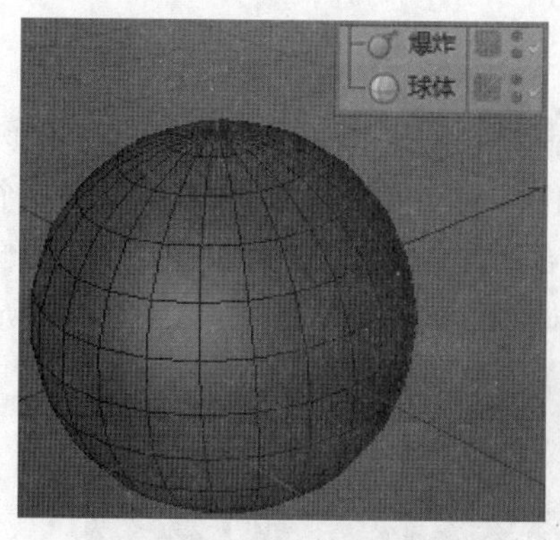

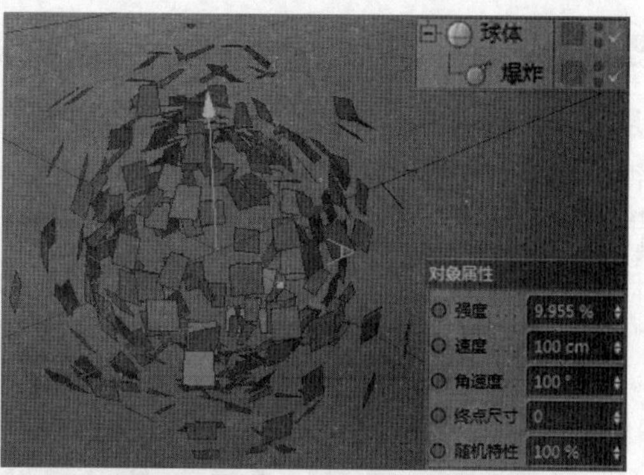

图 3-196

"对象属性"面板中各参数的具体含义如下。

- 强度：设置爆炸程度，值为0%时不爆炸，值为100%时爆炸完成。
- 速度：设置碎片到爆炸中心的距离，值越大，碎片到爆炸中心的距离越远，反之越近。
- 角速度：设置碎片的旋转角度。
- 终点尺寸：设置爆炸完成后碎片的大小。
- 随机特性：可用来微调爆炸效果。

3.5.5 破碎

破碎工具可以使场景中的对象产生破碎的效果。因为破碎自带重力效果，所以几何对象破碎后会自然下落，且默认水平面为地平面。

在工具栏中单击"破碎"按钮，即可在"对象"窗口中创建一个"破碎"对象，然后将"破碎"对象移至要设置破碎效果的模型对象下方，成为其子对象，便可以得到破碎效果。在软件操作界面右下方的"属性"窗口中可以看到破碎对象的一些基本参数，如图 3-197 所示。

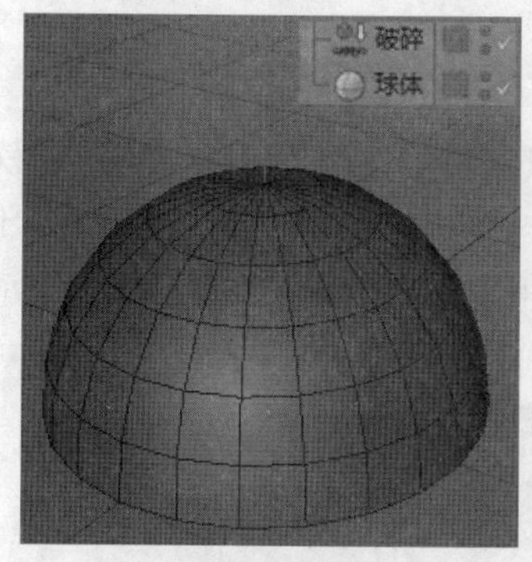

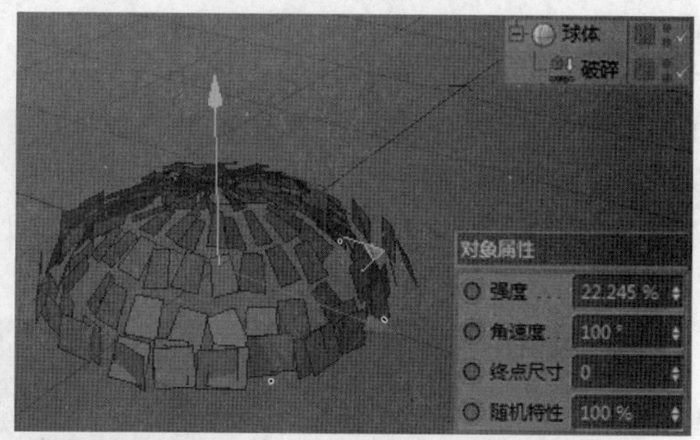

图 3-197

"对象属性"面板中各参数的具体含义如下。

- 强度：设置破碎的起始与结束，值为0%时破碎开始，值为100%时破碎结束。
- 角速度：设置碎片的旋转角度。
- 终点尺寸：设置破碎结束时得到的碎片大小。
- 随机特性：可用来微调破碎效果。

3.5.6 颤动

颤动是用于对场景中的对象进行颤动变形操作的工具，在制作动画时可为模型添加颤动效果，动画将显得更加生动逼真。在工具栏中单击“颤动”按钮，即可在“对象”窗口中创建一个“颤动”对象，然后将“颤动”对象移至要设置颤动效果的模型对象下方，成为其子对象，便可得到颤动效果。在软件操作界面右下方的“属性”窗口中可以看到颤动对象的一些基本参数，如图 3-198 所示。

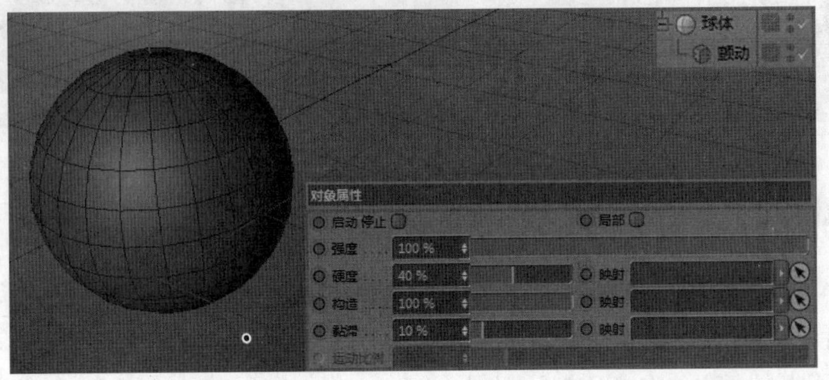

图 3-198

一定要给模型对象做关键帧动画，这样才能看到颤动的效果。

“对象属性”面板中一些参数的具体含义如下。

- 强度：控制颤动的强度。
- 硬度/构造/黏滞：这3个参数都可以用来调整颤动时的细节变化，需要配合关键帧动画来进行调节。

3.5.7 包裹

包裹工具可以用来制作缠绕型的效果，也可以通过合适的参数设置创建生长型的动画效果。在工具栏中单击“包裹”按钮，即可在“对象”窗口中创建一个“包裹”对象，然后将“包裹”对象移至要设置包裹效果的对象下方，成为其子对象，便可以得到包裹效果。在软件操作界面右下方的“属性”窗口中可以看到包裹对象的一些基本参数，如图 3-199 所示。

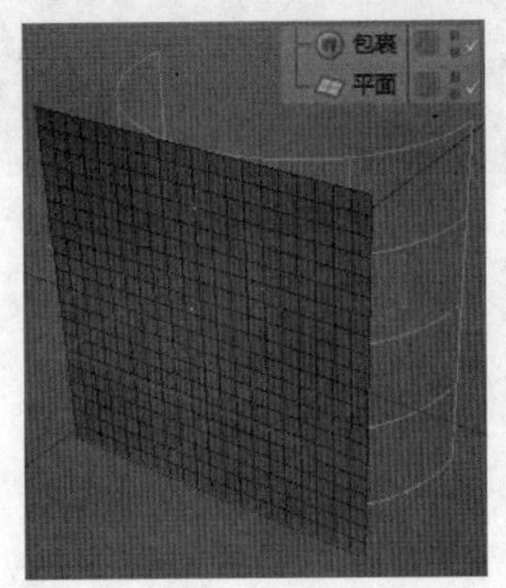

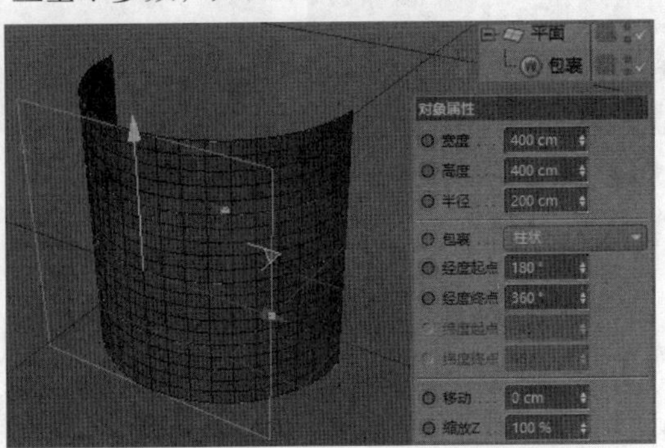

图 3-199

"对象属性"面板中一些参数的具体含义如下。

- 宽度：设置包裹物体的宽度范围如图3-200所示，值越大，包裹的范围越小。
- 高度：设置包裹物体的高度范围如图3-201所示，值越大，包裹的范围越小。

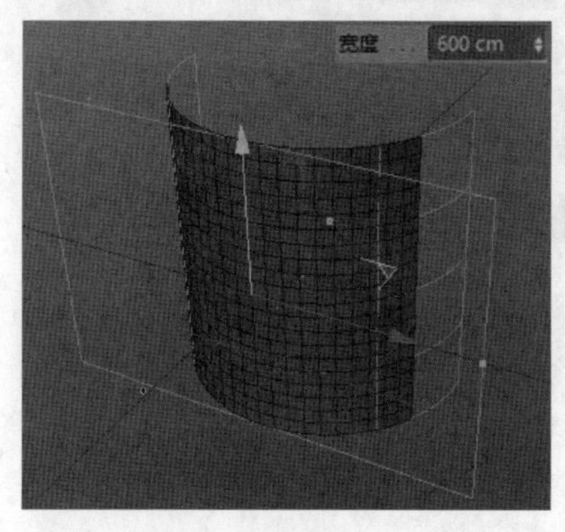

图 3-200　　图 3-201

- 半径：设置包裹物体的半径大小。
- 包裹：包含两种类型，分别是"柱状"和"球状"，如图3-202所示。
- 经度起点/经度终点：设置包裹物体起点和终点的位置。
- 移动：设置包裹物体在y轴上的拉伸，如图3-203所示。

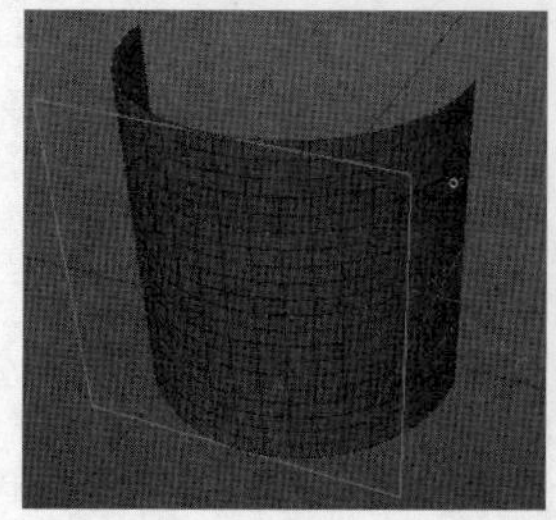

柱状

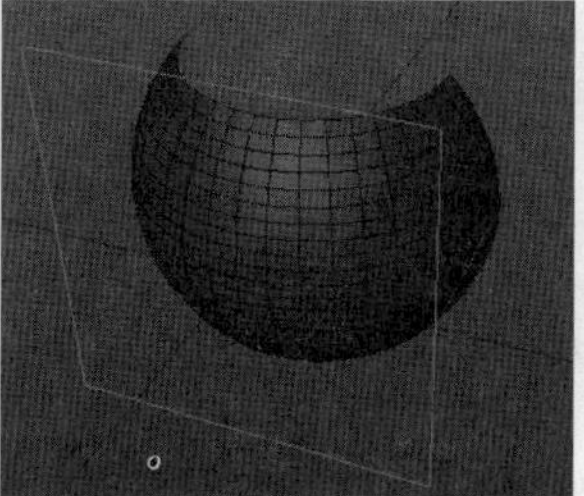

球状

图 3-202

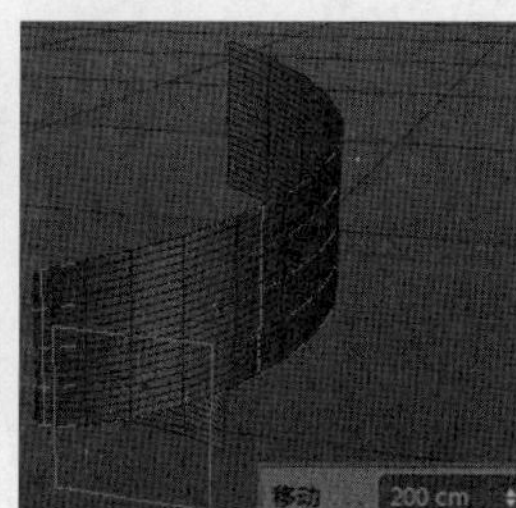

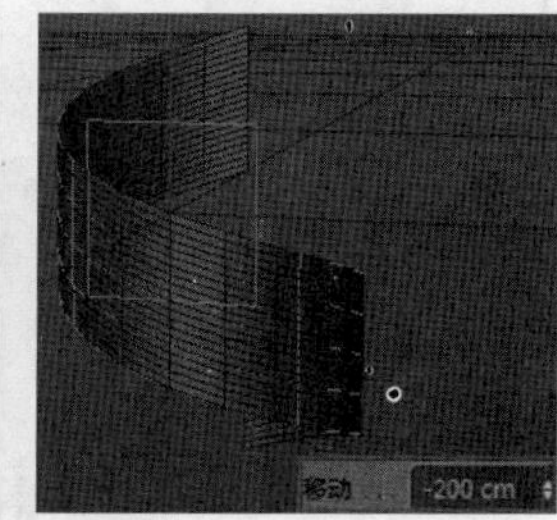

图 3-203

- 缩放Z：设置包裹物体在z轴上的缩放。
- 张力：设置包裹工具对物体施加的强度。
- 匹配到父级：当变形器作为物体子层级的时候，执行匹配到父级，变形器可自动与父级大小位置进行匹配。

3.6 课堂练习：创建电商海报

【知识要点】如今，CINEMA 4D 在平面设计中的应用越来越广，在电商海报中尤为多见。使用 CINEMA 4D 的建模工具，创建海报中的三维模型部分，然后输出为 psd 格式或其他图片格式，再导入 Photoshop 等平面设计软件中进行编辑，最终效果如图 3-204 所示。

【所在位置】Ch03\ 素材 \ 创建电商海报 .c4d

图 3-204

3.7 课后习题：创建香水瓶模型

【知识要点】使用样条曲线创建出香水瓶模型不同高度处的截面，然后通过扫描工具创建出柔顺的曲面模型，最后通过圆柱、立方体等基本几何体模型得到最终的香水瓶模型效果，如图 3-205 所示。

【所在位置】Ch03\ 素材 \ 创建香水瓶模型 .c4d

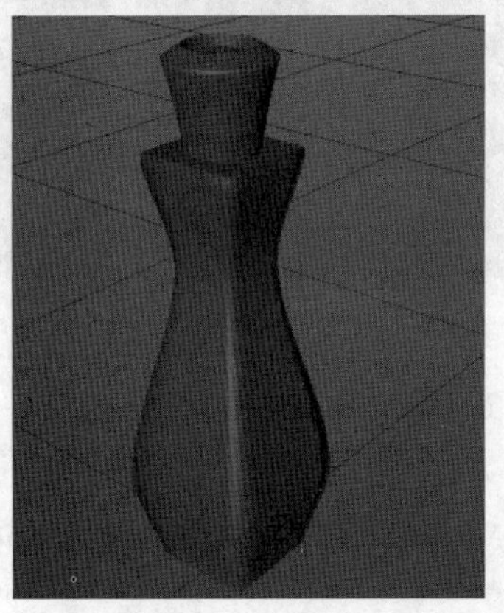

图 3-205

第4章 材质技术

本章介绍

在 CINEMA 4D 中，材质是对象实际外观的表示形式，如玻璃、金属、纺织品、木材等。添加材质是渲染过程中非常重要的一部分，对模型外观会产生很大的影响。

学习目标

- 掌握新建材质的方法
- 通过材质编辑器对材质进行调整

技能目标

- 掌握“金属材质”的创建方法
- 掌握“多彩渐变材质”的创建方法
- 掌握“玻璃材质”的创建方法
- 掌握“黄铜文字”的创建方法

4.1 材质介绍

材质可以看成是材料和质感的结合。现实生活中有各种各样的材料，如木料、石头、玻璃、塑料、金属等，每一种材料都有其独特的表面特性，如颜色、纹理、光滑度、反射效果等。正是由于这些不同特性的存在，人们才能通过外观就分辨出物体的材质。因此，如果要在 CINEMA 4D 中模拟物体的真实效果，除了要构建足够逼真的模型外，还需要使用强大的材质系统为物体添加所需材质。

CINEMA 4D 的材质编辑器可以很方便地管理多种材质，通过对材质的颜色、纹理等一系列参数进行调整，可以达到以假乱真的渲染效果，如图 4-1 所示。

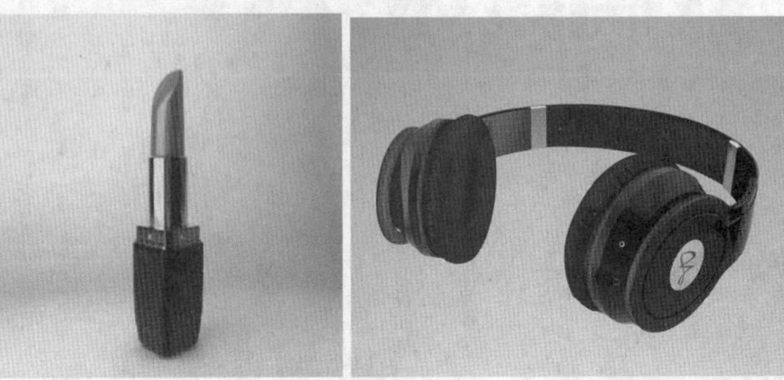

图 4-1

4.2 创建材质的基本流程

使用 CINEMA 4D 为模型添加材质之前，需要先创建一个新材质球，或者添加软件自带的着色器或材料预置，再根据实际情况对材质进行编辑，调节成所需的效果后，就可以将材质球直接拖动至模型对象上，从而为模型添加材质。此外，用户还可以将编辑好的材质保存起来，便于以后直接进行调用。

4.2.1 课堂案例：创建金属材质

【学习目标】创建好模型之后，便可以创建所需的材质，然后将其添加至模型上，即可得到逼真的效果。

【知识要点】先创建材质球，然后根据真实材质的效果修改对应参数。在此过程中可以反复调试参数并进行渲染，从中选出最理想的效果。本例所创建的金属材质效果如图 4-2 所示。

【所在位置】Ch04\ 素材 \ 创建金属材质 .c4d

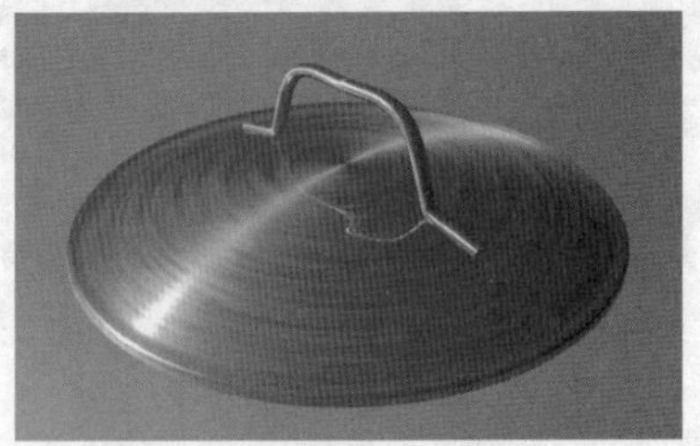

图 4-2

（1）启动 CINEMA 4D 软件，打开文件“Ch04\素材\创建金属材质.c4d”，其中已经创建好了一个锅盖模型，如图 4-3 所示。

（2）创建材质球。在软件操作界面左下角的材质窗口的空白处双击，即可新建一个材质球，如图 4-4 所示。

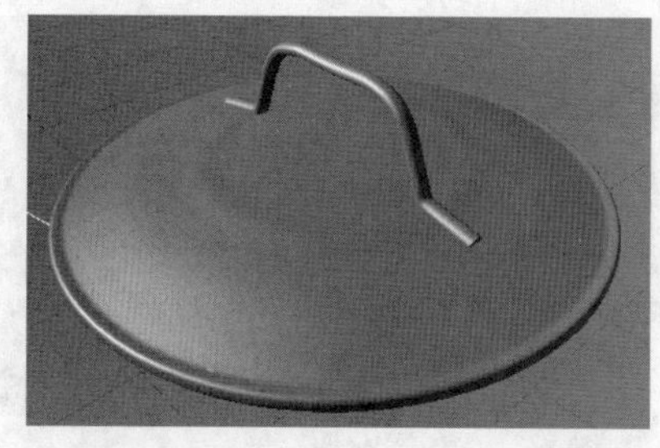

图 4-3

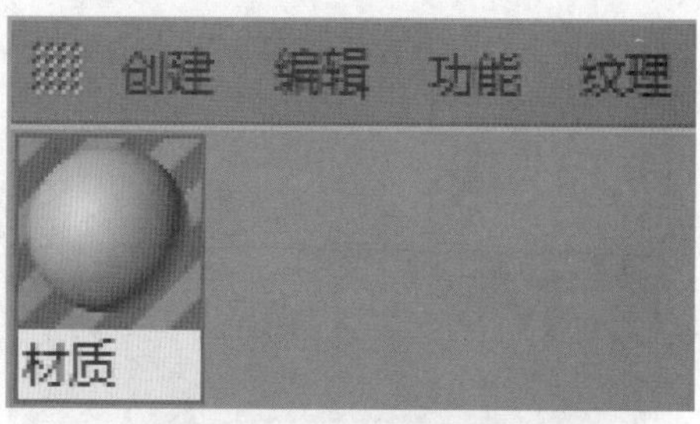

图 4-4

（3）双击该材质球，弹出“材料编辑器”对话框，在“颜色”通道中将“亮度”设置为 5%，如图 4-5 所示。

（4）勾选对话框左侧的“发光”复选框，接着选择“发光”通道，对话框右侧便会显示相应的参数。单击其中“纹理”右边的扩展按钮，在弹出的扩展菜单中选择“效果”|“各向异性”选项，如图 4-6 所示。

图 4-5

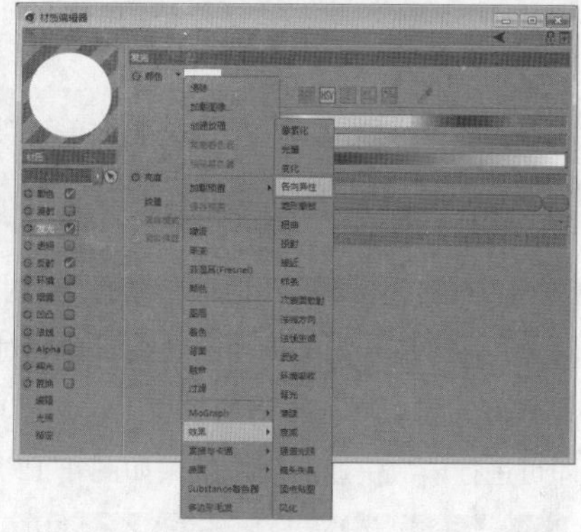

图 4-6

（5）选择后可见“纹理”扩展按钮的右侧变为“各向异性”按钮，单击该按钮，如图 4-7 所示。

（6）进入各向异性的属性编辑面板，选择其中的“着色器”选项卡，然后单击其中的颜色色块，如图 4-8 所示。

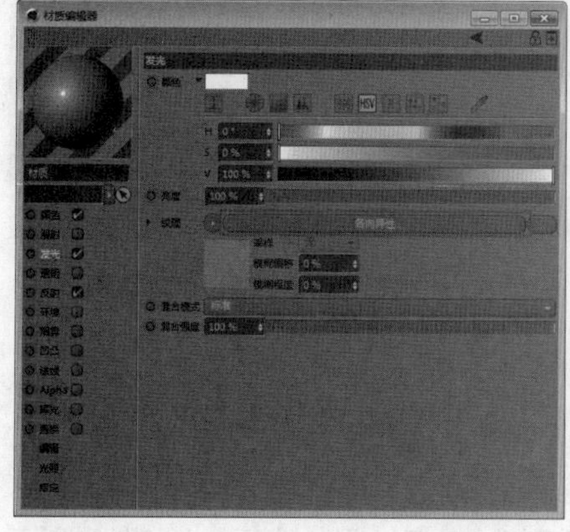

图 4-7

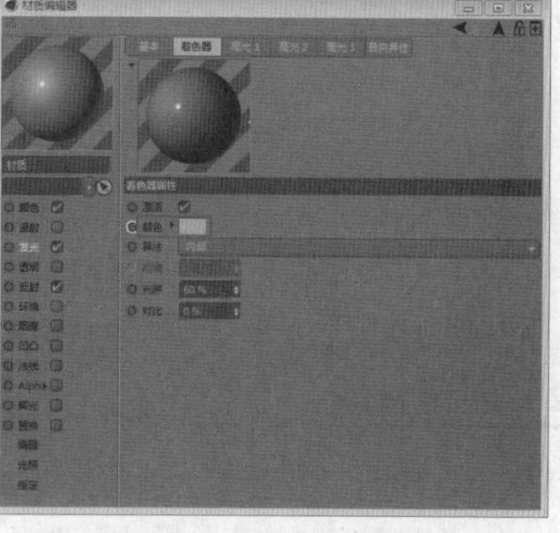

图 4-8

（7）打开“颜色拾取器”对话框，修改“H”“S”“V”色条中的配色参数为 0°、0%、20%，单击“确定”按钮，如图 4-9 所示。

（8）切换至“各向异性”选项卡后，勾选“激活”复选框，选择投射方式为“收缩包裹”，如图 4-10 所示。

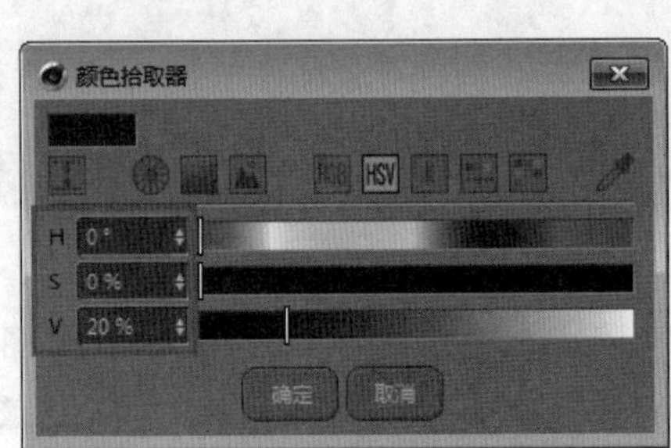

图 4-9

图 4-10

提示

CINEMA 4D 默认的配色方式是 HSV，如果要切换为 RGB 配色，可以在“颜色”通道中单击“RGB”按钮。

（9）接着勾选“材料编辑器”对话框左侧的“反射”复选框，对话框右侧将显示相应的参数，修改其中的“亮度”为 50%，如图 4-11 所示，关闭“材料编辑器”对话框。

（10）将制作好的材质球拖至锅盖模型上，然后单击软件工具栏中的“渲染活动视图”按钮，或按快捷键 Ctrl+R，即可进行一次快速渲染，效果如图 4-12 所示。

图 4-11

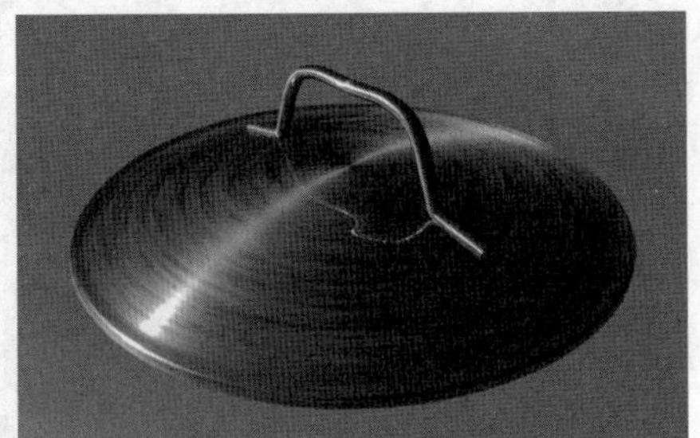

图 4-12

4.2.2 创建材质

CINEMA 4D 提供了多种材质，这些材质的调用可以通过以下 3 种方式来完成。

- 菜单栏：在材质窗口的菜单栏中，选择“创建”|“新材质”选项，如图4-13所示。
- 鼠标操作：在材质窗口的空白区域双击，如图4-14所示。

◆ 快捷键：在材质窗口中，按快捷键Ctrl + N来创建新材质。

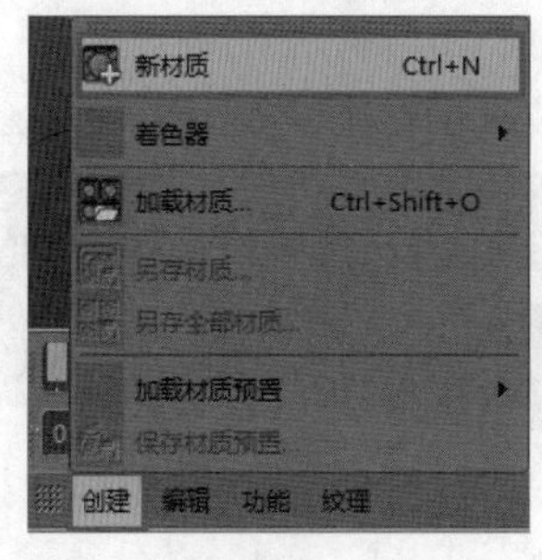

图 4-13

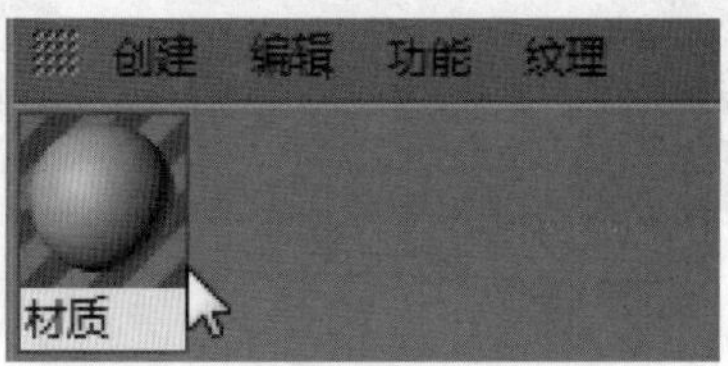

图 4-14

通过上述任意一种方法都可以创建新的材质球，并且所创建的材质球均为 CINEMA 4D 的标准材质，也是最常用的材质。

标准材质拥有多个功能强大的物理通道，可以进行外置贴图和内置程序纹理的多种混合和编辑。除标准材质外，CINEMA 4D 还提供了多种着色器，用户可直接选择所需的材质，如图 4-15 和图 4-16 所示。

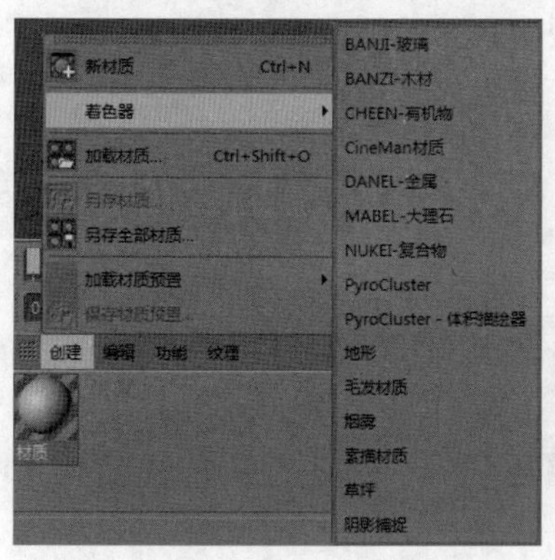

图 4-15

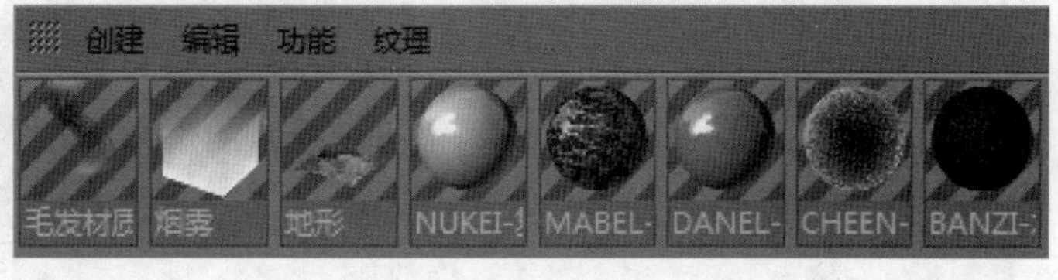

图 4-16

4.2.3 指定材质

材质创建完成后，可以将其添加至模型。这一过程非常简单，只需在材质窗口中选择创建好的材质球，然后将其拖动至需要赋予材质的模型对象上即可，如图 4-17 所示。

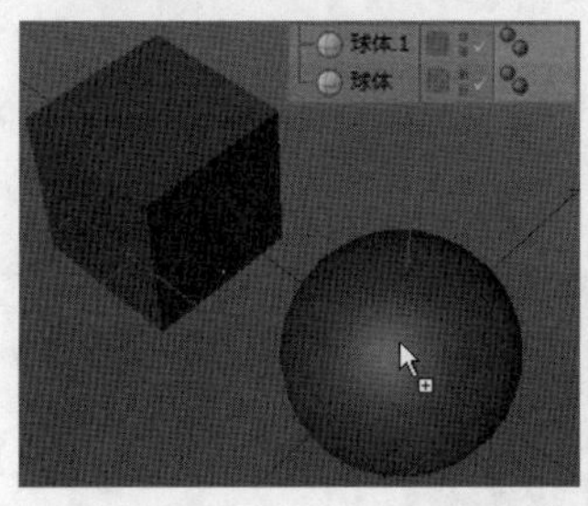

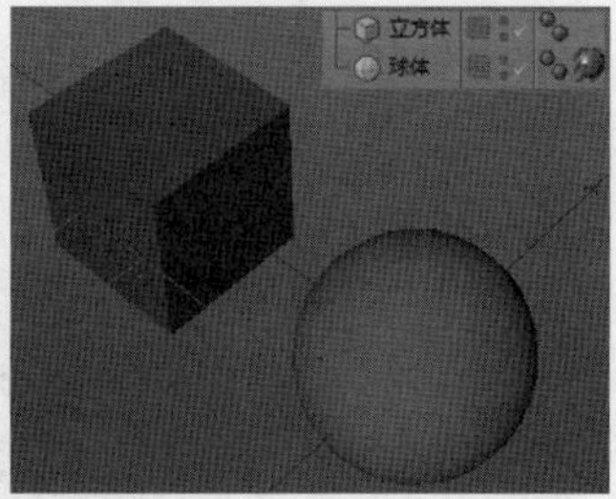

图 4-17

我们也可以效仿前面为模型对象添加子对象创建变形效果的方法，将材质球移至“对象”窗口中的模型对象上，释放鼠标左键后，模型对象后便添加了一个材质球标签，表示已被赋予材质，如

图 4-18 所示。

此外，如果要为多个模型对象添加材质，可以按住 Ctrl 键，然后在“对象”窗口中移动材质标签，释放鼠标左键后，鼠标指针所指向的模型对象均会被赋予材质，如图 4-19 所示。

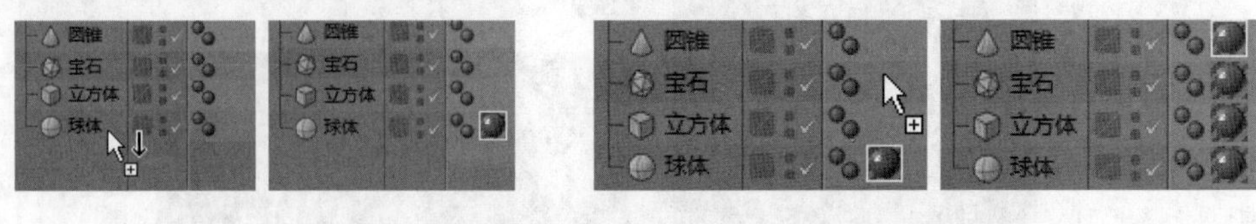

图 4-18　　图 4-19

4.2.4　保存材质

如果用户想保存所创建的材质，可以在材质窗口的菜单栏中选择“创建” | “另存材质”选项，将所选材质保存为外部文件；或者通过“另存全部材质”命令将所有材质保存为外部文件，如图 4-20 所示。

当用户想调用所保存的材质时，只需通过“加载材质”命令打开即可。此外，用户还可以通过“保存材质预置”命令将材质保存为程序自带的材质预设，如图 4-21 所示。

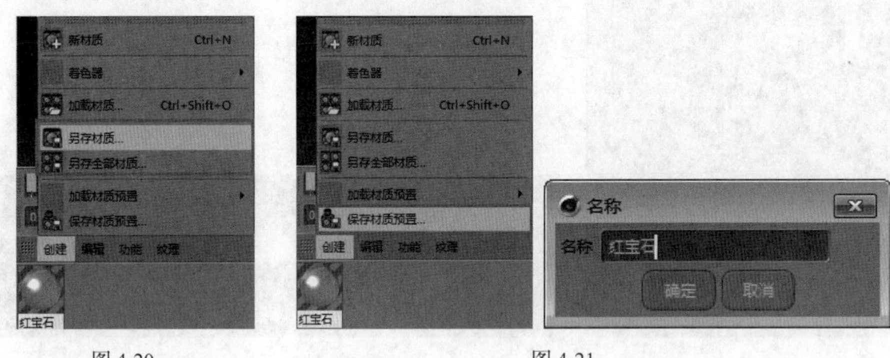

图 4-20　　图 4-21

4.2.5　复制材质

创建完材质后，可以在现有材质的基础上进行修改，从而创建出其他相似的材质。如创建一个红宝石材质之后，要再创建一个蓝宝石材质效果，则只需在红宝石材质的基础上修改颜色即可，这时就可以将原材质进行复制，然后再对副本进行修改。

CINEMA 4D 提供了以下两种复制材质的方法。

- 选择材质球，然后按住Ctrl键并在材质窗口中进行拖动，待鼠标指针变为▣时释放，即可复制出另一个材质球，如图4-22所示。

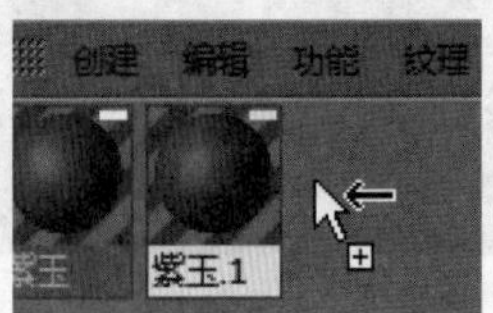

图 4-22

- 选择材质球，通过按快捷键Ctrl+C和Ctrl+V的方法进行复制、粘贴（该方法支持跨文档操作）。

4.3 材质编辑器

双击新创建的材质球，即可打开“材质编辑器”对话框。编辑器主要分为两部分，左侧为材质预览区和材质通道，右侧为通道属性，如图 4-23 所示。当用户在左侧勾选通道复选框后，右侧就会显示该通道的属性，即通过勾选操作激活所需通道。

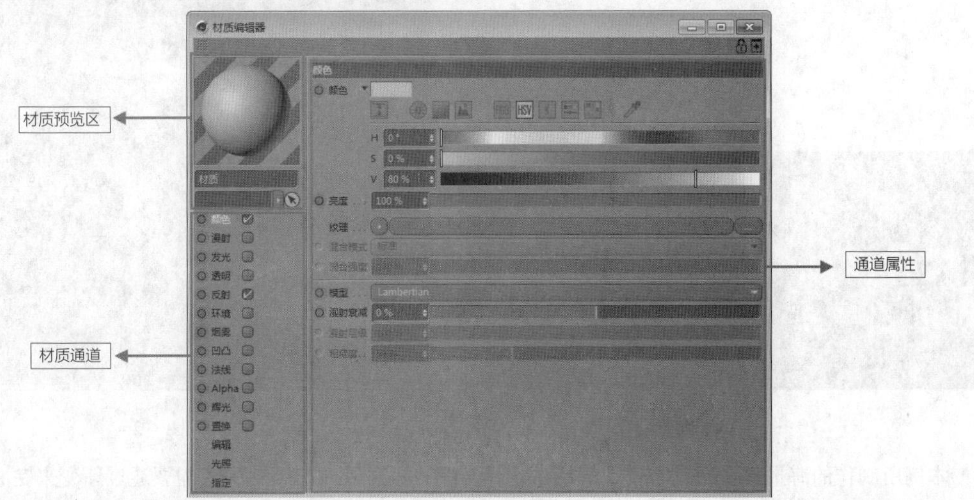

图 4-23

材质编辑器的每一个通道都分别表示材质的某一个信息，默认只勾选“颜色”和“反射”这两个通道，每多勾选一个通道，在“属性”窗口中就会多出一个属性选项卡。

4.3.1 课堂案例：创建多彩渐变材质

【学习目标】一般来说一种材质只有一种颜色，但 CINEMA 4D 中可以通过材质编辑器对材质进行设置，从而将多种颜色集中于一种材质。

【知识要点】新建材质球，然后进入“材质编辑器”对话框，通过“颜色”通道的扩展选项创建多种颜色渐变型的材质球，然后将创建好的材质赋予到模型上并进行调整，从而得到色彩变化丰富的海报效果，如图 4-24 所示。

【所在位置】Ch04\ 素材 \ 创建多彩渐变材质 .c4d

图 4-24

（1）启动 CINEMA 4D 软件，打开文件“Ch04\ 素材 \ 创建多彩渐变材质 .c4d”，其中已经创建好了一组海报白模，如图 4-25 所示。

（2）在软件操作界面左下角的材质窗口的空白处双击，新建一个材质球，再双击该材质球，打开对应的“材质编辑器”对话框，如图 4-26 所示。

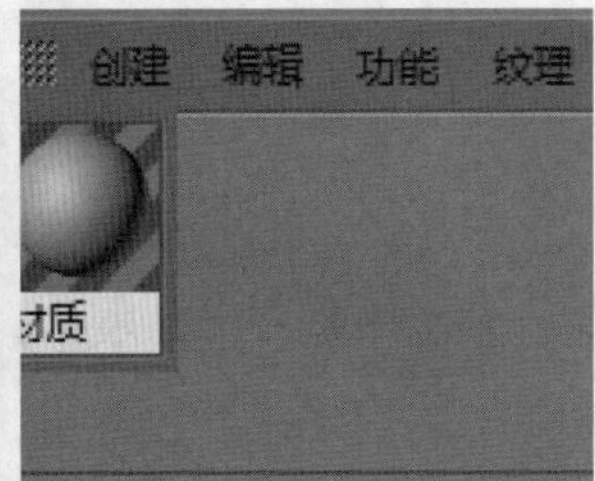

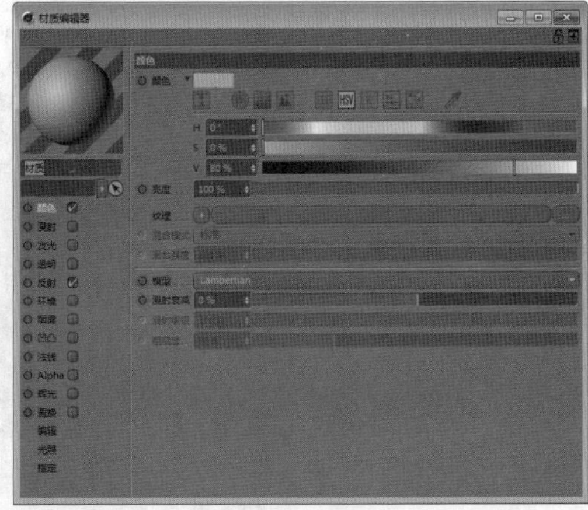

图 4-25　　图 4-26

（3）本例所制作的海报需要通过丰富、灵活的色泽转变来吸引受众，因此配色需要通过渐变来完成，此时可以不在“颜色”栏中进行配色，而直接单击“纹理”右边的扩展按钮，在下拉列表中选择方式为“渐变”，如图 4-27 所示。

（4）单击“渐变”下的色标方块，进入渐变属性编辑面板并选择“着色器”选项卡，如图 4-28 所示。

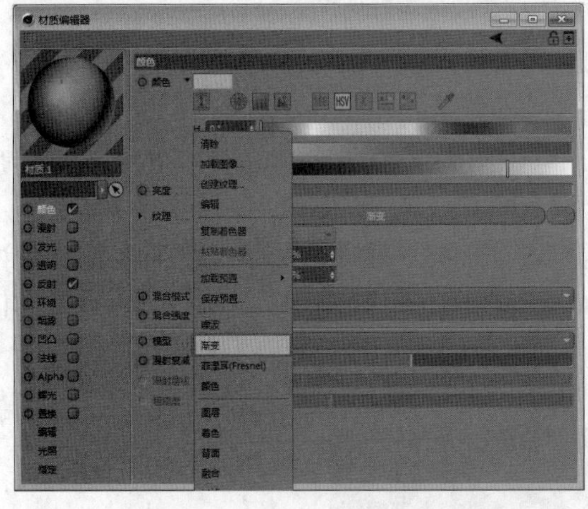

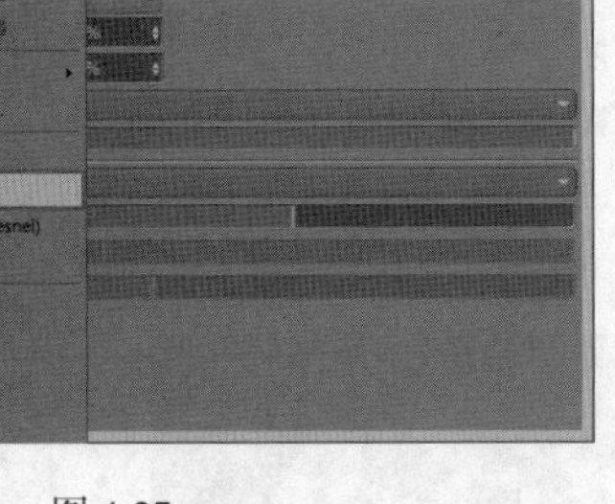

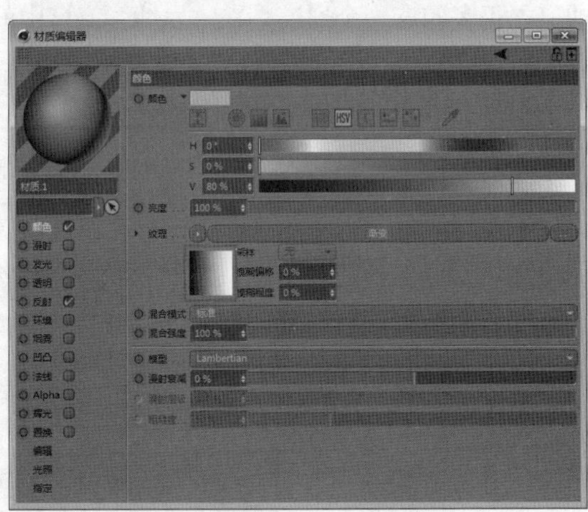

图 4-27　　图 4-28

（5）在“着色器属性”中选择渐变“类型”为“二维 - 圆形”，然后单击“渐变”右边的扩展按钮，展开渐变调色的区域，如图 4-29 所示。

（6）在“渐变”栏右侧可以看见长条状的色标，这是用来预览渐变配色的色条。单击色条最左侧的控制符，然后在下面的“H”“S”“V”色条中调整配色参数为 272°、45%、100%，可以观察到渐变配色的色条发生了改变，如图 4-30 所示。

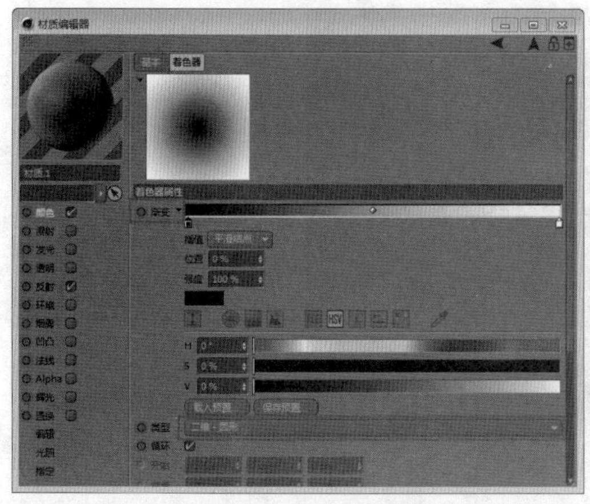

图 4-29

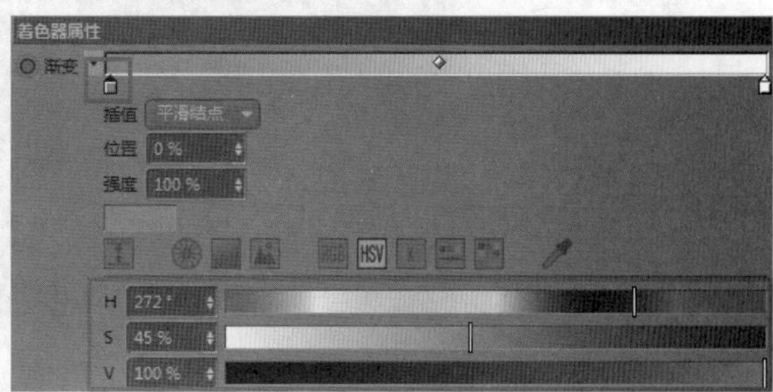

图 4-30

（7）同理，单击色条最右侧的控制符，然后修改“H”“S”“V”色条中的配色参数为 279°、100%、69%，此时渐变配色的色条效果如图 4-31 所示。

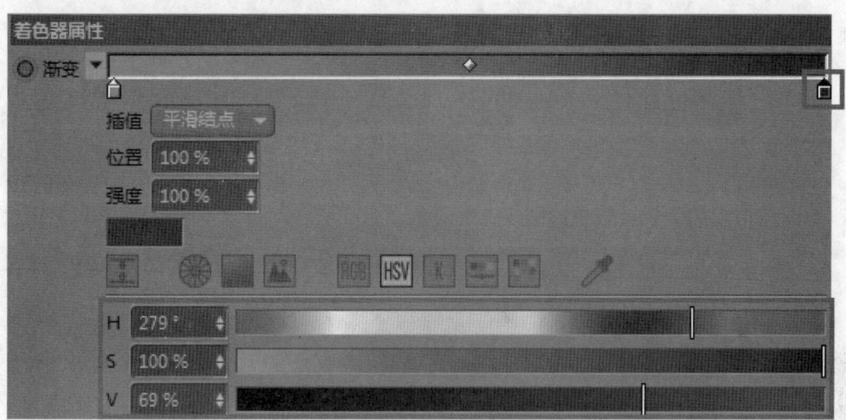

图 4-31

（8）此时渐变色收尾两端的颜色已经设置完成，在预览渐变配色的色条中可以观察到渐变效果，即从左端的配色向右端进行渐变，另外还可以选择控制符进行移动，颜色的渐变程度会随着两个控制符之间的距离而发生变化。

（9）选择左侧的控制符，然后在预览渐变配色的色条上进行滑动，调整至图 4-32 所示的位置；也可以在下方的“位置”文本框中直接输入参考数值 16.5%。

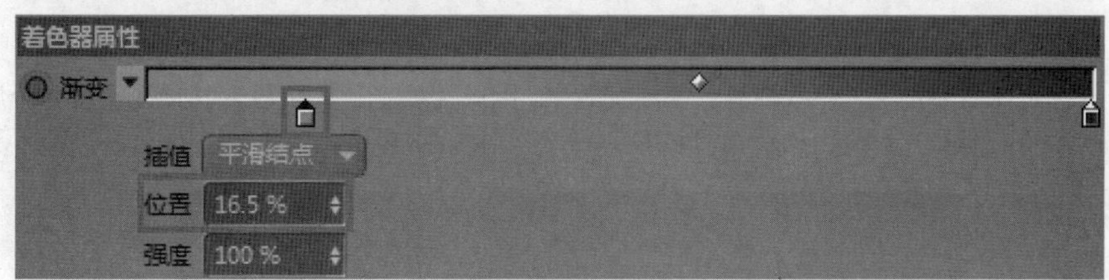

图 4-32

（10）在“材质编辑器”对话框中切换至“烟雾”通道，然后修改烟雾区的配色，如图 4-33 所示。

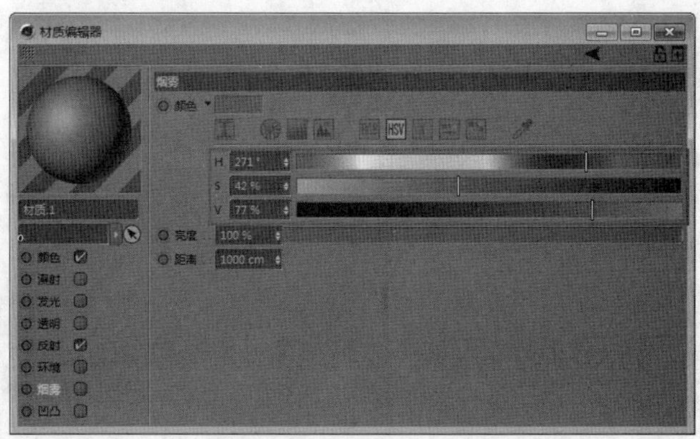

图 4-33

（11）其余设置保持不变，关闭“材质编辑器”对话框，然后直接将定义好的材质球拖至“对象”窗口中的“平面”对象上，待鼠标指针变为符号时释放，此时“平面”对象后方将增加一个材质球的标签，如图 4-34 所示。

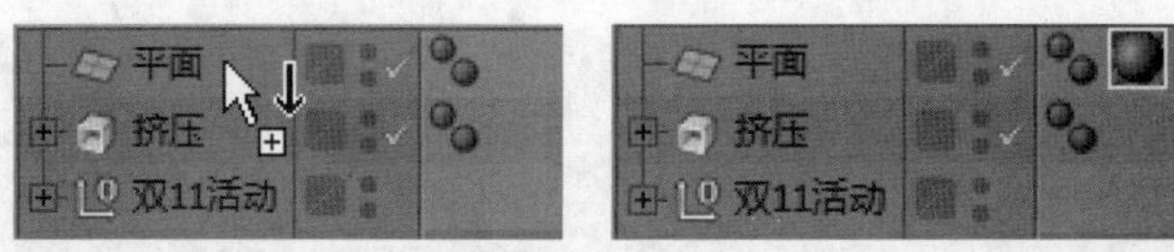

图 4-34

（12）此时，视图窗口中的背景板效果如图 4-35所示。

图 4-35

（13）在软件操作界面的左下角的空白处双击，新建一个材质球，再双击该材质球，打开对应的“材质编辑器”对话框。

（14）由于此材质球需要定义包括 5 种颜色的渐变效果，因此需要在初始阶段为其预先设置一个底色。在“材质编辑器”对话框的“颜色”通道中调整“H”“S”“V”色条中的配色参数为 0°、100%、75%，如图 4-36 所示。

图 4-36

（15）单击“纹理”右边的扩展按钮 ▶，在下拉列表中选择方式为“渐变”，接着单击“渐变”下的色标方块，进入渐变属性编辑面板并选择“着色器”选项卡，然后在“着色器属性”中选择渐变“类型”为“三维 - 线性”，如图 4-37 所示。

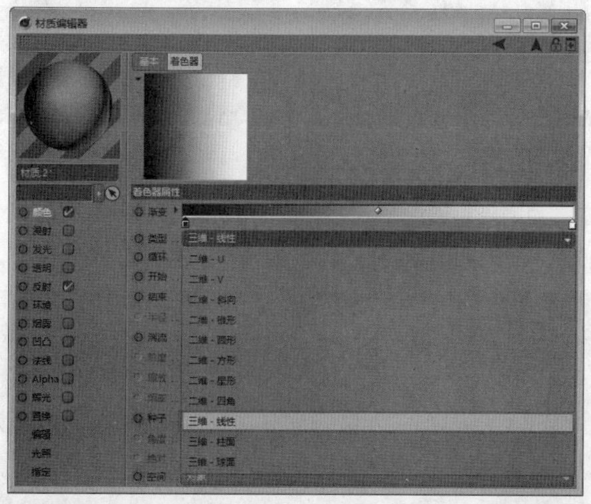

图 4-37

（16）单击“渐变”右边的扩展按钮，展开渐变调色的区域，再单击预览渐变配色的色条最左侧的控制符，然后在下面的“H”“S”“V”色条中调整配色为 0°、100%、100%，如图 4-38 所示。

（17）再单击预览渐变配色的色条最右侧的控制符，然后在下面的“H”“S”“V”色条中调整配色为 328°、100%、100%，如图 4-39 所示。

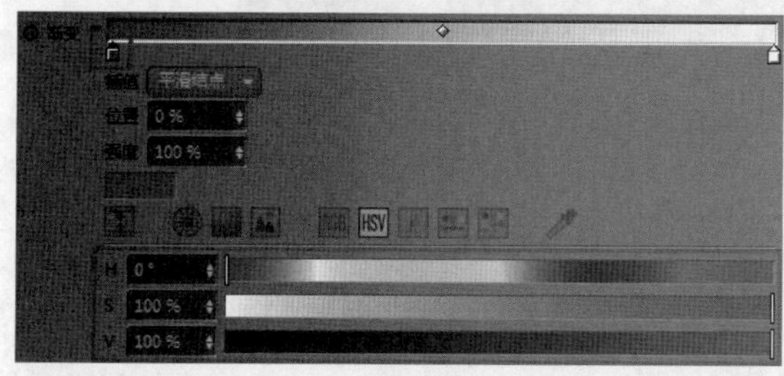

图 4-38

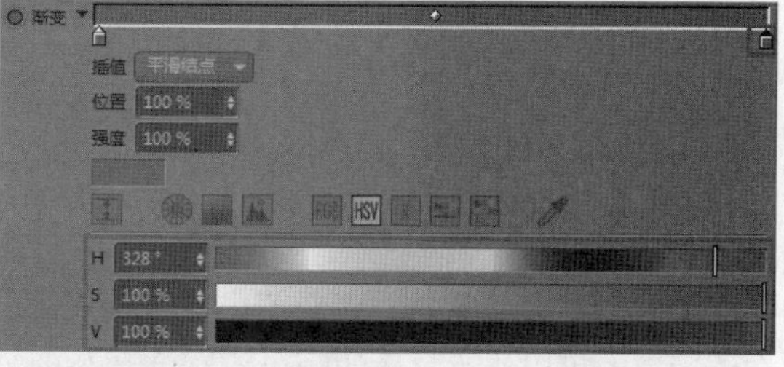

图 4-39

（18）接着在预览渐变配色的色条上的任意位置单击，即可添加一个新的控制符，在新控制符的“位置”文本框中输入 20%，然后在下面的“H”“S”“V”色条中调整配色参数为 54°、100%、100%，如图 4-40 所示。

（19）使用同样的方法，分别在“位置”为 40%、60%、80% 处创建新的控制符，并根据图 4-41 至图 4-43 所示的数值调整其配色。

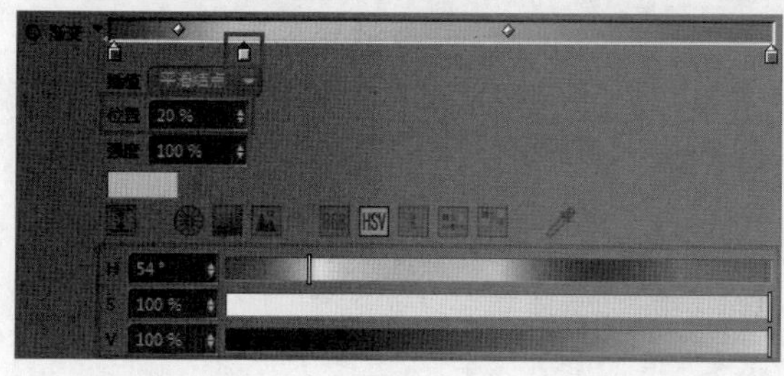

图 4-40

图 4-41

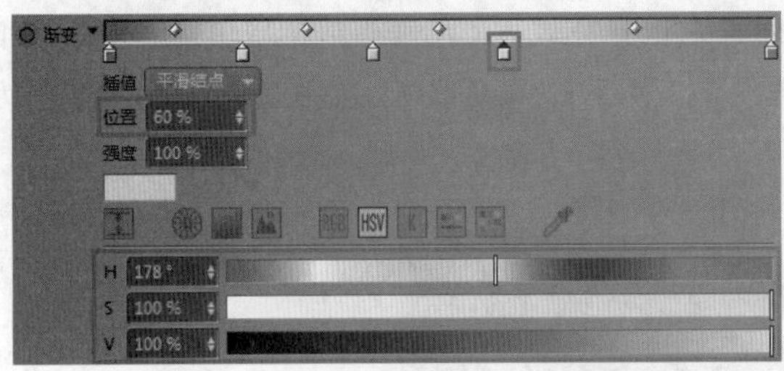

图 4-42

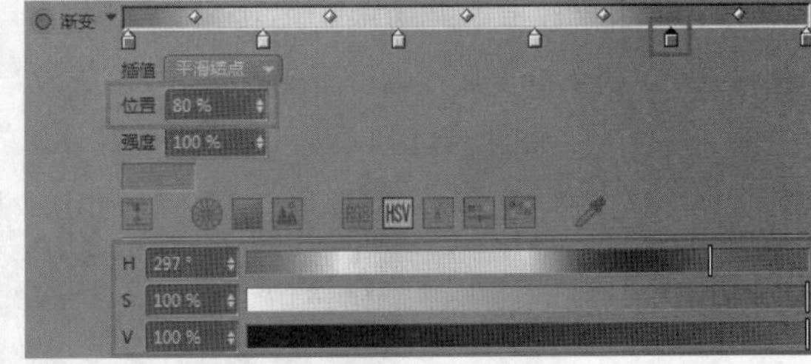

图 4-43

（20）其余选项保持不变，关闭“材质编辑器”对话框，然后直接将定义好的材质球拖至“对象”窗口中的模型对象上，即可得到图 4-44 所示的绚丽效果。

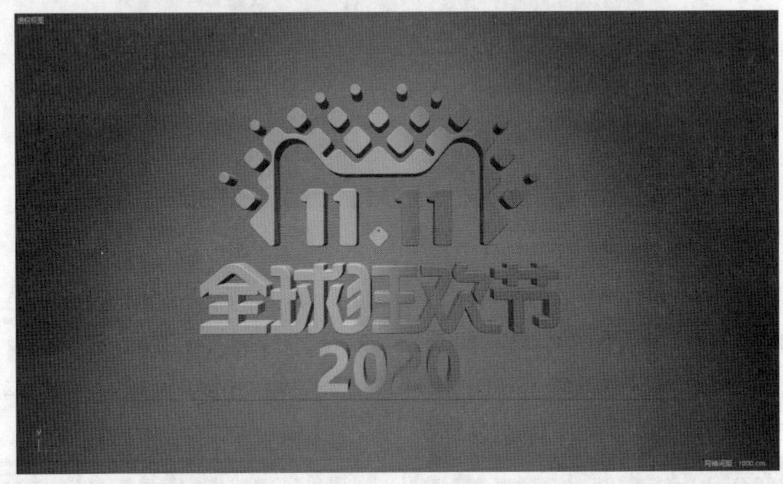

图 4-44

4.3.2 颜色

“颜色”通道是材质编辑器中效果最直观的通道之一，也是材质编辑器默认启用的通道，用户在该通道内可以修改材质的颜色、亮度和纹理等效果。

1. 颜色

颜色即物体的固有色，在 CINEMA 4D 中可以选择任意颜色作为物体的固有色。单击颜色显示框下的控制标签，如图 4-45 所示，可以切换为不同的颜色选择模式。

图 4-45

用户可根据自己的需要切换成 RGB、HSV等模式，如图 4-46 所示。

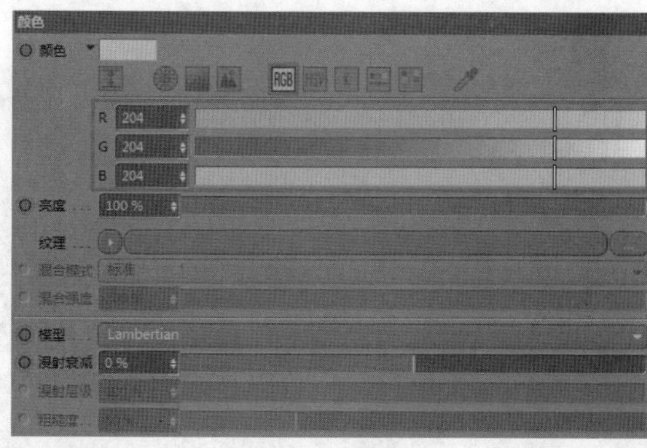

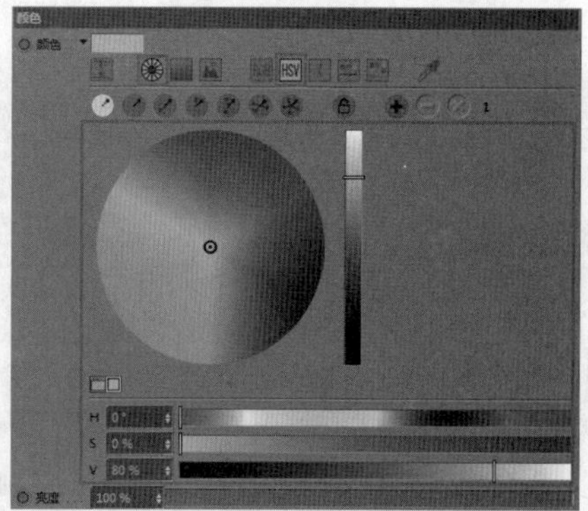

图 4-46

2. 亮度

亮度属性为固有色整体明暗度。在“颜色”通道中，用户可直接输入百分比数值，也可滑动滑块对亮度进行调节。

3. 纹理

“亮度”下的“纹理”选项是每个材质通道都有的属性，单击纹理参数中的按钮▣，将弹出下拉菜单，其中会列出多种纹理供用户选择，如图 4-47 所示。下面简单介绍其中较常用的几个命令。

- 清除：即清除所加纹理效果。
- 加载图像：加载任意图像来实现对材质通道的影响。
- 创建纹理：执行该命令将弹出“新建纹理”对话框，用于自定义创建纹理，如图4-48所示。
- 复制着色器/粘贴着色器：这两个命令用于将通道中的纹理贴图复制、粘贴到另一个通道。

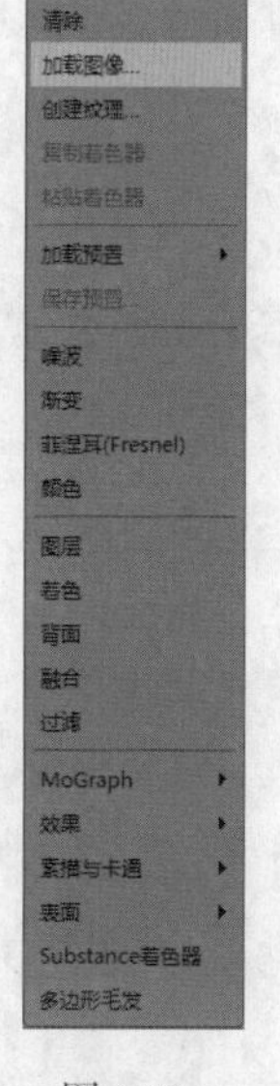

图 4-47

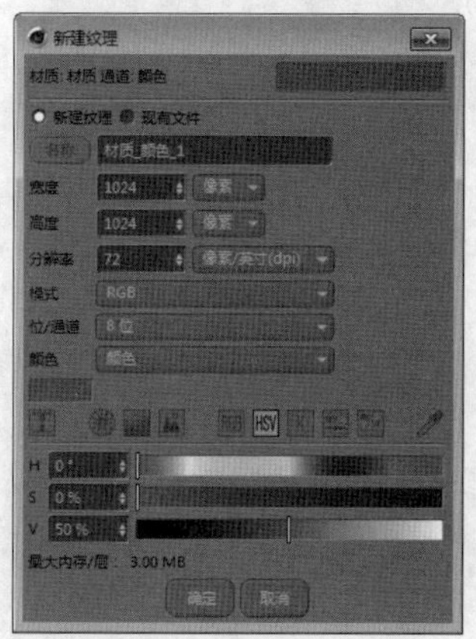

图 4-48

- 加载预置/保存预置：可将添加设置好的纹理保存在计算机中，并可加载进软件。
- 噪波：这是一种程序着色器，执行该命令后单击纹理预览图，会进入噪波属性编辑面板，在该面板中可设置噪波的颜色、比例、周期等，如图4-49和图4-50所示。

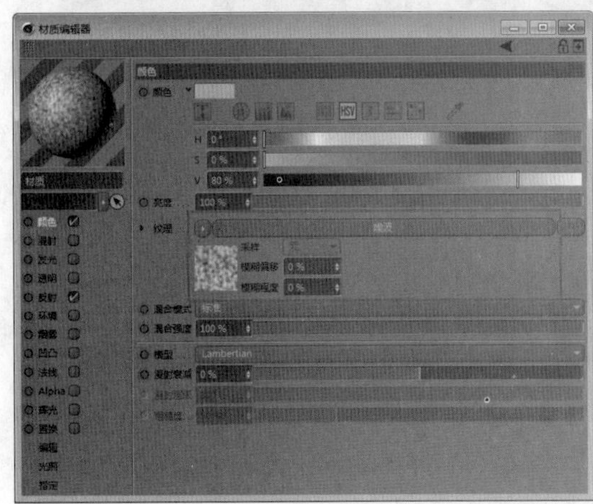

图 4-49

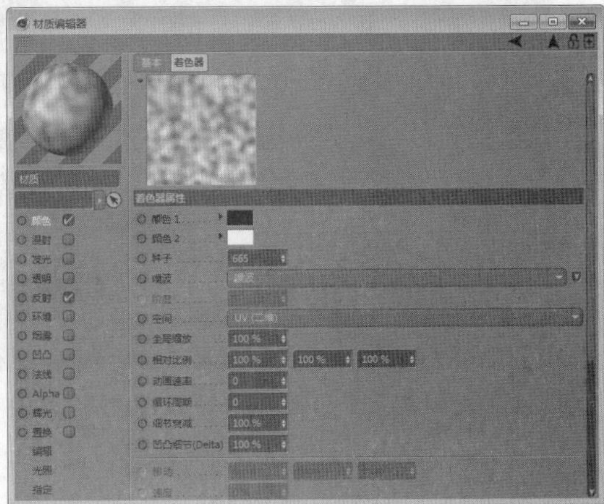

图 4-50

- 渐变：单击纹理预览图进入渐变属性编辑面板，如图4-51所示，移动滑块或双击可更改渐变颜色，还可以更改渐变的类型、湍流等。在渐变着色器中，双击“渐变”栏色条两端的控制符便能打开“颜色拾取器”对话框来调整渐变的颜色，如图4-52所示。

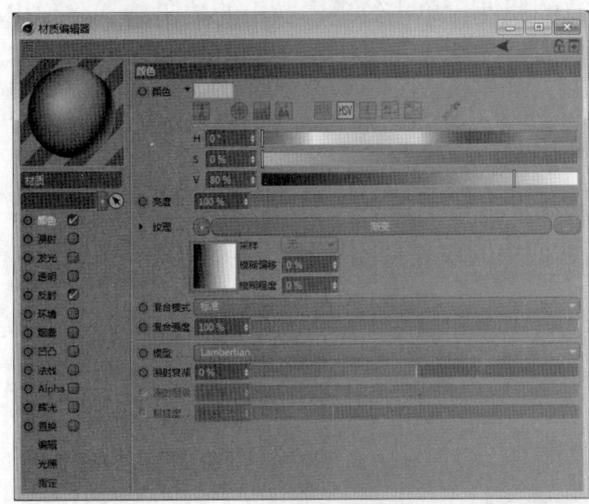

图 4-51

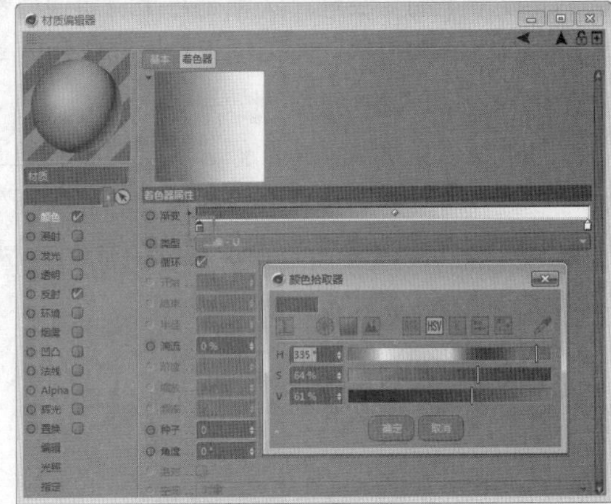

图 4-52

- 菲涅耳（Fresnel）：进入该命令的属性编辑面板，通过滑块调色来控制菲涅耳属性，可模拟物体从中心到边缘的颜色、反射、透明等属性的变化，如图4-53所示。

图 4-53

◆ 颜色：进入该命令的属性编辑面板，可通过修改颜色来控制材质通道的属性，如图4-54所示。

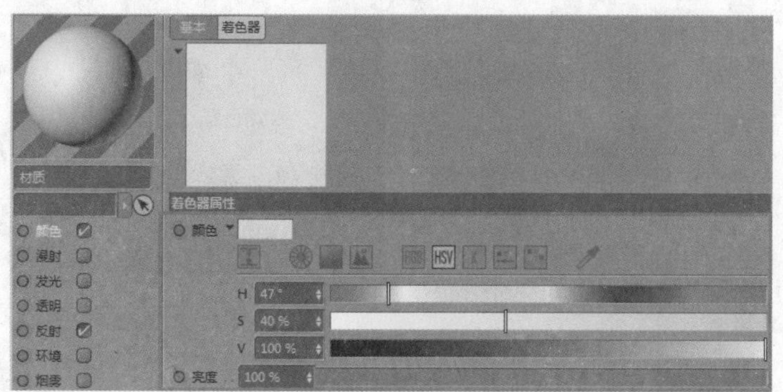

图 4-54

◆ 过滤：执行该命令并单击纹理缩略图进入过滤属性编辑面板，单击“纹理”栏右侧的按钮可加载纹理，并可在属性栏中调节纹理的色调、明度、对比等属性，如图4-55所示。

◆ 表面：提供多种物体仿真纹理，例如木材，执行该命令并单击纹理缩略图进入木材属性编辑面板，可调整木材类型、颜色等属性，如图4-56所示。

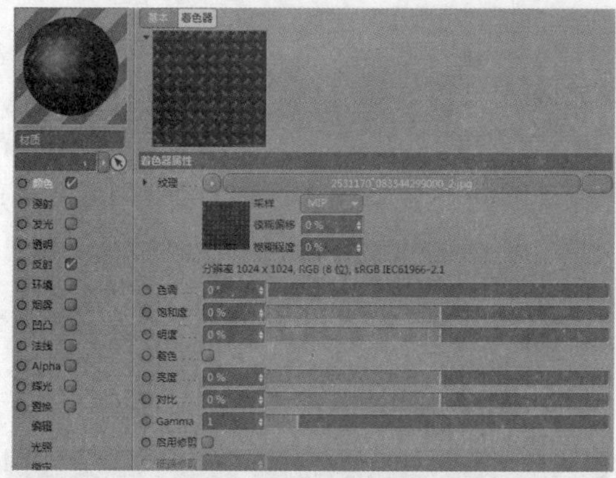

图 4-55

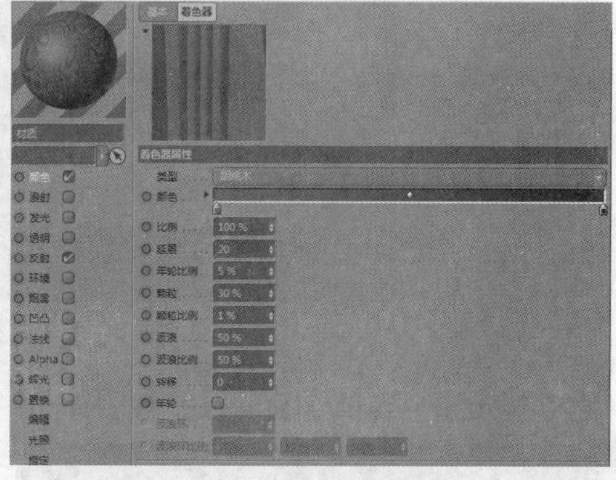

图 4-56

4.3.3 漫射

漫射是投射在粗糙物体表面上的光向各个方向反射的一种现象。物体呈现出的颜色跟光线有着密切的联系，“漫射”通道可用来定义物体反射光线的强弱。勾选“漫射”复选框，在对话框右侧直接键入数值或滑动滑块以调节漫射亮度，“纹理”选项可便于用户加入各种纹理来影响漫射，如图 4-57 所示。

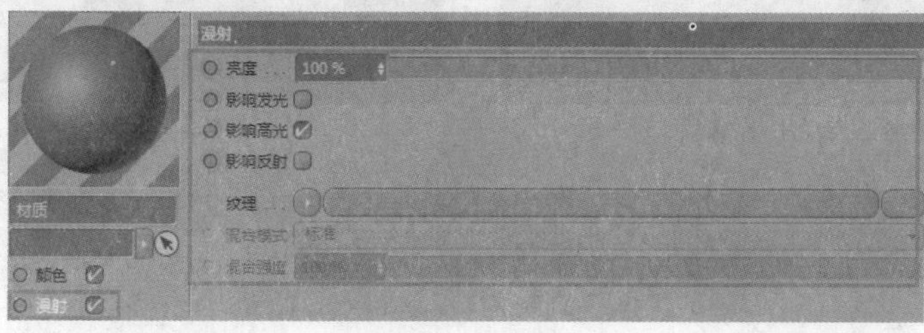

图 4-57

颜色相同时，漫射强弱的差异会直接影响材质的效果，如图 4-58 所示。

漫射较弱

漫射较强

图 4-58

4.3.4　发光

材质的自发光属性常用来表现自发光的物体，如荧光灯、火焰等。进入该通道的属性编辑面板，通过颜色参数可自由调节物体的发光颜色，通过“亮度”栏滑块可调节自发光的亮度，还可加载纹理影响自发光，如图 4-59 所示。

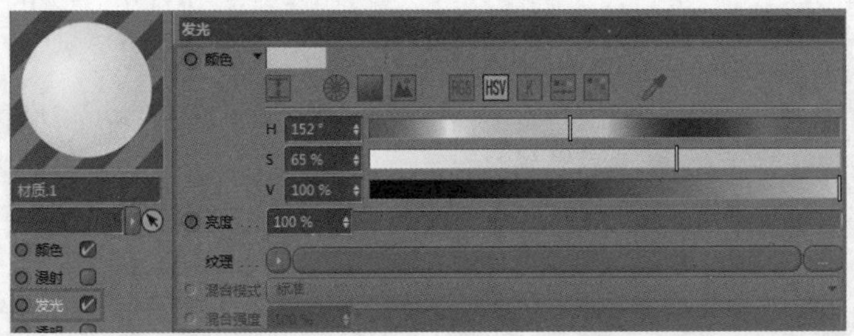

图 4-59

添加发光属性后材质的效果如图 4-60 所示。

不发光

开启发光

图 4-60

提示

发光材质不能产生真正的发光效果，不能充当光源，但如果在“渲染设置”里勾选了全局光照渲染器，并开启“全局照明”选项，物体就会产生真正的发光效果。

4.3.5 透明

物体的透明度可由颜色的明度信息和亮度信息来定义，纯透明的物体不需要“颜色”通道，用户若想表现彩色的透明物体，可用“吸收颜色”选项调节物体的颜色。折射率是调节物体折射强度的，在这里直接键入数值即可。

用户还可根据材质特性，在“纹理”选项中加载纹理来影响透明效果，如图 4-61 所示。透明玻璃都具有菲涅耳（Fresnel）的特性，观察角度越正透明度越高，如图 4-62 所示。

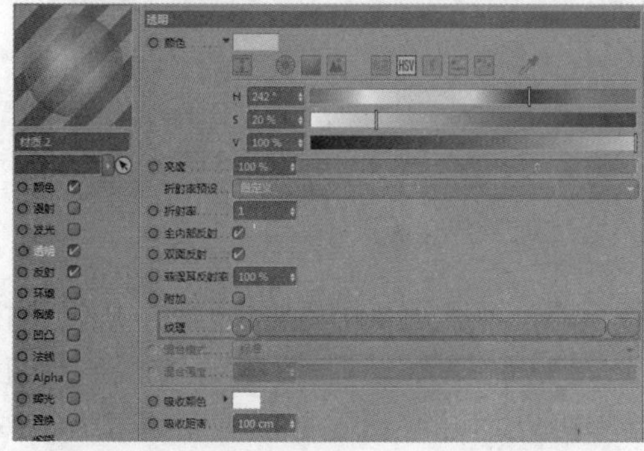

图 4-61

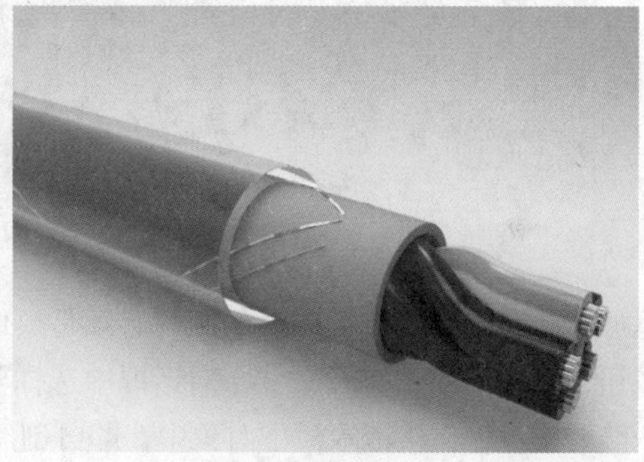

图 4-62

4.3.6 反射

此通道用来定义物体的反射能力，用户可以用颜色来定义物体的反射强度，也可以通过调节亮度值来定义，还可通过加载图像来控制它的反射强度和内容，如图 4-63 所示。反射的模糊度也可以直接键入数值进行调节，增加采样值可提高模糊质量，如图 4-64 所示。

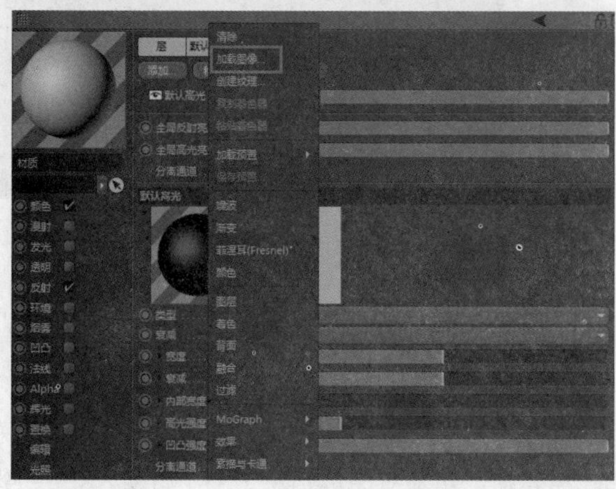

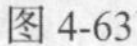

图 4-63

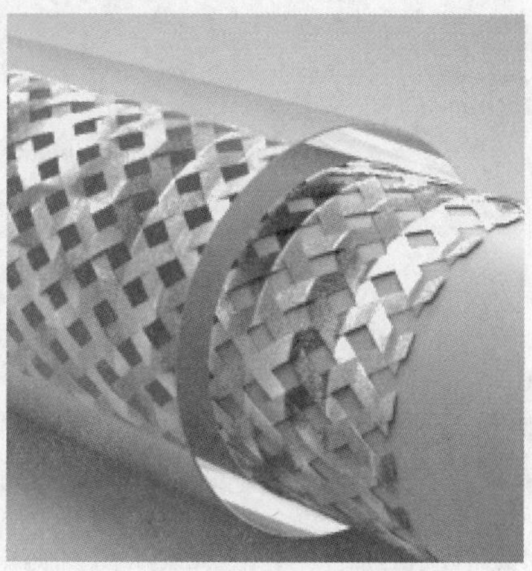

图 4-64

4.3.7 凹凸

该通道是以贴图的黑白信息来定义凹凸的强度，“强度”参数定义凹凸显示强度，加载图像可确定凹凸形态，如图 4-65 所示。需要注意的是，该凹凸只是视觉意义上的凹凸，对物体法线并没有影响。

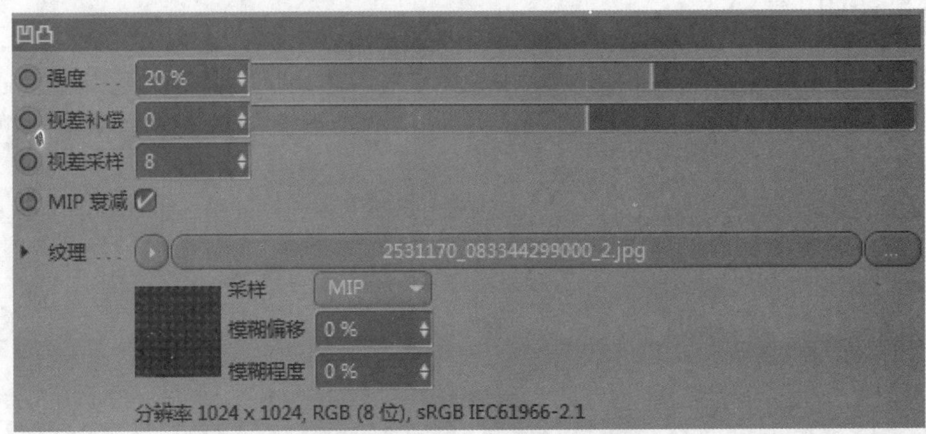

图 4-65

添加凹凸贴图时要注意加载的图片必须是黑白性质的，不然无法被识别。单击“纹理”右侧的选择按钮，在弹出的“打开文件”对话框中选择要定义凹凸的图片，选择后单击“确定”按钮即可定义凹凸材质。将材质拖入模型对象中，即可创建带有凹凸对象的模型，如图 4-66 所示。

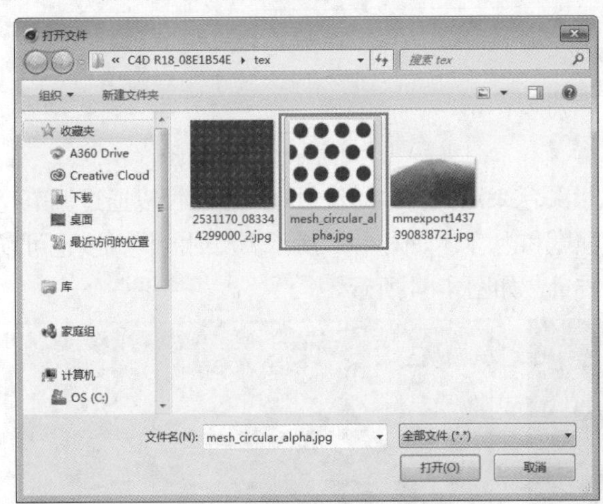

图 4-66

4.4 纹理标签

对象指定材质后，在“对象”窗口会出现纹理标签，如果对象被指定了多个材质，相应地就会出现多个纹理标签，如图 4-67 所示。单击纹理标签，即可打开相应的标签属性，如图 4-68 所示。

图 4-67

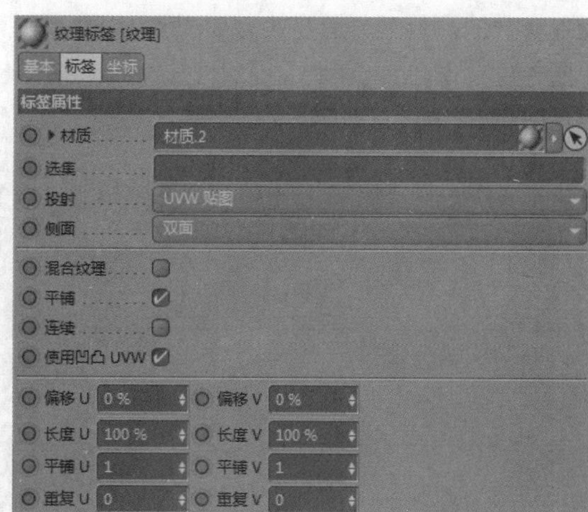

图 4-68

标签中重要选项的含义介绍如下。

- 材质：单击"材质"左边的小三角按钮可以展开材质的基本属性编辑面板，在这里可以对材质的颜色、亮度、纹理贴图、反射、高光等进行设置，类似于迷你版的材质编辑器，如图4-69所示。"材质"后面是材质名称，双击此处可进行材质编辑。
- 选集：当创建了多边形选集后，可把多边形选集拖动到该栏中，这样就只有多边形选集包含的面才被指定了材质，通过这种方式用户可以为不同的面指定不同的材质，如图4-70所示。

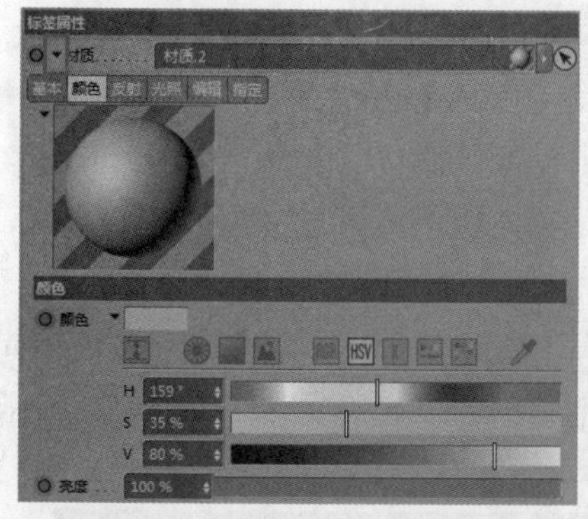

图 4-69

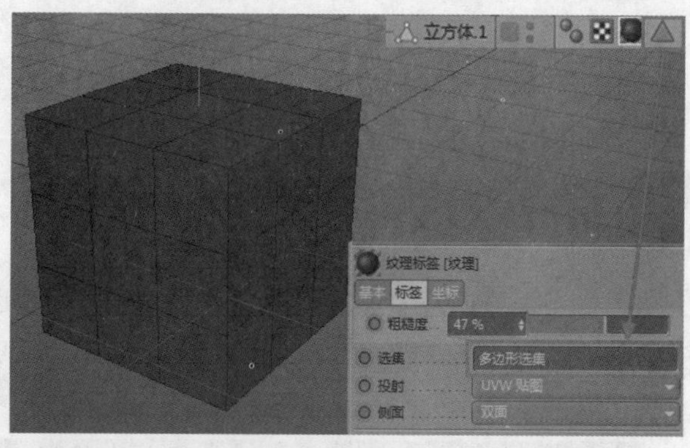

图 4-70

- 投射：当材质内部包含纹理贴图时，可以通过"投射"参数来设置贴图在对象上的投射方式，投射方式有球状、柱状、平直、立方体、前沿、空间、UVW贴图、收缩包裹、摄像机贴图。
- 侧面：该选项是指纹理贴图将在多边形每个面的正反两面上。

4.5 课堂练习：创建玻璃材质效果

【知识要点】玻璃是日常生活中极为常见的材质，由于玻璃具有半透明的材质特点，因此在各大渲染软件中属于较难真实还原的一类材质。要在软件中创建逼真的玻璃材质，重点应该放在折射率和反射参数的调整上，最终效果如图 4-71 所示。

【所在位置】Ch04\ 素材 \ 创建玻璃材质效果 .c4d

图 4-71

4.6 课后习题：创建黄铜文字

【知识要点】黄铜是闪烁着耀眼光泽的金属，根据所含杂质的不同，它的颜色也有所不同，在进行渲染时可以根据实际需要对它的颜色进行定义，但要注意体现其金属质感，如图 4-72 所示。

【所在位置】Ch04\ 素材 \ 创建黄铜文字 .c4d

图 4-72

第5章 灯光照明技术

本章介绍

本章学习如何为一个三维模型添加适当的光照效果，使之能够产生反射、阴影等效果，从而使显示效果更加生动。在 CINEMA 4D 中，灯光是表现三维效果非常重要的一部分，没有了灯光，任何漂亮的材质都无法展示出它应有的效果。CINEMA 4D 包含了很多用于光影制作的工具，对它们进行合理的组合使用，可以制作出各种各样的光影效果。

学习目标

- “3 点布光”的创建
- 对灯光参数进行微调

技能目标

- 掌握“展示灯光”的创建方法
- 掌握“钻石效果”的创建方法
- 掌握“手机产品拍摄布光”的创建方法
- 掌握“体积光”的创建方法

5.1 灯光类型

CINEMA 4D 提供了多种灯光类型，用户可以根据实际需要进行选取。在 CINEMA 4D 中，用户可以通过以下两种方式来调用灯光。

- 在菜单栏中选择“创建”|“灯光”选项，如图5-1所示。
- 在工具栏中长按“灯光”按钮，然后在工具组菜单中选择所需的灯光，如图5-2所示。

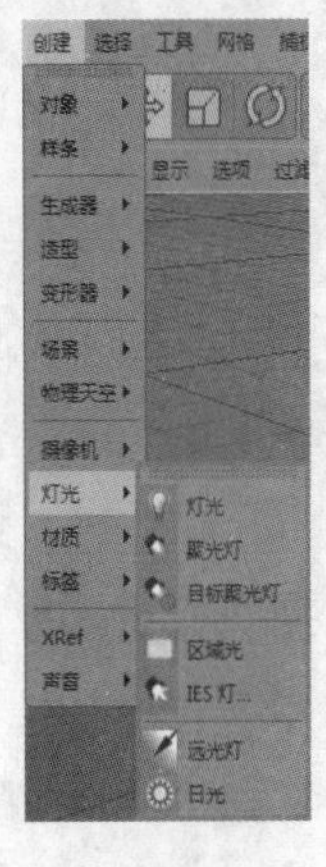

图 5-1

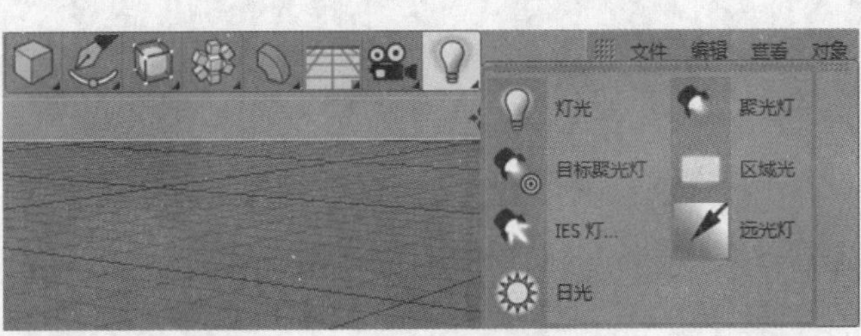

图 5-2

5.1.1 课堂案例：创建展示灯光

【学习目标】添加材质之后，模型已经具备了不错的外观效果，但要想达到照片级的渲染效果，还需模拟出真实的外部环境。这就需要用多盏辅助光源照射模型的暗部区域，即“3 点布光”（分别为主体光、辅助光与背景光），通过“3 点布光”即可渲染出真实的模型展示效果。

【知识要点】调整好模型的展示角度，然后根据“3 点布光”法，依次创建出 3 个光源，并根据实际表现效果修改对应参数。在此过程中可以反复调试参数，然后进行渲染，从中选出最理想的效果。本例所创建的自行车展示效果如图 5-3 所示。

【所在位置】Ch05\ 素材 \ 创建展示灯光 .c4d

图 5-3

（1）启动CINEMA 4D软件，打开文件“Ch05\素材\创建展示灯光.c4d”，其中已经创建好了一个自行车模型，并添加了材质和其他场景，效果如图 5-4 所示。

（2）此时可单击软件工具栏中的“渲染活动视图”按钮，或按快捷键 Ctrl+R 进行一次快速渲染，观察没有添加光源时的模型渲染效果，如图 5-5 所示。

图 5-4

图 5-5

（3）根据“3 点布光”的方法，在场景中添加 3 个光源。首先添加主体光。在工具栏中长按“灯光”按钮，展开其工具组菜单，然后单击其中的“聚光灯”按钮，接着选择所添加的聚光灯，将其移动到自行车模型的左上角位置，作为主体光，如图 5-6 所示。

（4）选择所创建的主体光，在操作界面右下角的“属性”窗口中切换至“常规”选项卡，在“投影”下拉列表中选择“阴影贴图（软阴影）”选项，如图 5-7 所示。

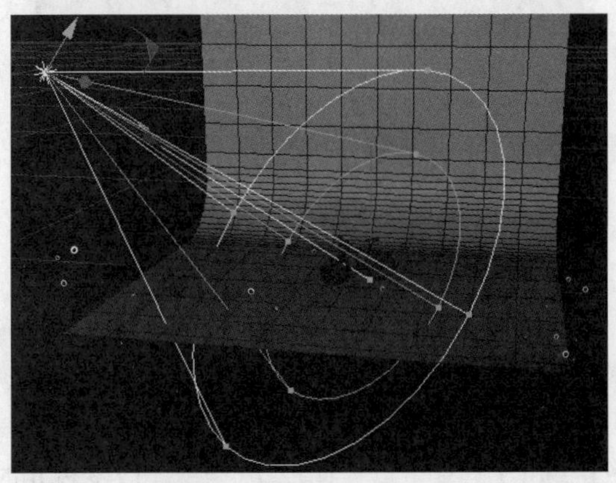

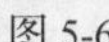

图 5-6

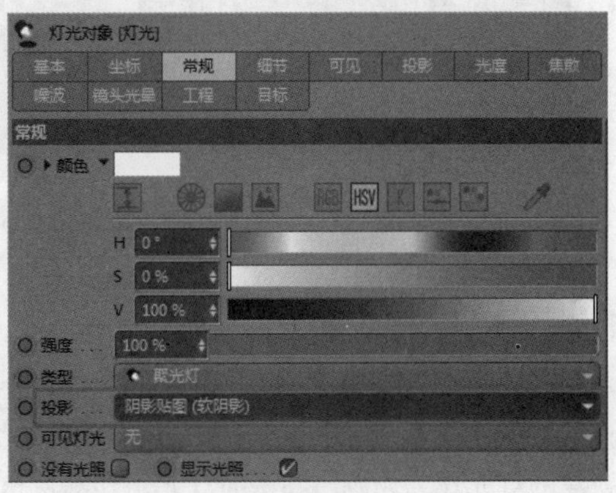

图 5-7

提示

拖动光源对象上橘黄色的点可以调整其照射范围和距离。

（5）使用同样的方法，单击工具栏中的“聚光灯”按钮，或者选择主体光然后按住 Ctrl 键进行拖动，创建第 2 个光源。将该光源移动到模型的右上角位置，如图 5-8 所示，作为辅助光。

（6）辅助光的亮度应该较主体光略低，因此要选择所创建的辅助光，然后在“属性”窗口中切换至“常规”选项卡，设置其“强度”为 50%，设置“投影”为“无”，如图 5-9 所示，这样辅助光将不产生投影。

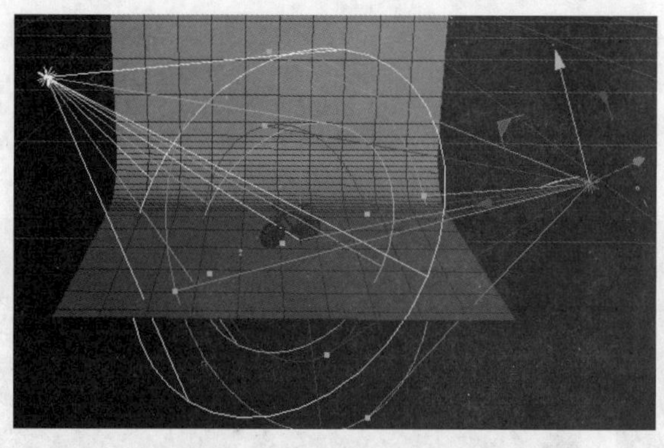

图 5-8

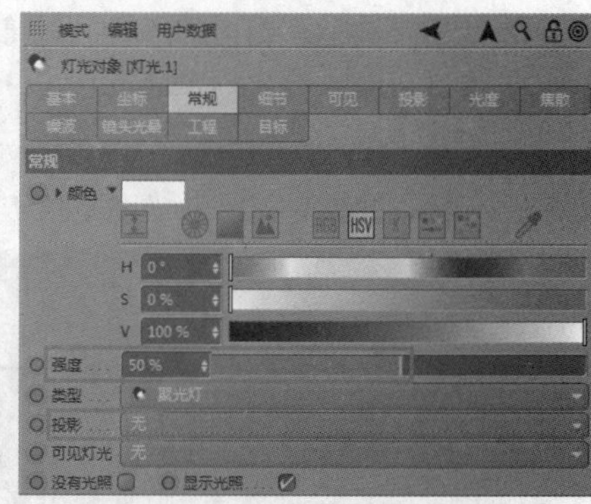

图 5-9

（7）使用同样的方法创建第 3 个光源，然后将其移到模型的后方，作为背景光，并设置其“强度”为 50%，设置“投影”为“无”，如图 5-10 所示。

（8）单击软件工具栏中的“渲染活动视图”按钮，或按快捷键 Ctrl+R 再进行一次快速渲染，效果如图 5-11 所示。

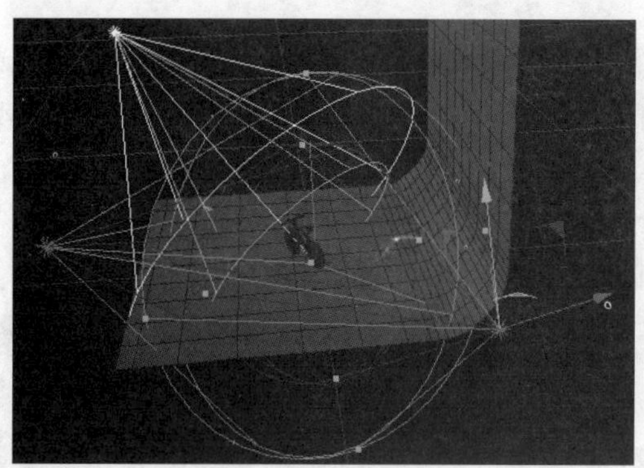

图 5-10

图 5-11

5.1.2 默认灯光

新建一个 CINEMA 4D 文件时，系统会有一盏默认的灯光来帮助照亮整个场景，以便在建模和进行其他操作时能够看清模型。在新建一个灯光对象后，这盏默认灯光的作用就消失了，场景将使用新建的灯光作为光源。默认的灯光是和默认摄像机绑定在一起的，当用户渲染视图改变视角时，默认灯光的照射角度也会随之改变。新建一个立方体，为了方便观察，可为立方体赋予一个有颜色且高光较强的材质，改变摄像机的视角就可以发现高光位置在跟着发生变化，如图 5-12 所示。

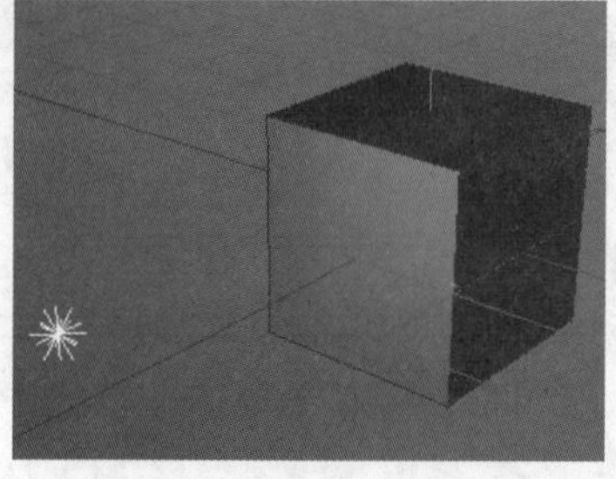

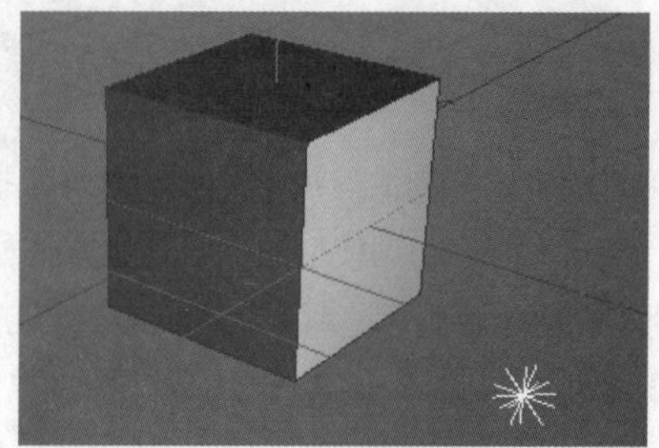

图 5-12

默认灯光的照射角度可以通过“默认灯光”对话框来单独改变，在视图窗口菜单栏的“选项”下拉菜单中选择“默认灯光”选项，如图 5-13 所示，即可打开“默认灯光”对话框。按住鼠标左键在“默认灯光”对话框中拖动，可以改变灯光的照射角度，如图 5-14 所示。

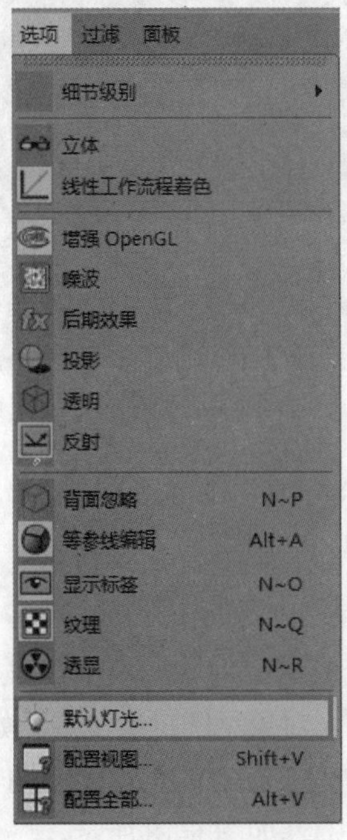

图 5-13

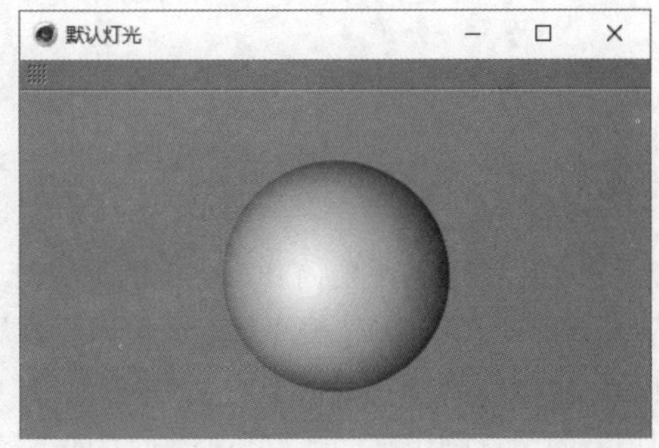

图 5-14

5.1.3 泛光灯

泛光灯是最常见的灯光类型，光线从单一的点向四周发射，类似于现实生活中的灯泡。在工具栏中单击“灯光”按钮，即可创建一个泛光灯对象，如图 5-15 所示，其中的白点就是泛光灯。

图 5-15

移动泛光灯的位置会发现，泛光灯离模型对象越远，它照亮的范围就越大，如图 5-16 所示。

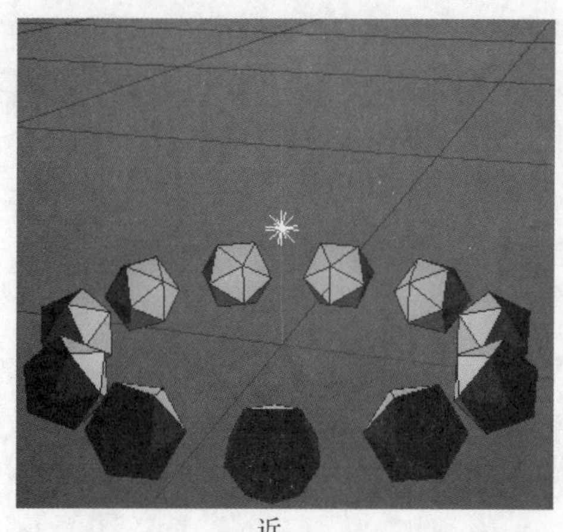

近

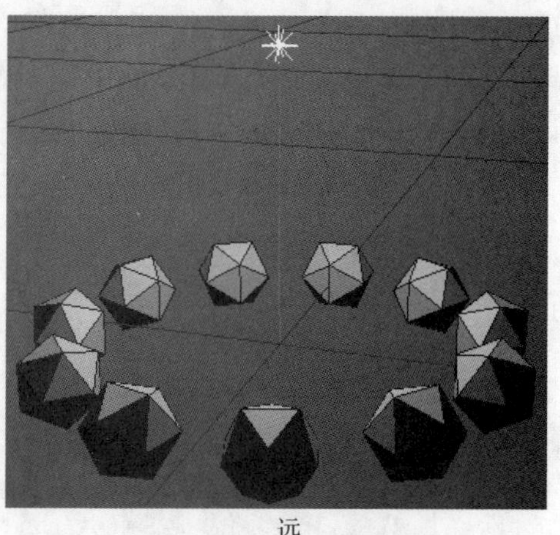

远

图 5-16

5.1.4　聚光灯

聚光灯类似于现实生活中的手电筒和舞台上的追光灯，它的光线会向一个方向呈锥形传播，常用来突出显示某些重要的对象。创建聚光灯后，可以看到灯光对象呈圆锥形显示，如图 5-17 所示。

选择聚光灯后，可以看到圆锥的底面有 5 个黄点，其中位于圆心的黄点用于调节聚光灯的光束长度，而位于圆周上的黄点则用来调整整个聚光灯的光照范围，如图 5-18 所示。

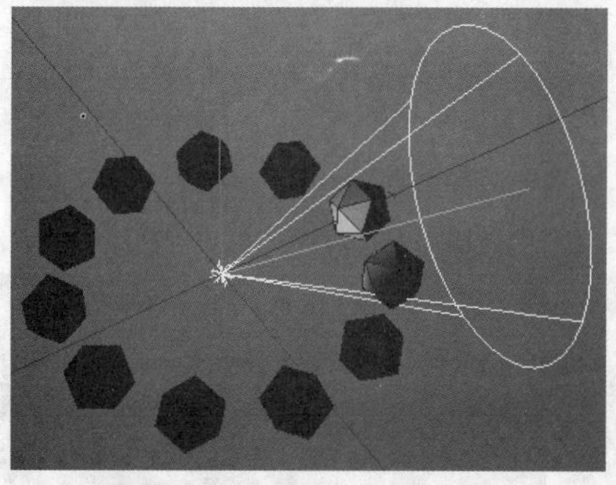

图 5-17

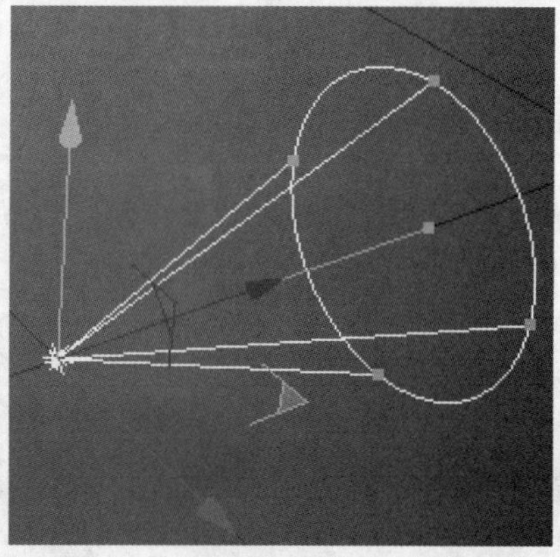

图 5-18

创建的聚光灯默认位于世界坐标轴的原点，并且光线由原点向 z 轴的正方向发射，即图 5-17 所示的效果。如果想要灯光很好地照射在模型对象上，就需要配合各个视图对聚光灯进行移动、旋转等操作，将其放置在理想的位置上。

5.1.5　目标聚光灯

创建的目标聚光灯默认自动照射在世界坐标轴的原点，也就是说，目标聚光灯的照射目标为世界坐标轴的原点，这样默认创建的对象刚好被目标聚光灯照射。

目标聚光灯与聚光灯最大的区别在于它在“对象”窗口中多出来的“目标表达式”标签和“灯

光 . 目标 .1”对象，如图 5-19 所示。通过“目标表达式”标签和“灯光 . 目标 .1”对象，用户可以随意更改目标聚光灯所照射的目标对象，调节起来会更加方便快捷。图 5-20 所示便是通过移动目标点来更改目标聚光灯的照射目标。

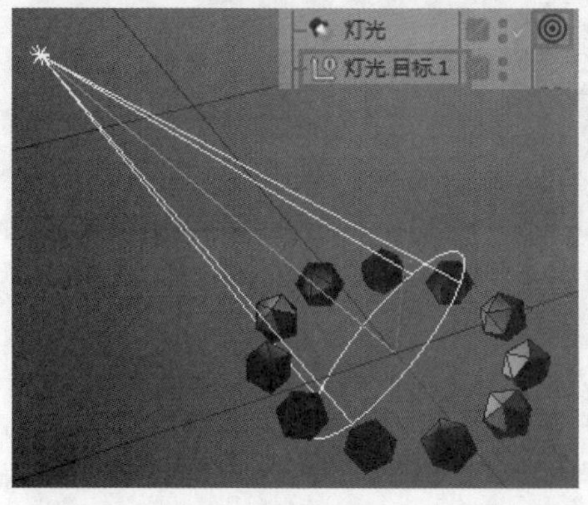

图 5-19

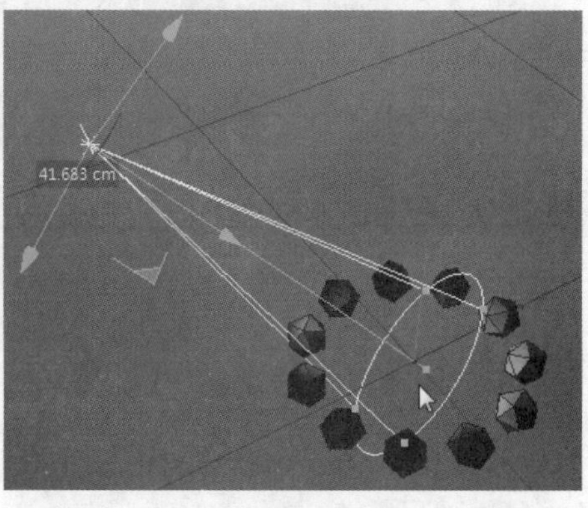

图 5-20

选择目标聚光灯的“目标表达式”标签，将目标对象拖动到目标表达式“属性”窗口中“目标对象”一栏右侧的空白区域，则目标聚光灯的照射目标更改为该对象，如图 5-21 所示。

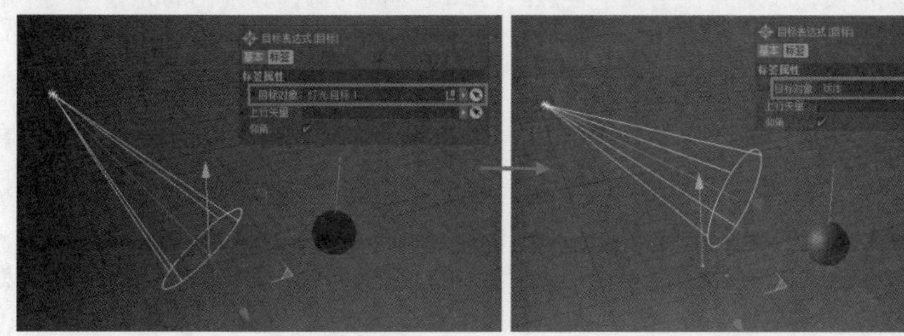

图 5-21

5.1.6 区域光

区域光是指光线沿着一个区域向周围各个方向发射，从而形成一个规则的照射平面。区域光属于高级的光源类型，常用来模拟室内从窗户照射进来的天空光。它的面光源十分柔和、均匀，类似于产品摄影中常用的反光板，如图 5-22 所示。默认创建的区域光在视图中显示为矩形区域，如图 5-23 所示。

图 5-22

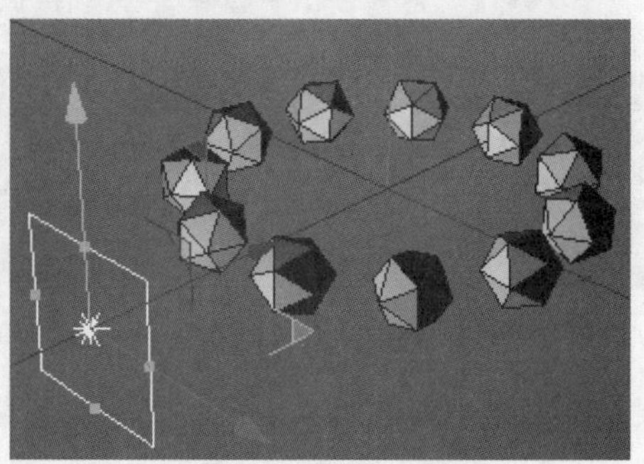

图 5-23

用户可以通过调节矩形框上的黄点来改变区域的大小，如图 5-24 所示。此外，区域光的形状也可以通过“属性”窗口“细节”选项卡中的“形状”参数来进行改变。

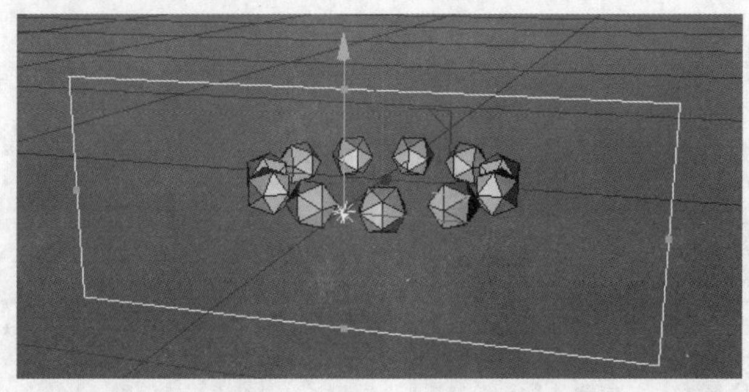

图 5-24

5.1.7 IES 灯

IES 灯可以理解为一种光域网，而光域网是一种关于光源亮度分布状况的三维表现形式。光域网是灯光的一种物理性质，决定光在空气中发散的方式。不同的灯，其发出的光在空气中的发散方式是不一样的，比如手电筒，它会发一个光束，还有一些壁灯、台灯，它们发出的光又是另外一种形状，这些不同形状的图案就是光域网造成的。

之所以会有不同的图案，是因为每个灯在出厂时，厂家都对其指定了不同的光域网。在三维软件里，如果给灯光指定一个特殊的文件，就可以产生与现实生活中相同的发散效果，这种特殊的文件标准格式是 IES 格式。

在 CINEMA 4D 中创建 IES 灯时，会弹出一个对话框，提示加载一个 IES 格式的文件，如图 5-25 所示，这种文件可以在网上下载。此外，CINEMA 4D 本身就提供了很多 IES 格式的文件，这些文件可以通过单击菜单栏中的“窗口”|“内容浏览器”选项，打开“内容浏览器”对话框来查找，如图 5-26 所示。

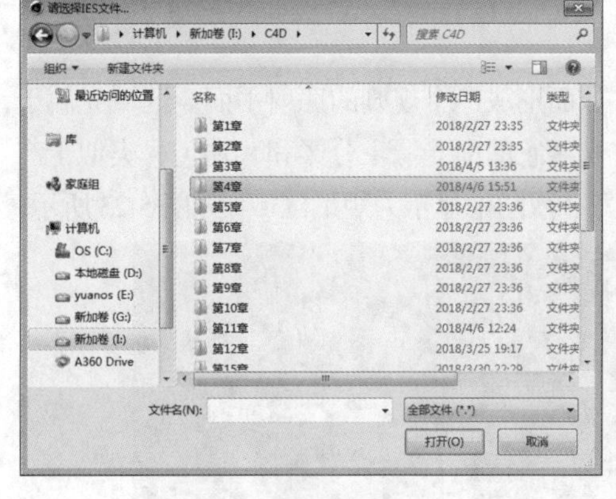

图 5-25

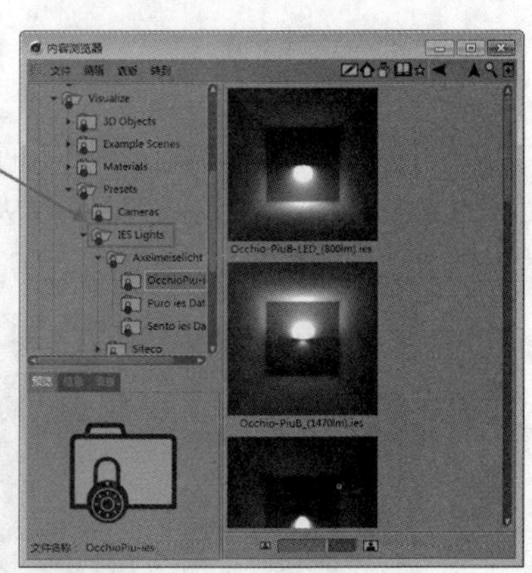

图 5-26

如果是从网上下载的 IES 格式的文件，那么在创建 IES 灯时直接加载即可使用；如果是使用 CINEMA 4D 提供的 IES 格式的文件，那么还需要进行一些操作。首先创建一个聚光灯，然后在聚光灯的“属性”窗口中切换至“常规”选项卡，在下面的“类型”下拉列表中选择“IES”选项，如图 5-27 所示。接着切换到“光度”选项卡，此时“光度数据”和“文件名”参数被激活，如图 5-28 所示。

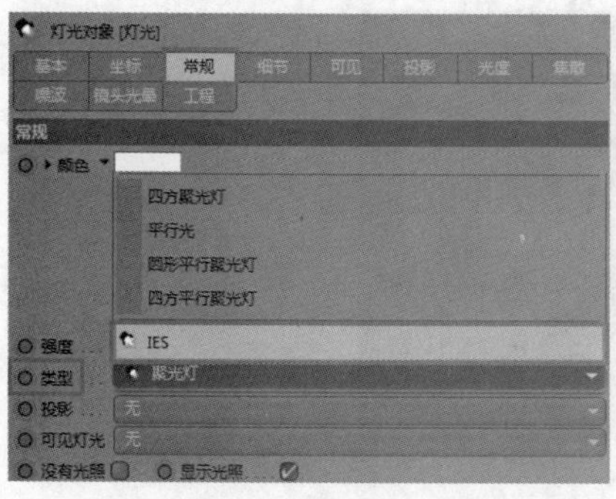

图 5-27

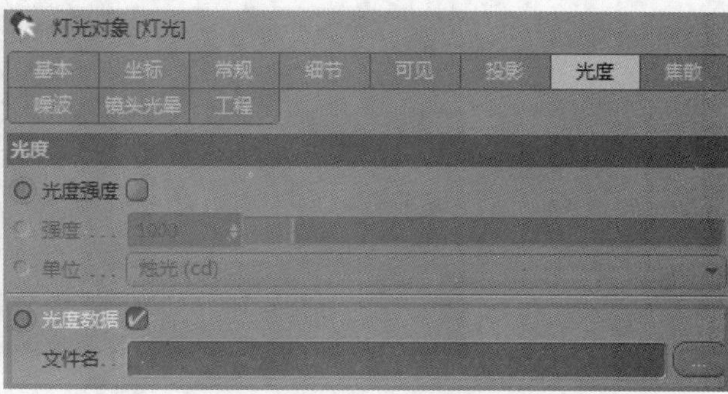

图 5-28

最后在内容浏览器中选择一个 IES 格式的文件，然后将其拖动至“文件名”右侧的空白区域，此时选择的 IES 格式的文件就可以进行使用了，同时会显示该文件的路径、预览图像及其他信息，如图 5-29 所示。

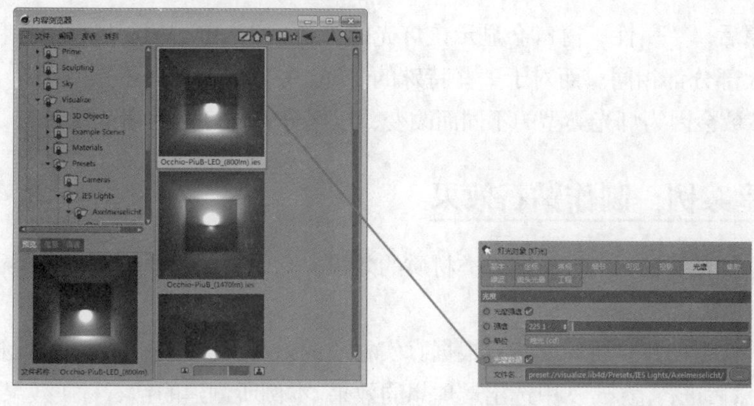

图 5-29

不同的 IES 灯的效果如图 5-30 所示。

图 5-30

5.1.8　远光灯

远光灯发射的光线是沿着某个特定的方向平行传播的，没有距离的限制，除非为其定义了衰减，否则此光线没有起点和终点。远光灯常用来模拟太阳，无论物体位于远光灯的正面还是背面，只要位于光线的传播方向上，物体的表面都会被照亮，如图 5-31 所示。

图 5-31

5.2 灯光参数详解

创建灯光对象后，“属性”窗口会显示该灯光的参数。CINEMA 4D 提供了各种类型的灯光，这些灯光的参数大部分都相同。而对于一些特殊的灯光，CINEMA 4D 还专门设置了一个“细节”选项卡，这里的参数会因为灯光类型的不同而改变，以区分各种灯光的细节效果。

5.2.1 课堂案例：制作钻石效果

【学习目标】要表现钻石、玻璃这一类材质的效果，除了要将材质设置到位外，还需要用正确的光照效果来进行搭配。

【知识要点】首先创建材质球，然后根据真实材质的效果修改对应参数。在此过程中，用户可以反复调试参数，然后进行渲染，从中选出最理想的效果。本例所创建的钻石材质效果如图 5-32 所示。

【所在位置】Ch05\ 素材 \ 制作钻石效果 .c4d

图 5-32

（1）启动 CINEMA 4D 软件，打开文件“Ch05\ 素材 \“制作钻石效果 . c4d”，其中已经创建好了钻石模型和其他场景，如图 5-33 所示。

（2）单击软件操作界面上方的“渲染活动视图”按钮，或按快捷键 Ctrl+R 进行一次快速渲染，观察初始渲染效果，会发现钻石模型不具备真实钻石的通透效果，如图 5-34 所示。

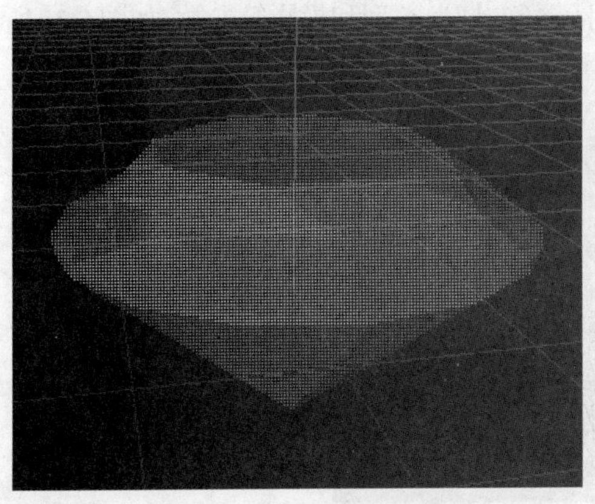

图 5-33

图 5-34

（3）在工具栏中单击“聚光灯”按钮，创建一个聚光灯，然后在该聚光灯的“属性”窗口中选择“常规”选项卡，将“强度”调整为 120%，如图 5-35 所示。

（4）切换至“焦散”选项卡，勾选“表面焦散”复选框，然后设置“能量”为 300%，并将“光子”设置为 600 000，如图 5-36 所示。

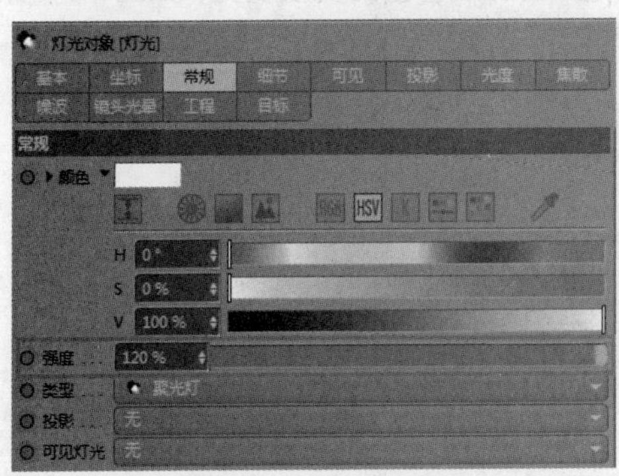

图 5-35

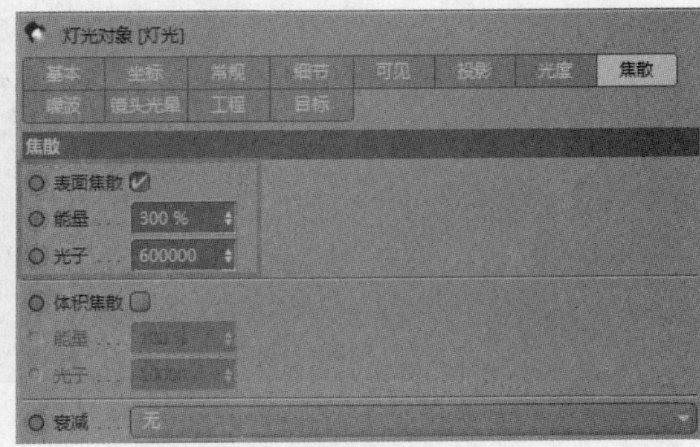

图 5-36

（5）调整聚光灯的位置，然后按快捷键 Ctrl+R，或单击工具栏中的“渲染活动视图”按钮，即可得到渲染效果，如图 5-37 所示。

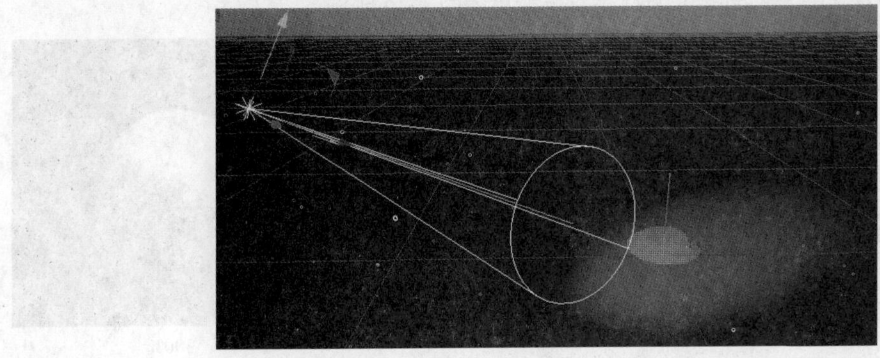

图 5-37

5.2.2 “常规”选项卡

“常规”选项卡主要用来设置灯光的基本属性，包括颜色、灯光类型和投影等参数，如图 5-38 所示。

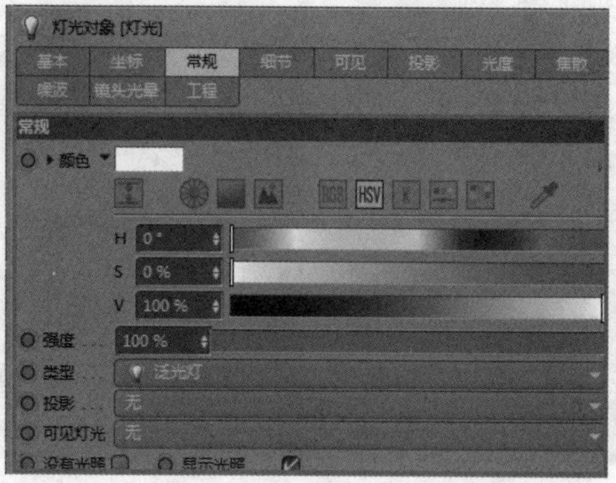

图 5-38

下面对“常规”选项卡中常用的几种参数进行介绍。

1. 颜色

用于设置灯光的颜色。灯光的颜色不一样，照耀在模型上的颜色也会发生改变，如图 5-39 所示。

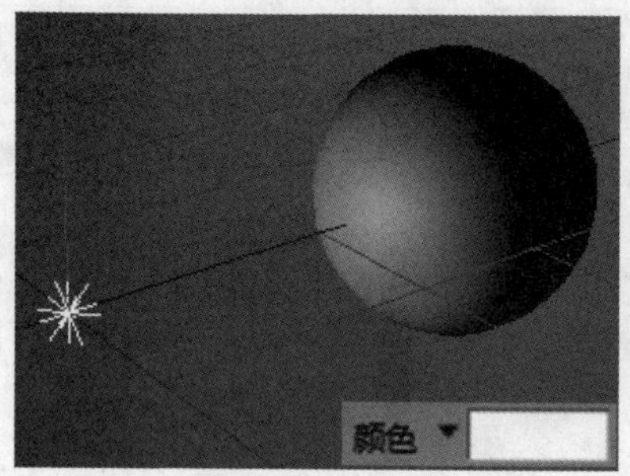

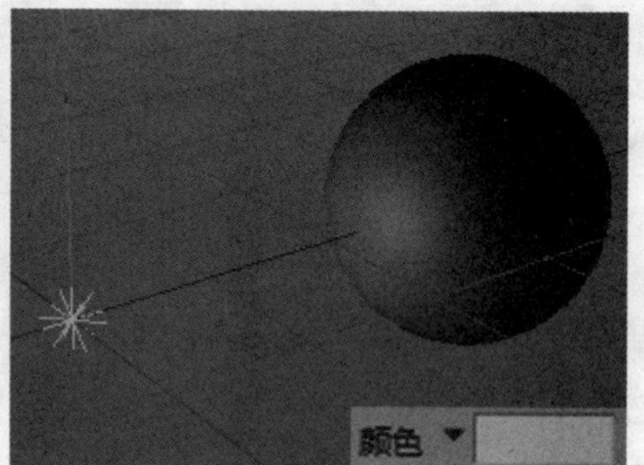

图 5-39

2. 强度

用于设置灯光的照射强度，也就是灯光的亮度。其数值范围可以超过 100%，没有上限；0% 的灯光强度代表灯光没有亮度。不同强度的灯光对比效果如图 5-40 所示。

30%

100%

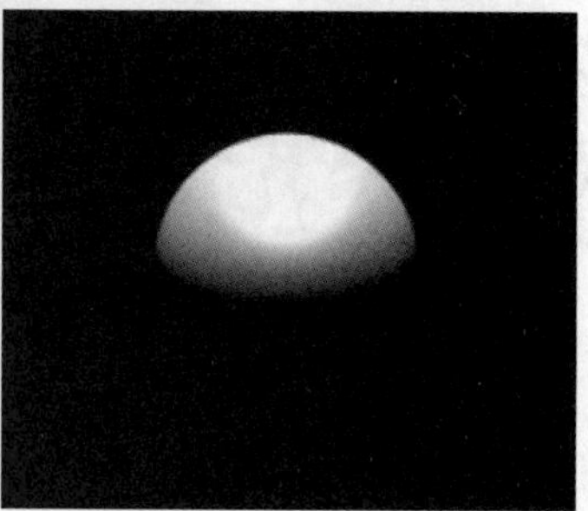

300%

图 5-40

3. 投影

该参数可用来控制光照的投影效果，包含“无”“阴影贴图（软阴影）”“光线跟踪（强烈）”“区域”4 个选项，如图 5-41 所示。

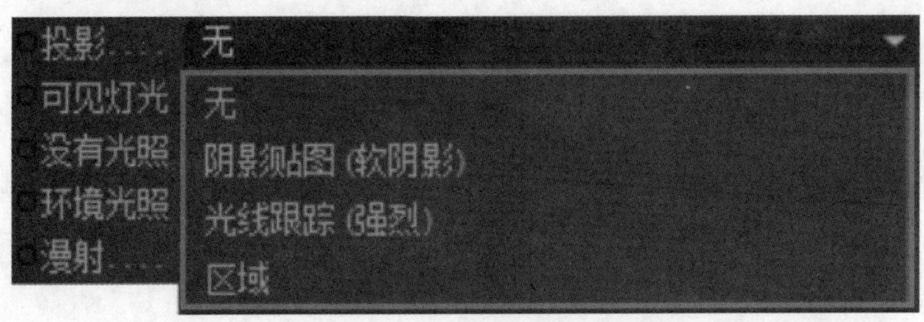

图 5-41

具体的选项含义介绍如下。

- 无：选择该项后，灯光照射在物体上不会产生阴影，如图5-42所示。
- 阴影贴图（软阴影）：灯光照射在物体上会产生柔和的阴影，阴影的边缘处会模糊化，如图5-43所示。

图 5-42

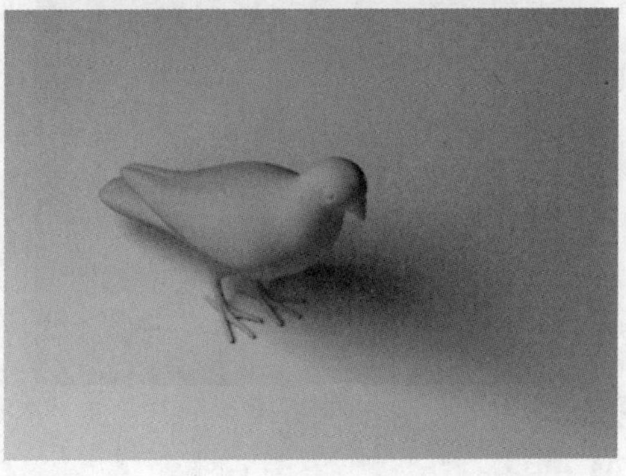

图 5-43

- 光线跟踪（强烈）：灯光照射在物体上会产生形状清晰且较为强烈的阴影，阴影的边缘处不会产生任何模糊，如图5-44所示。
- 区域：灯光照射在物体上，会根据光线的远近产生不同变化的阴影，距离越近阴影就越清晰，距离越远阴影就越模糊，它产生的是较为真实的阴影效果，如图5-45所示。

图 5-44

图 5-45

4. 可见灯光

用于设置在场景中的灯光是否可见以及可见的类型。该参数包含“无”“可见”“正向测定体积”“反向测定体积”这 4 个选项，如图 5-46 所示。

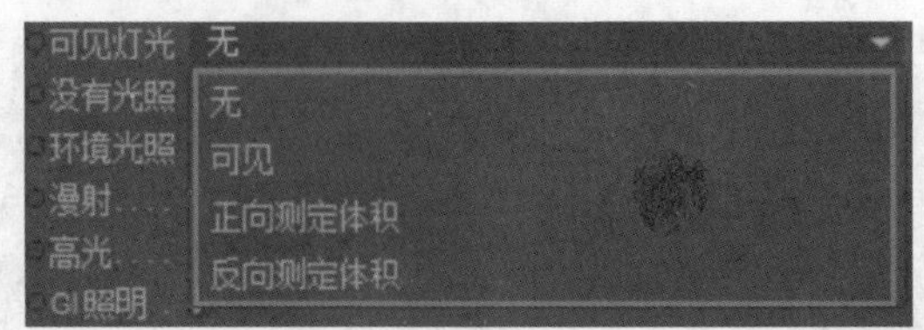

图 5-46

具体的选项含义介绍如下。

- 无：表示灯光在场景中不可见。
- 可见：表示灯光在场景中可见，且形状由灯光的类型决定。选择该项后，泛光灯在视图中将显示为球形，且渲染后同样可见，拖动球形上的黄点可以调节光源的大小，如图5-47所示。

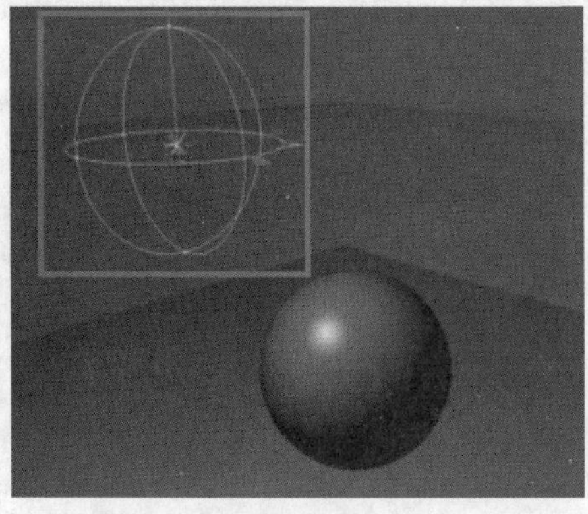

图 5-47

- 正向测定体积：选择该项后，灯光照射在物体上会产生体积光，同时阴影衰减将被减弱。为了方便观察，这里使用聚光灯来进行测试，且灯光的“强度”设置为200%。如图5-48所示，左边图片的“可见灯光”设置为“可见”，右边图片的“可见灯光”设置为“正向测定体积”。
- 反向测定体积：选择该项后，在普通光线产生阴影的地方会发射光线，常用于制作发散特效。

可见

正向测定体积

图 5-48

5.2.3 “细节”选项卡

“细节”选项卡中的参数会因为灯光对象的不同而有所改变。除区域光之外，其他几类灯光的“细节”选项卡中包含的参数大致相同，只是被激活的参数有些区别，如图 5-49 所示。

图 5-49

下面对常用的几种参数进行介绍。

1. 使用内部 / 内部角度

勾选“使用内部”复选框后，“内部角度”参数才能被激活，通过调整该参数，可以设置光线边缘的衰减程度。数值小将导致光线的边缘较柔和，数值大将导致光线的边缘较硬，如图 5-50 所示。

数值小

数值大

图 5-50

提示

“使用内部”选项只能用于聚光灯，且根据聚光灯类型的不同，“内部角度”可能会显示为“内部半径”。

2. 外部角度

外部角度用于调整聚光灯的照射范围，也可以通过灯光对象线框上的黄点进行调整，如图 5-51 所示。“外部角度”的取值范围是 0° ~ 175°，如果是“外部半径”则没有上限，但不能是负值；“内部角度”和“内部半径”也满足这一规律。另外，“外部角度”和“外部半径”的数值决定了“内部角度”和“内部半径”参数的最大值，也就是说内部的取值范围不可以超过外部。

3. 宽高比

标准的聚光灯是一个锥形的形状，该参数可以设置锥体底部圆的横向宽度和纵向高度的比值，取值范围为 0.01 ~ 100。

4. 对比

当光线照射到模型对象上时，模型对象上的明暗变化会产生过渡，该参数用于控制明暗过渡的对比度，如图 5-52 所示。

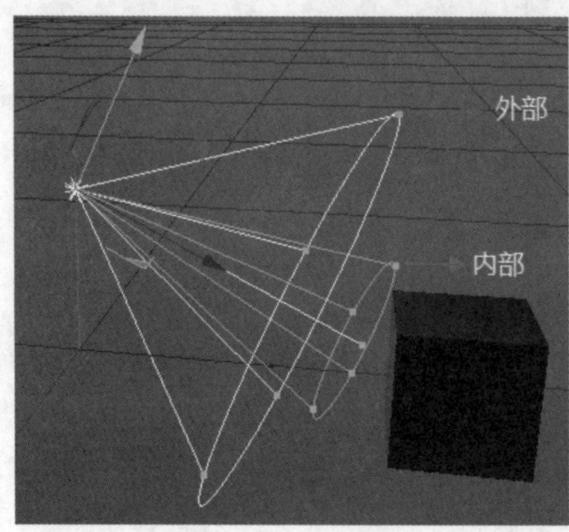

图 5-51

图 5-52

5. 衰减

现实生活中，一个正常的光源可以照亮周围的环境，同时周围的环境也会吸收这个光源所发出的光线，从而使光线越来越弱，也就是说光线随着传播距离的增加产生了衰减。

在 CINEMA 4D 中，虚拟的光源也可以实现这种衰减的效果。“衰减”参数中包含 5 种衰减类型，分别是“无”“平方倒数（物理精度）”“线性”“步幅”“倒数立方限制”，如图 5-53 所示。

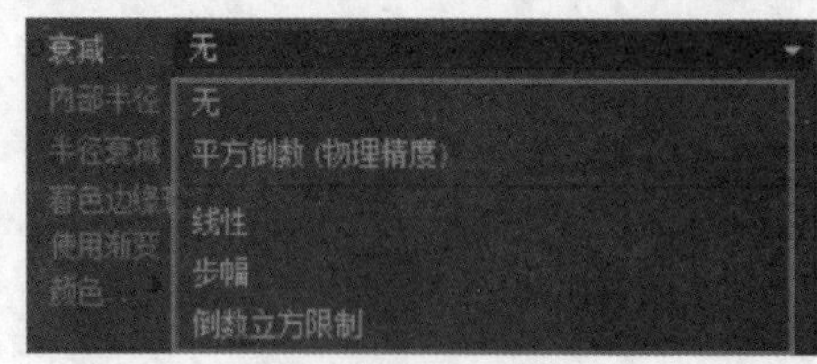

图 5-53

各衰减类型的效果可参考图 5-54。

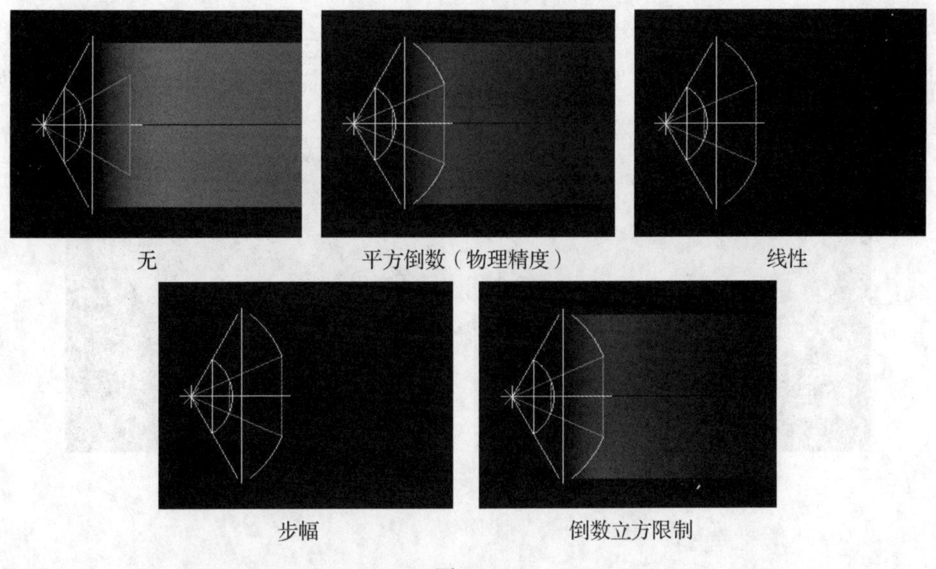

无　　平方倒数（物理精度）　　线性

步幅　　倒数立方限制

图 5-54

5.2.4 “可见”选项卡

“可见”选项卡主要用来设置灯光本身的可见效果，如图 5-55 所示。

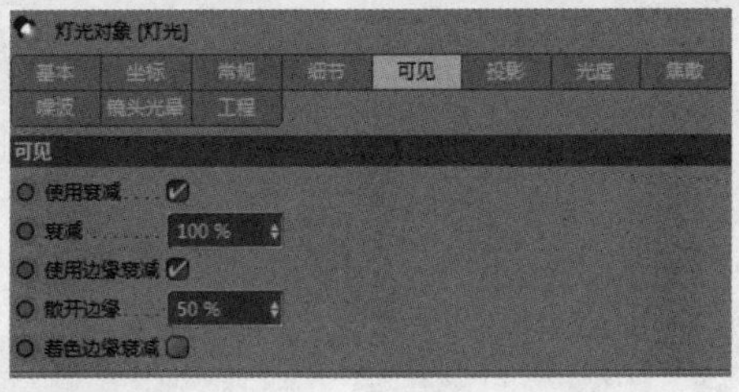

图 5-55

下面对常用的几种参数进行介绍。

1. 使用衰减

勾选“使用衰减”复选框后，下面的“衰减”参数才会被激活。衰减是按百分比减少灯光的密度的，默认数值为 100%，也就是说从光源的起点到外部边缘之间，灯光的密度从 100% 到 0% 逐渐减少，如图 5-56 所示。

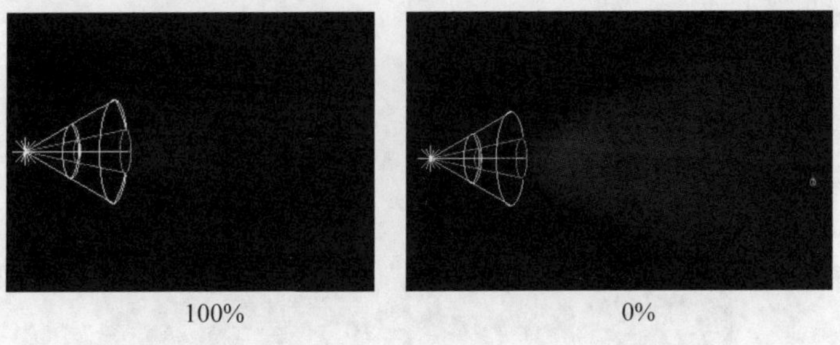

100%　　0%

图 5-56

2. 使用边缘衰减 / 散开边缘

这两个参数只与聚光灯有关，“使用边缘衰减”可用来控制可见光边缘的衰减效果，如图 5-57 所示就是数值为 100% 和 0% 的对比效果。

图 5-57

3. 着色边缘衰减

该参数只对聚光灯有效，同时只有启用“使用边缘衰减”选项后该参数才会被激活。勾选该复选框后，灯光内部的颜色将会向外部呈放射状传播，如图 5-58 所示。

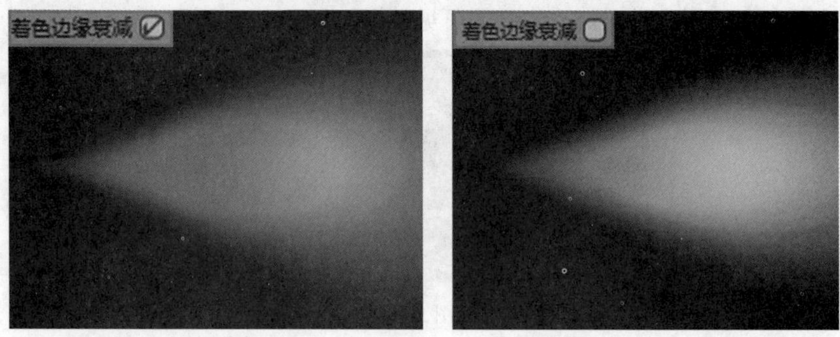

图 5-58

5.2.5 “投影”选项卡

每种灯光都有 4 种投影方式，分别是“无”“阴影贴图（软阴影）”“光线跟踪（强烈）”“区域”，这在前面的“常规”选项卡中已经进行了简单的介绍。“投影”选项卡可用于针对不同的投影方式进行一些细节化的设置，如图 5-59 所示。

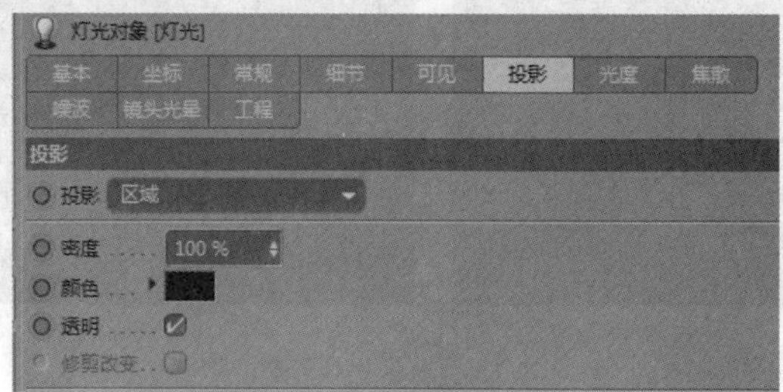

图 5-59

下面对常用的几种参数进行介绍。

1. 密度

该选项可用于改变阴影的强度，如图 5-60 所示。

50% 100%

图 5-60

2. 颜色

该选项可用于设置阴影的颜色，如图 5-61 所示。

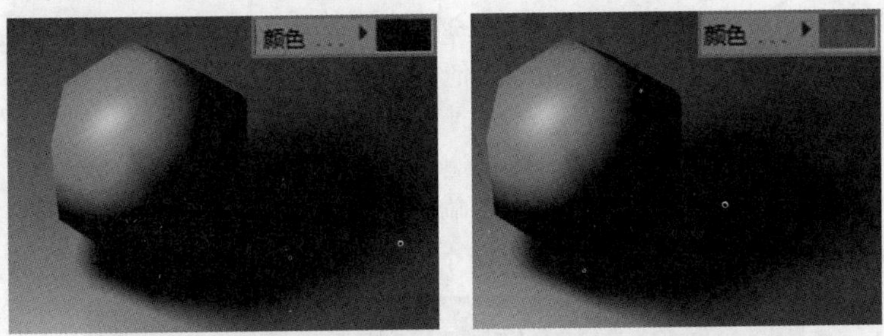

图 5-61

3. 透明

如果赋予对象的材质设置了“透明”或“Alpha”通道效果，那么就需要勾选该复选框，渲染效果如图 5-62 所示。

图 5-62

4. 修剪改变

勾选该复选框后，在“细节”选项卡中设置的修剪参数将会应用到阴影投射和照明中。

5.2.6 “光度”选项卡

“光度”选项卡主要用于设置灯光的亮度，其“属性”窗口如图 5-63 所示。

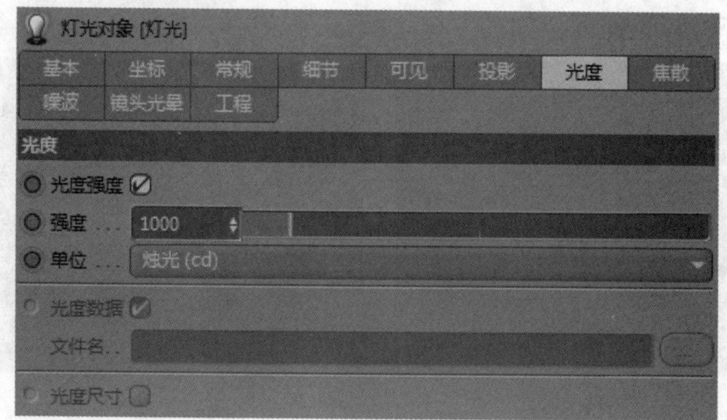

图 5-63

下面对常用的几种参数进行介绍。

1. 光照强度 / 强度

创建一盏 IES 灯后，“光照强度”选项就会自动被激活，通过调整“强度”数值，可以设置 IES 灯光的光强度。这两个参数也可以应用于其他类型的灯光。

2. 单位

除了“强度”参数外，该参数同样也可以影响到光照的强度，并且也可应用于其他类型的灯光。该参数包含“烛光（cd）”“流明（lm）”这两个选项，如图 5-64 所示。

图 5-64

- 烛光（cd）：表示光照强度是通过“强度”参数来定义的。
- 流明（lm）：表示光照强度是通过灯光的形状来定义的，例如聚光灯，如果增加聚光灯的照射范围，那么光照强度也会相应地增加，如图5-65所示。

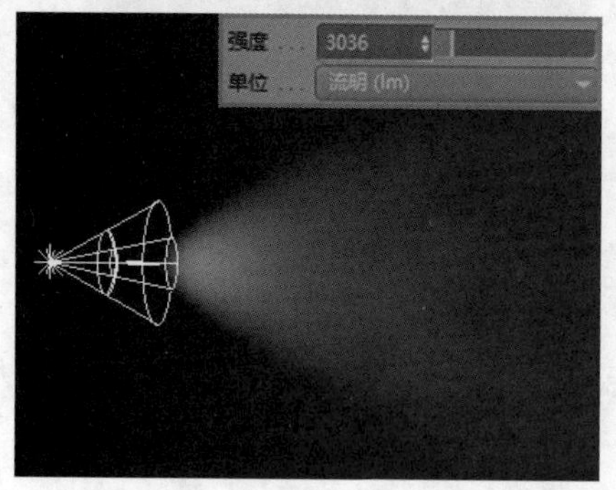

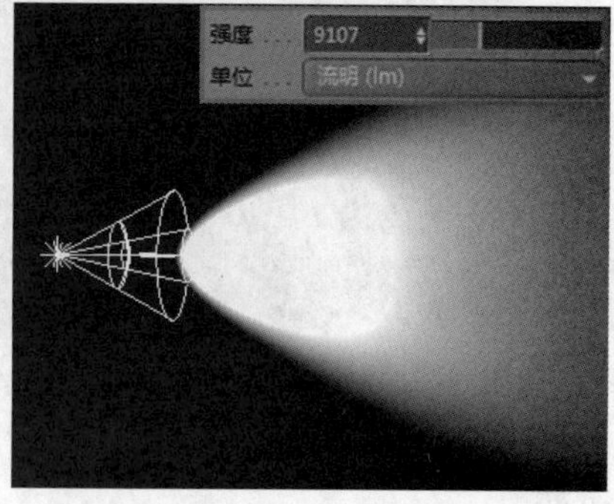

图 5-65

5.2.7 “焦散”选项卡

焦散是指当光线穿过一个透明物体时，由于物体表面的不平整，光线折射没有平行发生，从而出现了漫折射，投影表面出现了光子分散。使用焦散可以产生很多精致的效果。在 CINEMA 4D 中，如果想要渲染灯光的焦散效果，需要在“渲染设置”对话框中选择“效果”|“焦散”选项，如图 5-66 所示。

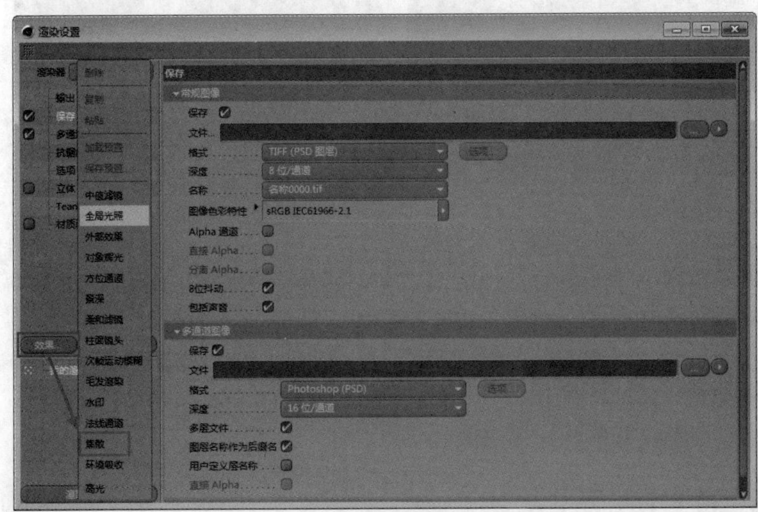

图 5-66

“焦散”选项卡如图 5-67 所示，下面对它的一些主要参数进行介绍。

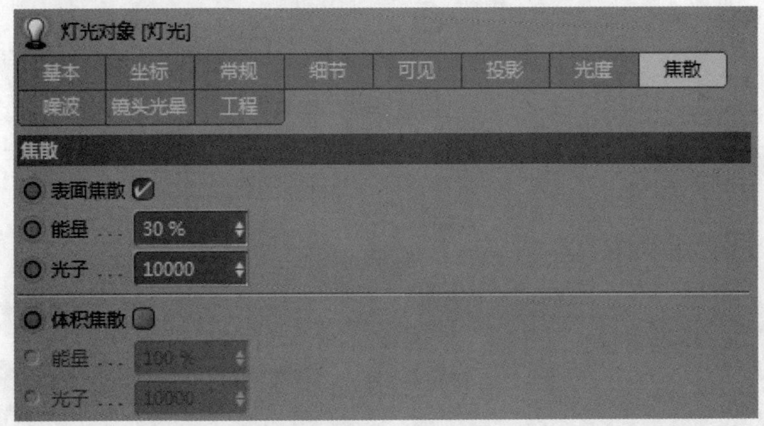

图 5-67

1. 表面焦散

该参数用于激活灯光的表面焦散效果。

2. 能量

该参数用于设置表面焦散光子的初始总能量，主要控制焦散效果的亮度，同时也影响每一个光子反射和折射的最大值，如图 5-68 所示。

50%

200%

图 5-68

3. 光子

该参数影响焦散效果的精确度，数值越大效果越精确，相应的渲染时间也会增加，一般取值范围设置在 10 000~1 000 000 最佳，数值小时光子看起来就像一个个白点。

4. 体积焦散 / 能量 / 光子

这 3 个参数主要用于设置体积光的焦散效果。

5.2.8 “噪波”选项卡

“噪波”选项卡如图 5-69 所示，主要用于制造一些特殊的光照效果。下面对其中常用的几种参数进行介绍。

1. 噪波

该参数用于选择噪波的方式，包括“无”“光照”“可见”“两者”这 4 个选项，如图 5-70 所示。

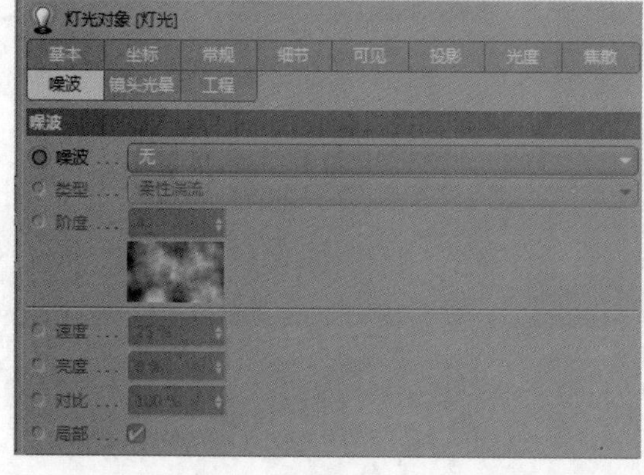

图 5-69

图 5-70

- 无：不产生噪波效果，效果如图5-71所示。
- 光照：选择该项后，光源的周围会出现一些不规则的噪波，并且这些噪波会随着光线的传播照射在模型对象上，如图5-72所示。

图 5-71

图 5-72

- 可见：选择该项后，噪波不会照射到模型对象上，但会影响可见光源。该选项可以用于让可见光源模拟烟雾效果，如图5-73所示。
- 两者：表示“光照”和“可见”选项的两种效果同时出现，如图5-74所示。

图 5-73

图 5-74

2. 类型

用于设置噪波的类型，包含“噪波”“柔性湍流”“刚性湍流”“波状湍流”这 4 种类型，效果如图 5-75 所示。

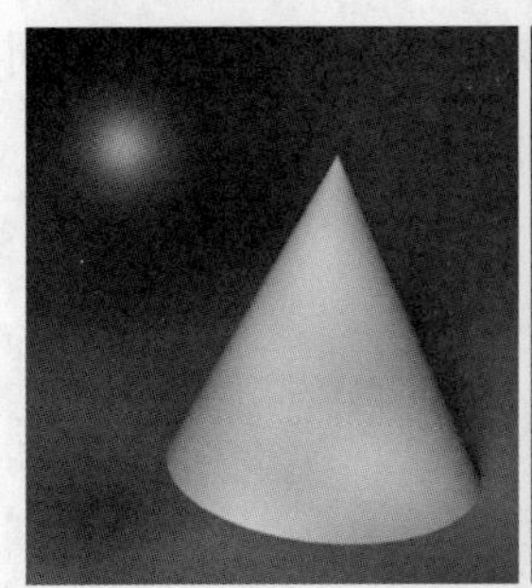
噪波

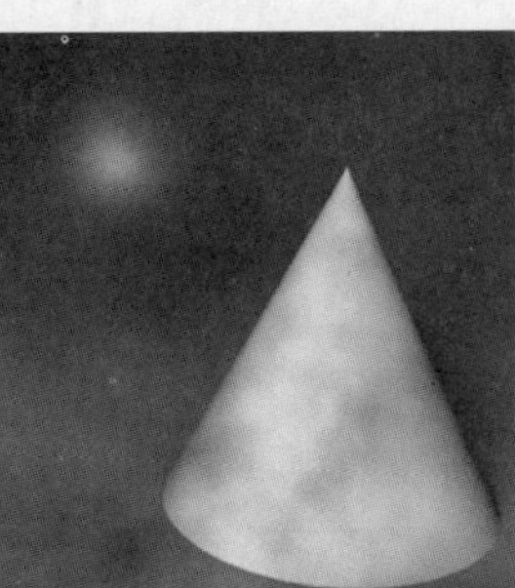
柔性湍流

刚性湍流

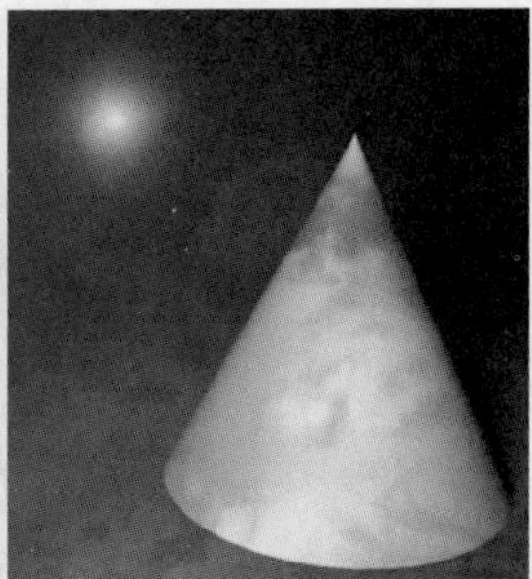
波状湍流

图 5-75

5.2.9 “镜头光晕”选项卡

“镜头光晕”选项卡用于模拟现实世界中摄像机镜头产生的光晕效果，镜头光晕可以增加画面的气氛，尤其在深色的背景当中效果非常明显。其“属性”窗口如图 5-76 所示，下面对其中常用的几种参数进行介绍。

1. 辉光

该参数用于为灯光设置镜头光晕的效果，如图 5-77 所示。

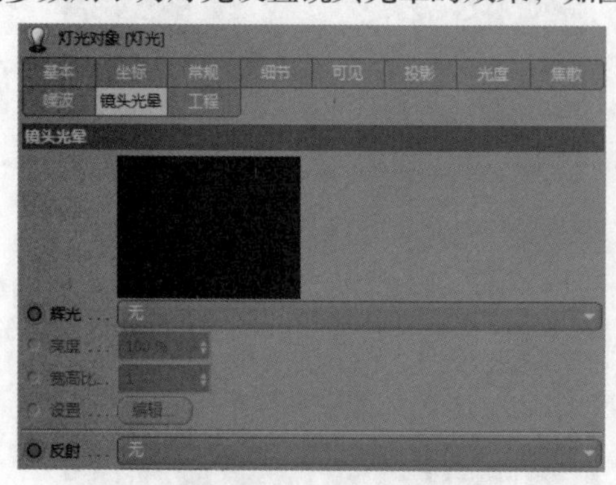

图 5-76

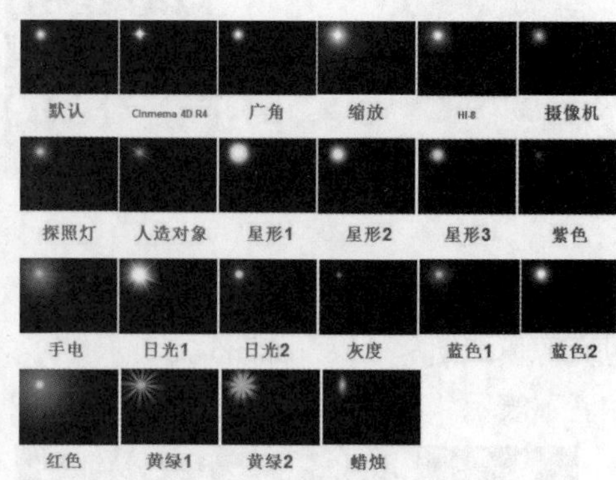

图 5-77

2. 亮度

该参数用于设置所选辉光的亮度。

3. 宽高比

该参数用于设置所选辉光的宽度和高度的比例。

4. 编辑

单击该按钮可以打开“辉光编辑器”对话框，在其中可以设置辉光的相应属性，如图 5-78 所示。

5. 反射

该参数用于为镜头光晕设置一个镜头光斑，如图 5-79 所示，配合辉光类型可以搭配出多种不同的效果。

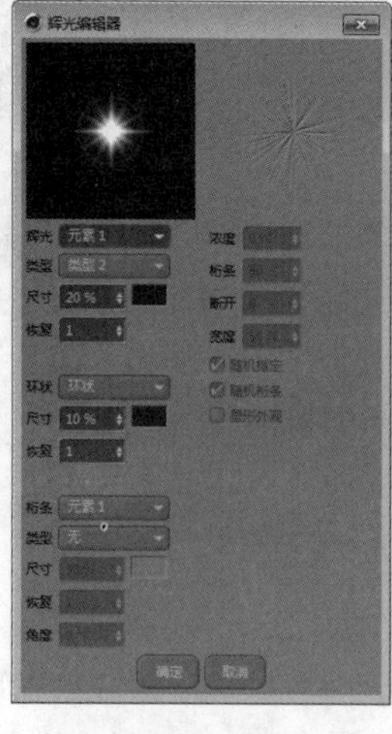

图 5-78

图 5-79

5.3 课堂练习：手机产品拍摄布光

【知识要点】利用“3 点布光”的方法对产品模型进行布光，然后进行渲染。如果产品结构较为复杂，或者需要体现产品的多个角度，那在创建光源时就应尽可能地让布光覆盖到所有区域，且需重点注意光源的强度和位置，案例效果如图 5-80 所示。

【所在位置】Ch05\ 素材 \ 手机产品拍摄布光 .c4d

图 5-80

5.4 课后习题：制作体积光

【知识要点】现实生活中，当遮光物体被光源照射时，其周围的光会呈放射状露出，这种光效果称为体积光。例如阳光照到树上，会从树叶的缝隙中透出，形成光雾效果。本案例的完成效果如图 5-81 所示。

【所在位置】Ch05\ 素材 \ 制作体积光 .c4d

图 5-81

第6章 动画与摄像机

本章介绍

CINEMA 4D 提供了一套非常强大的动画和摄影系统，使用该系统不仅能创建出逼真的动画效果，还可以单独使用摄像机来模拟现实世界中的数码相机或视频摄像机。摄像机视图对于编辑几何体和设置渲染场景非常有用，多台摄像机可以给场景提供多个不同的视角。

学习目标

- 了解关键帧动画
- 掌握 PSR 动画的制作
- 了解摄像机的操作

技能目标

- 掌握“大炮开火动画”的创建方法
- 掌握“炮弹变形动画”的创建方法
- 掌握“场景摄像机”的创建方法
- 掌握“汽车驶来动画”的创建方法
- 掌握“卡车环绕动画”的创建方法
- 掌握“运动模糊效果”的创建方法
- 掌握“摄像机路径动画”的创建方法

6.1 关键帧与动画

本节主要介绍使用 CINEMA 4D 制作动画时所用到的一些基本工具，如关键帧设置工具、播放控制器和时间轴等，掌握了这些工具的使用技巧，能帮助我们制作出一些简单的动画效果。在 CINEMA 4D 中，几乎所有的参数和属性都可以被设置成动画。

6.1.1 课堂案例：创建大炮开火动画

【学习目标】了解使用 CINEMA 4D 创建关键帧动画的过程，掌握添加、设置并修改关键帧的方法，并通过时间轴来调整关键帧的参数。

【知识要点】在时间轴中指定时间点，然后移动素材中的炮弹模型至指定位置，接着记录关键帧，反复几次操作后创建出大炮开火动画，效果如图 6-1 所示。

【所在位置】Ch06\ 素材 \ 创建大炮开火动画 .c4d

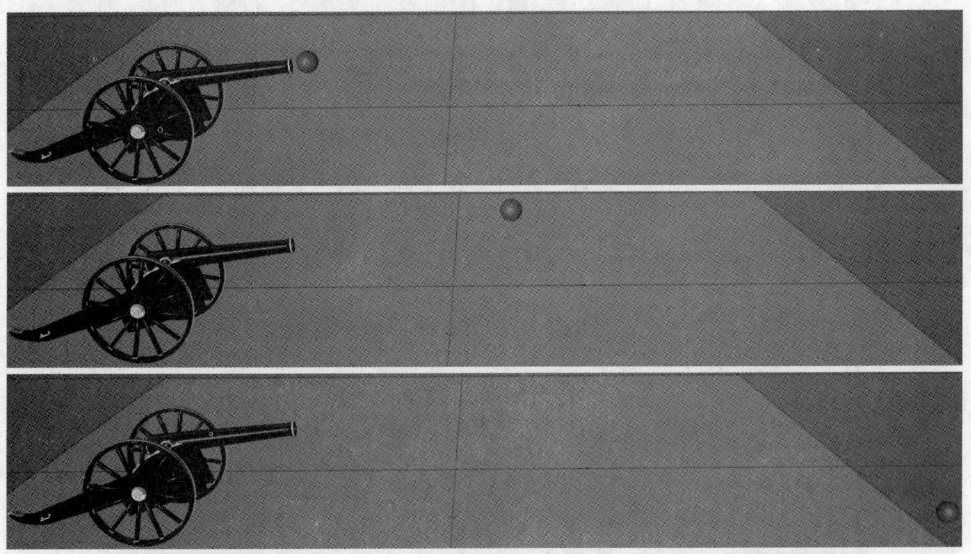

图 6-1

（1）启动 CINEMA 4D 软件，打开文件“Ch06\ 素材 \ 创建大炮开火动画 .c4d”，其中已经创建好了一组大炮和炮弹模型，如图 6-2 所示。

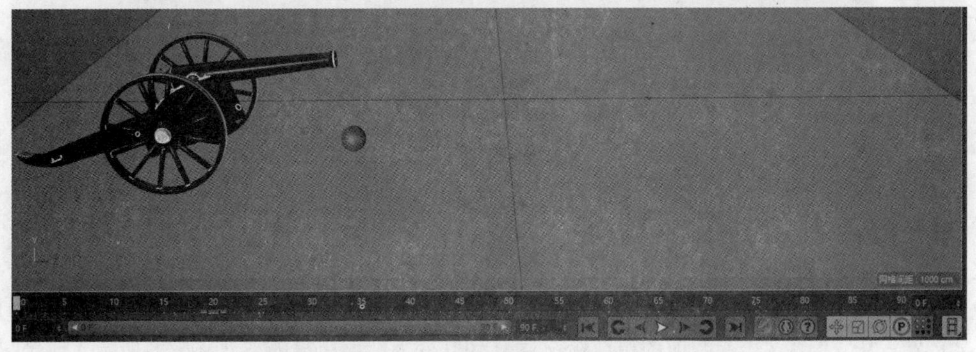

图 6-2

（2）指定炮弹的初始位置。选择炮弹模型，按快捷键 E 执行移动操作，将其拖动至炮口位置，作为动画的起点，如图 6-3 所示。

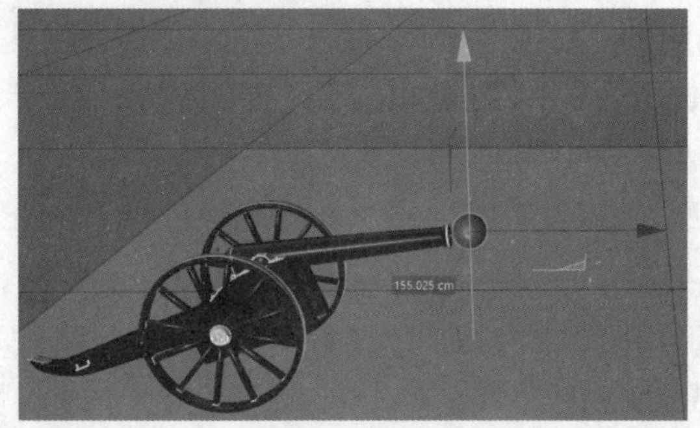

图 6-3

（3）创建第 1 个关键帧。在操作界面右下方的“属性”窗口中，切换至“坐标”选项卡，然后分别单击“P.X”“P.Y”“P.Z”这 3 个参数前的黑色标记，单击后标记将变为红色，即表示对这 3 个参数打上了关键帧，这 3 个参数分别表示对象在 x 轴、y 轴和 z 轴上的位置，如图 6-4 所示。

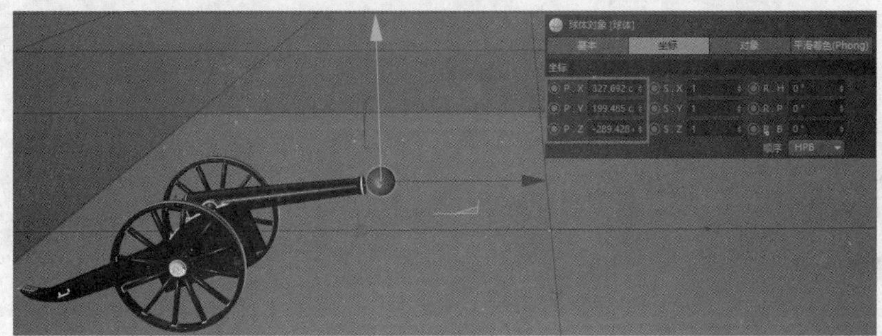

图 6-4

（4）指定炮弹的第 2 个位置。在时间轴上移动绿色标记至第 20 帧，同样选中炮弹模型执行移动操作，将其移动至炮弹飞行过程中的第 2 个位置，如图 6-5 所示。

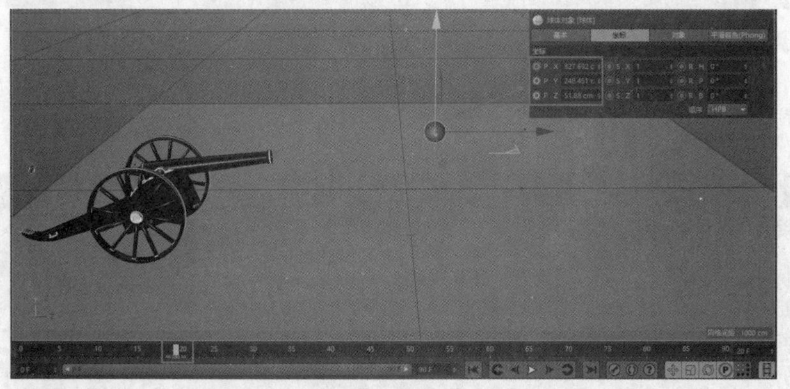

图 6-5

（5）创建第 2个关键帧。参照第 1 个关键帧的创建方法，对目前炮弹所在的位置添加关键帧。同样单击“P.X”“P.Y”“P.Z”这 3 个参数前的黑色标记，使其变为红色标记，如图 6-6 所示。创建好第 2 个关键帧后会有高亮显示的追踪线，以显示前后两个时间点对象的位置。

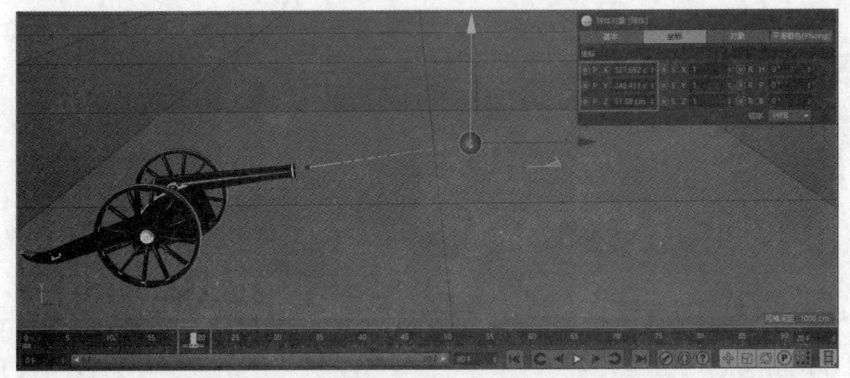

图 6-6

（6）指定炮弹的第 3 个位置并创建关键帧。在时间轴上移动绿色标记至第 40 帧，然后向右上方移动炮弹模型至炮弹飞行曲线的最高点，指定好位置后同样单击“P. X”“P. Y”“P. Z”这 3 个参数前的标记，创建关键帧，如图 6-7 所示。

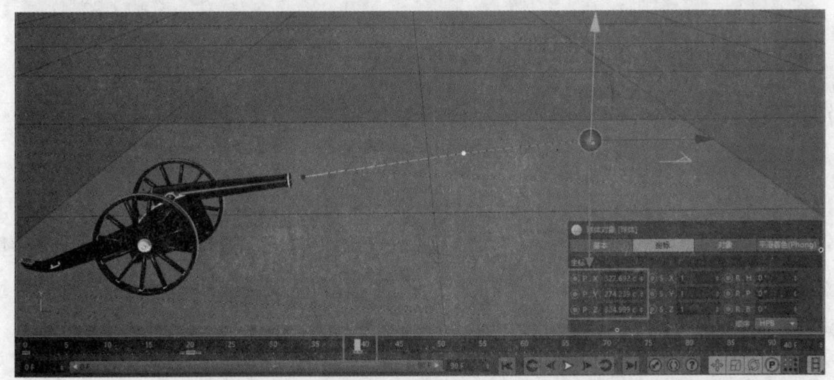

图 6-7

（7）指定炮弹的第 4 个位置并创建关键帧。在时间轴上移动绿色标记至第 60 帧，此时炮弹应从最高点开始下落，因此应向右下角位置移动炮弹模型。指定好位置后单击标记创建关键帧，如图 6-8 所示。

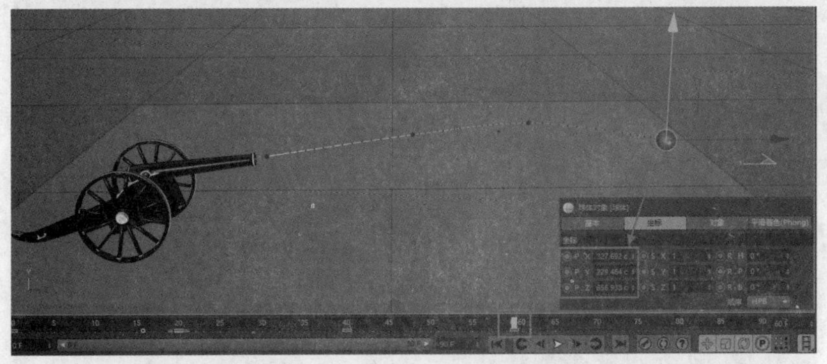

图 6-8

（8）指定炮弹的第 5 个位置并创建关键帧。在时间轴上移动绿色标记至第 80 帧，第 5 个位置可以设置为炮弹的落点位置，因此仍向右下角位置移动炮弹模型，使之落在地面上。指定好位置后单击标记创建关键帧，在视图窗口中明显可见炮弹飞行的抛物线轨迹，如图 6-9 所示。

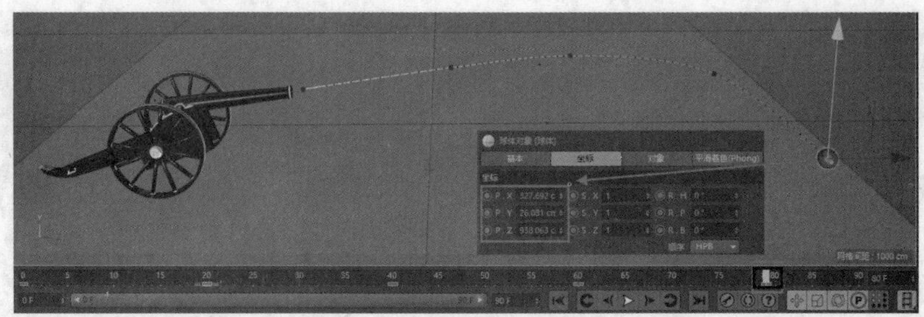

图 6-9

（9）切换视图进行调整。在创建关键帧时，如果不能很好地指定炮弹的位置，可以进入右视图来进行调整，如图 6-10 所示，通过右视图能很好地判断大炮、炮弹和地面的位置关系。

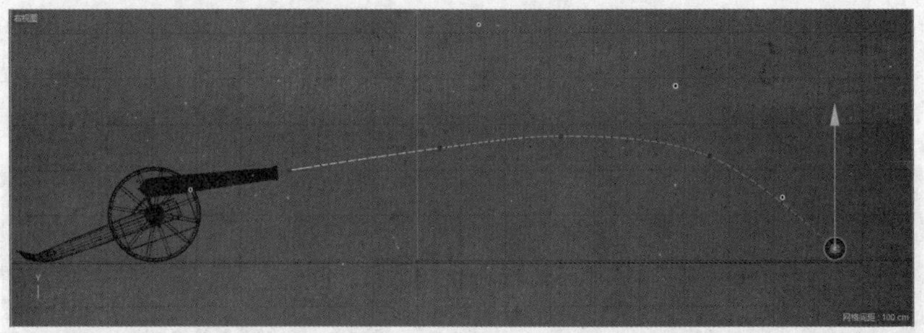

图 6-10

（10）对关键帧进行微调。目前的炮弹轨迹并不圆滑，但如果再回到对应的关键帧去调整炮弹位置，操作会比较麻烦。这时可以通过 CINEMA 4D 自动记录的时间点位置来进行调整，即呈高亮显示的轨迹线上的暗点。由于选择的暗点会呈高亮显示，因此手动对其位置进行调整即可，如图 6-11 所示。

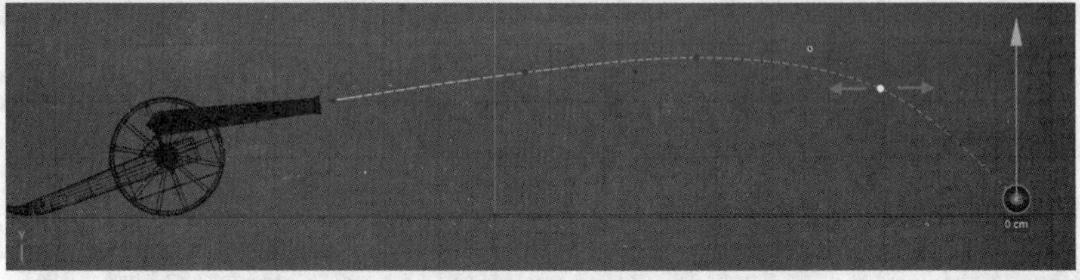

图 6-11

（11）最后即可得到完整的大炮开火动画，单击时间轴工具上的“向前播放”按钮▷，即可观察到炮弹从大炮处发射出来的过程，如图 6-12 所示。

图 6-12

6.1.2 帧和帧率

动画可以看作一段时间内连续播放的一系列图片组，类似于翻连环画，如图 6-13 所示，由此可以看出动画的两个关键组成因素就是“时间”和“图片”。

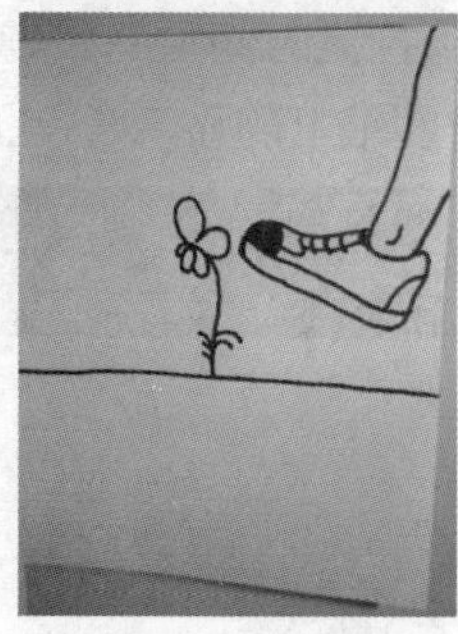
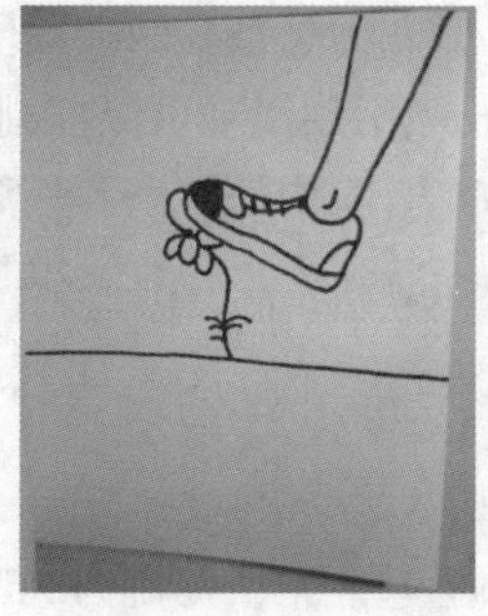
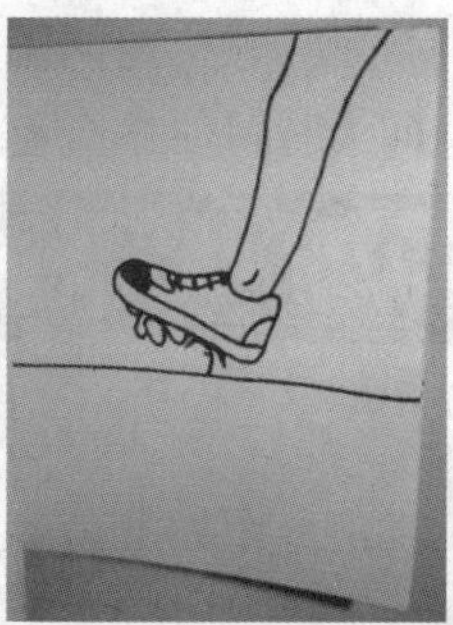

图 6-13

“时间”很好理解，就是动画播放所用的实际时间。动画播放时的每一张单独的“图片”都有一个专用的名词来对其进行称呼——帧。

“帧率”的含义就是 1 秒里面有多少帧。比如，动画或影视行业中常提到的“25 帧”和“30 帧”，即代表在 1 秒的时间里分别连续播放 25 张和 30 张图片。

有时人们在看电视、看电影或者玩游戏的时候觉得卡顿，这就是因为帧率比较低。通常来讲，帧率在 25 帧以下，人就能够体会到卡顿感了。在使用 CINEMA 4D 制作动画的时候，比较通用的几种帧率是 25 帧 / 秒、30 帧 / 秒以及 60 帧 / 秒，一些大型电影在制作的时候甚至可以达到 120 帧 / 秒。

在启动 CINEMA 4D 之后出现的默认界面里，其右下角会显示“工程设置”面板，在其中可以看到帧率的设置，如图 6-14 所示。默认帧率为 30，表示 1 秒内播放 30 张图片。而默认界面左侧的时间条长度显示为 90，即表示默认动画设置包含 90 帧，总时长为 3 秒。

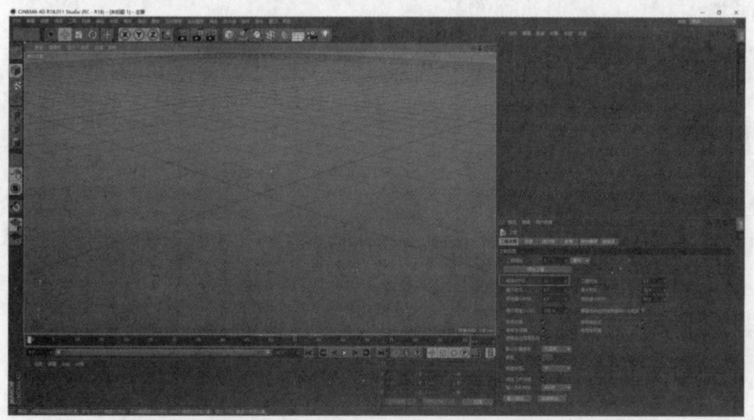

图 6-14

提示

帧率的单位为 FPS，其中的 F 就是英文单词 Frame（画面、帧），P 就是 Per（每），S 就是 Second（秒），用中文表达就是多少帧每秒或每秒多少帧。

6.1.3 时间轴工具

时间轴工具是播放和编辑动画的主要工具，由时间轴和工具按钮组成。时间轴上显示的最小单位为帧，即“F”。方块为时间指针，可在时间轴上任意滑动，用户可在时间轴右端键入数值，或者滑动指针直接跳到那一帧。时间轴左下方的长条及两端数值可控制时间轴的长度，在两端输入以“F”为单位的数值即为时间轴总长度，长条滑块滑动可以控制时间轴上的显示长度，如图 6-15 所示。

图 6-15

各工具按钮的功能介绍如下。

- 转到开始：将时间指针转到动画起点，快捷键为Shift+F。
- 转到上一关键帧：将时间指针移动到上一关键帧，快捷键为Ctrl+F。
- 转到上一帧：将时间指针移动到上一帧，快捷键为F。
- 向前播放：向前播放动画，快捷键为F8。
- 转到下一帧：将时间指针转到下一关键帧，快捷键为G。
- 转到下一关键帧：将时间指针移动到下一关键帧，快捷键为Ctrl+G。
- 转到结束：将时间指针转到动画终点，快捷键为Shift+G。
- 记录活动对象：记录位置、缩放、旋转以及活动对象点级别动画，快捷键为F9。
- 自动关键帧：可以自动记录关键帧，快捷键为Ctrl+F9。
- 关键帧选集：设置关键帧选集对象。
- 位置/缩放/旋转：用于记录位置、缩放、旋转的开/关。
- 参数：记录参数级别动画的开/关。
- 点级别动画：记录点级别动画的开/关。
- 方案设置：设置播放速率。

6.1.4 关键帧动画

动画从大类上来说可以分为关键帧动画和非关键帧动画，二者都可以通过 CINEMA 4D 进行创建。关键帧动画可以简单理解为对几个不同时间节点上的图片进行处理和标记，然后让软件自动创建其余的图片，从而得到最终的动画。在 CINEMA 4D 中创建关键帧动画主要通过 PSR 参数，在任意对象的“坐标”选项卡中都可以看到这些参数，如图 6-16 所示。

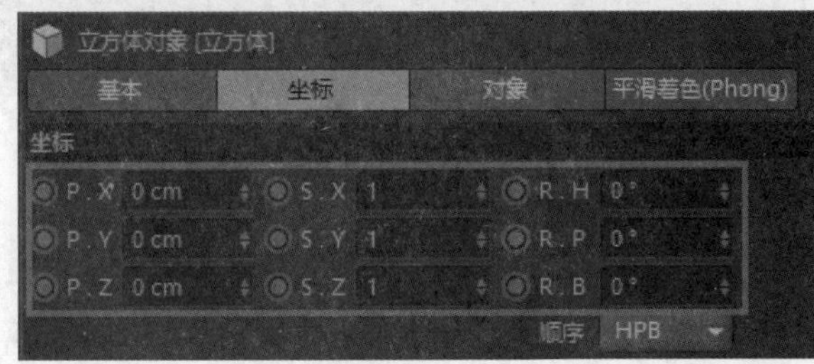

图 6-16

提示

P、S、R 分别代表立方体的位置（Position）、缩放（Scale）、旋转（Rotation），X、Y、Z 则代表了它的 3 个轴向。

PSR 参数前面都有一个黑色的标记，单击该标记即对当前动画记录了关键帧，同时黑色标记变为红色，如图 6-17 所示。

当模型对象发生改变时，比如将对象沿 x 轴方向移动，那么对象坐标相应参数中的红色标记会变成黄色标记，表示已有关键帧记录的属性被改变了，如图 6-18 所示。再次单击标记会重新变为红色，表示重新记录了关键帧。

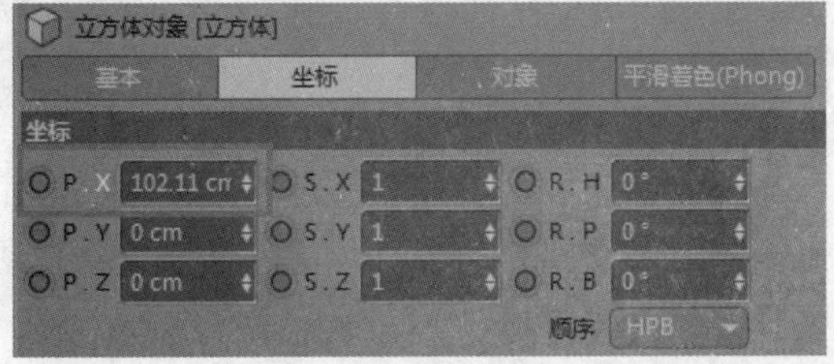

图 6-17

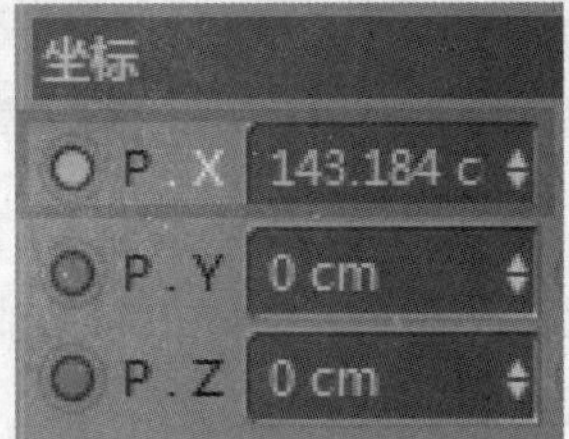

图 6-18

提示

在 CINEMA 4D 中，任何前面带有黑色标记的参数都可以指定为关键帧，这让 CINEMA 4D 有了极其强大的动画处理能力。

6.1.5 点级别动画

典型的非关键帧动画就是点级别动画，它同样可以通过 CINEMA 4D 进行创建。关键帧动画主要记录的是模型的 PSR 参数，因此在创建大炮开火动画时，都是在炮弹飞行过程中的不同位置打上关键帧；而点级别动画则是修改模型本身的点、线、面特征，以此来创建动画效果，如人物的面部表情变化、皮球的局部压缩变形等，如图 6-19 所示。

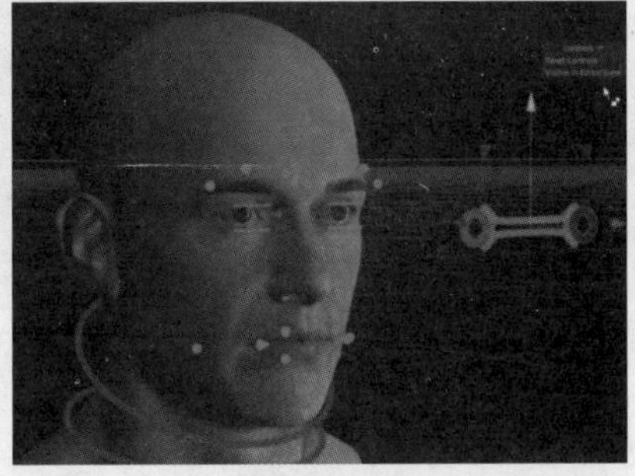

图 6-19

6.1.6 课堂案例：创建炮弹变形动画

【学习目标】了解使用 CINEMA 4D 创建点级别动画的过程，掌握如何为可编辑对象添加关键帧。

【知识要点】将对象转换为可编辑对象，然后对其进行局部编辑，接着对这些编辑的变形效果赋予关键帧，从而创建动画效果。

【所在位置】Ch06\ 素材 \ 创建炮弹变形动画 .c4d

（1）启动 CINEMA 4D 软件，打开文件“Ch06\ 素材 \ 创建炮弹变形动画 . c4d”，也可以直接延续 6.1.1 的课堂案例进行操作，如图 6-20 所示。此时的炮弹为落地姿态，本例便为炮弹添加一个点级别动画，让其呈现出简单的变形效果。

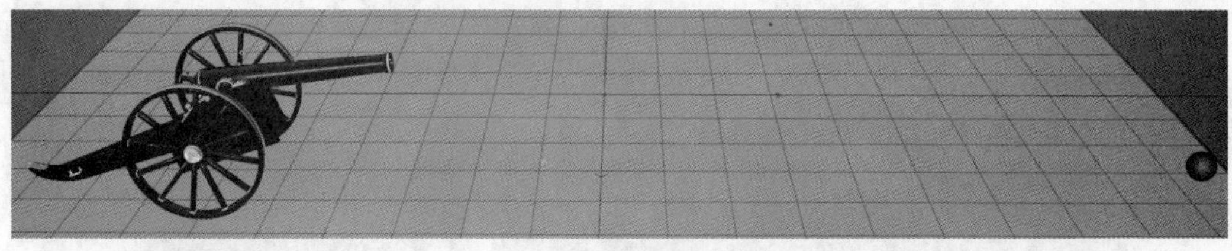

图 6-20

（2）要创建点级别动画，需先在时间轴工具中单击“点级别动画”按钮，让其呈高亮显示，如图 6-21 所示，这样才能进行下面的操作。

图 6-21

（3）选择炮弹，按快捷键 C 将其转换为可编辑对象，接着单击编辑模式工具栏中的“点”按钮，进入点模式，如图 6-22 所示。

（4）此时炮弹的轴心位于其球心处，但是创建炮弹落地的变形动画时，炮弹肯定是从接触地面时开始变形，因此需移动轴心至地面处，然后单击编辑模式工具栏中的“启用轴心”按钮，将炮弹的轴心移动至与地面接触的位置，如图 6-23 所示。

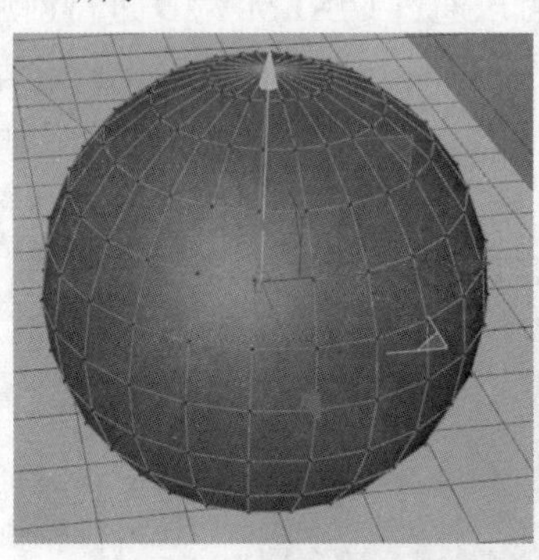

图 6-22

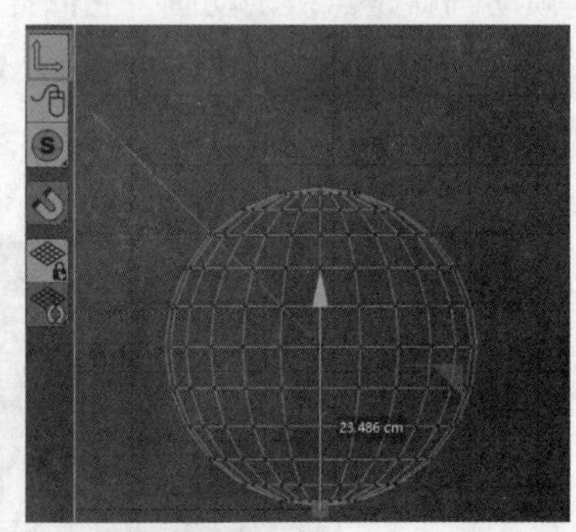

图 6-23

提示

移动完轴心的位置后，应及时将“启用轴心”按钮关闭，以免影响对炮弹的后续操作。

（5）在时间轴上移动绿色标记至第 82 帧，然后全选炮弹上的点，再按快捷键 T 执行“缩放”命令，对炮弹上的点进行缩放，最后单击时间轴工具上的“记录活动对象”按钮，如图 6-24 所示。

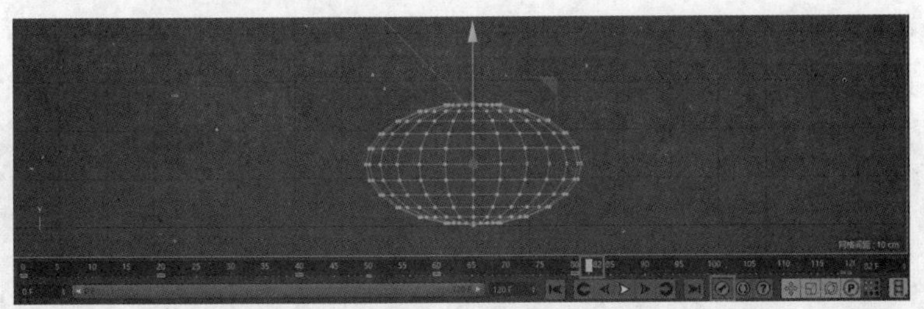

图 6-24

提示

“记录活动对象”按钮可以简单理解为一次性将对象上所有的位置都打上关键帧，如图 6-25 所示。在创建点级别动画时，一般都使用该工具来打上关键帧。

（6）在时间轴上移动绿色标记至第 85 帧，再次执行“缩放”命令，对炮弹进行拉伸，然后单击时间轴工具上的“记录活动对象”按钮，如图 6-26 所示。

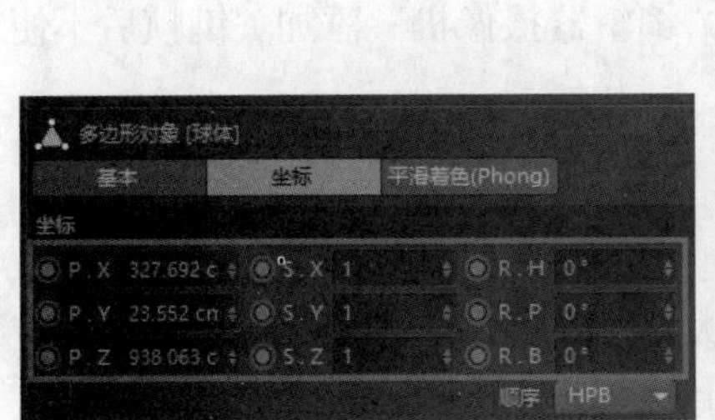

图 6-25

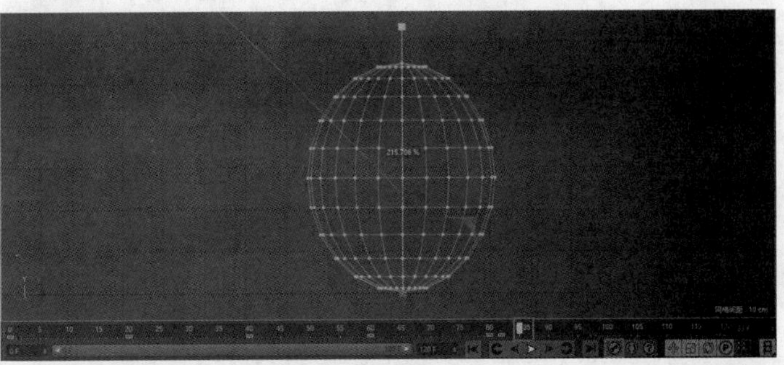

图 6-26

（7）在时间轴上移动绿色标记至第 88 帧，仍使用“缩放”命令对炮弹进行压缩，但总体变形程度要比第 1 次压缩小，然后单击时间轴工具上的“记录活动对象”按钮，如图 6-27 所示。

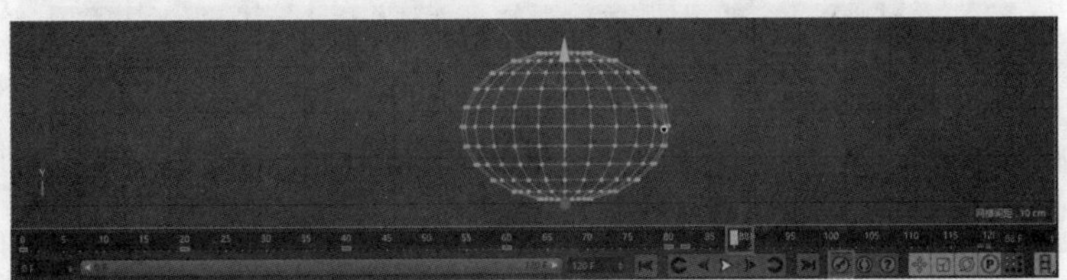

图 6-27

（8）在时间轴上移动绿色标记至第 90 帧，使用“缩放”命令将炮弹还原，最后单击时间轴工具上的“记录活动对象”按钮，如图 6-28 所示。

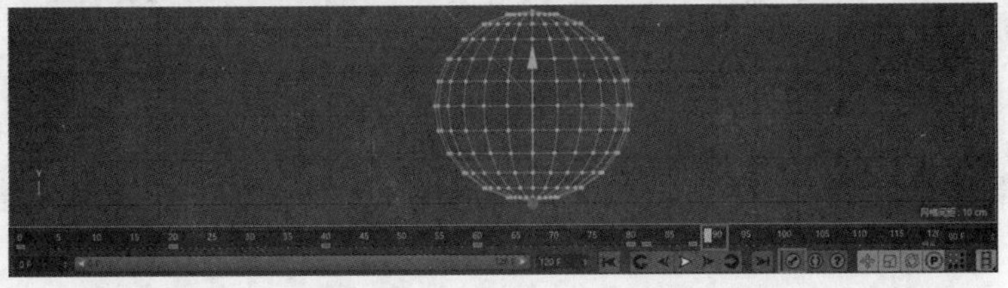

图 6-28

（9）最后，单击时间轴工具上的“向前播放”按钮▷，即可观察到炮弹落地后的压缩、反弹、再压缩、最后还原的过程，如图 6-29 所示。

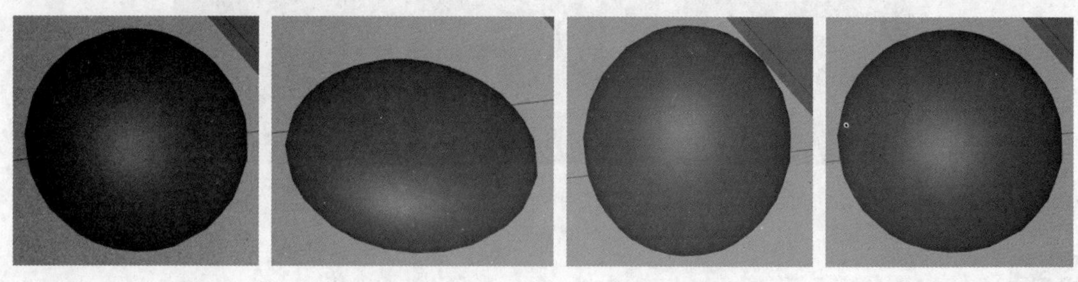

图 6-29

6.2 摄像机

在 CINEMA 4D 中，视图窗口就是一个默认的“编辑器摄像机”，它是软件建立的一个虚拟摄像机，可以用来观察场景中的变化。但在实际动画制作中，“编辑器摄像机”添加关键帧后不便于视图操控，这时就需要创建一个真正的摄像机来制作动画。

6.2.1 课堂案例：为场景创建摄像机

【学习目标】掌握摄像机的创建、移动，摄影机镜头的进入和退出以及摄像机的一些保护操作。

【知识要点】通过在场景中调整角度得到理想的视口，然后添加摄像机，从而锁定当前视口。

【所在位置】Ch06\ 素材 \ 为场景创建摄像机 .c4d

（1）启动 CINEMA 4D 软件，打开文件“Ch06\ 素材 \ 为场景创建摄像机 .c4d”，其中已经创建好了场景，这里需要为当前场景创建摄像机，如图 6-30 所示。

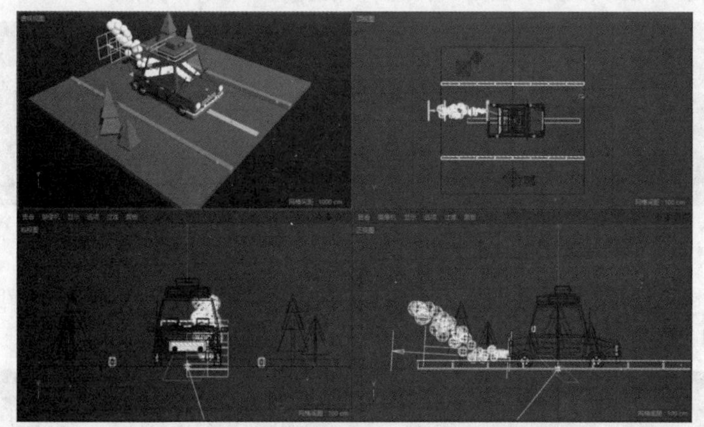

图 6-30

（2）将鼠标指针移至左上角的透视图，然后单击鼠标中键进入透视图，接着移动鼠标指针在透视图中寻找合适的角度，如图 6-31 所示。

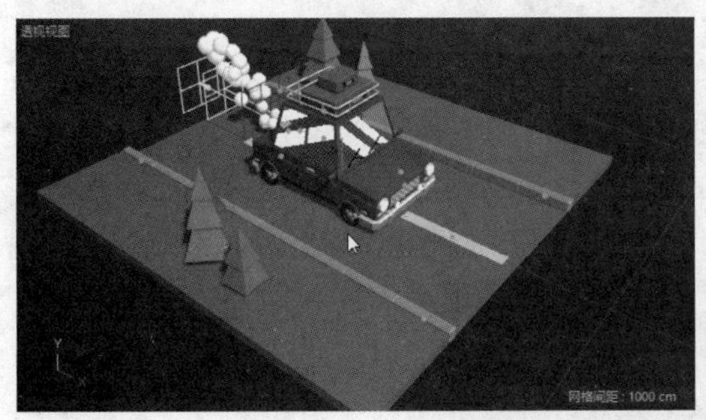

图 6-31

（3）如果觉得当前的视觉效果不够好，可以单击视图窗口左上角菜单栏的“摄像机”选项，在展开的菜单中选择“平行视图”选项，如图 6-32 所示。

（4）调整到理想的观察角度后，单击工具栏中的“摄像机”按钮，“对象”窗口中会自动添加一个“摄像机”对象，如图 6-33 所示。

（5）添加摄像机后，会自动以当前的视口为摄像机视口，再次调整模型角度后，如果想回到现在的视口，只需单击“摄像机”对象后的黑色按钮即可。

（6）为了防止摄像机被移动，可以在“对象”窗口选择“摄像机”对象，然后单击鼠标右键，在弹出的快捷菜单中选择“CINEMA 4D 标签”|“保护”选项，为摄像机添加“保护”标签，这样摄像机视口就会被锁定，无法进行其他调整，如图 6-34 所示。

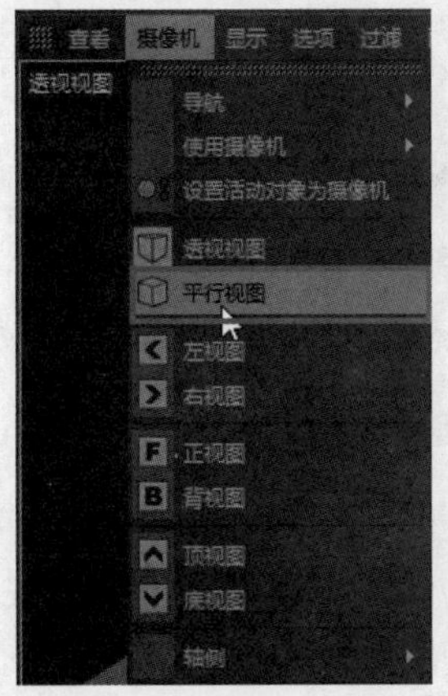

图 6-32

图 6-33

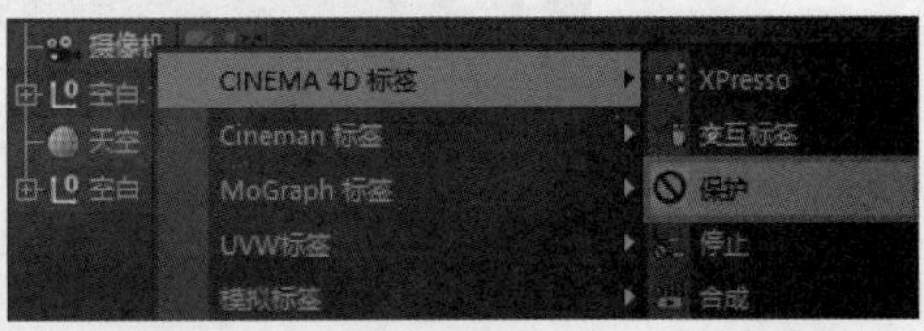

图 6-34

（7）按快捷键 Shift+R 可执行一次快速渲染，即可判断当前的摄像机镜头效果是否合适，如图 6-35 所示。

图 6-35

6.2.2 自由摄像机

在 CINEMA 4D 的工具栏中，长按工具栏中的“摄像机”按钮，即可弹出可供选择的 6 个摄像机选项，分别是“摄像机”“目标摄像机”“立体摄像机”“运动摄像机”“摄像机变换”“摇臂摄像机”，如图 6-36 所示。其中应用较多的是“摄像机”和“目标摄像机”。

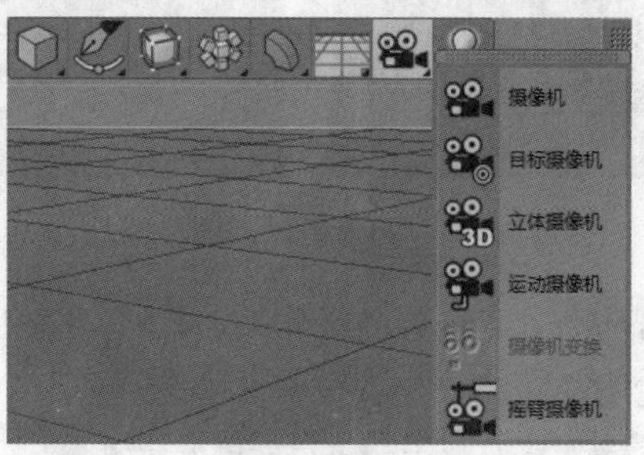

图 6-36

第 1 个“摄像机”选项也被称作自由摄像机，它可直接在视图中自由控制自身的摇移、推拉和平移，是最常用的摄像机。

单击工具栏中的“摄像机”按钮即可将创建自由摄像机，如图 6-37 所示。单击“对象”窗口中“摄像机”对象后面的按钮，即可进入摄像机视图，如图 6-38 所示，再次单击即可退出摄像机视图。

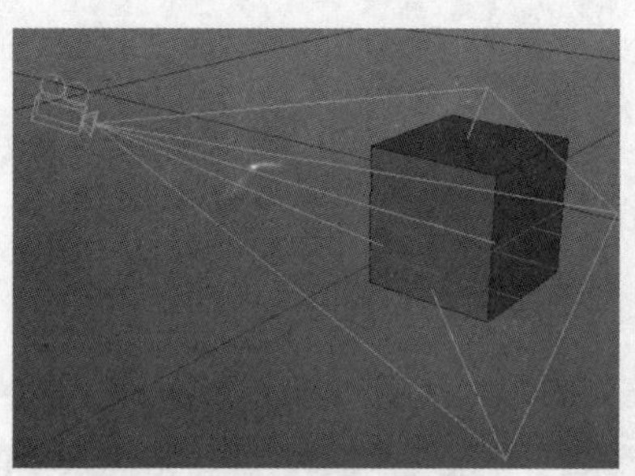

图 6-37　　图 6-38

进入摄像机视图后，可像在透视视图中一样对摄像机进行摇移、推拉、平移操作，也可以按住键盘上的 1、2、3 键加鼠标左键来进行操作，1、2、3 分别对应摄像机的平移、推拉和摇移。

6.2.3 目标摄像机

目标摄像机与自由摄像机的创建方法相同，只是在“对象”窗口中多了一个“目标”标签，如图 6-39 所示。如果删除了这个“目标”标签，则目标摄像机与自由摄像机完全一样；反之自由摄像机如果添加了一个“目标”标签，则可以变成目标摄像机。

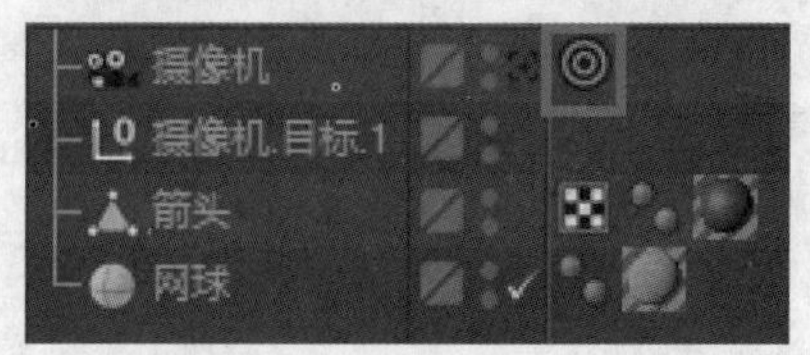

图 6-39

目标摄像机的使用也比较多，它可以看作是固定了拍摄对象的摄像机，镜头始终会对准指定的目标。如网球在沿红线拖动时，目标摄像机的镜头也会随之变化，始终保持网球在视口中心的位置，仿佛人眼看着网球从近处飞向远处，效果如图 6-40 所示。

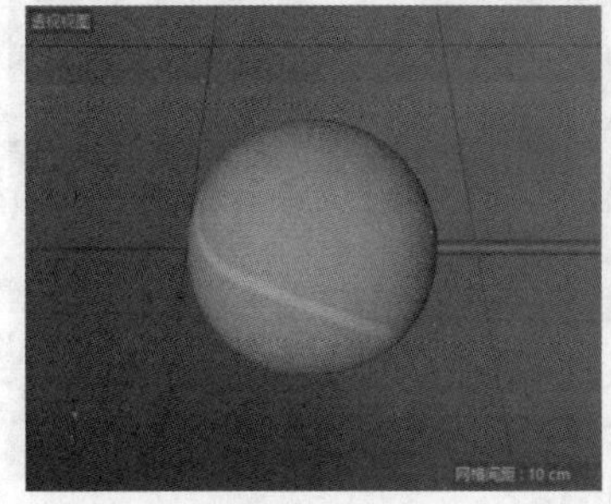
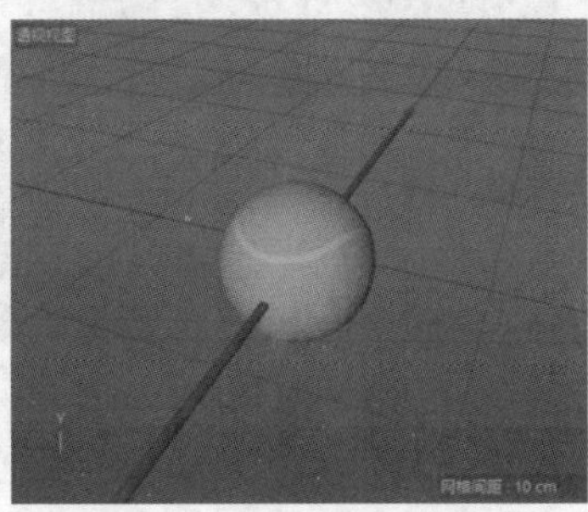

图 6-40

6.2.4　课堂案例：创建汽车驶来动画

【学习目标】了解目标摄像机的创建，掌握将目标摄像机添加到对象的方法。

【知识要点】通过在场景中创建目标摄像机，然后为其制定目标对象，在播放的时候即可得到对应摄像机视角下的动画。

【所在位置】Ch06\ 素材 \ 创建汽车驶来动画 .c4d

（1）启动 CINEMA 4D 软件，打开文件“Ch06\ 素材 \ 创建汽车驶来动画 .c4d”，其中已经创建好了场景并制作完成了动画，只需添加摄像机进行观察即可，效果如图 6-41 所示。

（2）单击“目标摄像机”按钮，在场景中添加一个目标摄像机，然后在“对象”窗口中单击“摄像机”对象右侧的“目标表达式”标签，此时“目标表达式”标签的“目标对象”为空白对象，如图 6-42 所示。

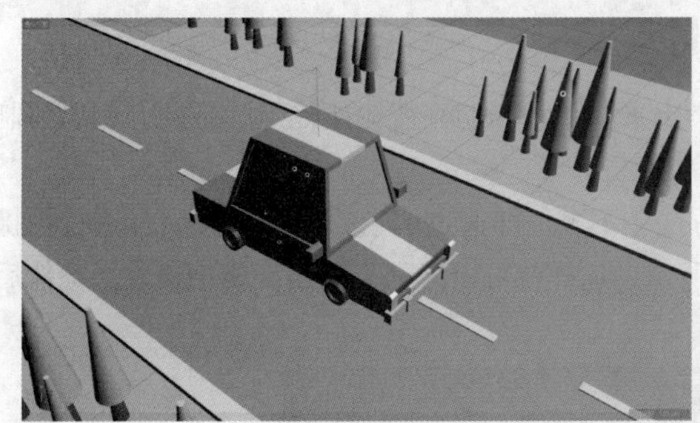

图 6-41

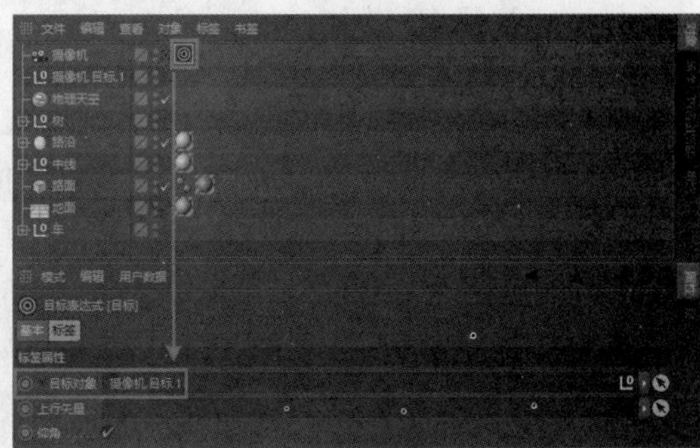

图 6-42

提示

此空白对象是目标摄像机在创建时默认自带的对象，即“对象”窗口中“摄像机”对象下面的“摄像机 . 目标 .1”。

（3）在该界面中，移动鼠标指针至“车”，将其拖动至“目标对象”栏中，即可将目标摄像机的对象修改为“车”，如图 6-43 所示。

（4）单击“对象”窗口中“摄像机”对象后面的按钮，进入摄像机视图，此时镜头会自动对准汽车，如图 6-44 所示。

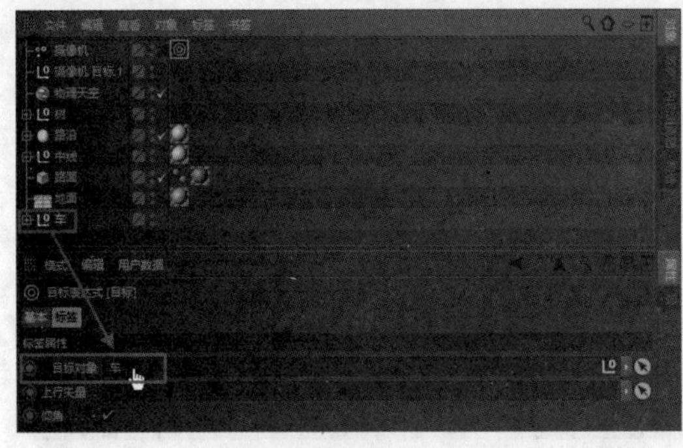

图 6-43

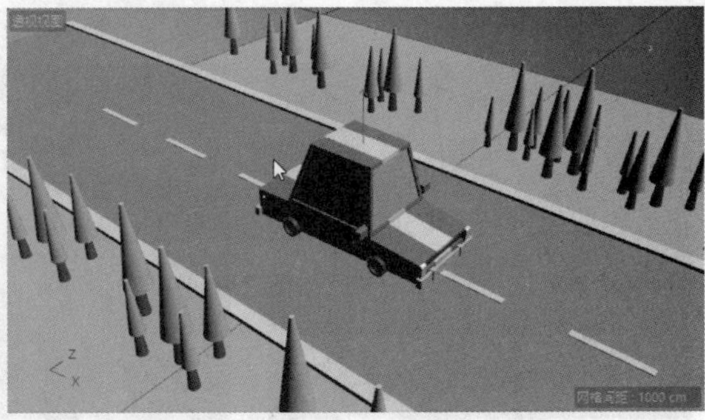

图 6-44

（5）单击时间轴工具上的“向前播放”按钮，即可观察到汽车从远处缓缓驶来的过程，如图 6-45 所示。

图 6-45

6.2.5 立体摄像机

虽然 CINEMA 4D 是一款三维软件，但它渲染出来的图片和动画视频始终是二维的，如果要制作类似 3D 电影那样的视频效果，则需要用到立体摄像机。

立体摄像机的应用和实际拍摄 3D 电影时的方法差不多，即通过两台摄像机对准目标进行拍摄（摄像机的间距可参考人眼的间距），如图 6-46 所示。这样就可以得到不同角度的拍摄效果，然后再通过后期合成，便能呈现出具有 3D 观感的视频。

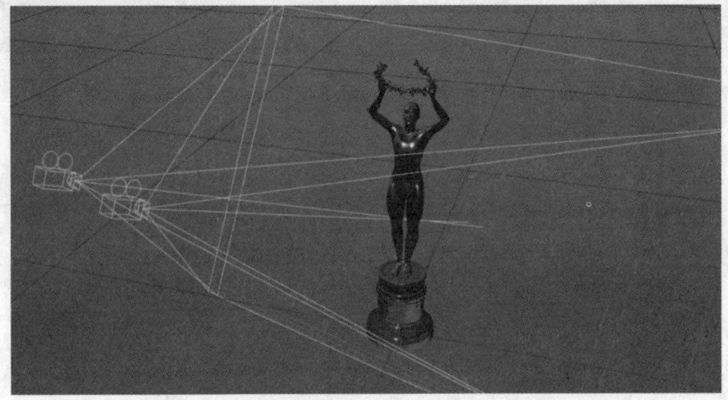

图 6-46

6.2.6 运动摄像机

运动摄像机可以设置样条曲线作为路径，然后让摄像机沿着该曲线进行移动。这种做法在现实生活中非常常见，比如做一些产品介绍时，经常会围绕产品做 360° 旋转的拍摄，全方位展示产品的细节，如图 6-47 所示，这就是运动摄像机的效果。

图 6-47

但是一般情况下，CINEMA 4D 中不会使用运动摄像机来创建类似的动画，而是会采用对自由摄像机添加“对齐曲线”标签的方法来实现类似效果，使用这种方法更为简单，完全可以替代运动摄像机的作用。

6.2.7 课堂案例：创建卡车环绕动画

【学习目标】了解如何给摄像机添加标签，并为标签指定对象，从而达到目标摄像机、运动摄像机的效果。

【知识要点】通过在模型空间中创建摄像机、摄像机运动路径来创建环绕式的拍摄效果。

【所在位置】Ch06\ 素材 \ 创建卡车环绕动画 .c4d

（1）启动 CINEMA 4D 软件，打开文件“Ch06\ 素材 \ 创建卡车环绕动画 . c4d”，其中已经创建好了一组卡车模型，如图 6-48 所示。接下来需要为卡车创建能够拍摄出环绕效果的摄像机。

图 6-48

（2）绘制环绕路径。在工具栏中单击“圆环”按钮，创建一条圆环曲线，然后设置圆环的“半径”为 1 000cm，设置“平面”为“XZ”，再手动调节圆环高度，使其高出卡车，这样创建摄像机时就能得到俯视视角，如图 6-49 所示。

图 6-49

（3）单击工具栏中的“摄像机”按钮，然后在“对象”窗口中选择“摄像机”对象，接着单击鼠标右键，在弹出的快捷菜单中选择“CINEMA 4D 标签”|“对齐曲线”选项，为摄像机添加一个“对齐曲线”标签，如图 6-50 所示。

（4）单击“对齐曲线”标签，然后将“对象”窗口中创建好的“圆环”对象拖动至“属性”窗口的“曲线路径”栏中，如图 6-51 所示，即可让当前摄像机以圆环为路径，且摄像机只能沿着圆环进行移动。

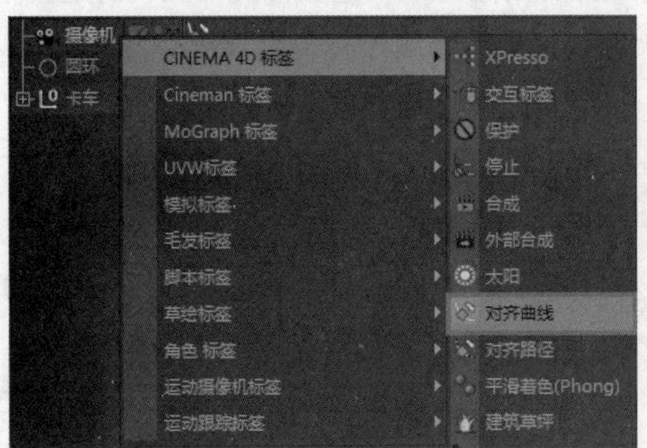

图 6-50

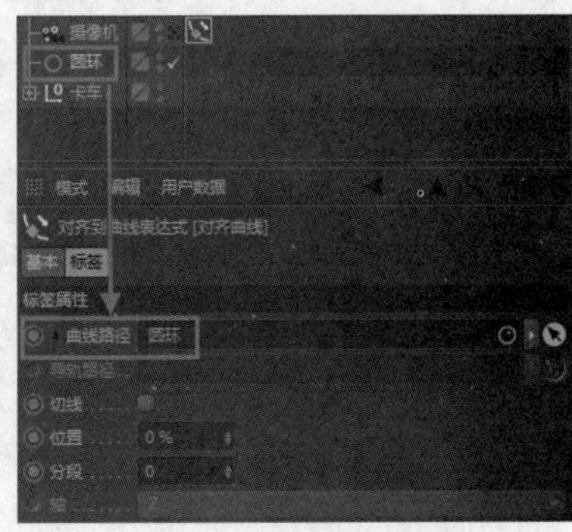

图 6-51

（5）现在已经将摄像机固定在圆环路径上了，解决了环绕的问题，接着再将摄像机的镜头始终对准卡车，即可创建出环绕动画。在“对象”窗口中选择“摄像机”对象，接着单击鼠标右键，在弹出的快捷菜单中选择“CINEMA 4D 标签”|“目标”选项，为“摄像机”对象添加一个“目标”标签，如图 6-52 所示。

（6）单击“目标”标签，将“对象”窗口中的“卡车”对象拖动至“属性”窗口的“目标对象”栏中，即可让当前摄像机始终对准卡车，如图 6-53 所示。

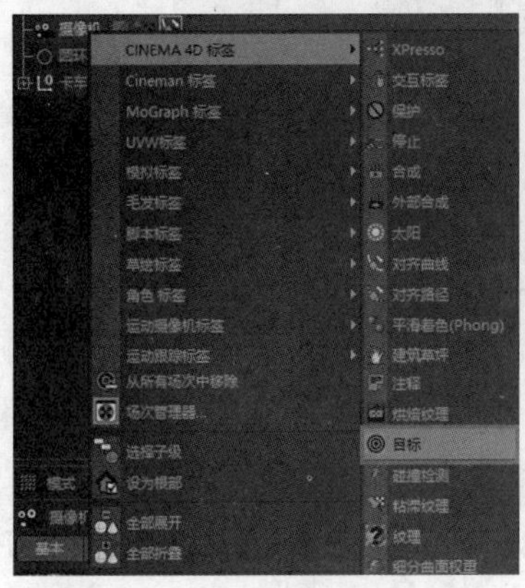

图 6-52

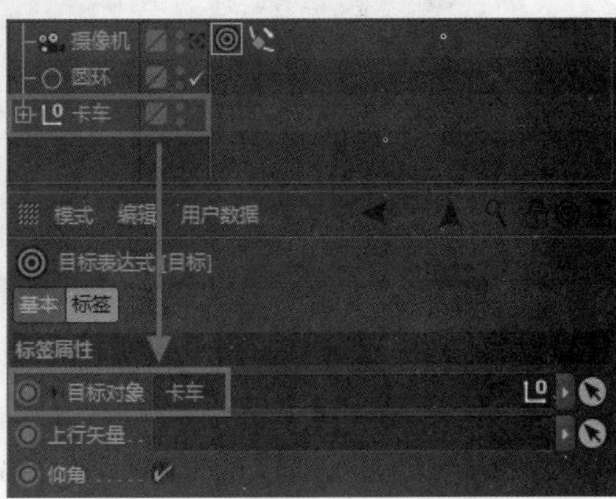

图 6-53

（7）单击“对象”窗口中“摄像机”对象后面的按钮，进入摄像机视图，然后再单击“对齐曲线”标签，调整其“位置”参数，即可得到不同角度的汽车画面。在第 0 帧时设置“位置”参数为 0%，并添加关键帧；然后在第 50 帧时设置“位置”参数为 100%，并添加关键帧，即可得到总长 50 帧的卡车环绕动画，效果如图 6-54 所示。

图 6-54

6.2.8　摄像机的选项功能

各种摄像机的属性选项卡基本相同，如“基本”“坐标”“对象”“物理”“细节”“立体”等，下面为大家分别介绍摄像机的选项功能。

1.“基本”选项卡

在“对象”窗口中单击“摄像机”对象，即可在下方的“属性”窗口中显示该摄像机的属性，如图 6-55 所示。

图 6-55

默认显示为“基本”选项卡，这也是最常用的选项卡。在“基本”选项卡里可以更改摄像机的名称，可对摄像机所处的图层进行更改或编辑，还可以设置摄像机在编辑器中和渲染器中是否可见。将“使用颜色”设置为“开启”，即可修改摄像机的显示颜色，如图 6-56 所示。

2.“坐标”选项卡

摄像机的坐标属性和其他对象的坐标属性相同，可对 P、S、R 的 x、y、z 这 3 个轴向上的值进行设置，如图 6-57 所示。

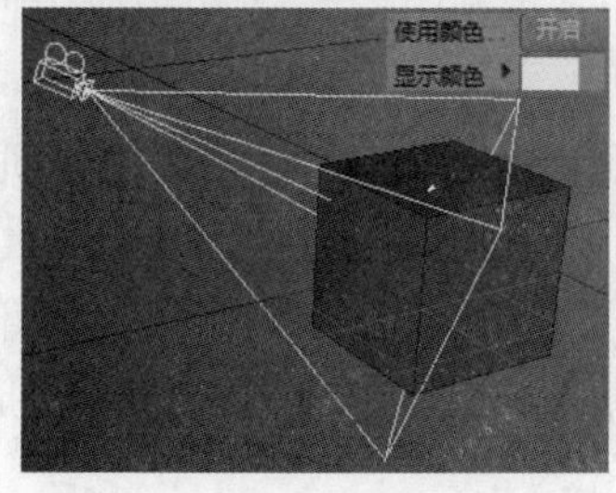

图 6-56

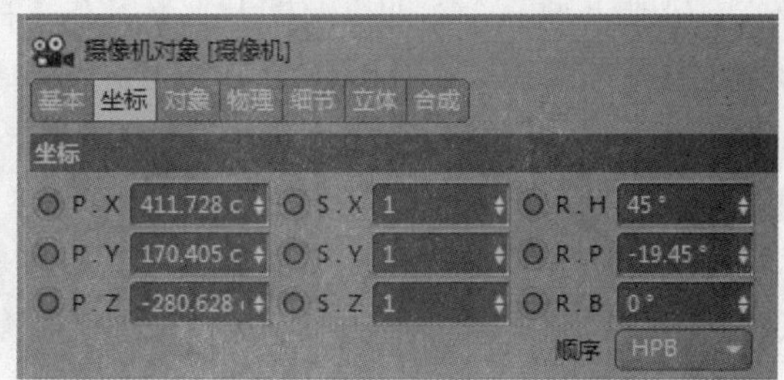

图 6-57

3.“对象”选项卡

“对象”选项卡如图 6-58 所示，部分常用参数的介绍具体如下。

◆ 投射方式：其下拉列表如图6-59所示，提供“平行”“右视图”“正视图”等多种投射方式，用户可根据需要进行选择。

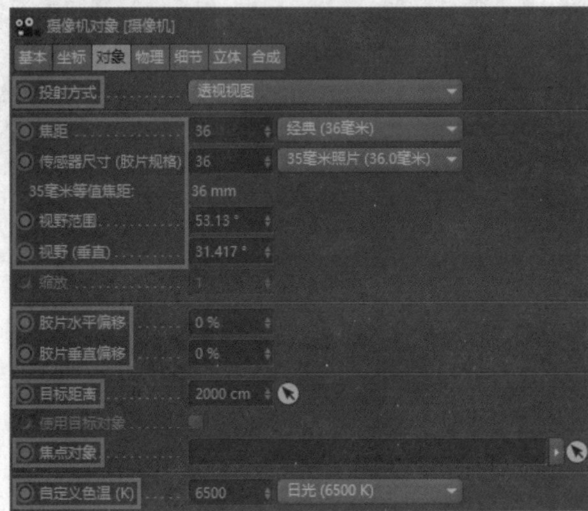

图 6-58

图 6-59

◆ 焦距：焦距越长，可拍摄的距离越远，视野也越小，即长焦镜头；焦距短，可拍摄的距离近，视野广，即广角镜头。默认36mm为接近人眼视觉感受的焦距。图6-60所示为36mm焦距的摄像机拍摄的物体；机位保持不变，同一摄像机以15mm焦距拍摄的画面效果如图6-61所示。

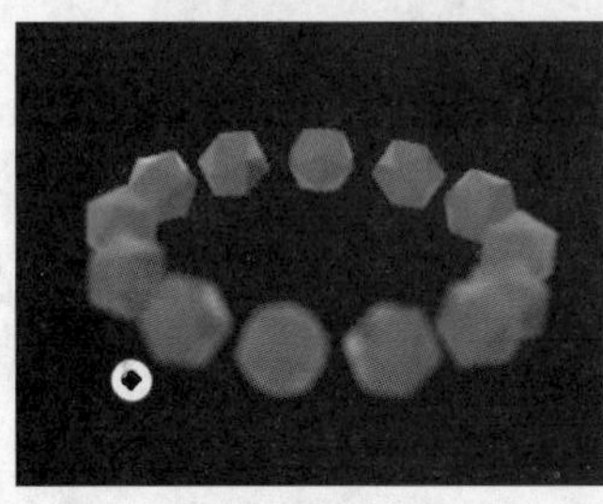

图 6-60

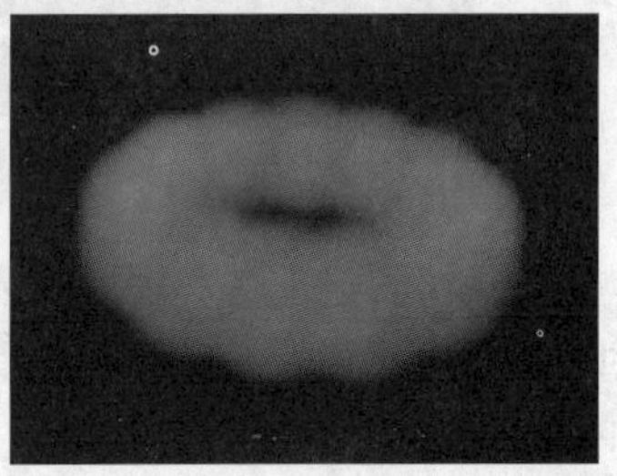

图 6-61

◆ 传感器尺寸（胶片规格）：修改传感器尺寸后，焦距不变，视野范围将产生变化。在现实的摄像机上，传感器尺寸越大，感光面积越大，成像效果越好。

◆ 视野范围/视野（垂直）：即摄像机上、下、左、右的视野范围，修改焦距或传感器尺寸均会影响到视野范围。

◆ 胶片水平偏移/胶片垂直偏移：可以在不改变视角的情况下改变对象在摄像机视图中的位置。

◆ 目标距离：即目标点与摄像机之间的距离，目标点是摄像机景深映射开始距离的计算起点。

◆ 焦点对象：可从“对象”窗口中拖动一个对象到“焦点对象”右侧区域当作摄像机焦点。

◆ 自定义色温：调节色温，影响画面色调。

4. “物理”选项卡

在“渲染设置”对话框中将“渲染器”切换成“物理”，即可激活物理选项中的属性，如图 6-62 和图 6-63 所示。

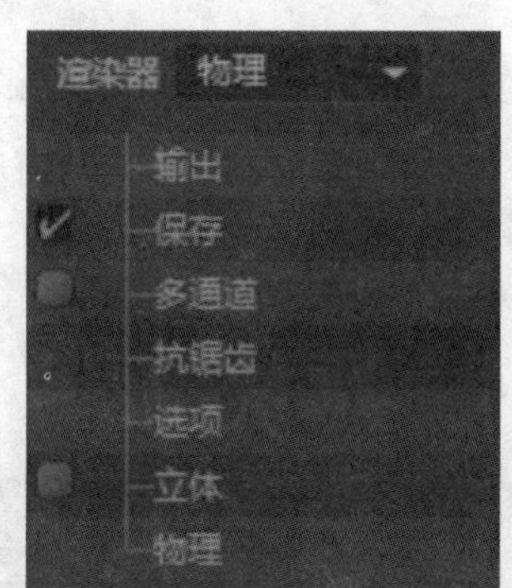

图 6-62

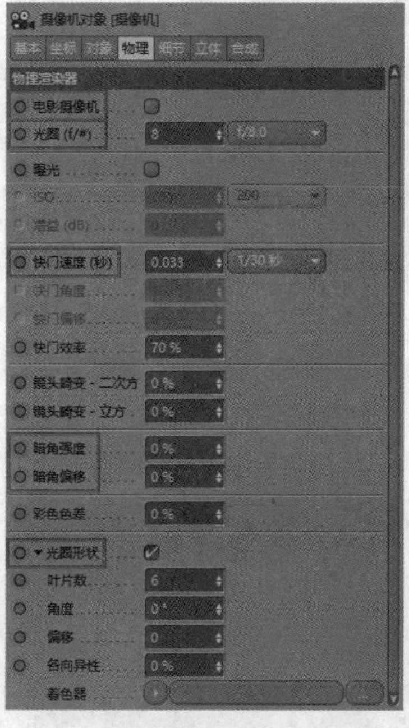

图 6-63

动画制作过程中影响画面效果的主要有以下几个参数。

- 光圈：光圈是用来控制光线透过镜头进入机身内感光面光量的装置。光圈值越小，景深越大。
- 快门速度：快门速度越快，拍摄高速运动的物体时就会呈现更清晰的图像。
- 暗角强度/暗角偏移：可在画面四角压上暗色块，使画面中心更加突出，如图6-64所示。
- 光圈形状：对画面光斑形状的控制，可以是圆形、多边形等，如图6-65所示。

图 6-64

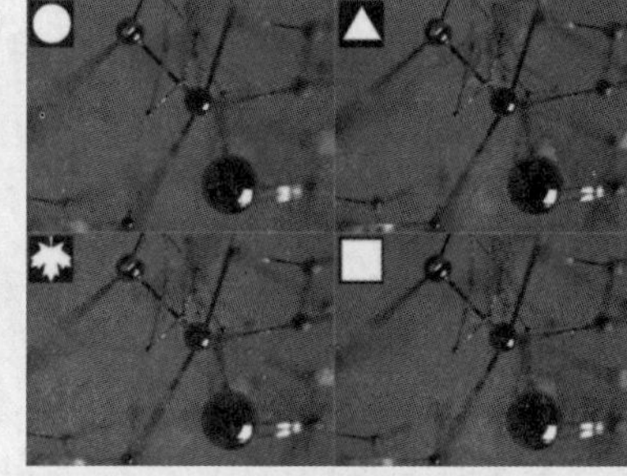

图 6-65

5. “细节”选项卡

“细节”选项卡如图 6-66 所示，其参数的介绍具体如下。

- 近端剪辑/远端修剪：可对摄像机里所显示物体的近端和远端进行修剪，如图6-67所示。

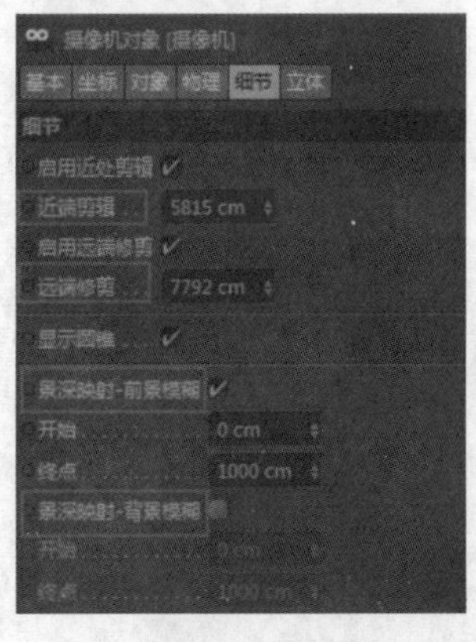

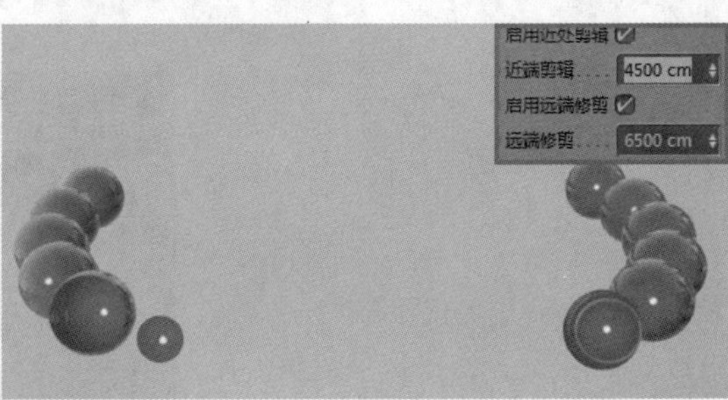

图 6-66　　　　图 6-67

◆ 景深映射－前景模糊/景深映射－背景模糊：在标准渲染器中添加“景深”效果，如图6-68所示，勾选“景深映射－前景模糊”或“景深映射－背景模糊”即可给摄像机添加景深。景深映射是以摄像机目标点为计算起点来设置景深大小的，如图6-69所示。

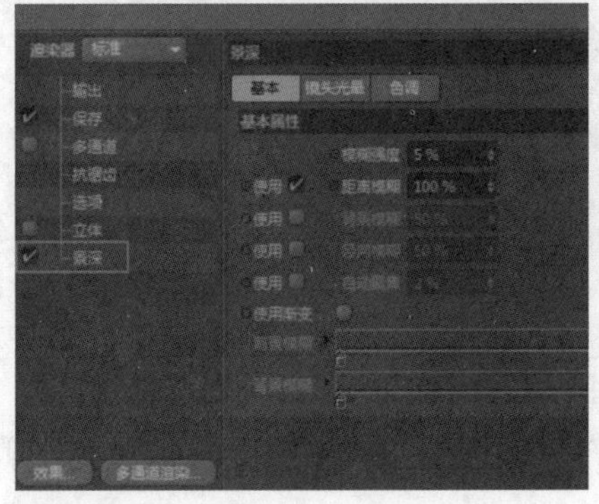

图 6-68　　　　图 6-69

6.“立体”选项卡

当创建立体摄像机时，“立体”选项便被激活。立体摄像机是两个摄像机以不同机位同时拍摄画面。在视图窗口的菜单栏中的“选项”命令中打开“立体”显示，如图 6-70 所示。透视视图即显示双机拍摄的“重影”画面，如图 6-71 所示。

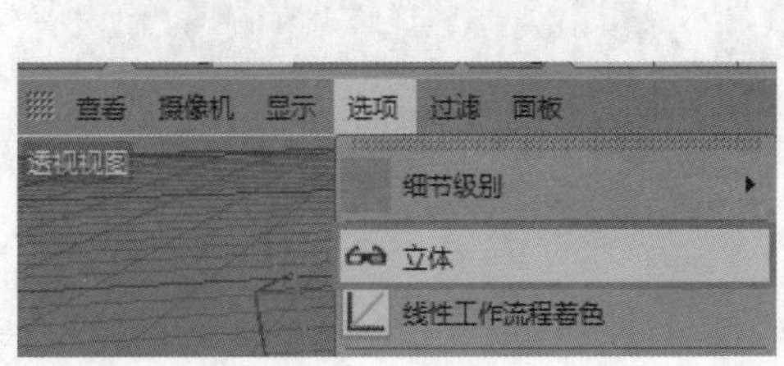

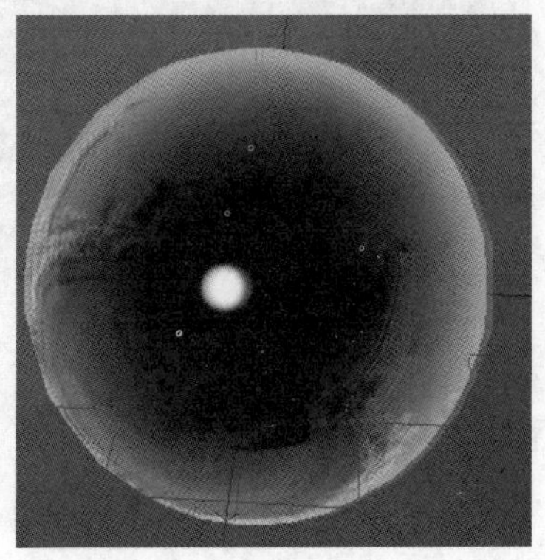

图 6-70　　　　图 6-71

6.3 课堂练习：创建运动模糊效果

【知识要点】动画和摄像机是 CINEMA 4D 中应用非常频繁的两类功能，而且参数设置非常丰富，熟练掌握后完全可以创建出一些现实中难以捕捉的镜头。本练习便结合动画和摄像机的功能，来创建物体的运动模糊效果。练习时，需先给物体创建动画，然后添加摄像机，渲染时再添加物理属性，即可得到图 6-72 所示的效果。

【所在位置】Ch06\ 素材 \ 创建运动模糊效果 .c4d

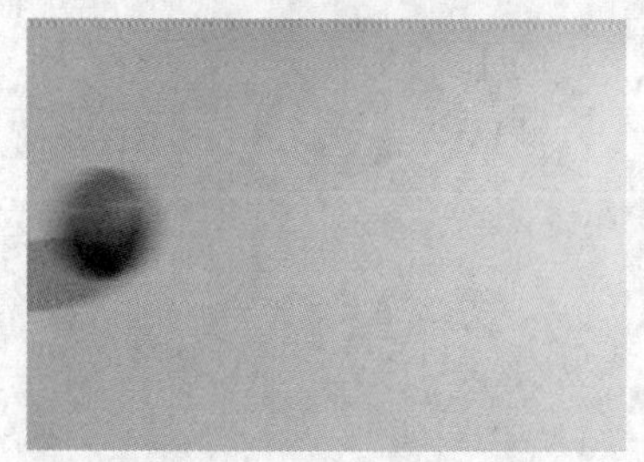
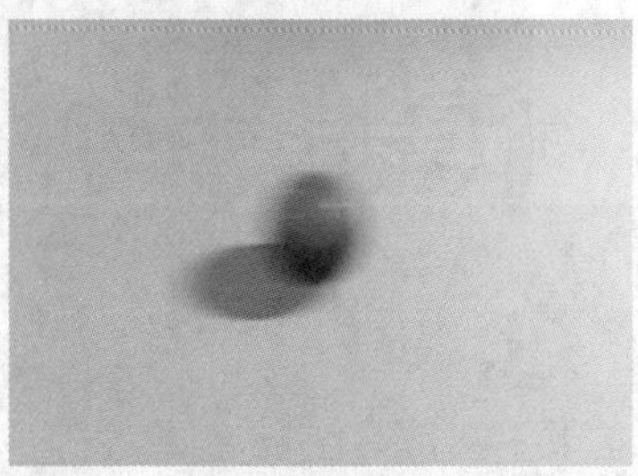
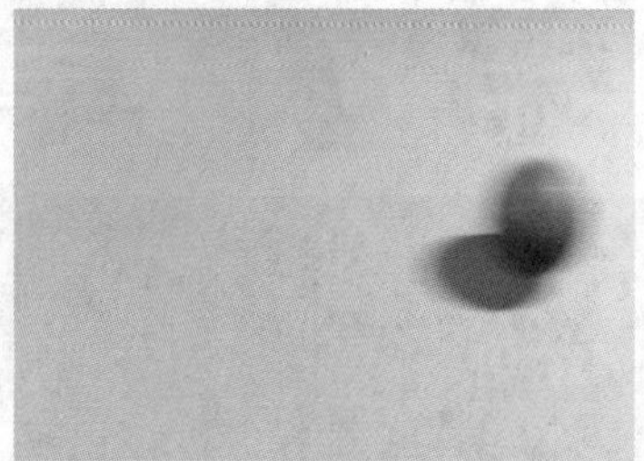

图 6-72

6.4 课后习题：创建摄像机路径动画

【知识要点】使用样条曲线创建摄像机的路径，然后创建摄像机并添加“对齐路径”标签和“目标”标签，接着指定关键帧，最后创建出动画效果，如图 6-73 所示。

【所在位置】Ch06\ 素材 \ 创建摄像机路径动画 .c4d

图 6-73

第7章 渲染输出

本章介绍

渲染的最终目的是得到极具真实感的模型，因此渲染所要考虑的事物有很多，包括灯光、视点、阴影、模型布局等。前面的章节中已经对这些内容进行了讲解，接下来就只需要运用前面所讲的知识执行渲染操作。CINEMA 4D 提供了一个专门的渲染工具组，用户可以根据需求进一步完善渲染细节，也可以快速渲染当前视图并进行预览。

学习目标

- 掌握不同渲染工具的使用方法
- 了解渲染编辑器参数的设置

技能目标

- 掌握“暖心小屋”的渲染方法
- 掌握“玉石多宝格”的渲染方法
- 掌握“立体 App 图标”的渲染方法
- 掌握“Low-Poly 风格场景”的渲染方法

7.1 渲染工具组

CINEMA 4D 的默认界面中有 1 个单独的渲染工具组，里面包含了 3 个渲染工具，如图 7-1 所示，分别是“渲染活动视图”、“渲染到图片查看器”和“编辑渲染设置”。

图 7-1

7.1.1 渲染活动视图

单击“渲染活动视图”按钮，或者按快捷键 Ctrl+R，会在视口中直接显示渲染效果，如图 7-2 所示。再次单击视口，渲染效果会随即消失，变为普通场景的状态。

图 7-2

使用“渲染活动视图”工具渲染出的图像不能被导出，因此该工具仅限于快速预览一次渲染效果，供用户判断当前模型的材质、灯光、渲染设置等是否到位。当模型较为复杂时，执行一次完整渲染的时间会非常长（可能在 10 个小时以上），因此容错率较低，任何参数的设置不当都可能导致前面的渲染工作白费。所以，“渲染活动视图”工具在实际工作中应用非常频繁。

7.1.2 渲染到图片查看器

该工具用于将当前场景渲染到图片查看器，快捷键为 Shift+R。图片查看器中的图片可以被导出，如图 7-3 所示。

长按“渲染到图片查看器”按钮将会弹出扩展菜单，其中共有 7 个可用工具，如图 7-4 所示。

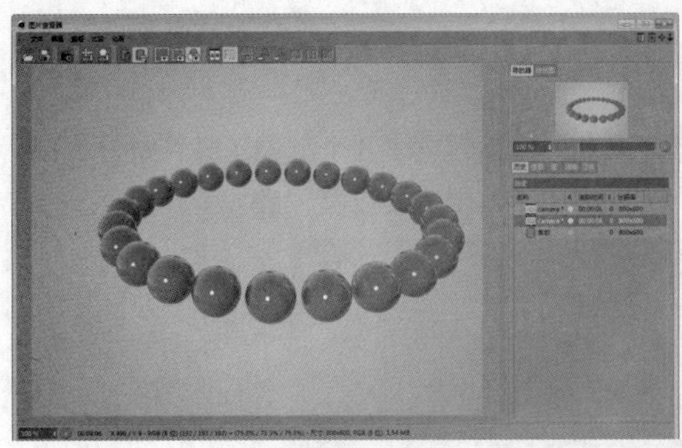

图 7-3

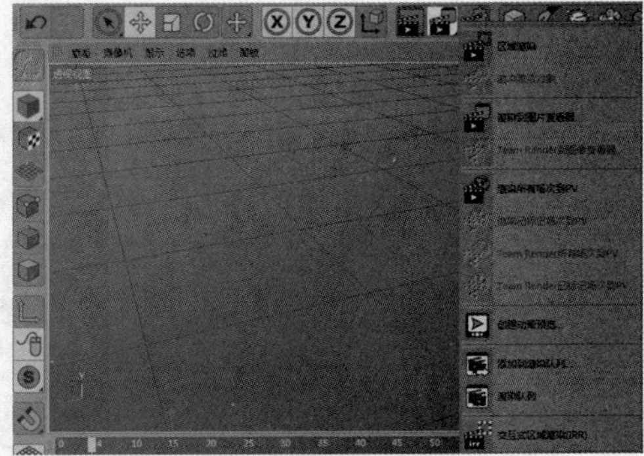

图 7-4

各工具功能的介绍如下。

- 区域渲染：在弹出的菜单中选择“区域渲染”工具，可以框选视图窗口中需要渲染的区域，从而查看局部的渲染效果，如图7-5所示，这样可以有效避免预览全局渲染时的长时间工作。

图 7-5

- 渲染到图片查看器：即默认的工具，效果如图7-3所示。
- 渲染所有场次到PV：该工具用于将所有场次渲染到图片查看器中。
- 创建动画预览：该工具可以快速生成当前场景的动画预览，常用于场景较为复杂不能即时播放动画的情况。选择该工具或按快捷键Alt+B，将弹出图7-6所示的对话框，在其中可以设置预览动画的参数，单击“确定”按钮开始预览动画。
- 添加到渲染队列：该工具用于将当前的场景文件添加到渲染队列当中。在添加进渲染队列前需要对场景文件进行保存，否则会自动弹出“保存文件”对话框，如图7-7所示。

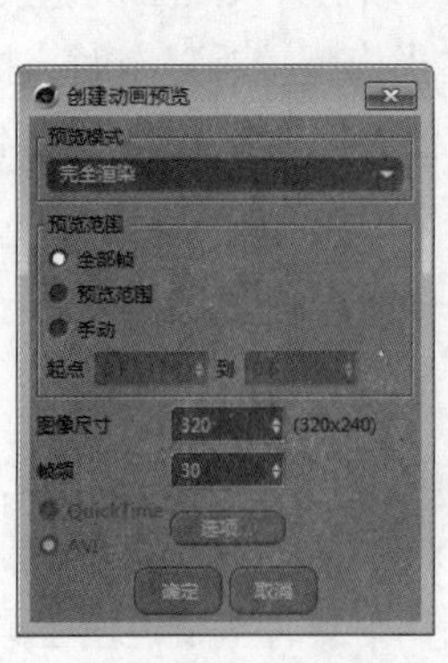

图 7-6

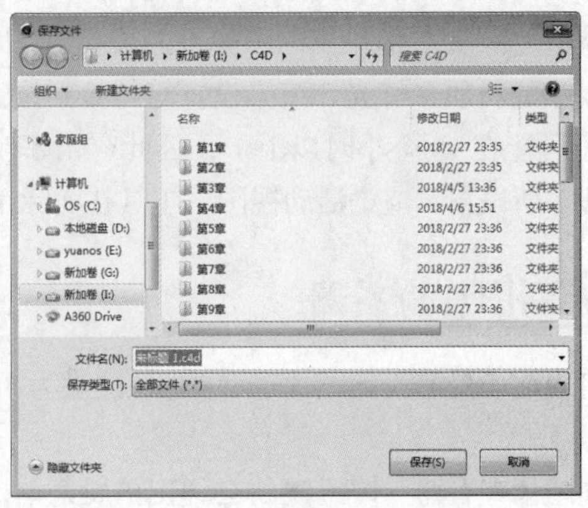

图 7-7

- 渲染队列：该工具用于批量渲染多个场景文件，包含任务管理及日志记录功能。选择该工具会弹出“渲染队列”对话框，如图7-8所示。
- 交互式区域渲染（IRR）：激活该工具后，视图中会出现一个交互区域，该工具会对位于交互区域中的场景进行实时更新渲染。交互区域的大小可以调节。渲染效果的清晰度可通过渲染区域右侧的白色小三角进行上下调节，越往上，效果越清晰，但渲染速度就越慢，反之则相反，如图7-9所示。如果想关闭交互区域，再次单击“交互式区域渲染（IRR）”按钮即可。

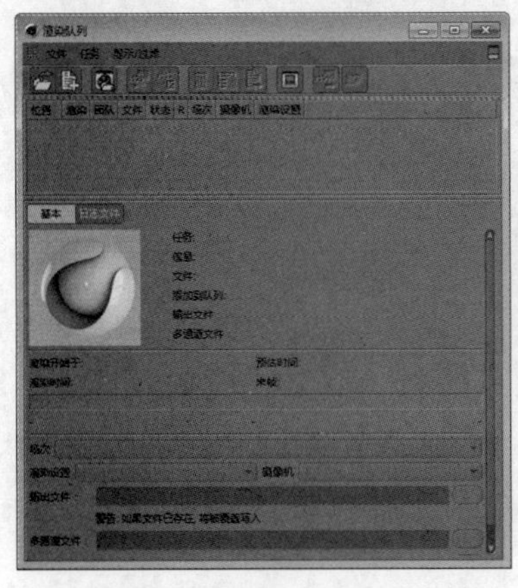

图 7-8

图 7-9

提示

工具组中的第 3 个工具“编辑渲染设置”含有较多的内容，而且都比较重要，所以 7.2 节将其单独作为一节进行介绍。

7.2 编辑渲染设置

单击工具栏中的“编辑渲染设置”按钮，或按快捷键 Ctrl+B，将弹出“渲染设置”对话框，如图 7-10 所示，在其中可以进行渲染参数的设置。当场景材质、灯光、动画等所有工作完成后，在渲染输出前，用户便可以对渲染器进行调整，以达到最佳的渲染效果。本节将选取其中较为重要的几个选项进行介绍。

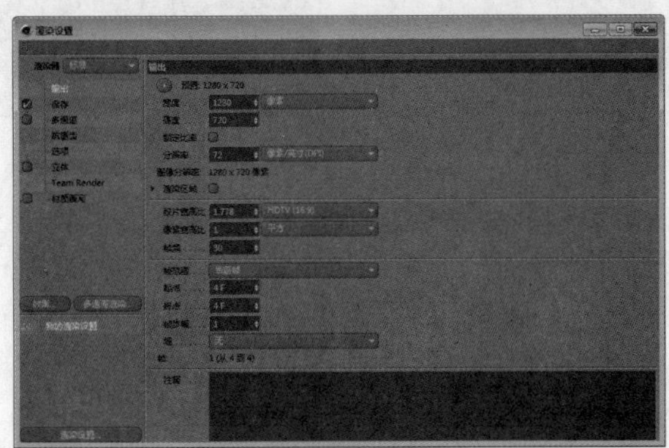

图 7-10

提示

CINEMA 4D 中可以添加并保存多个“渲染设置”，方便日后进行直接调用。当“渲染设置”较多时，为了方便调用，可以选择“输出”，然后在对话框右侧“注释”栏输入相应的备注信息，如图 7-11 所示。按 Delete 键可删除“渲染设置”。

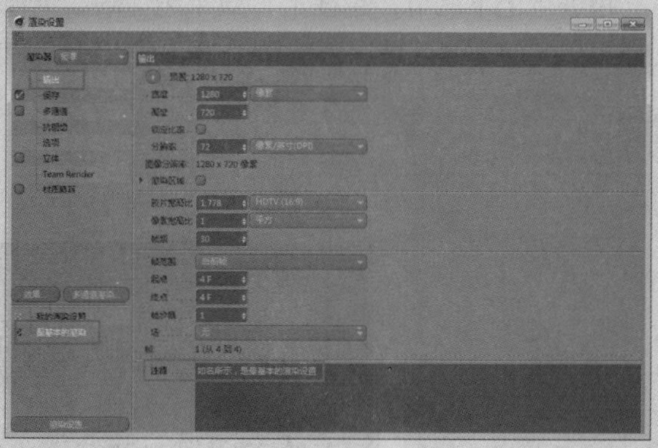

图 7-11

7.2.1 课堂案例：渲染暖心小屋

【学习目标】掌握 CINEMA 4D 中常用的渲染编辑方法，知道如何分析渲染图的不足，并进行改进。

【知识要点】在最终渲染之前可以先快速渲染一次，然后观察效果，检查是否有需要改进的地方再进行最终渲染，以得到理想的效果图，如图 7-12 所示。

【所在位置】Ch07\ 素材 \ 渲染暖心小屋 .c4d

（1）启动CINEMA 4D软件，打开文件“Ch07\ 素材 \ 渲染暖心小屋 . c4d”，其中已经创建好了一组小屋模型，并添加了灯光、摄像机等对象，如图 7-13 所示，后续只需执行最后的渲染输出操作。

图 7-12

图 7-13

（2）单击“渲染活动视图”按钮，或按快捷键 Ctrl+R，执行一次快速渲染操作，得到的渲染图效果如图 7-14 所示。

（3）通过快速渲染会发现模型的整体效果不错，但是细节部分仍有不足，例如小屋与雪地之间的部分阴影缺失，使小屋缺少了真实的质感，如图 7-15 所示。同时整体光线较暗，而小屋内部橘红色的火光则较为生硬，在边缘处放大观看时尤为明显，旁边的椅子受光线影响，几乎看不清，如图 7-16 所示。

图 7-14

图 7-15

图 7-16

（4）解决整体光线问题。光线问题是渲染时最主要的问题，不仅外部光线不足，小屋内部的火光也同样有点失真。这些问题可以通过在渲染时添加“全局光照”效果来解决。

（5）单击工具栏中的“编辑渲染设置”按钮，或按快捷键 Ctrl+B，打开“渲染设置”对话框，然后单击“效果”按钮，在弹出的菜单中选择“全局光照”选项，然后在对话框右侧设置“二次反弹算法”为“光线映射”，如图 7-17 所示。因为本例的大部分图形元素都是雪，所以太阳光的二次反射是不可回避的一点，该选项可以充分表现出这个效果。

（6）切换至“光线映射”选项卡，由于当前渲染整体比较阴暗，因此可以将二次反射的光调亮一些。此处设置“光线数量（预乘 1 000）”为 10 000，如图 7-18 所示，接着关闭该对话框。

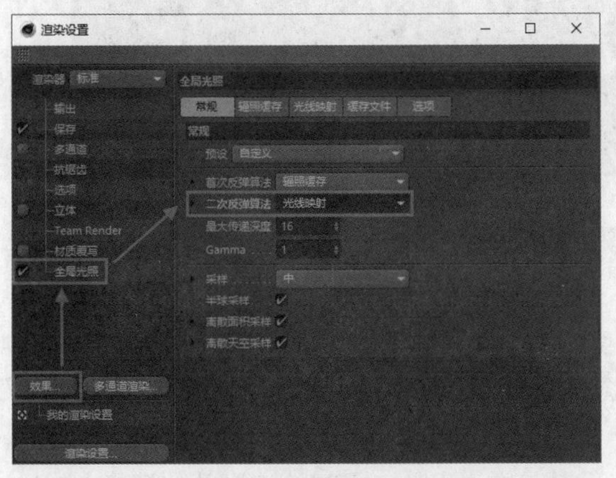

图 7-17

图 7-18

（7）再次单击“渲染活动视图”按钮，执行一次快速渲染，得到图 7-19 所示的渲染效果，可以发现这一次的渲染效果要好多了，整体光线变得更加明亮，但是木屋和雪地之间的阴影部分仍存在问题。

（8）阴影部分可以通过在渲染时添加“环境吸收”来解决。此处仍在“渲染设置”对话框中单击“效果”按钮，然后在弹出的菜单中选择“环境吸收”选项，如图 7-20 所示。先保持对话框右边的参数为默认选项，因为“环境吸收”中各单个参数的变化对模型的整体效果改变很小，所以通常情况下只需添加“环境吸收”即可，不用像“全局光照”那样对细节进行调整，如果渲染时仍有不足再做进一步调整。

图 7-19

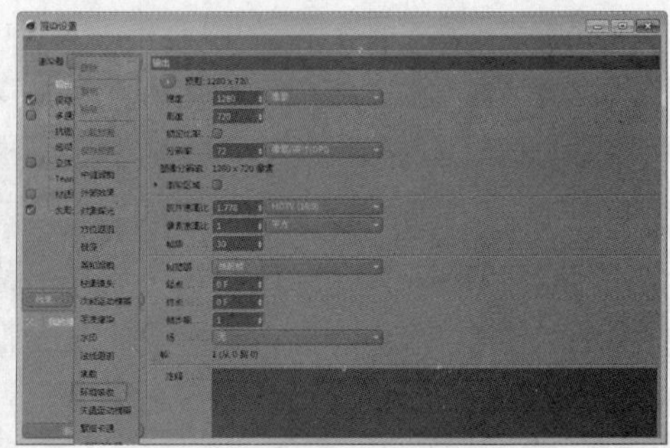
图 7-20

（9）执行一次快速渲染操作，得到的渲染图如图 7-21 所示，可见整体效果已经有了大幅改进，之前的问题已经得到解决，这时就可以执行最终渲染操作了。

（10）在最终渲染前可以在“渲染设置”对话框的“输出”选项中设置渲染效果图的尺寸，在“保存”选项中设置效果图的保存路径。

（11）格式和路径设置无误后关闭对话框，单击“渲染到图片查看器”按钮进行最终渲染即可，如图 7-22 所示。

图 7-21

图 7-22

7.2.2 渲染器

“渲染设置”对话框中提供了 4 种渲染器，如图 7-23 所示。其中最主要的是“标准”和“物理”渲染器，其余两种应用很少。

- 标准：使用CINEMA 4D的渲染引擎进行渲染，是最常用也是CINEMA 4D默认的渲染方式。
- 物理：基于物理学模拟的渲染方式，可用来模拟真实的物理环境，因此较“标准”渲染器的效果更为真实，但同时渲染速度也会变慢。如果对模型对象设置了一些物理属性，那么在“标准”渲染器下是不会得到渲染效果的，而在“物理”渲染器下可以，如图7-24所示。

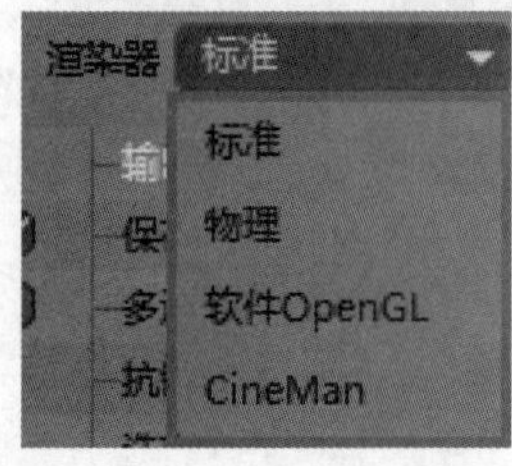

图 7-23

“标准”渲染器效果

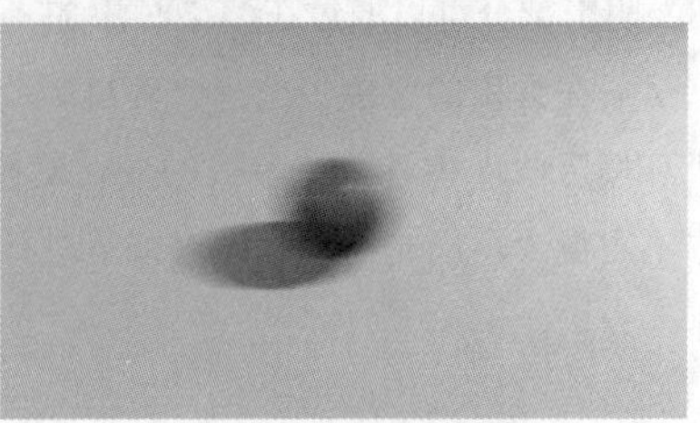
“物理”渲染器效果

图 7-24

7.2.3 输出

“输出”用于对渲染文件的导出进行设置，如图 7-25 所示，它仅对“图片查看器”中的文件有效。

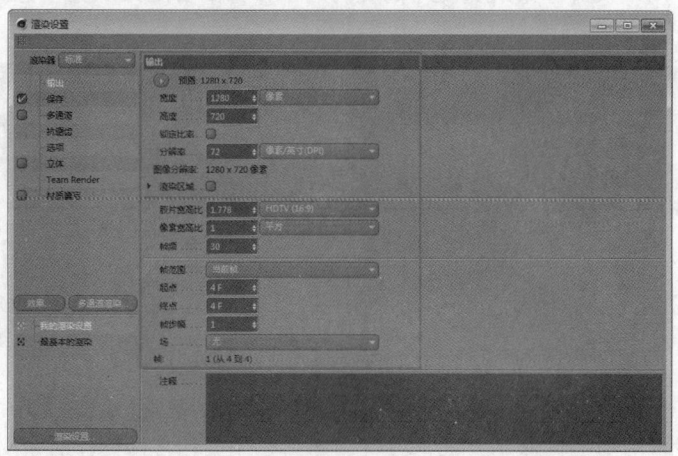

图 7-25

◆ 预置：单击▶按钮将弹出一个菜单，当中包含多种预设好的渲染图像尺寸及参数，如图7-26所示。

◆ 宽度/高度：用于自定义渲染图像的尺寸，并且可以对尺寸的单位进行调整，如图7-27所示。如果是渲染单张图片，可以选择“厘米”或者“毫米”为单位，其他情况一般都是选择“像素”为单位。

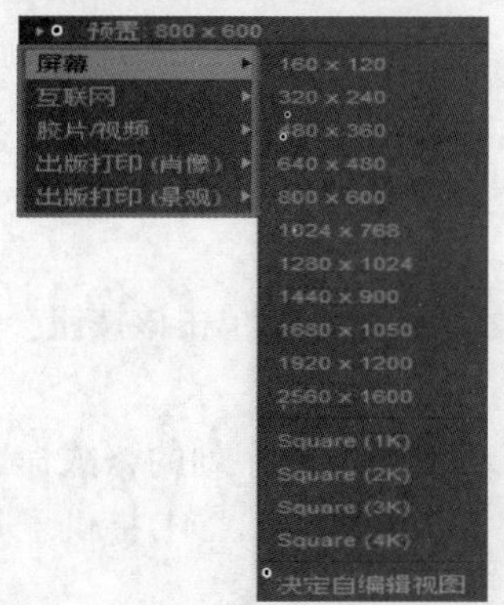

图 7-26

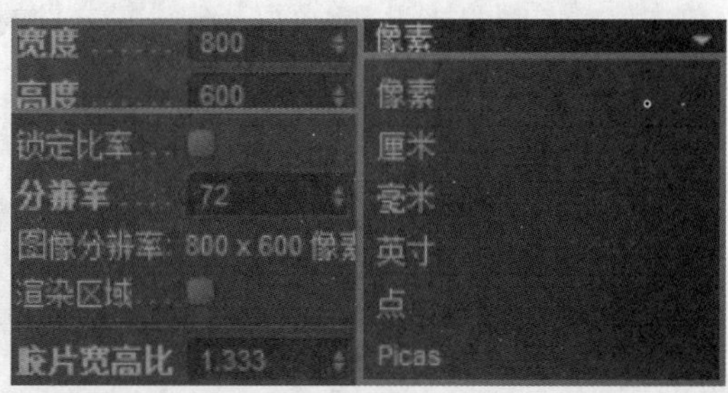

图 7-27

◆ 锁定比率：勾选该复选框后，图像宽度和高度的比率将被锁定，改变宽度或高度的其中一个数值后，另一数值会通过比率的计算自动更改。

◆ 分辨率：分辨率是指位图图像中的细节精细度，测量单位是“像素/厘米”或“像素/英寸”。每单位英寸或厘米上的像素越多，分辨率就越高。而图像的分辨率越高，得到的印刷图像质量就越好。杂志、宣传品等印刷通常采用300像素/英寸，而视频、动画使用默认值72像素/英寸即可。

◆ 渲染区域：勾选该复选框后，将显示折叠面板，用于自定义渲染范围，类似于单击“区域渲染”按钮▣。

◆ 胶片宽高比：用于设置渲染图像的宽度与高度的比率，可以自定义设置，也可以选择定义好的比率，如图7-28所示。

◆ 像素宽高比：用于设置像素的宽度与高度的比率，可以自定义设置，也可以选择定义好的比率，如图7-29所示。

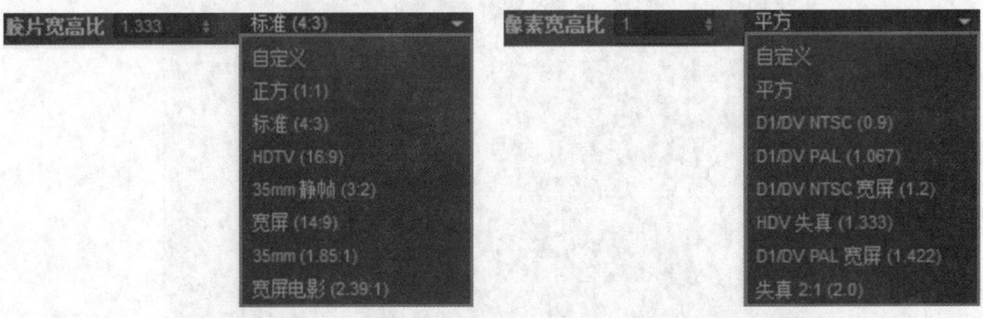

图 7-28　　图 7-29

◆ 帧频：用于设置渲染的帧速率，通常设置为25，要注意和文件创建时定义的帧频一致。

◆ 帧范围/起点/终点/帧步幅：这4个参数用于设置动画的渲染范围。

◆ 场：过去，电视采用两个交换显示的垂直扫描场来构成每一帧画面，而现在随着器件的发展，逐行系统应运而生，因为它的一幅画面不需要第2次扫描，所以场的概念也就可以忽略了。

7.2.4 保存

“保存”用来控制图片渲染窗口中文件的保存路径与格式参数，该选项的参数编辑面板如图7-30所示。部分重要参数的介绍如下。

◆ 保存：勾选“保存”复选框后，渲染到“图片查看器”的文件将被自动保存。

◆ 文件：单击该栏右侧的按钮 可以指定渲染文件的保存路径和名称。

◆ 格式：设置保存文件的格式。

◆ 选项：设置格式为“AVI影片”之后，“选项”按钮才会被激活。单击该按钮会弹出一个对话框，可以选择不同的编码解码器来使用。

◆ 名称：渲染动画时，每一帧被渲染为图像后，会自动按顺序以序列的格式命名，命名格式为“名称（图像文件名）+序列号+tif（扩展名）”，CINEMA 4D提供了几种序列格式，如图7-31所示。

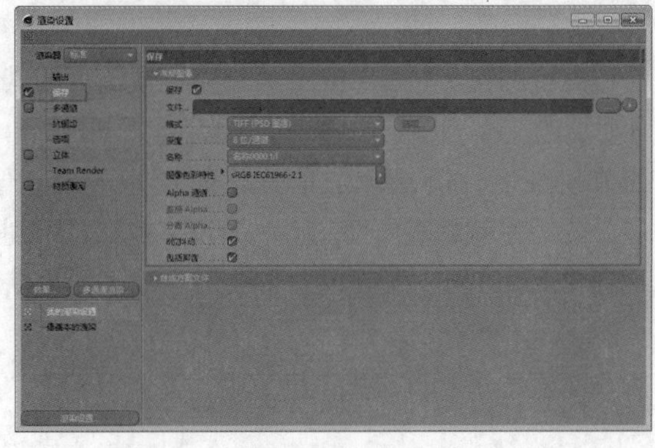

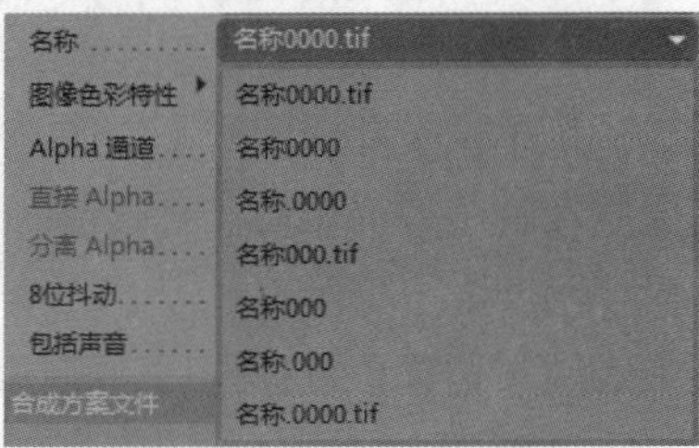

图 7-30　　图 7-31

◆ Alpha通道：当渲染的图片或视频存在透明背景时，可以勾选该复选框，否则无法渲染出透明的背景。

◆ 8位抖动：勾选该复选框后可提高图像品质，同时也会增加文件的大小。

◆ 包括声音：勾选该复选框后，视频中的声音将被整合为一个单独的文件。

7.2.5 多通道

多通道参数编辑面板如图 7-32 所示。勾选“多通道”后，渲染时可以将下方“多通道渲染”按钮加入的属性分离为单独的图层，方便在后期软件中进行处理。这也就是日常工作中常说的“分层渲染”，如图 7-33 所示。

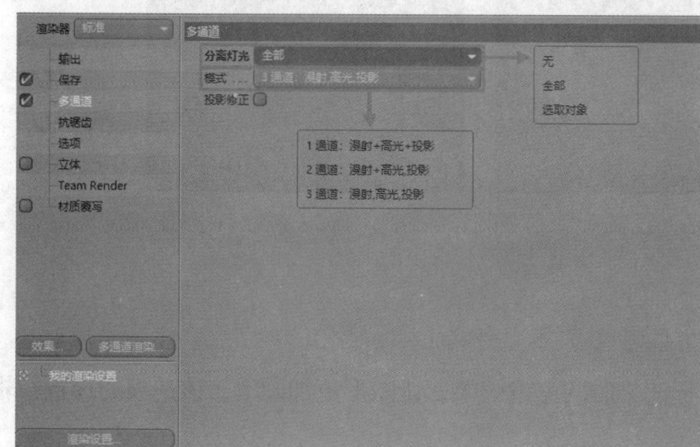

图 7-32

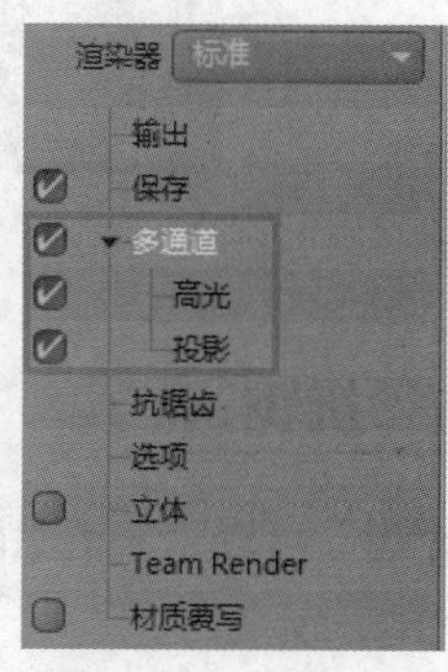

图 7-33

1. 分离灯光

设置将被分离为单独图层的光源，包含“无”“全部”“选取对象”3 个选项，如图 7-34 所示。

◆ 无：光源不会被分离为单独的图层。

◆ 全部：场景中的所有光源都将被分离为单独的图层。

◆ 选取对象：将选取的通道分离为单独的图层。

2. 模式

设置光影漫射、高光和投影这 3 类信息分层的模式，如图 7-35 所示。

图 7-34

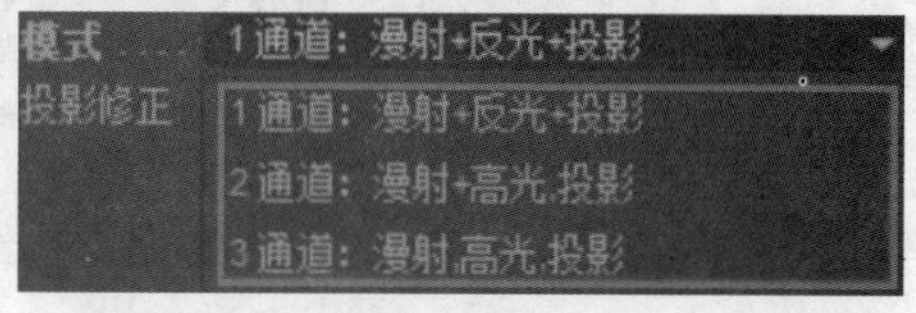

图 7-35

◆ 1通道：漫射+高光+投影。该模式为每个光源的漫射、高光和投影添加一个混合图层。

◆ 2通道：漫射+高光，投影。该模式为每个光源的漫射和高光添加一个混合图层，同时为投影添加一个图层，这些图层位于该光源的文件夹下，单击文件夹前方的三角形按钮即可展开文件夹，如图7-36所示。

- 3通道：漫射，高光，投影。该模式为每个光源的漫射、高光和投影各添加一个图层，如图7-37所示。

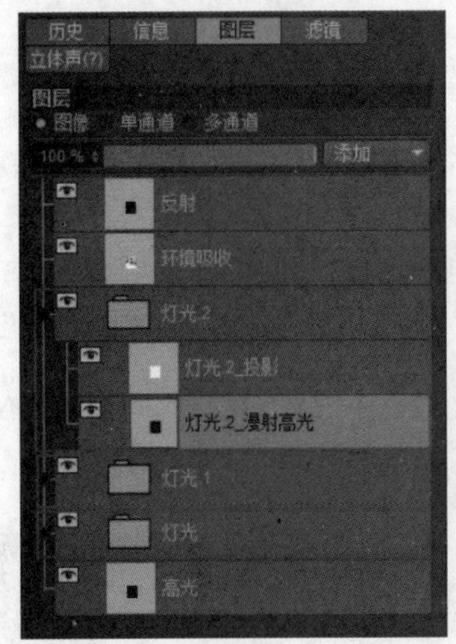

图 7-36

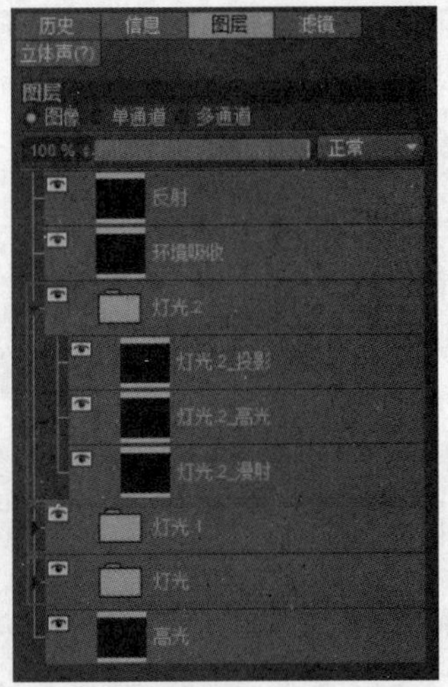

图 7-37

7.2.6 抗锯齿

“抗锯齿”可以用来消除图形渲染时的锯齿效果，让图形更加圆滑，该选项的参数编辑面板如图 7-38 所示。

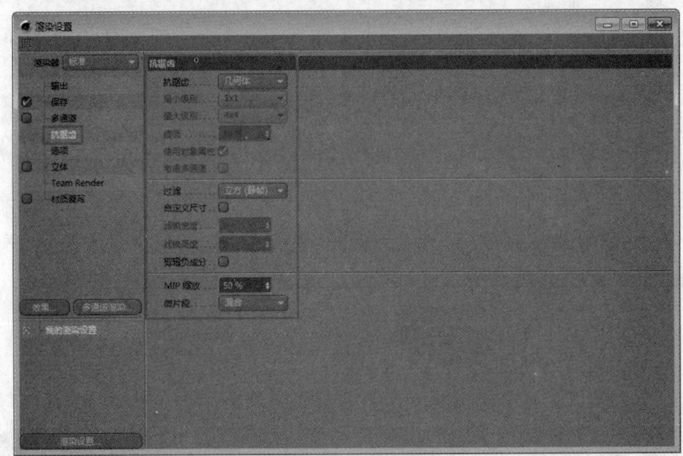

图 7-38

“抗锯齿”用来消除渲染出的图像的锯齿边缘，其下拉列表包含“无”“几何体”“最佳”3个选项。

- 无：关闭抗锯齿功能，快速进行渲染，但边缘有锯齿，如图7-39所示。
- 几何体：默认选项，渲染时物体边缘较为光滑，如图7-40所示。
- 最佳：开启颜色抗锯齿，柔化阴影的边缘，同样也会使物体边缘较为平滑，如图7-41所示。

图 7-39

图 7-40

图 7-41

渲染输出时通常将“抗锯齿”设置为“最佳”。

7.2.7 选项

“选项”的参数编辑面板如图 7-42 所示，用于设置渲染的整体效果，一般都保持默认选项即可，不需要进行更改。

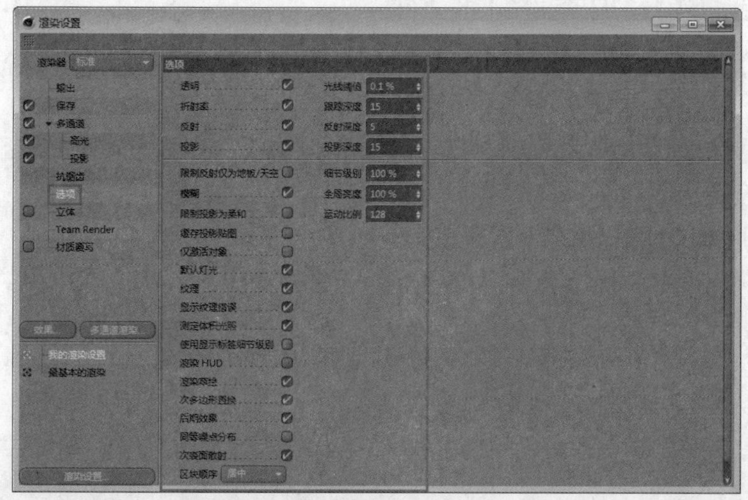

图 7-42

7.3 全局光照

“全局光照”（Global Illumination，简称 GI）是非常重要的选项，它可以计算出场景的全局光照效果，让渲染的图片更接近真实的光影关系。

如果要设置全局光照，可以单击工具栏的“编辑渲染设置”按钮，或按组合键 Ctrl+B 打开“渲染设置”对话框，然后单击“效果”按钮，在弹出的菜单中选择“全局光照”选项，即可添加全局光照效果，如图 7-43 所示。其中“常规”和“辐照缓存”选项卡是主要使用的选项卡，其余两个选项卡应用较少。

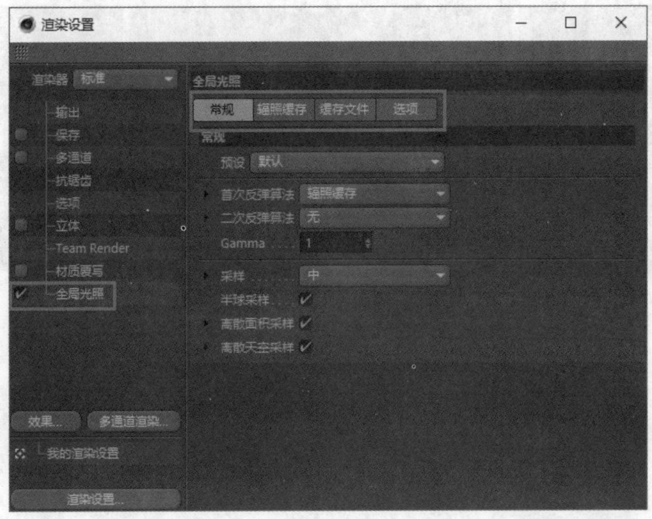

图 7-43

7.3.1 课堂案例：渲染玉石多宝格

【学习目标】了解 CINEMA 4D 渲染设置中全局光照效果的调节方法，理解全局光照对于渲染效果的影响。

【知识要点】分析模型快速渲染时暴露的偏暗、材质效果不明显等问题的原因，从而做出有效的调整。在添加全局光照后，得到图 7-44 所示的效果。

【所在位置】Ch07\ 素材 \ 渲染玉石多宝格 .c4d。

（1）启动 CINEMA 4D 软件，打开文件“Ch07\ 素材 \ 渲染玉石多宝格 . c4d”，其中已创建好了玉石材质的多宝格模型，如图 7-45 所示。

（2）单击“渲染活动视图”按钮，执行一次快速渲染，效果如图 7-46 所示。可见模型虽然能体现出材质细节，但整体较为灰暗，给人光照不足的感觉。

图 7-44

图 7-45

图 7-46

（3）打开“渲染设置”对话框，单击“效果”按钮，在弹出的菜单中选择“全局光照”。勾选“全局光照”复选框，接着在其“常规”选项卡中选择“首次反弹算法”为“辐照缓存（传统）”，“二次反弹算法”为“辐照缓存”，设置“漫射深度”为 2，将“Gamma”设置为 1. 8，如图 7-47 所示。

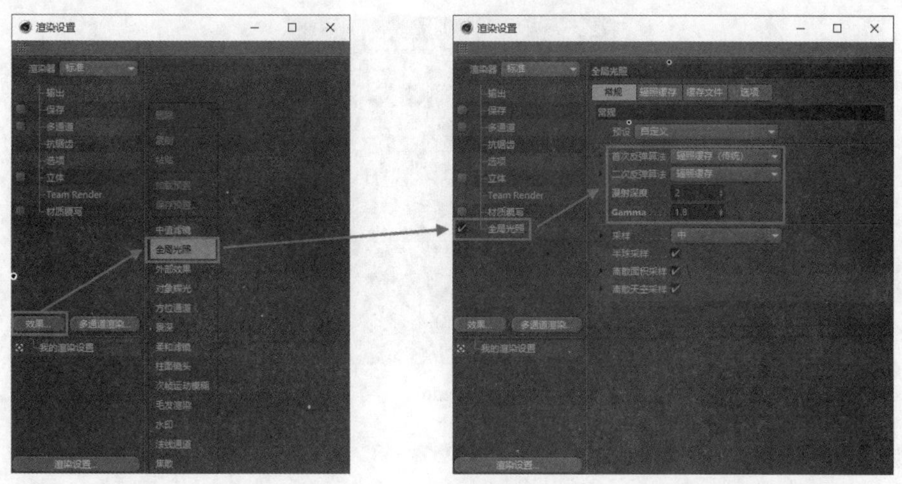

图 7-47

（4）回到模型视图，再次单击“渲染活动视图”按钮，预览添加了全局光照效果后的渲染图，可见整体光照效果要明亮真实许多，如图 7-48 所示。

图 7-48

提示

添加全局光照效果后，渲染时所花的时间也会增多，这是因为光照的计算非常复杂，渲染时会占用大量内存。

7.3.2 “常规”选项卡

选择“全局光照”选项后，在“渲染设置”对话框右侧会显示其参数编辑面板，面板上方有一排选项卡，第 1 个是“常规”选项卡，如图 7-49 所示。

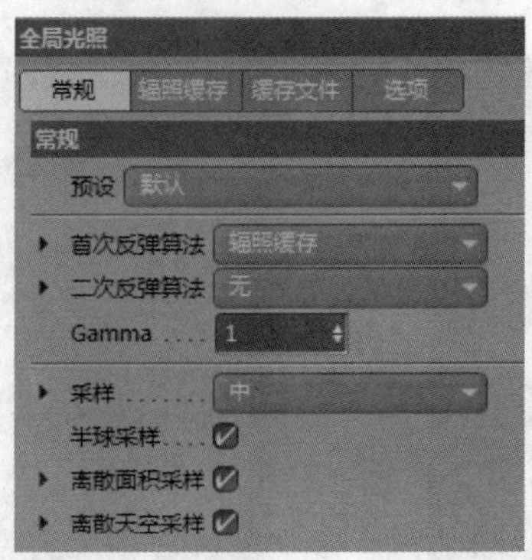

图 7-49

“常规”选项卡中各主要参数的含义具体如下。

1. 预设

根据环境的不同，全局光照有非常多的组合，在预设参数下已经保存了很多针对不同场景的参数组合。用户可以选择一组预先保存好的设置数据来指定给不同的场景，这样可以有效地加快工作速度。

- 室内：大多数是通过较少和较小规模的光源，在一个有限的范围内产生照明，内部空间更难以计算全局光照。
- 室外：室外空间基本上是建立在一个开放的天空环境下，从一个较大的表面发射出均匀的光线，这使得它更容易进行全局光照计算。
- 自定义：如果用户修改过“常规”选项卡下的任意参数，预设属性将自动切换到自定义方式。
- 默认：设置首次反弹算法为“辐照缓存”，这是计算速度最快的全局光照计算方式。
- 对象可视化：一般针对光线聚集的构造，这意味着它们一般需要多个光线反射。
- 进程式渲染：这个选项是专门为物理渲染器的进程式采样器设置的，可以快速地呈现出粗糙的图像质量，然后逐步提高。

2. 首次反弹算法

首次反弹算法用来计算摄像机视野范围内所看到的直射光（发光多边形、天空、真实光源、几何体外形等）照射物体表面的亮度。

3. 二次反弹算法

二次反弹算法可以用来计算摄像机视野范围以外的区域，以及漫射深度所带来的对周围对象的照明效果。

4.Gamma

可以使用该参数来调整渲染过程中的画面亮度。

7.3.3 “辐照缓存”选项卡

“辐照缓存”选项卡如图 7-50 所示。“辐照缓存”是一种新型的计算方法，可以大幅度地提高细节处的渲染品质，如模型角落、阴影等，如图 7-51 所示。

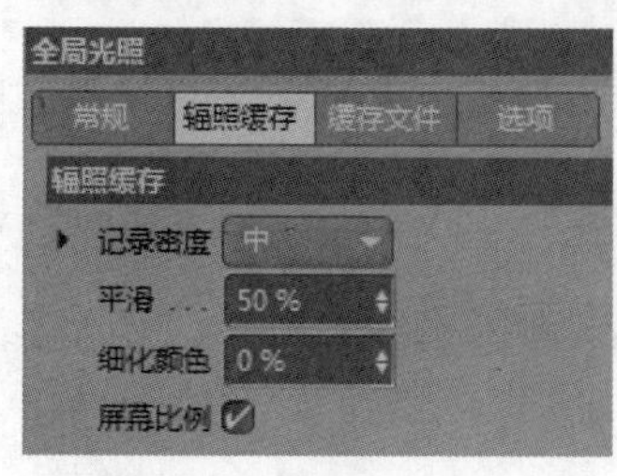

图 7-50

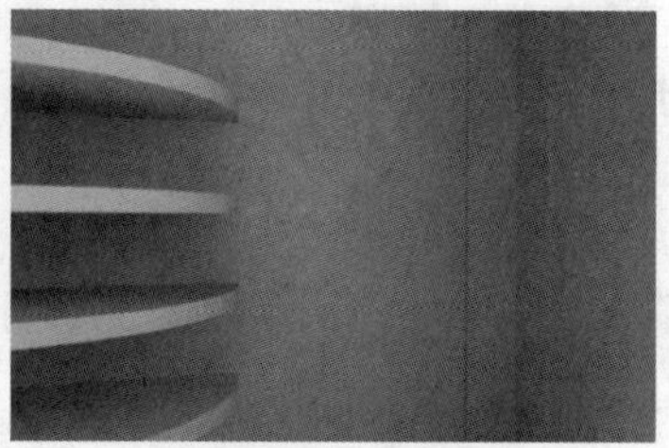

图 7-51

7.4 环境吸收

环境吸收可以对场景中模型与模型之间的接触部分以及投影部分起到一定的影响，可增加物体与物体之间的阴影，让渲染的场景更加真实，更接近真实的环境，如图 7-52 所示。环境吸收通常和全局光照搭配使用，均是 CINEMA 4D 中常用的渲染选项。

无环境吸收

有环境吸收

图 7-52

要设置环境吸收，可以单击工具栏的“编辑渲染设置”按钮，或按快捷键 Ctrl+B 打开“渲染设置”对话框，然后单击“效果”按钮，在弹出的菜单中选择“环境吸收”选项，如图 7-53 所示。

选择“环境吸收”选项后，“渲染设置”对话框会显示该效果基本属性的参数编辑面板，如图 7-54 所示。

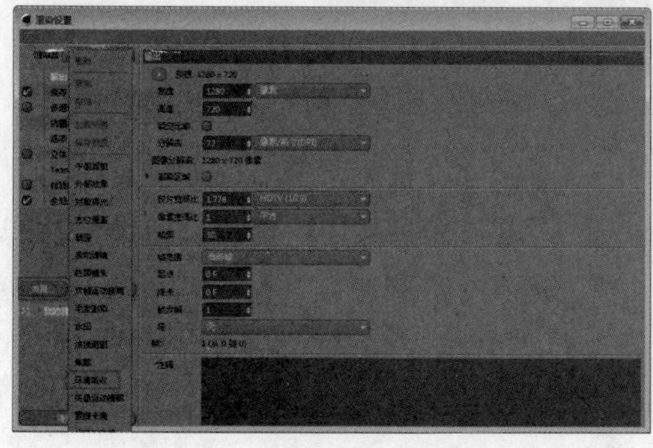

图 7-53

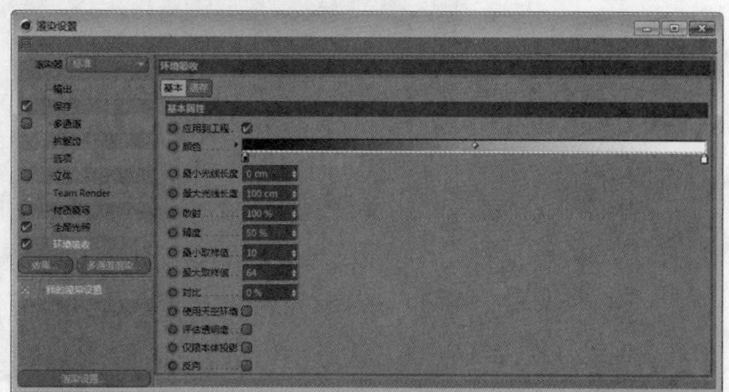

图 7-54

7.4.1 “基本”选项卡

“基本”选项卡中各主要参数的含义具体如下。

1. 应用到工程

勾选该复选框后，环境吸收为开启状态，取消勾选则失效。

2. 颜色

用于设置环境吸收效果的颜色，如图 7-55 所示。

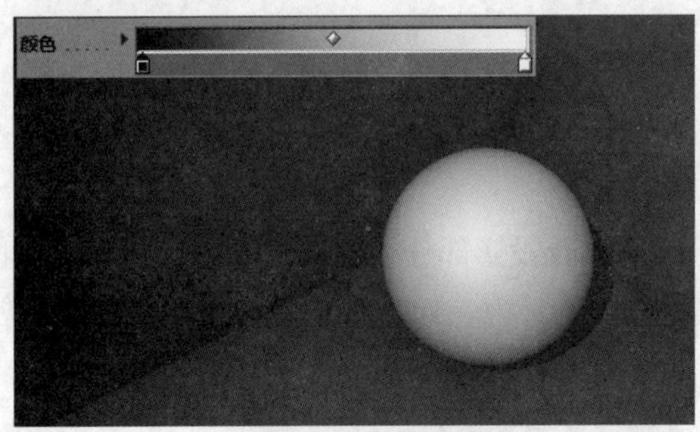

图 7-55

3. 精度 / 最小取样值 / 最大取样值

用于设置环境吸收效果的计算精度，“精度”“最小取样值”“最大取样值”都会对环境吸收的效果产生影响。

4. 对比

设置环境吸收效果的对比强度，可设置的数值范围为 – 100% ~100%。

7.4.2 “缓存”选项卡

“缓存”选项卡如图 7-56 所示，该选项卡可以将缓存数据进行保存并再次使用。值得注意的是，它只能对场景中物体间的间距、位置等数据进行保存。

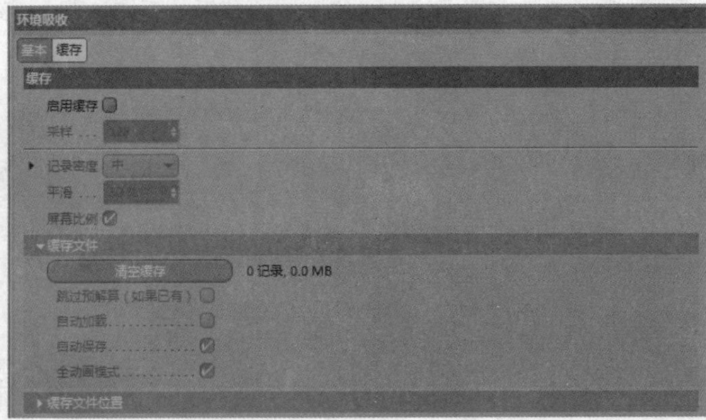

图 7-56

如果取消勾选“启用缓存”复选框，则将沿用 CINEMA 4D 之前版本中对环境吸收的计算方式，强制计算每一像素在环境中的可见性。

7.5 课堂练习：渲染立体 App 图标

【知识要点】结合本章介绍的渲染知识，打开素材模型自行调整参数，使其达到图 7-57 所示的渲染效果。

【所在位置】Ch07\ 素材 \ 渲染立体 App 图标 .c4d

图 7-57

7.6 课后习题：渲染 Low-Poly 风格场景

【知识要点】模型被赋予材质后，还需要配合良好的渲染设置才能输出良好的效果图片。结合本章所介绍的知识，对一个简单的 Low-Poly 风格场景进行渲染，最终效果如图 7-58 所示。

【所在位置】Ch07\ 素材 \ 渲染 Low-Poly 风格场景 .c4d

图 7-58

第8章 动力学技术

本章介绍

CINEMA 4D 中的动力学可以用来模拟真实的物体碰撞，比起手动设置关键帧动画，它能生成更真实的运动效果，并且能够节省大量时间。但使用动力学技术同样需要进行很多测试和调试，才能得到正确理想的模拟结果。

学习目标

- 掌握创建刚体的方法
- 掌握创建碰撞体的方法

技能目标

- 掌握“保龄球碰撞动画”的制作方法
- 掌握“红旗招展动画”的制作方法
- 掌握“多米诺牌动画”的制作方法
- 掌握“柔体的自由落体动画”的制作方法

8.1 模拟标签

“模拟标签”是赋予物体动力学属性的标签，如图 8-1 所示。“模拟标签”下包含“刚体”“柔体”“碰撞体”“检测体”“布料”“布料碰撞器”“布料绑带”这 7 个选项。“模拟标签”可以模拟刚体、柔体和布料 3 种类型的物体的动力学效果，本节将介绍最主要的 4 个选项。

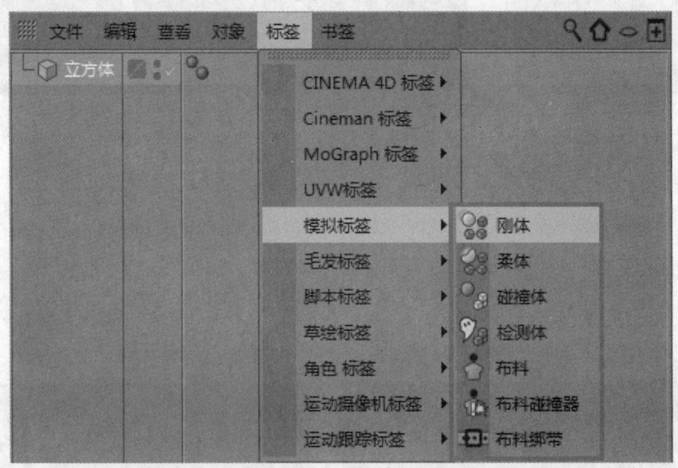

图 8-1

8.1.1 课堂案例：制作保龄球碰撞动画

【学习目标】了解刚体、碰撞体的创建方法，掌握刚体运动的设置，创建简单的运动学动画。

【知识要点】为保龄球和球瓶对象添加刚体标签，为地面添加碰撞体标签，最后修改刚体的运动属性，得到保龄球的碰撞效果，如图 8-2 所示。

【所在位置】Ch08\ 素材 \ 制作保龄球碰撞动画 .c4d

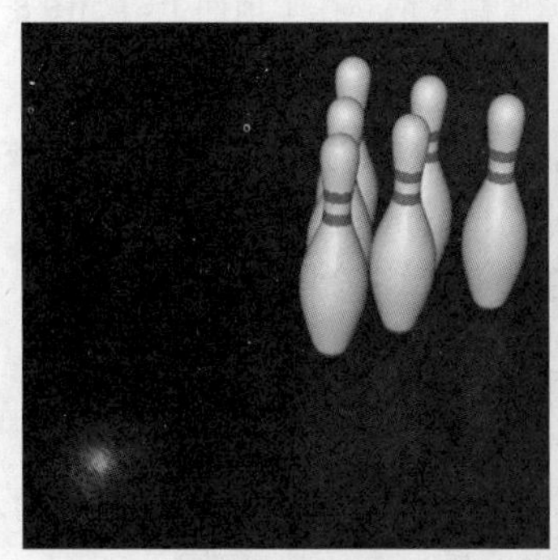  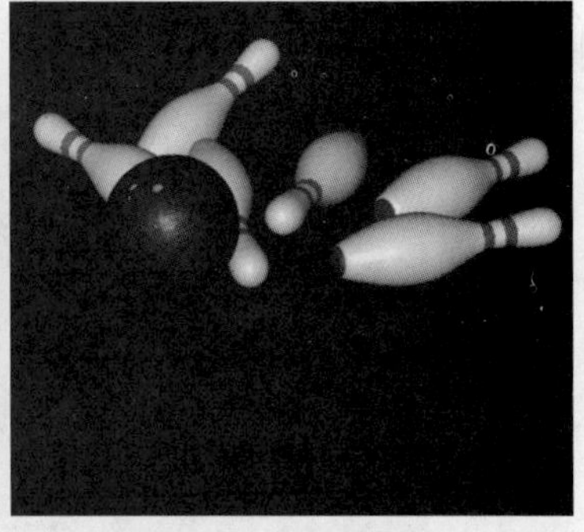

图 8-2

（1）启动 CINEMA 4D 软件，打开文件“Ch08\ 素材 \ 制作保龄球碰撞动画 .c4d”，其中已经创建好了保龄球、球瓶和地面对象，如图 8-3 所示。

（2）在“对象”窗口中选择“保龄球”对象，单击鼠标右键，在弹出的快捷菜单中选择“模拟标签”选项，然后在子菜单中选择“刚体”选项，即可为保龄球添加一个“刚体”标签，如图 8-4 所示。

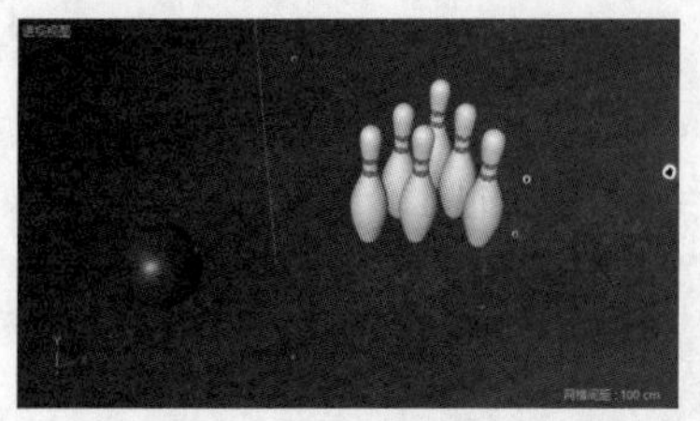

图 8-3

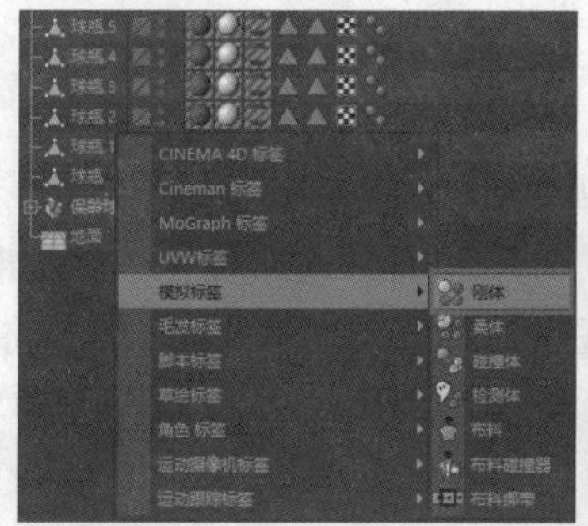

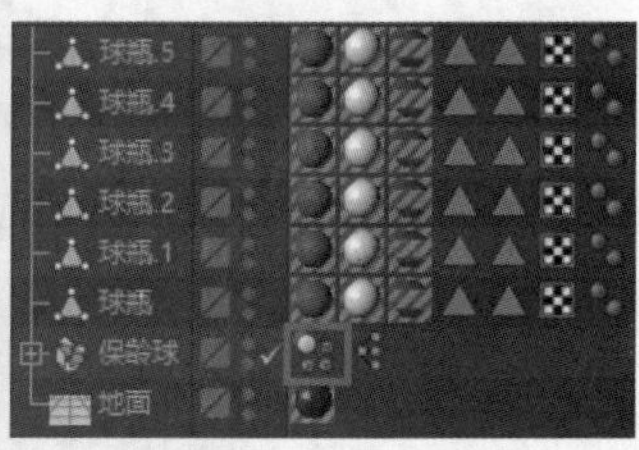

图 8-4

（3）使用同样的操作方法，为每个球瓶添加一个“刚体”标签，如图 8-5 所示。

（4）现在保龄球和球瓶都已经添加了“刚体”标签，具有了动力学特性，可以理解为有了“物理外壳”，这样它们之间才能够进行碰撞。动力学动画不需要添加关键帧，直接单击时间轴中的“向前播放”按钮，即可观察到模型的动画，如图 8-6 所示。此时会发现保龄球和球瓶之间没有出现预想的撞击效果，而是直接下坠，地面对象并没有支撑起它们。

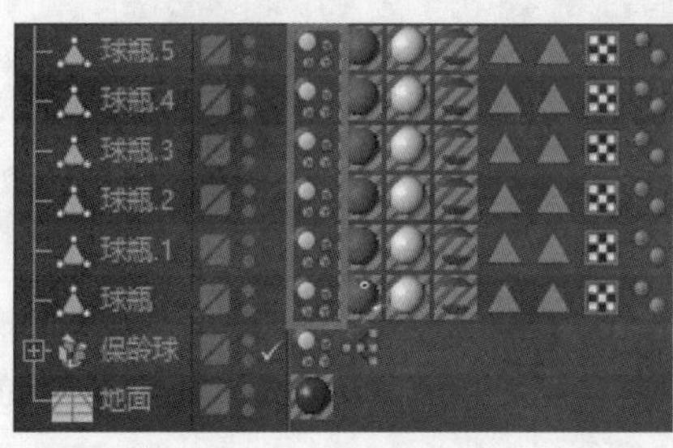

图 8-5

图 8-6

（5）将时间轴归零，然后选择“地面”对象，单击鼠标右键，在弹出的快捷菜单中选择“模拟标签”|“碰撞体”选项，为“地面”添加“碰撞体”标签，如图 8-7 所示。

（6）再次单击时间轴中的“向前播放”按钮，可以看到保龄球和球瓶稳稳地立在了地面上，如图 8-8 所示，接着再给保龄球添加一个动力，使其撞向球瓶即可。

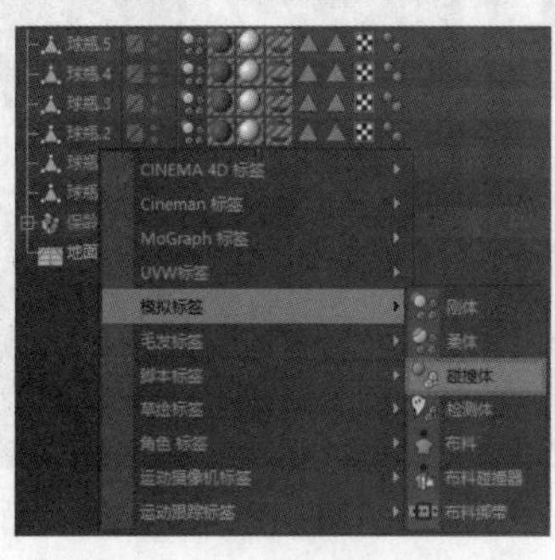

图 8-7

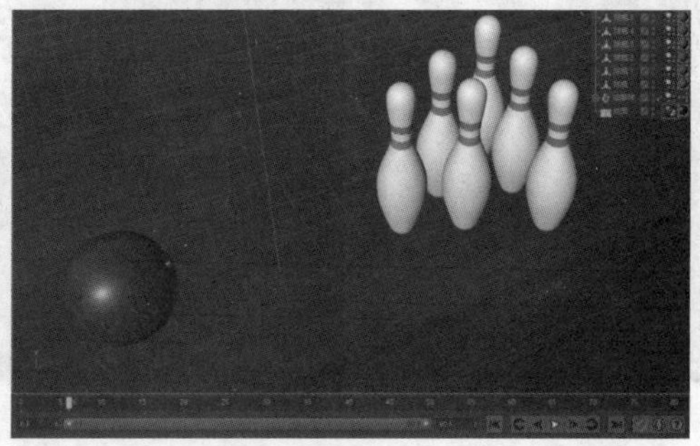

图 8-8

（7）选择保龄球上的“刚体”标签，在下方的“属性”窗口中勾选“自定义初速度”复选框，然后在“初始线速度”一栏的第 1 个框内输入 100cm，表示在 +*x* 轴方向给了保龄球一个 100cm/s 的初速度，如图 8-9 所示。

（8）再次单击时间轴中的“向前播放”按钮，可以观察到保龄球向球瓶方向滚动，并最终撞倒球瓶，而球瓶也由于刚体属性，彼此之间会发生碰撞，如图 8-10 所示。

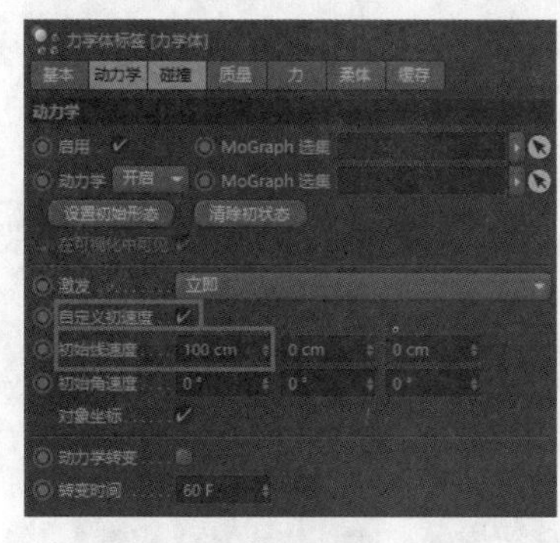

图 8-9

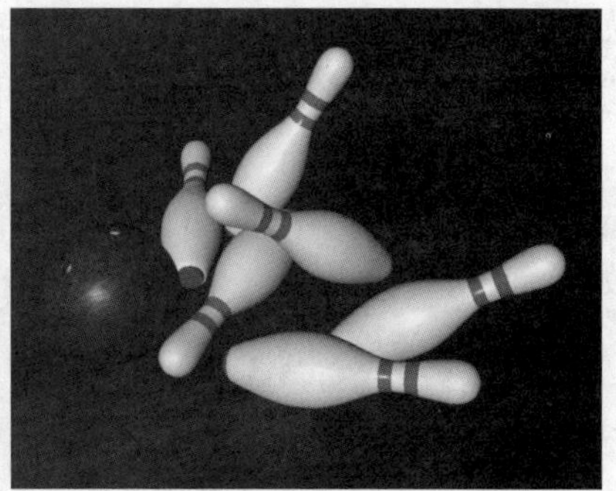

图 8-10

8.1.2 刚体

刚体是指不能变形的物体，即在任何力的作用下，体积和形状都不发生改变的物体，如理想状态的木棍、岩石、钢铁等。在 CINEMA 4D 中，刚体是用来进行动力学操作的基本元素。

要设置刚体，需要在“对象”窗口中选择所需的模型对象，然后单击鼠标右键，或直接单击“标签”选项卡，在弹出的快捷菜单中选择“模拟标签”选项，接着在子菜单中选择“刚体”选项。设置后的对象在标签栏中将新增一个“刚体”标签，如图 8-11 所示。

通俗地讲，创建一个球体自由落体的动画时，球体落地时却直接穿过了地面，而不是和现实中的球体落地一样发生碰撞和反弹，这就是业界所说的“穿模”，如图 8-12 所示。要避免这种情况，就需要分别指定球体为刚体，地面为碰撞体。

单击创建好的“刚体”标签，在下方的“属性”窗口中可以设置相关属性，如图 8-13 所示。

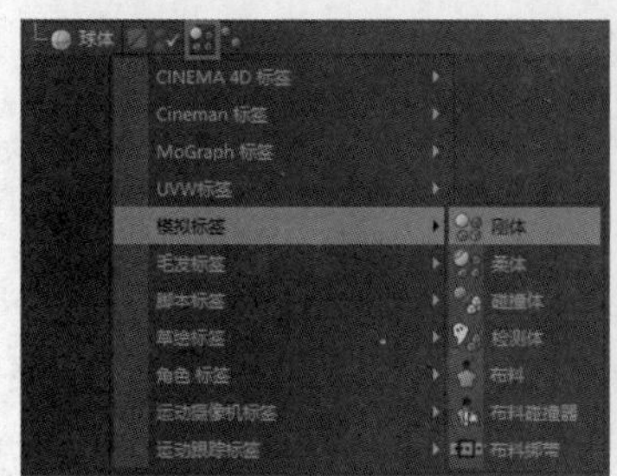

图 8-11

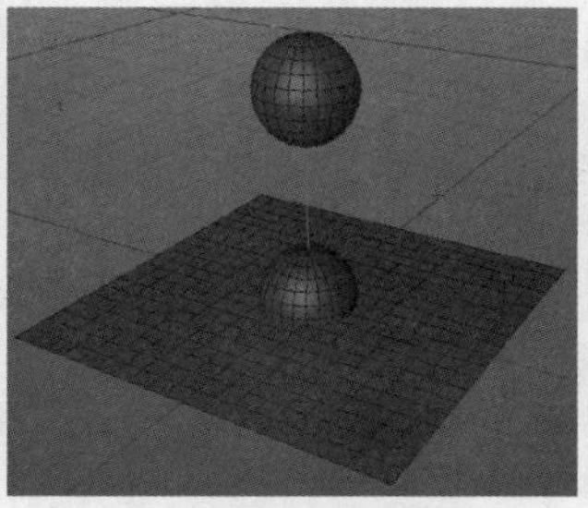

图 8-12

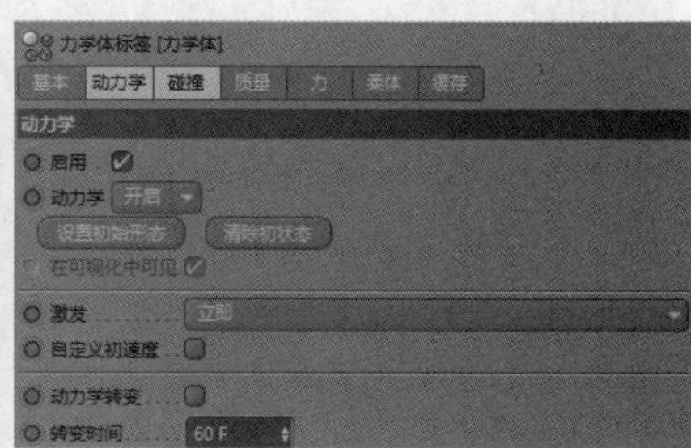

图 8-13

各主要参数的含义具体如下。

1. 启用

勾选该复选框后，动力学标签为激活状态（默认为勾选状态）。如果取消勾选，则该标签图标显示为灰色，说明动力学标签不产生任何作用，相当于没有为对象添加该标签。

2. 动力学

动力学参数包含 3 个选项，分别是“开启”“关闭”“检测”，如图 8-14 所示。各选项含义的具体介绍如下。

◆ 关闭：选择该项后，动力学标签的图标显示变为，说明当前的动力学标签被转换为“碰撞体”，如图8-15所示。此时“球体”和“平面”都作为碰撞体存在。

- 开启：为对象赋予刚体对应的标签后，默认开启，说明当前物体作为刚体存在，参与动力学的计算。
- 检测：选择该项后，动力学标签的图标显示变为▣，说明当前的动力学标签被转换为“检测体”，如图8-16所示。

图 8-14

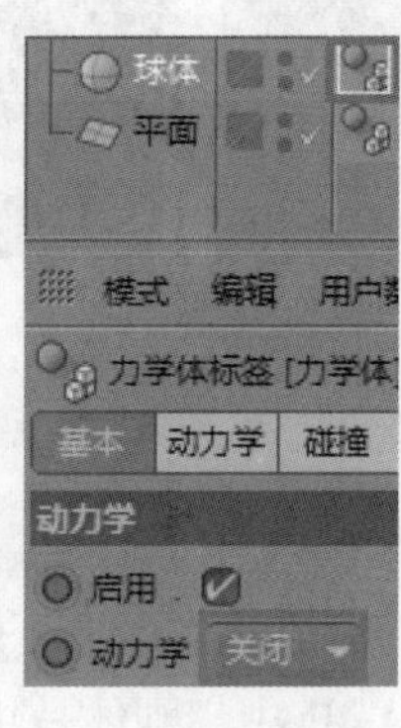

图 8-15

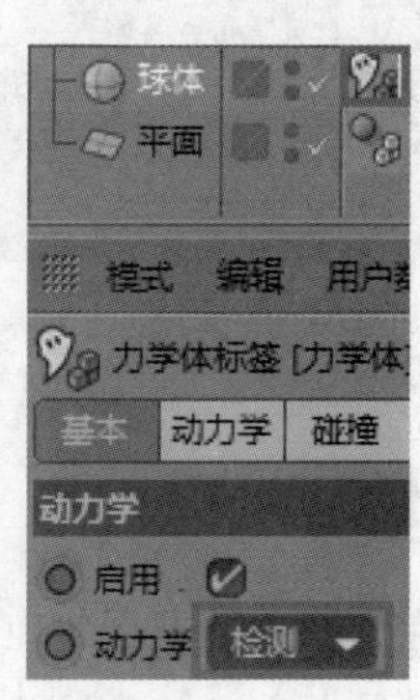

图 8-16

3. 设置初始形态

单击该按钮，可以设置刚体对象的初始状态。

4. 清除初状态

单击该按钮，可以重置初始状态。

5. 激发

用于设置刚体对象的计算方式，有“立即”“在峰速”“开启碰撞”“由 XPresso”4 种模式，默认的“立即”选项会无视初速度进行模拟。

6. 自定义初速度

勾选该复选框后，将激活“初始线速度”“初始角速度”“对象坐标”参数，用户可自定义各个方向上参数的数值，如图 8-17 所示。

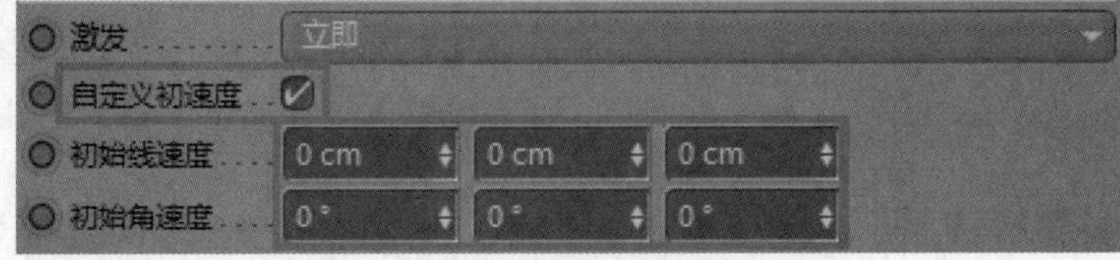

图 8-17

8.1.3 柔体

赋予了“柔体”标签的对象在模拟动力学动画时，会因碰撞而产生形变，如图 8-18 所示。选择需要成为柔体的对象，然后在“对象”窗口中单击鼠标右键，在弹出的菜单中选择“模拟标签”|“柔体”选项，即可为对象赋予“柔体”标签▣。

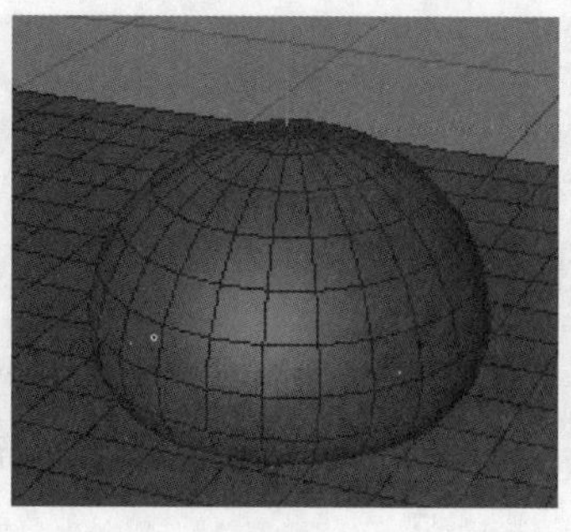
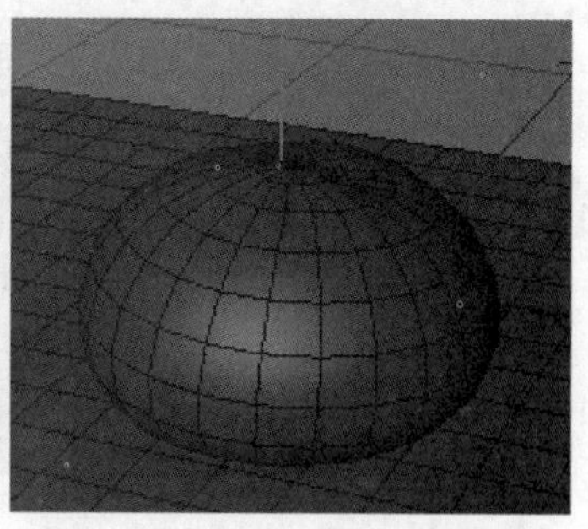

图 8-18

选择“柔体”标签后，在下方的“属性”窗口中可以设置其属性。“柔体”与“刚体”的“属性”窗口基本相同，下面为大家重点介绍“柔体”选项卡中的“柔体”选项，如图 8-19 所示。

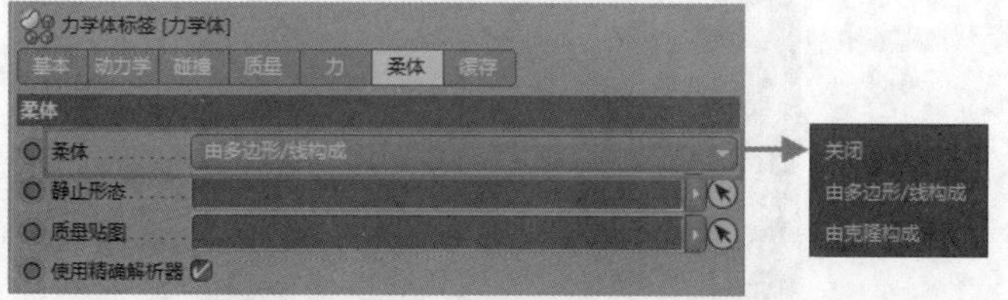

图 8-19

“柔体”选项下拉列表中包含 3 个选项，分别是“关闭”“由多边形 / 线构成”“由克隆构成”，具体介绍如下。

- 关闭：动力学对象作为刚体存在，效果如图8-20所示。
- 由多边形/线构成：动力学对象作为普通柔体存在，效果如图8-21所示。
- 由克隆构成：克隆对象作为一个整体，像弹簧一样产生动力学动画，效果如图8-22所示。

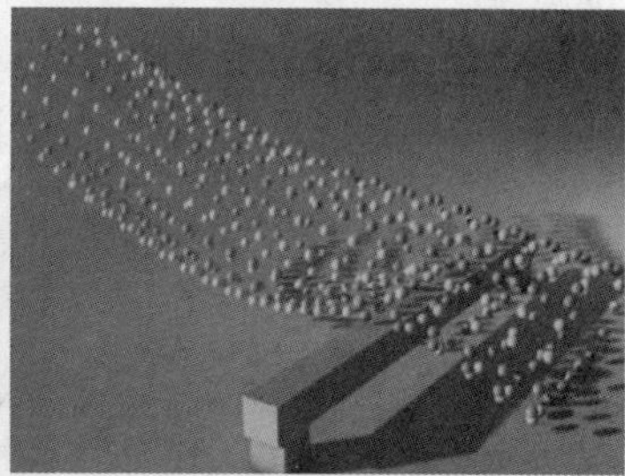

图 8-20　　图 8-21　　图 8-22

8.1.4　碰撞体

前面提到，如果要创建一个没有“穿模”现象的球体自由落体的动画，需要将球体指定为刚体，将地面指定为碰撞体。8.1.1 节中已经介绍了刚体的概念，本节便继续介绍何为碰撞体。

在制作动力学动画（如自由落体）时，一个对象只有赋予了“碰撞体”标签，才能与刚体对象或柔体对象产生碰撞，如图 8-23 所示。这里可以将碰撞体简单理解为“大地”，如果“大地”不存在，那所有东西都会无止境地跌落下去，如图 8-24 所示。

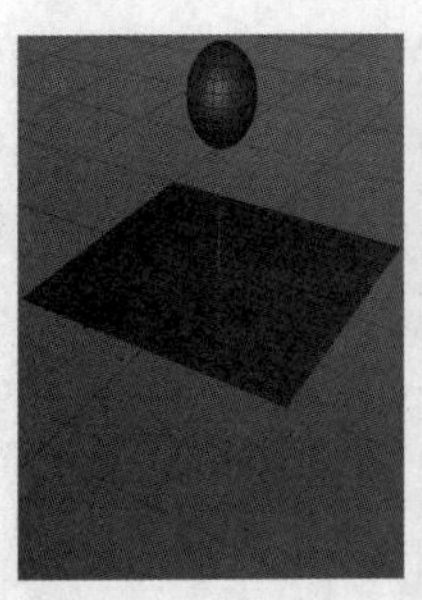

图 8-23

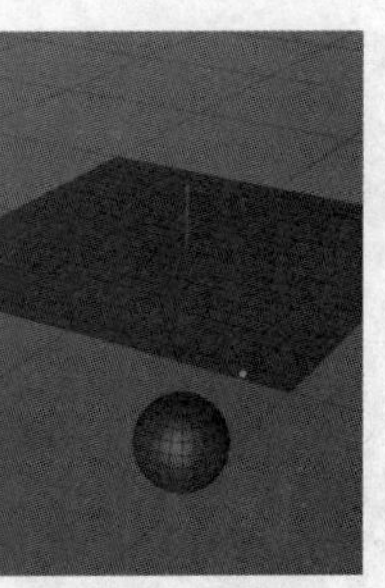

图 8-24

要创建碰撞体，可先选择对象，然后单击鼠标右键，在弹出的快捷菜单中选择“模拟标签”|“碰撞体”选项，即可为该对象赋予“碰撞体”标签，如图 8-25 所示。

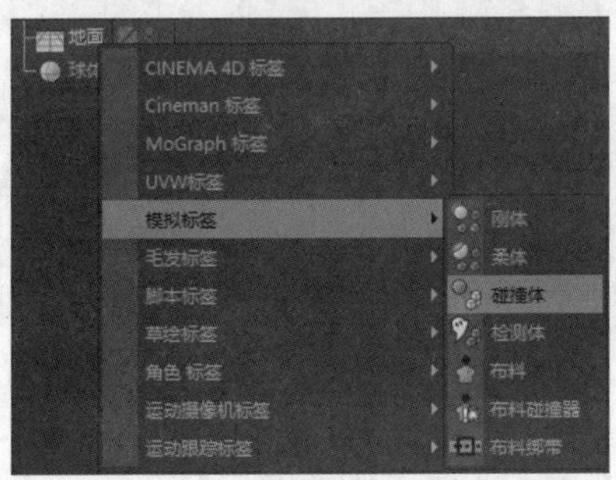

图 8-25

8.1.5 布料与布料碰撞器

赋予了“布料”标签的对象在模拟动力学动画时，会模拟布料碰撞的效果。选择需要模拟布料碰撞的对象，然后在相应的“对象”窗口上单击鼠标右键，在弹出的快捷菜单中选择“模拟标签”|“布料”选项，即可为该对象赋予“布料”标签，如图 8-26 所示。

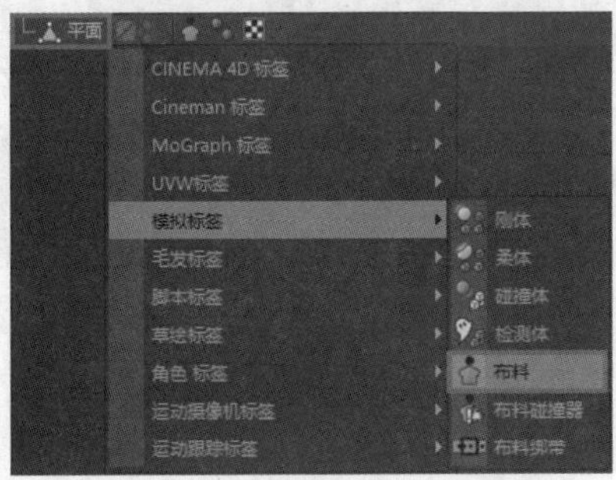

图 8-26

提示

这里需要注意的是，只有将模拟布料的模型转换为可编辑对象后才能产生布料模拟效果，普通的参数化模型无法实现该效果。因此，图 8-26 中的“平面”是可编辑对象图标 平面，而不是模型图标 平面。

选定对象，添加“布料”标签后，该对象便有了布料的一些对象。但如果要创建图 8-27 所示的效果，则需要像刚体和碰撞体的关系一样，为布料所碰到的球体添加“布料碰撞器”标签。“布料碰撞器”标签的添加方法和刚体、碰撞体、布料等一样，这里不做重复介绍。

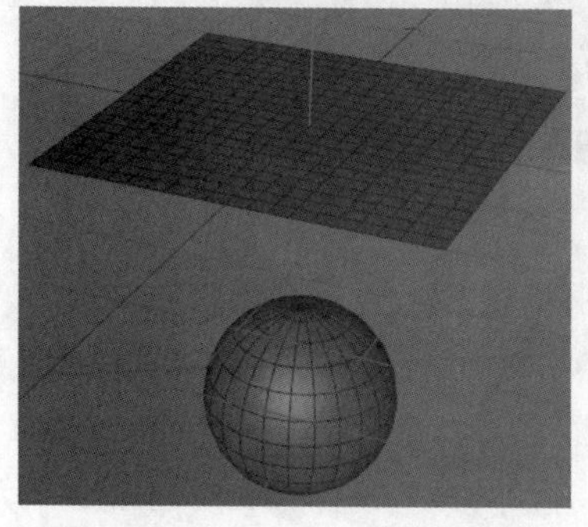
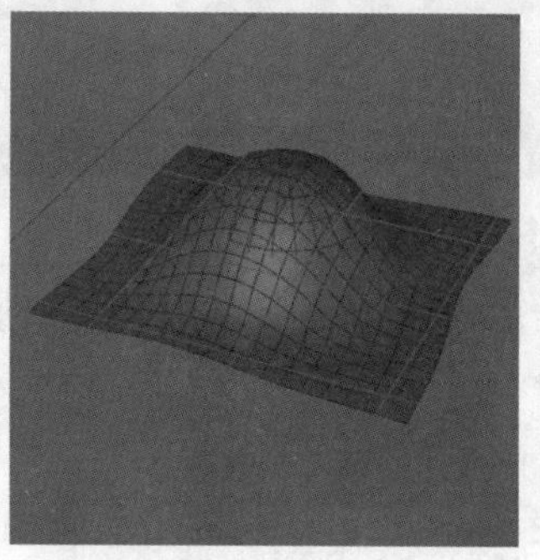
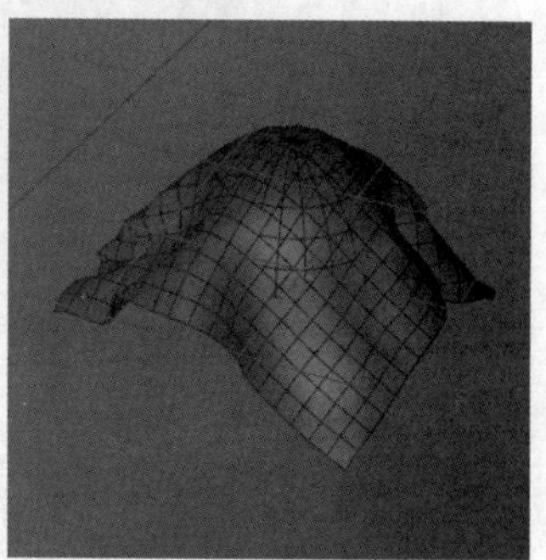

图 8-27

8.2 动力学辅助器

前面介绍的刚体、柔体、碰撞体、布料等都是动力学对象的基本属性，除了修改各标签上的参数得到不同的运动效果之外，CINEMA 4D 还提供了辅助器工具来进一步完善动力学设计。辅助器包括连结器、弹簧、力和驱动器这 4 个部分，本节将对各部分进行具体介绍。

8.2.1 课堂案例：制作红旗招展动画

【学习目标】了解布料、风力、重力等动力学辅助器的创建方法，制作简单的动力学动画。

【知识要点】对红旗添加“布料”标签，然后修改布料的运动属性，最后得到类似旗帜飘扬的效果，如图 8-28 所示。

【所在位置】Ch08\ 素材 \ 制作红旗招展动画 .c4d

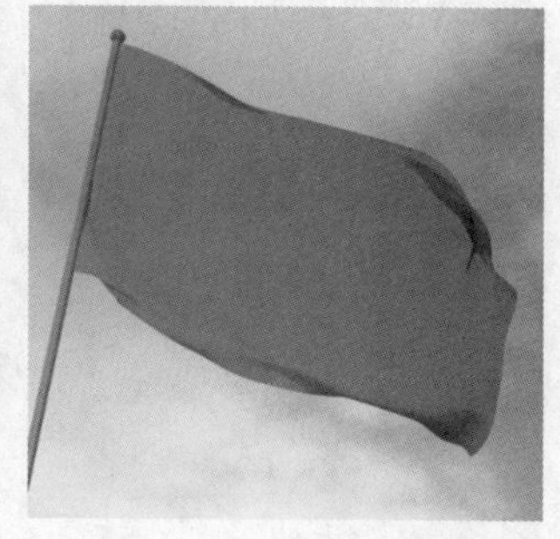

图 8-28

（1）启动 CINEMA 4D 软件，打开文件“Ch08\ 素材 \ 制作红旗招展动画 .c4d”，其中已经创建好了红旗模型和环境效果，如图 8-29 所示。

（2）在“对象”窗口中选择“红旗”对象，单击鼠标右键，在弹出的快捷菜单中选择“模拟标签”|“布料”选项，如图 8-30 所示。

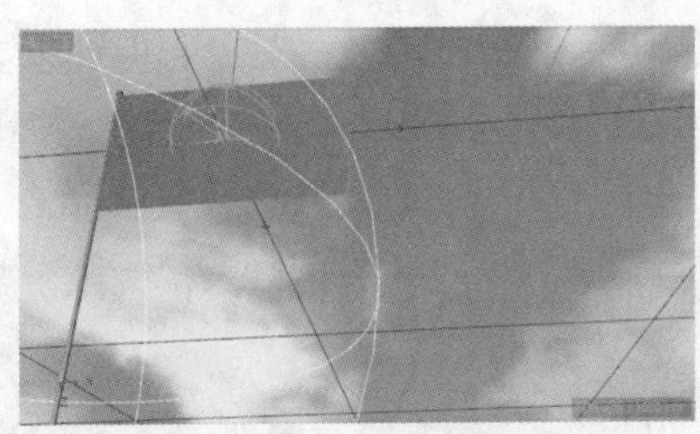

图 8-29

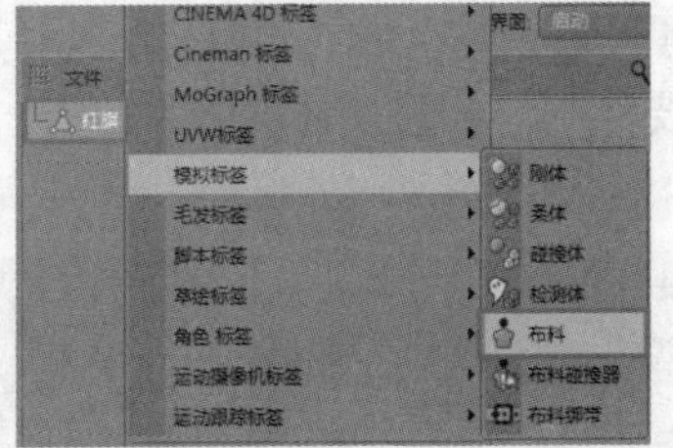

图 8-30

（3）单击编辑模式工具栏中的“点模式”按钮，使用框选工具选择红旗模型最左侧的对象点，然后在“布料”标签的“属性”窗口中切换至“修整”选项卡，在其中单击固定点右侧的“设置”按钮，即可将最左侧的特征点设置为固定不动的点，如图 8-31 所示。

（4）切换至“影响”选项卡，将“重力”设置为 -9.81，将“风力方向 .X”设置为 100cm，将“风力方向 .Y”设置为 0cm，将“风力方向 .Z”设置为 1cm，将“风力强度”设置为 5，将“风力湍流强度”设置为 0.2，将“风力湍流速度”设置为 1，其余保持默认状态，如图 8-32 所示。

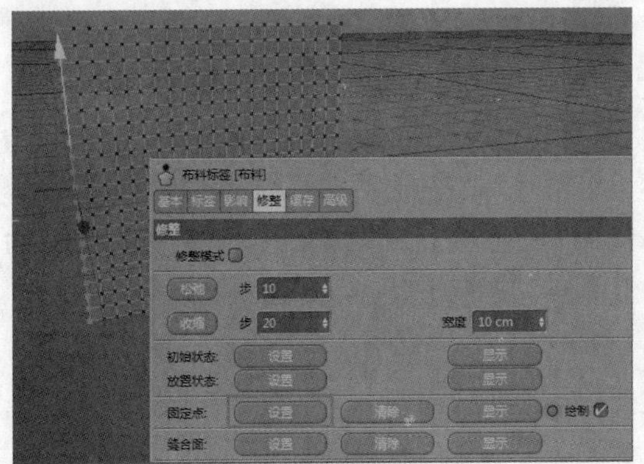

图 8-31

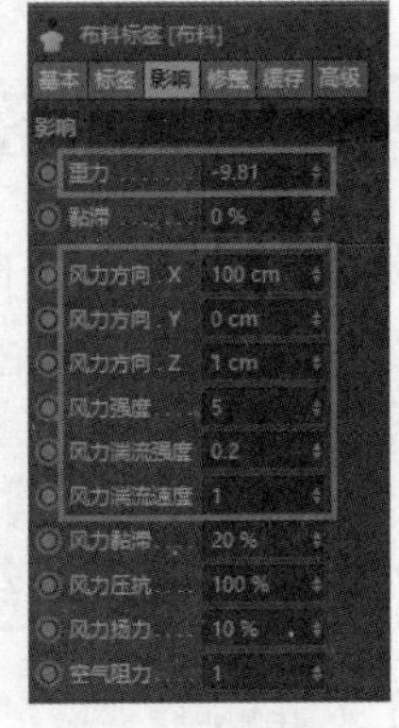

图 8-32

（5）单击时间轴中的“向前播放”按钮，即可观察到旗帜飘扬的效果，如图 8-33 所示。

图 8-33

8.2.2 连结器

在菜单栏中选择“模拟”|“动力学”|“连结器”选项，便可以看到在“对象”窗口中新增的“连结器”对象。连结器的作用是在动力学系统中建立两个对象或者多个对象之间的联系。连接原本没有关联的两个对象，能够模拟出真实的效果。连接器的“属性”窗口如图 8-34 所示。

“对象属性”面板中各参数的介绍具体如下。

1. 类型

在动力学引擎中，连结器有几种不同的方式，如铰链、球窝关节等。单击连结器“属性”窗口中的“类型”下拉按钮，可以在 10 种类型中进行选择，如图 8-35 所示。

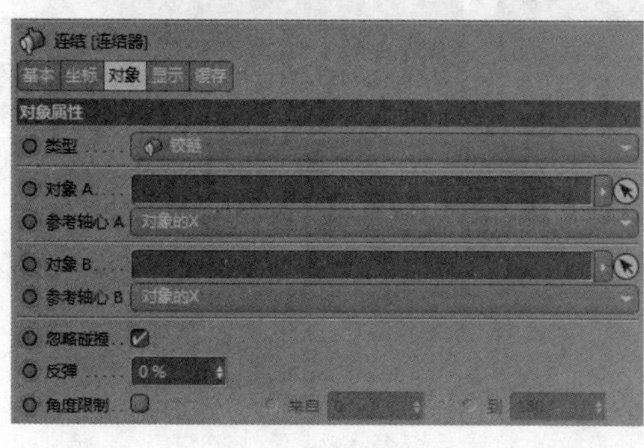

图 8-34

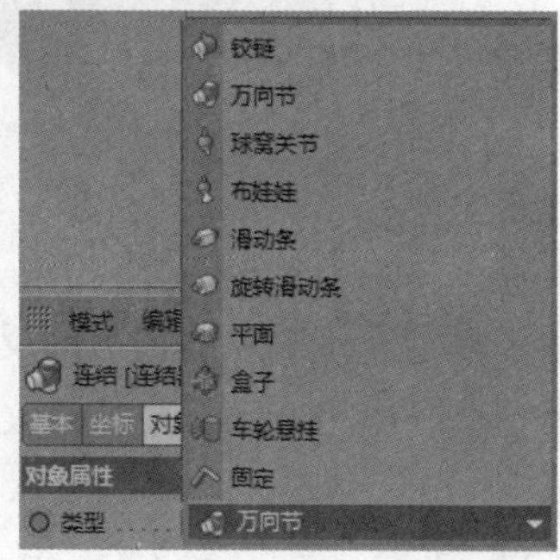

图 8-35

2. 对象 A/ 对象 B

对象 A/ 对象 B 右侧的空白区域用来放置需要产生连接的 A、B 两个对象。需要注意的是，这个对象必须是动力学对象，如刚体、弹簧、驱动、力等。在“对象”窗口中，选择并按住需要进行连接的 A 或 B 对象的名称不放，然后拖动至相应的“对象 A”或“对象 B”右侧的空白区域即可。

3. 忽略碰撞

有些时候模型在进行动力学计算时，会出现穿插错误的情况，如图 8-36 所示。为了解决这类错误的碰撞效果，需要进入连结器对象的“属性”窗口，取消勾选“忽略碰撞”复选框，这样对象 A 和对象 B 就能产生正确的碰撞，而不会互相穿透，如图 8-37 所示。

图 8-36

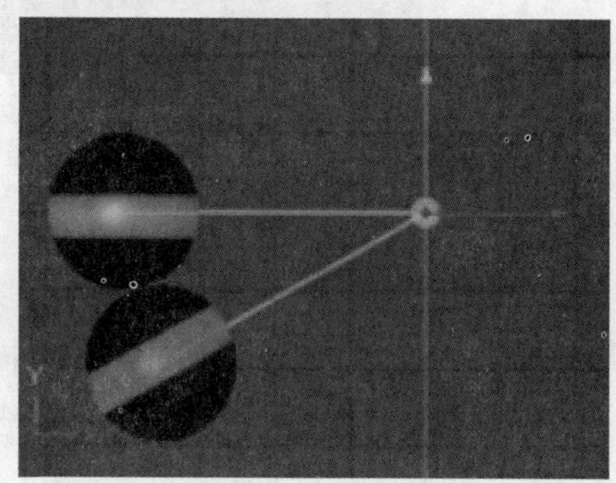

图 8-37

4. 角度限制

勾选“角度限制”复选框后，视图窗口中的连结器将显示角度限制的范围，如图 8-38 所示。

5. 参考轴心 A/ 参考轴心 B

这两个参数用于设置对象 A 和对象 B 的连结器轴心，如图 8-39 所示。

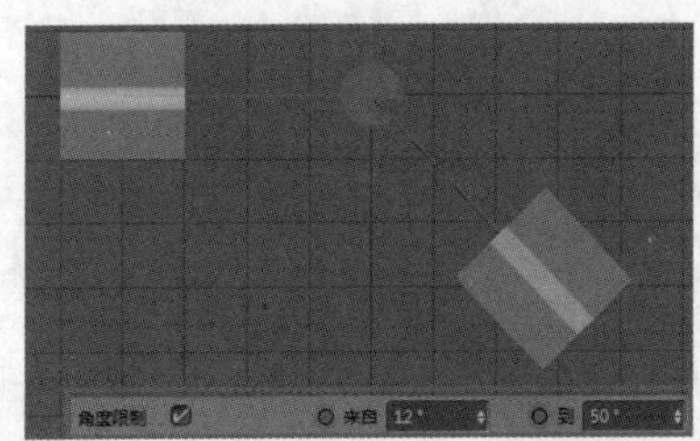

图 8-38

图 8-39

6. 反弹

该参数用于设置连接对象碰撞后的反弹大小，数值越大，反弹越强。使用角度限制后，用户可以方便地观察到这一变化，反弹的最低数值为 0%，没有上限。

8.2.3　弹簧

弹簧对象可以拉长或压短，可以产生拉力或推力，从而在两个刚体之间创建类似弹簧的效果。在菜单栏中选择“模拟”|“动力学”|“弹簧”选项，便可以在“对象”窗口新增一个“弹簧”对象。弹簧的“属性”窗口如图 8-40 所示，下面对部分参数进行具体介绍。

1. 类型

用于设置弹簧的类型，共有 3 种类型可选，分别是“线性”“角度”“线性和角度”，如图 8-41 所示。

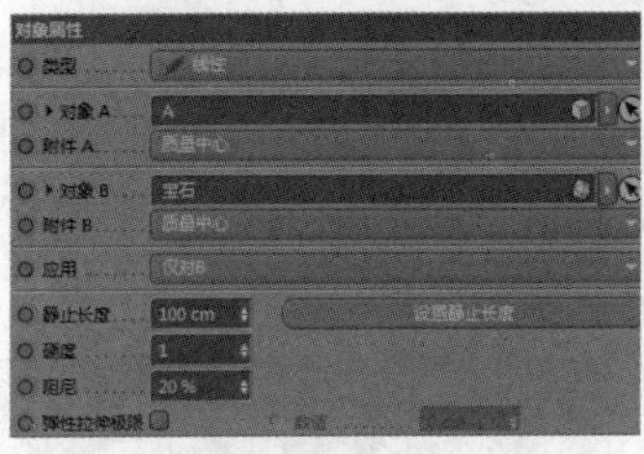

图 8-40

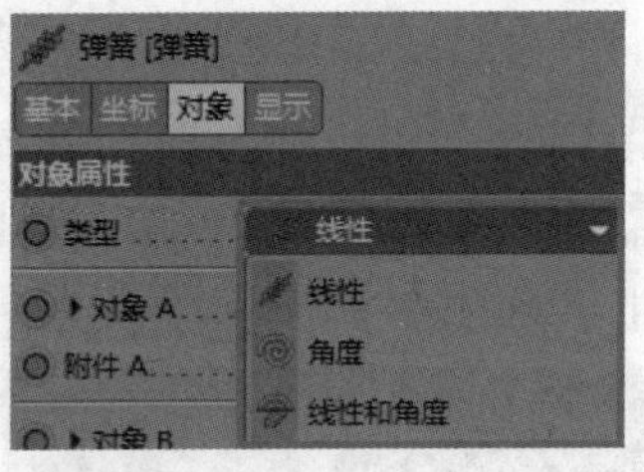

图 8-41

2. 对象 A/ 对象 B

“对象 A”和“对象 B”右侧的空白区域可用来放置需要产生作用的 A、B 两个对象，但需要注意这些对象必须是动力学对象。在“对象”窗口中，长按 A 或 B 对象的名称不放，拖动至相应“对象 A”或“对象 B”右侧的空白区域即可，如图 8-42 所示。设置完毕后，场景中就可以观察到一段弹簧，弹簧为对象 A 和对象 B 建立了动力学关系。

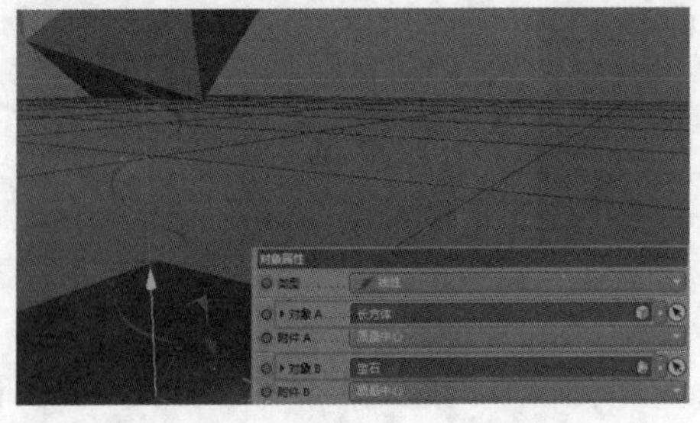

图 8-42

3. 附件 A/ 附件 B

这两个参数用于设置弹簧对"对象 A"或"对象 B"作用点的位置，如图 8-43 所示。这两个参数分别在填充"对象 A"和"对象 B"右侧的空白区域后才会出现。

图 8-43

4. 应用

"应用"参数包含 3 个选项，分别是"仅对 A""仅对 B""对双方"。"应用"参数在填充"对象 A"和"对象 B"右侧的空白区域后才会出现。真实情况下，弹簧的对象 A/B 同时具有作用和反作用力，一般选择默认选项"对双方"即可。

5. 静止长度

用来设置弹簧产生动力学效果后的静止长度，数值越大，弹簧静止长度越长，如图 8-44 所示。单击"设置静止长度"按钮，可将弹簧当前的长度设置为静止长度。

图 8-44

6. 硬度

该参数用于设置弹簧的硬度，数值越大弹簧越难变形。

7. 阻尼

该参数用于设置影响弹簧弹力的数值大小。

8.2.4 力

力对象类似于现实中的万有引力，它可以在刚体之间产生引力或斥力。要添加力，可以在菜单栏中选择"模拟"|"动力学"|"力"选项，添加完成后，"对象"窗口便会新增一个"力"对象，如图 8-45 所示。

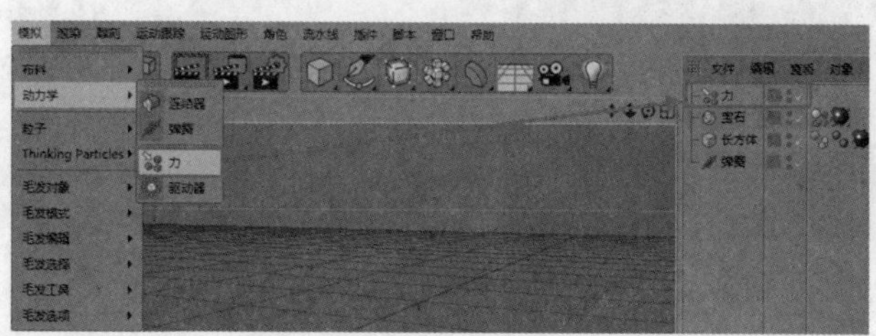

图 8-45

力的“属性”窗口如图 8-46 所示，下面对其中较重要的几个参数进行介绍。

1. 强度

该参数用于设置力的强度大小，强度越大，力产生的作用越强，如图 8-47 所示。

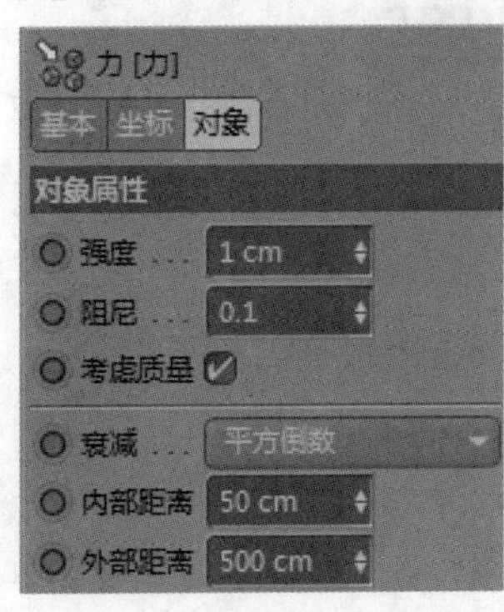

图 8-46

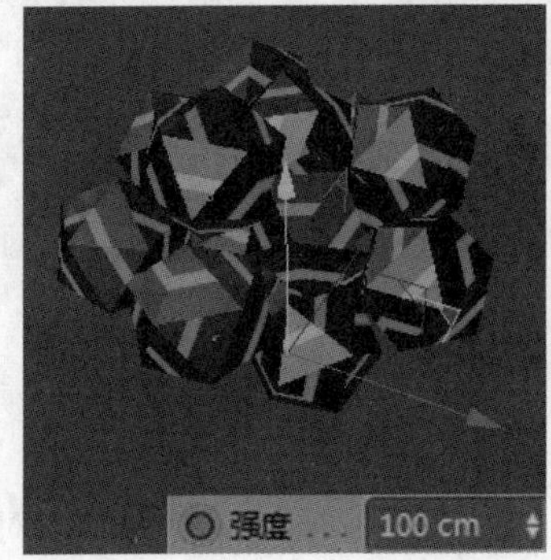

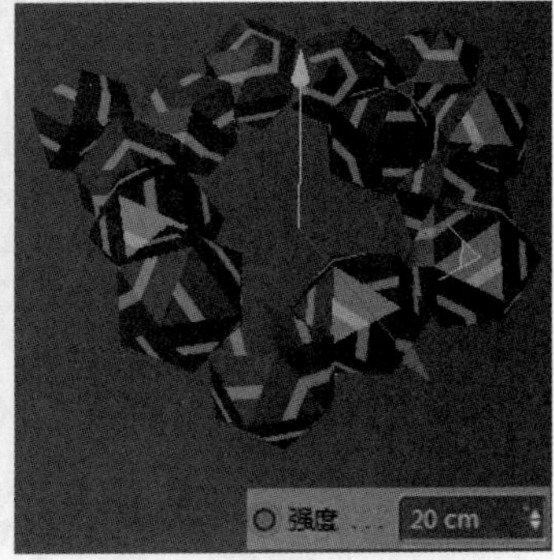

图 8-47

2. 阻尼

该参数用于设置影响力的数值大小。

3. 考虑质量

默认为勾选状态。当场景中存在不同的对象时，对象的质量不同，力对其产生的作用效果也不同。力对质量小的物体能产生较大的作用，对质量大的物体则产生较小的作用。

4. 衰减

用于设置力从内部距离到外部距离的衰减方式，共有 5 种方式，如图 8-48 所示。

5. 内部距离 / 外部距离

用于设置作用力的范围。从内部距离至外部距离，作用力将持续降低，最终为 0，如图 8-49 所示。

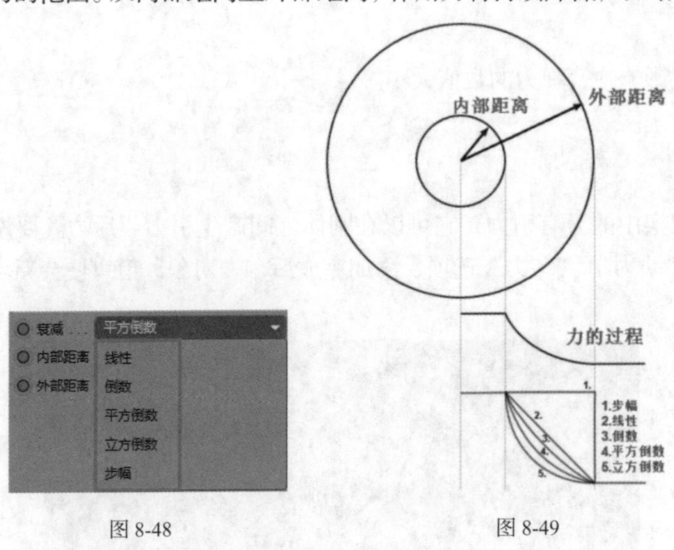

图 8-48　　图 8-49

8.2.5 驱动器

驱动器可以对刚体沿着特定角度施加线性力，可以把这种力想象成作用在对象上的一个恒力，使对象持续地旋转或移动，直到对象碰到其他刚体或碰撞体。

要添加驱动器，可以在菜单栏中选择“模拟”|“动力学”|“驱动器”选项，添加后将在“对象”窗口新增一个“驱动器”对象，如图 8-50 所示。

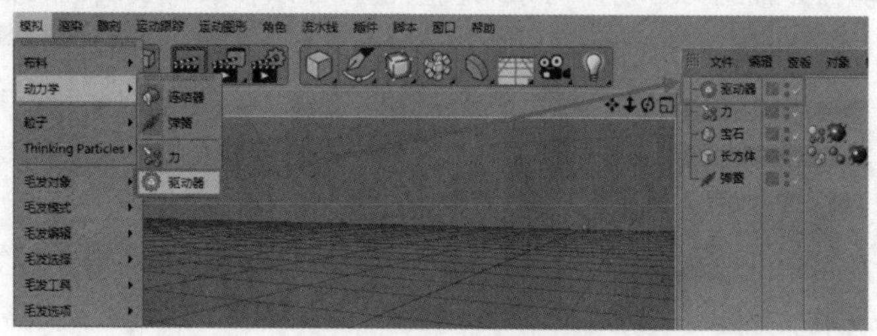

图 8-50

驱动器的“属性”窗口如图 8-51 所示，下面对其中较重要的几个参数进行介绍。

1. 类型

驱动器类型包含 3 个选项，分别是“线性”“角度”“线性和角度”，如图 8-52 所示。

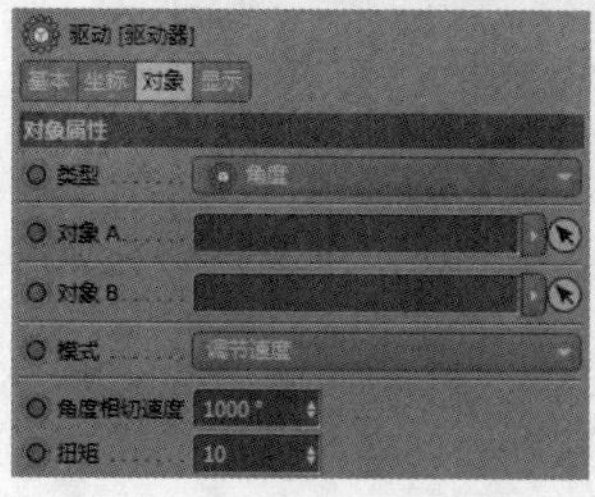

图 8-51

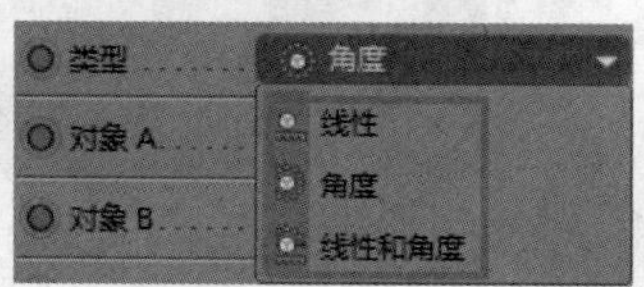

图 8-52

2. 对象 A/ 对象 B

在驱动器对象的“属性”窗口，“对象 A”和“对象 B”右侧的空白区域分别用来放置需要产生作用的 A、B 两个对象。需要注意的是，这些对象必须是动力学对象。对象 A 是将要旋转的物体，对象 B 是阻止旋转的物体。

3. 模式

“模式”参数包含“调节速度”和“应用力”两个选项，如图 8-53 所示。

图 8-53

- 调节速度：选择该项后，当力或扭矩达到目标速度时，线目标速度和角目标速度将减少，不再产生更多的力或扭矩。
- 应用力：选择该项后，力或扭矩的应用将不考虑速度，导致可以无限制地增加速度。

4. 角度相切速度

如果将“模式”设置为“调节速度”，那么该参数用于设置最大的角速度，当角速度达到最大时，扭矩将是有限的。

5. 扭矩

施加扭矩围绕驱动器 z 轴的力。物体对象的质量越大，该参数需要设置的数值越大。

8.3 课堂练习：制作多米诺牌动画

【知识要点】结合本章介绍的动力学，打开素材模型，自行添加动力学标签，来制作一个经典的多米诺牌倒塌动画效果，如图 8-54 所示。

【所在位置】Ch08\ 素材 \ 制作多米诺牌动画 .c4d

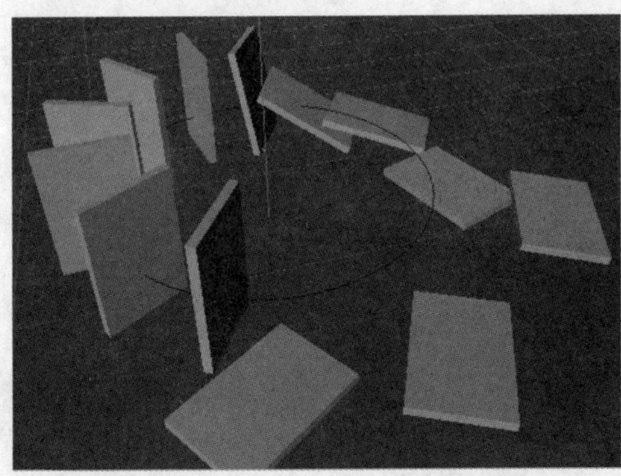

图 8-54

8.4 课后习题：制作柔体的自由落体动画

【知识要点】为模型对象添加“柔体”标签，然后指定碰撞体，并观察柔体和刚体不同的自由落体效果，如图 8-55 所示。

【所在位置】Ch08\ 素材 \ 制作柔体的自由落体动画 .c4d

图 8-55

第9章 粒子技术与毛发

本章介绍

除了第 8 章所介绍的动力学命令外，CINEMA 4D 还提供了许多的高级功能，如本章将介绍的粒子功能和毛发系统。通过粒子功能，用户可以制作丰富的粒子动画效果，例如雨雪天气、群鸟飞翔、鱼群运动等；通过毛发系统，用户则可以创建头发、绒毛、羽毛等效果。

学习目标

- 了解粒子的创建方法
- 了解毛发的创建和编辑方法

技能目标

- 掌握“下雪动画”的制作方法
- 掌握“笔刷”的制作方法
- 掌握“草地效果”的制作方法
- 掌握“气球飞升动画”的制作方法

9.1 粒子与力场

粒子系统的核心是发射器，发射器可以将粒子发射到场景空间中。从发射器发射出来的粒子可以根据需要为其添加不同的力场、动力学属性等，从而使发射的粒子产生不同的随机运动效果。

9.1.1 课堂案例：通过粒子制作下雪动画

【学习目标】了解粒子与发射器的关系，通过创建发射器并修改参数，来制作雪花纷飞的效果。

【知识要点】通过创建发射器，再调整发射器的位置和定义粒子的参数，最后创建风力效果，即可得到下雪动画，如图 9-1 所示。

【所在位置】Ch09\ 素材 \ 通过粒子制作下雪动画 .c4d

图 9-1

（1）启动CINEMA 4D软件，打开文件“Ch09\ 素材 \ 通过粒子制作下雪动画 . c4d”，其中已经创建好了场景，如图 9-2 所示。

（2）在菜单栏中选择“模拟”|“粒子”|“发射器”选项，创建一个发射器，然后在坐标窗口中设置“P”为 -90°，让发射器的方向朝向下方，如图 9-3 所示。

图 9-2

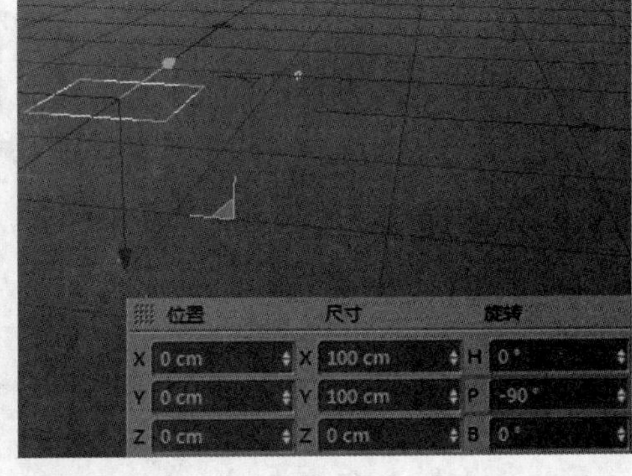

图 9-3

（3）在“对象”窗口中选择“发射器”对象，在其“属性”窗口中的“粒子”选项卡下，设置发射器的“投射起点”为 -60F，设置“速度”为 80cm，将“终点缩放”处的“变化”设置为 0%，并勾选“显示对象”复选框，如图 9-4 所示。

（4）切换至“发射器”选项卡，设置发射器的“水平尺寸”为 308cm，“垂直尺寸”为 100cm，如图 9-5 所示。

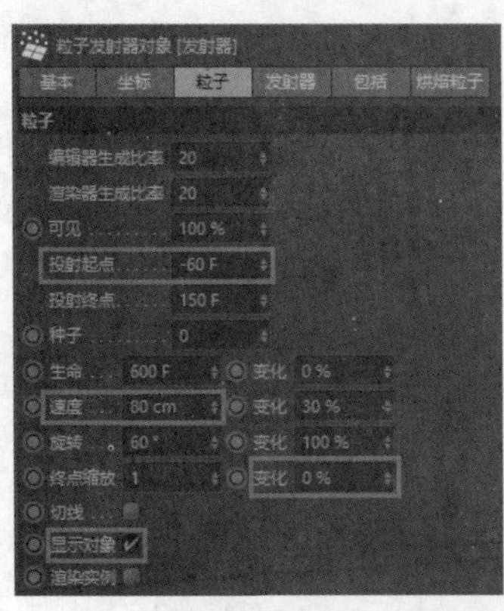

图 9-4

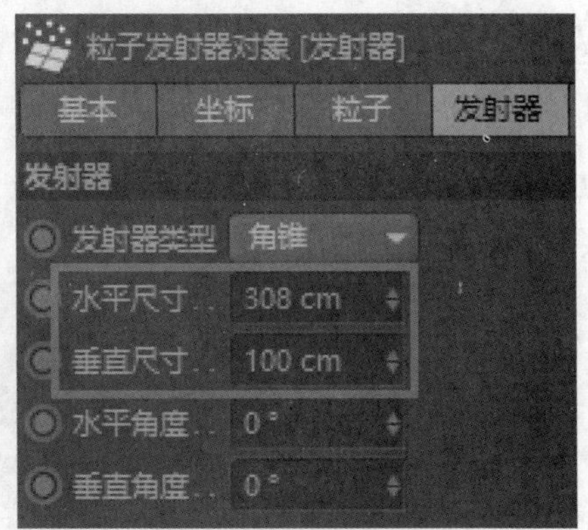

图 9-5

（5）在“对象”窗口中，将“雪花”对象移至“发射器”对象的下方，成为其子对象，如图 9-6 所示，设置完毕后将发射器移至视图的上方，让雪花有从上往下飘落的效果。

（6）在菜单栏中选择“模拟”|“粒子”|“风力”选项。风力在视图窗口中显示为黄色的图形，选择该图形，然后将其移至发射器的侧面，这样雪就会有倾斜向下的效果，如图 9-7 所示。

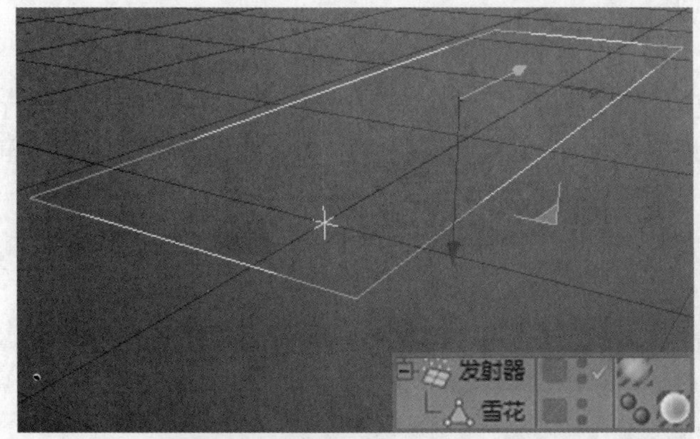

图 9-6

图 9-7

（7）选择“风力”对象后，在下方的“属性”窗口中切换至“对象”选项卡，将“速度”设置为 2cm，将“紊流”设置为 20%，如图 9-8 所示。

（8）拉长时间轴，然后单击“向前播放”按钮▷，即可在视图窗口中观察到雪花飞舞的效果，按快捷键 Ctrl+R 可以快速渲染当前模型，效果如图 9-9 所示。

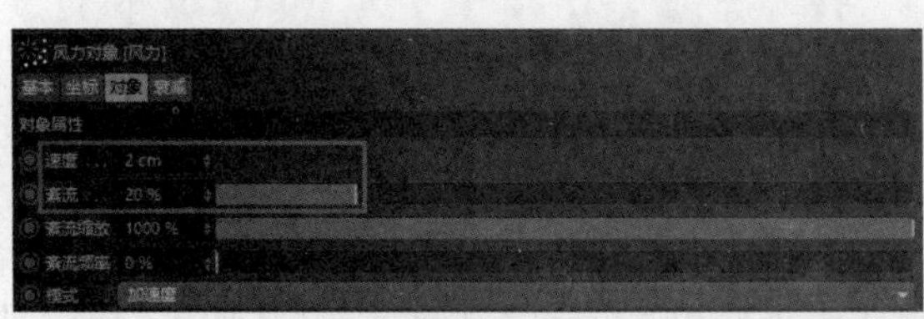

图 9-8

图 9-9

9.1.2 粒子的概念

粒子，是为了模拟现实中的水、火、雾、气等效果，由三维软件开发出来的制作模块，原理是将无数的单个粒子进行组合，使其呈现出固定形态，并借由控制器、脚本来控制其整体或单个的运动，从而模拟出现实中的效果，如图 9-10 所示。

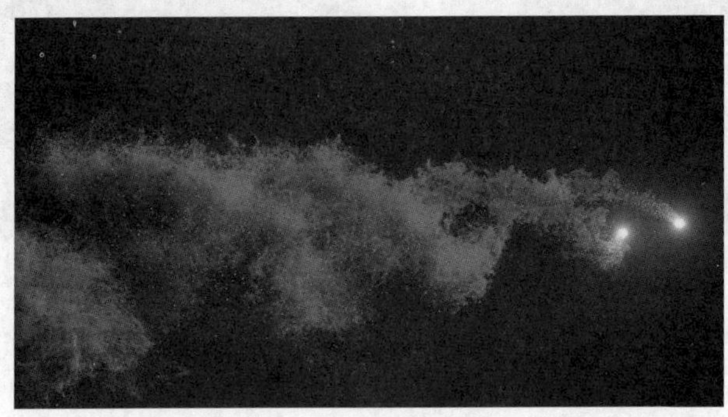

图 9-10

9.1.3 创建粒子

要创建粒子，可以在菜单栏中选择“模拟”|“粒子”|“发射器”选项，如图 9-11 所示，执行该命令后即可创建粒子发射器。单击时间轴上的“向前播放”按钮▷，发射器便会发射粒子，如图 9-12 所示。

图 9-11

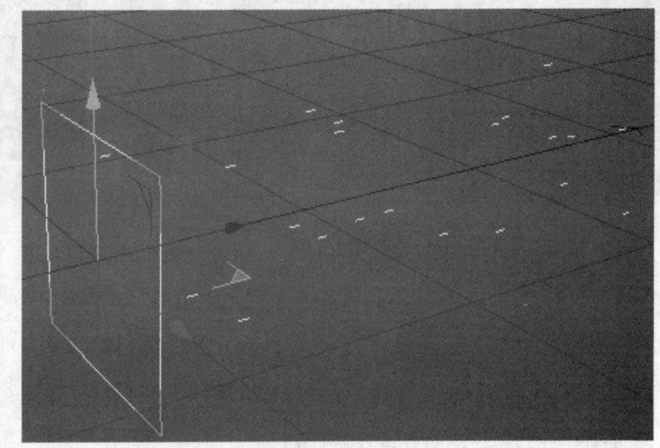

图 9-12

9.1.4 粒子的属性

创建发射器后，“对象”窗口中会添加“发射器”对象，单击该对象，可以在下方的“属性”窗口中显示发射器的一些属性参数，如图 9-13 所示。下面将对其中的主要选项卡进行详细介绍。

1.“基本”选项卡

在“基本”选项卡中可以更改发射器的名称，设置编辑器和渲染器的显示状态等。如果勾选“透显”复选框，那么粒子对象将呈半透明显示，效果如图 9-14 所示。

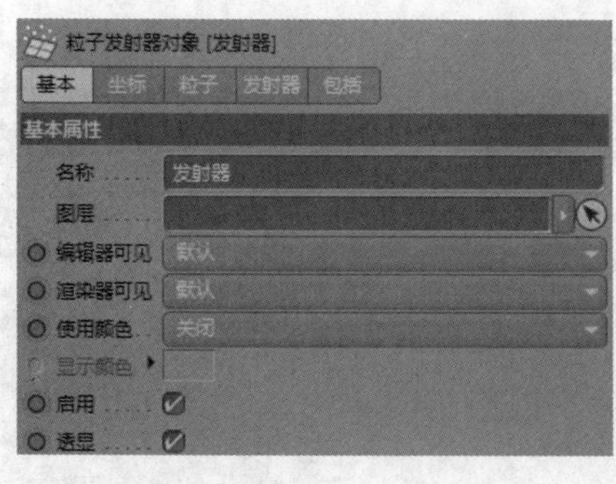

图 9-13

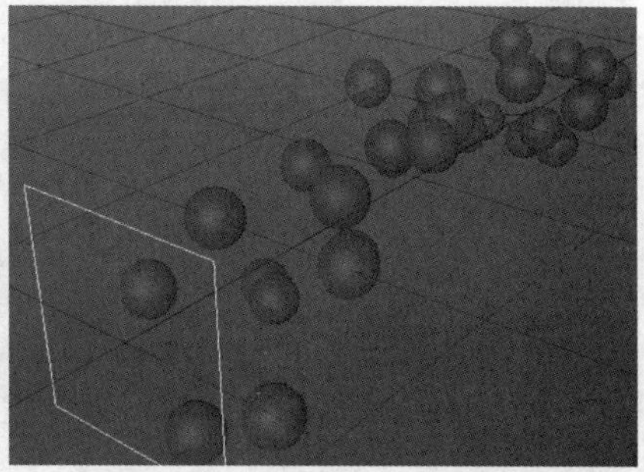

图 9-14

2. “坐标”选项卡

“坐标”选项卡可以用于设置粒子发射器上的 P、S、R 和 x、y、z 轴上的数值，如图 9-15 所示。

3. “粒子”选项卡

“粒子”选项卡如图 9-16 所示，这是发射器最主要的选项卡。

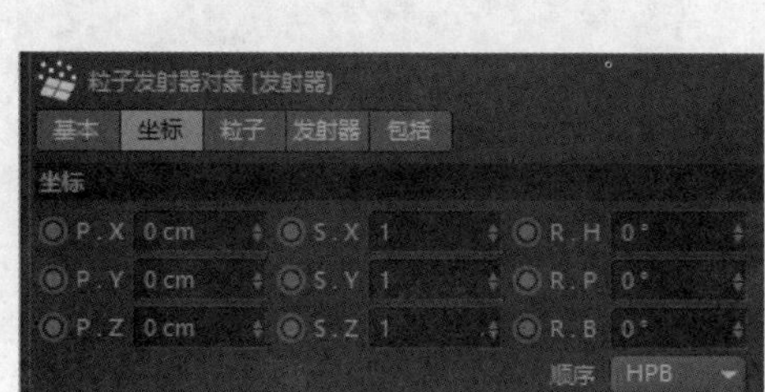

图 9-15

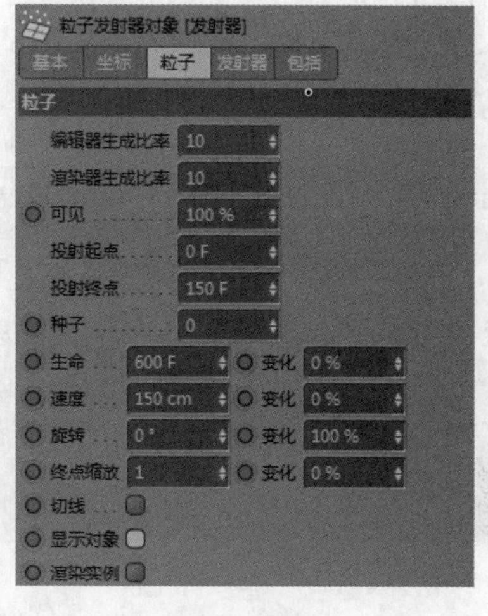

图 9-16

选项卡中各参数的含义具体如下。

- 编辑器生成比率：粒子在编辑器中发射的数量。
- 渲染器生成比率：粒子实际渲染生成的数量。场景需要大量粒子时，为了便于编辑器操作顺畅，可将编辑器中的发射数量设置为适量，将渲染器生成比率设置成实际需要数量。
- 可见：设定粒子在编辑器中显示的总生成量的百分比。
- 投射起点/投射终点：发射器开始发射粒子的时间和停止发射粒子的时间。
- 种子：设定发射出的粒子的随机状态。
- 生命：设定粒子出生后的死亡时间，可随机变化。
- 速度：设定粒子出生后的运动速度，可随机变化。
- 旋转：设定粒子运动时的旋转角度，可随机变化。
- 终点缩放：设定粒子出生后的大小，可随机变化，如图9-17所示。

◆ 切线：勾选该复选框，单个粒子的z轴将始终与发射器的z轴对齐，如图9-18所示。

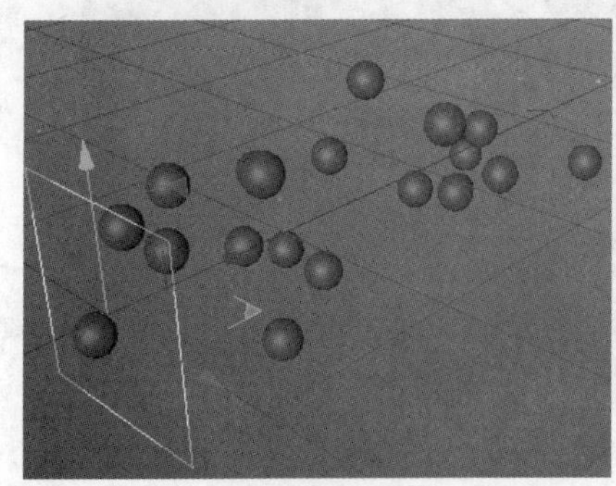

图 9-17

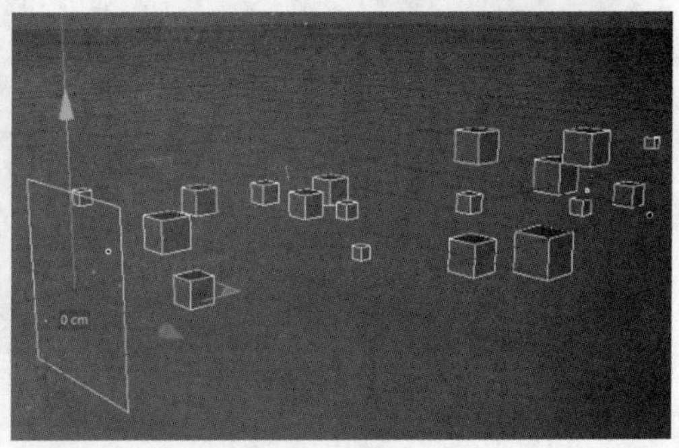

图 9-18

◆ 显示对象：勾选该复选框，场景中的粒子替换对象将会显示。
◆ 渲染实例：勾选该复选框，场景中的实例对象将可以渲染。

4. “发射器”选项卡

“发射器类型”包括“角锥”和“圆锥”，圆锥没有“垂直角度”参数，如图 9-19 和图 9-20 所示。

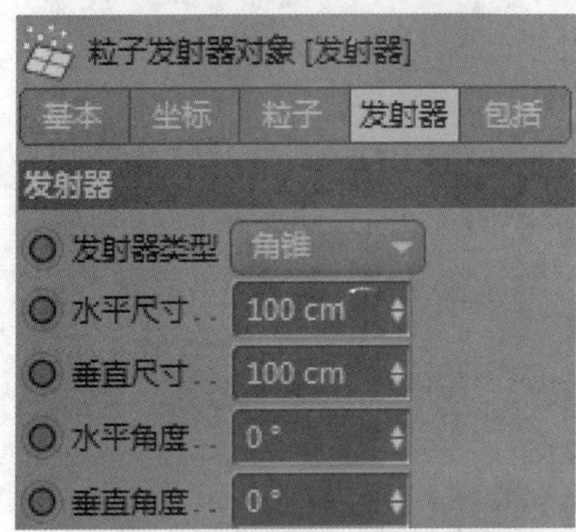

图 9-19

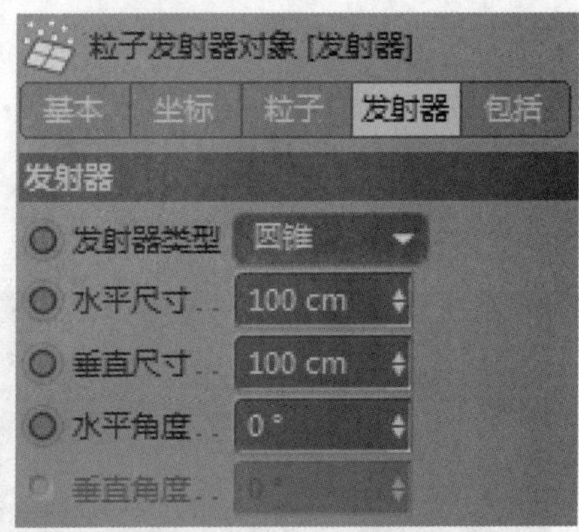

图 9-20

对发射器的尺寸、角度进行设定，可以产生特殊的发射效果，图 9-21 所示为线性发射的参数设置。

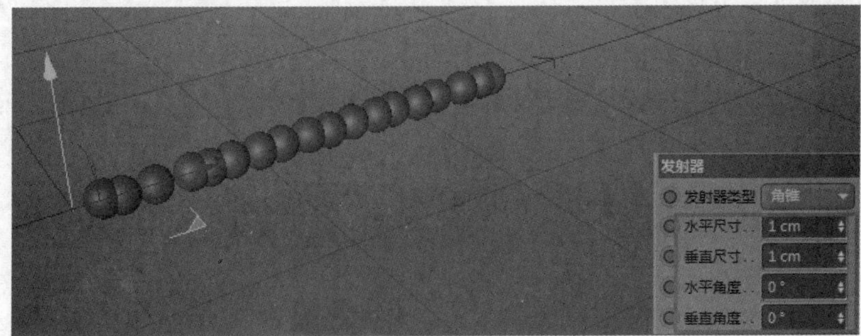

图 9-21

9.1.5 力场的概念

在菜单栏中选择“模拟”|“粒子”|“引力”选项，即可为场景中的粒子添加引力场。如果需要执行“反弹”“破坏”等命令，还可对粒子添加其他力场，如图 9-22 所示。

1. 引力

引力场对粒子起吸引或排斥作用，引力的“属性”窗口如图 9-23 所示。下面对其中的一些参数进行介绍。

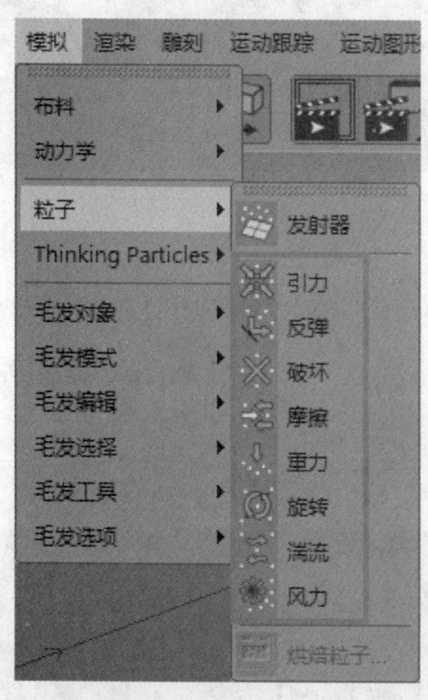

图 9-22

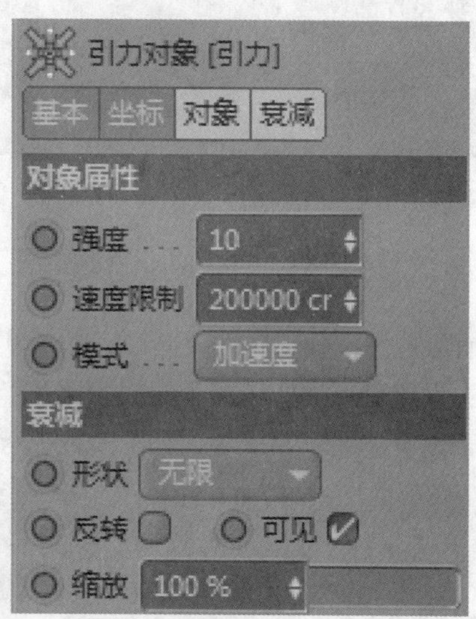

图 9-23

- 强度：引力强度为正值时，对粒子起吸附作用；引力强度为负值时，对粒子起排斥作用。
- 速度限制：限制粒子过快的运动速度。
- 形状：“形状”的下拉列表中有多种形状可供选择，并可设定所选形状的“尺寸”“缩放”等参数。图9-24所示为圆柱形状的引力衰减，黄色线框内为引力的作用范围，黄色线框到红色线框之间为引力衰减区域，红色线框内为无衰减的引力区域。

2. 反弹

反弹力场能反弹粒子，其“属性”窗口如图 9-25 所示。下面对其中的一些参数进行介绍。

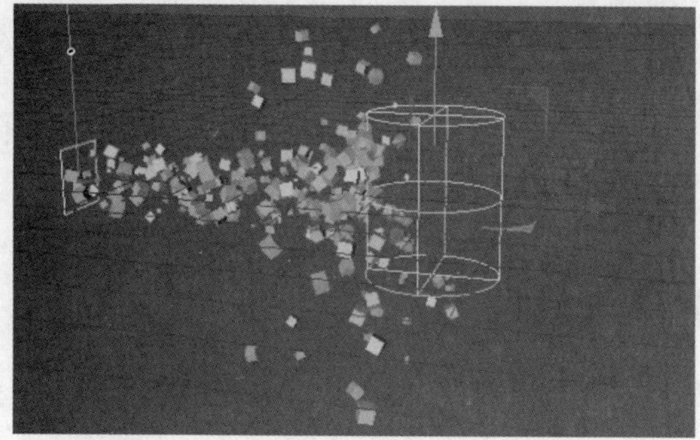

图 9-24

图 9-25

- 弹性：用于设置反弹的弹力，如图9-26所示。
- 分裂波束：勾选该复选框，即可将粒子分束反弹，如图9-27所示。
- 水平尺寸/垂直尺寸：设定反弹面的尺寸。

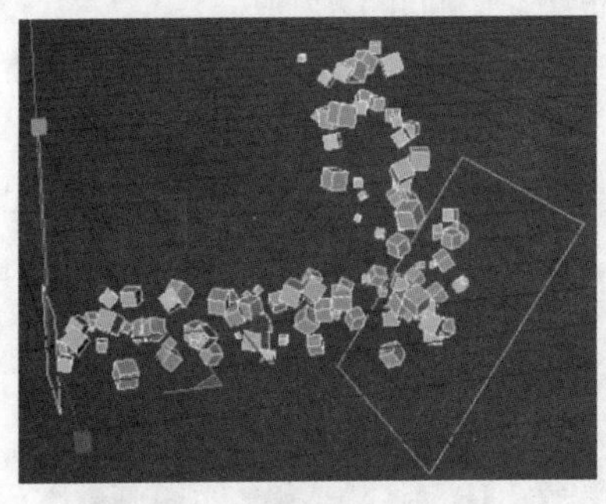

图 9-26

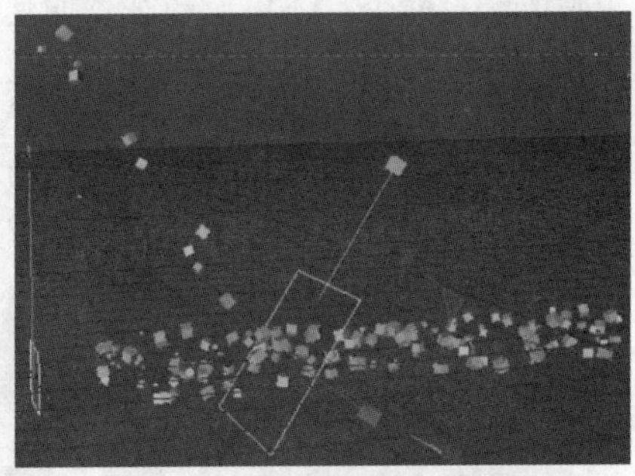

图 9-27

3. 破坏

破坏力场能消除粒子，其“属性”窗口，如图 9-28 所示。下面其中的一些参数进行介绍。

- 随机特性：设置进入破坏场粒子的消除比重。
- 尺寸：用于设置破坏场的尺寸，如图9-29所示。

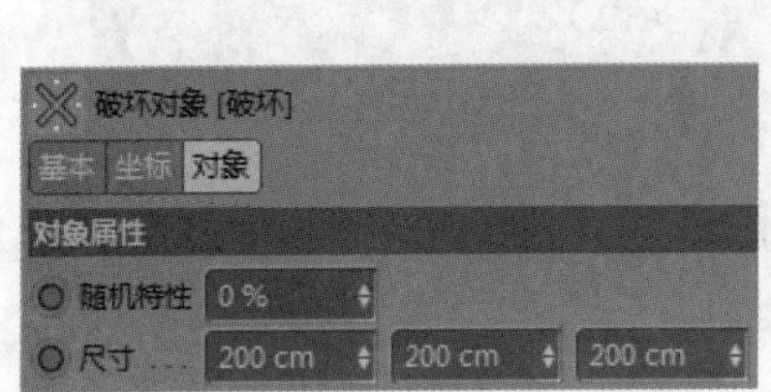

图 9-28

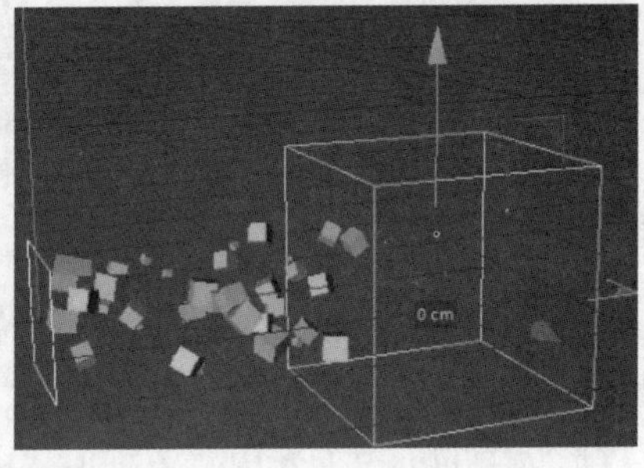

图 9-29

4. 摩擦

摩擦力场能对粒子的运动起阻滞或驱散作用，其“属性”窗口如图 9-30 所示。下面对其中的一些参数进行介绍。

- 强度：设置对粒子运动的阻滞力，当强度为负值时有驱散粒子的作用。
- 形状：其下拉列表中有多种形状可供选择，并可设定所选形状的“尺寸”“缩放”等参数。图9-31所示为圆柱形状的摩擦衰减，黄色线框内为摩擦的作用范围，黄色线框到红色线框之间为摩擦衰减区域，红色线框内为无衰减的摩擦区域。

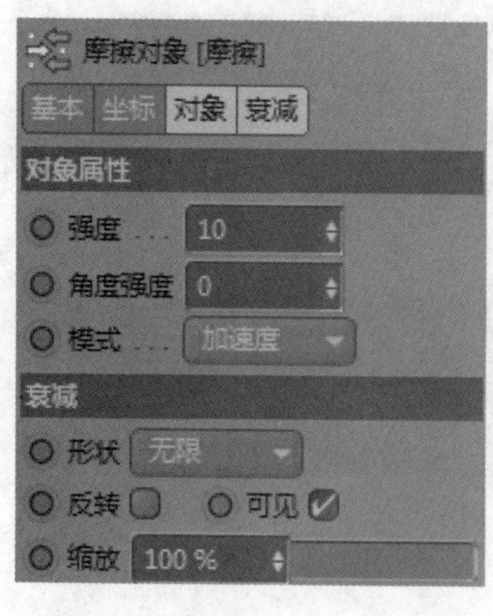

图 9-30

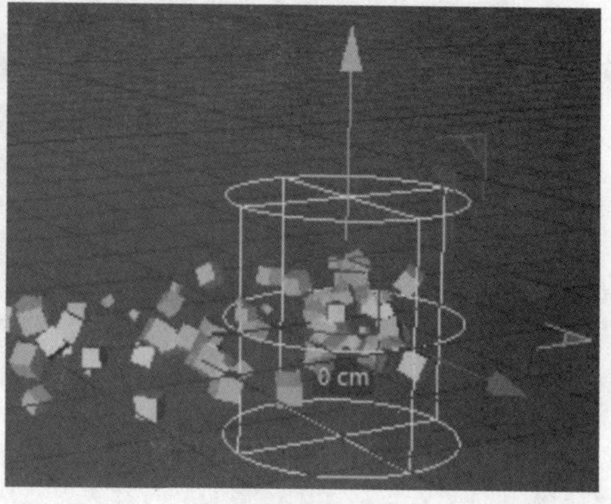

图 9-31

5. 重力

重力场使粒子具有下落的重力特性，其“属性”窗口如图 9-32 所示。下面对其中的一些参数进行介绍。

- 加速度：用来设置粒子下落的加速度，当加速度为负值时粒子会向上运动。
- 模式：选择粒子替代对象本身的动力学质量与重力共同影响粒子的运动模式。
- 形状：其下拉列表中有多种形状可供选择，并可设定所选形状的“尺寸”“缩放”等参数。图9-33所示为圆柱形状的重力衰减，黄色线框内为重力的作用范围，黄色线框到红色线框之间为重力衰减区域，红色线框内为无衰减的重力区域。

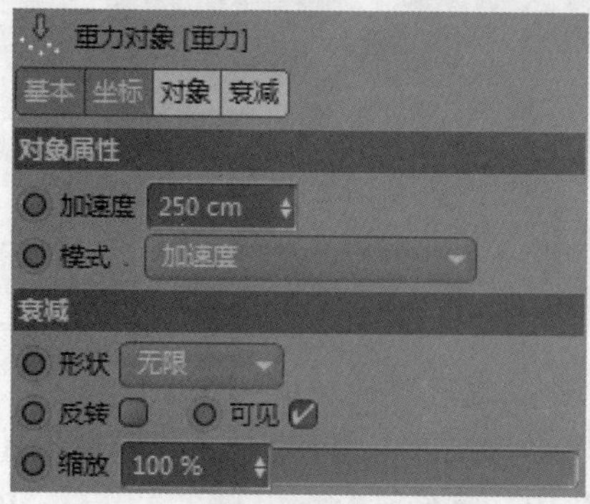

图 9-32

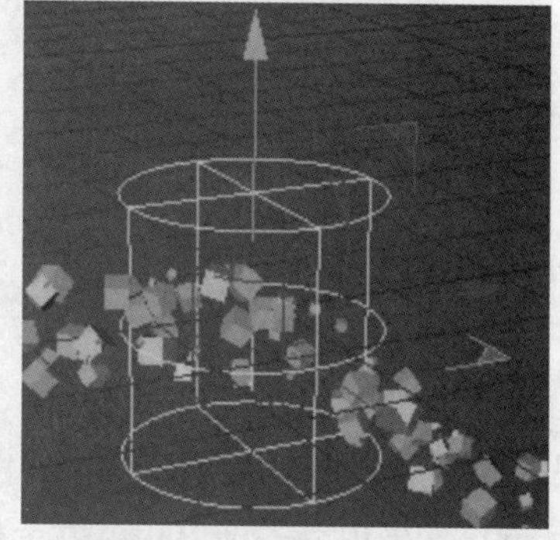

图 9-33

6. 旋转

旋转力场可以使粒子流旋转起来，其“属性”窗口如图 9-34 所示。下面对其中的一些参数进行介绍。

- 角速度：用来设定粒子流旋转的速度。
- 模式：选择粒子替代对象本身的动力学质量与旋转共同影响粒子的运动模式。
- 形状：其下拉列表中有多种形状可供选择，并可设定所选形状的“尺寸”“缩放”等参数。图9-35所示为圆柱形状的衰减，黄色线框内为旋转的作用范围，黄色线框到红色线框之间为旋转衰减区域，红色线框内为无衰减的旋转区域。

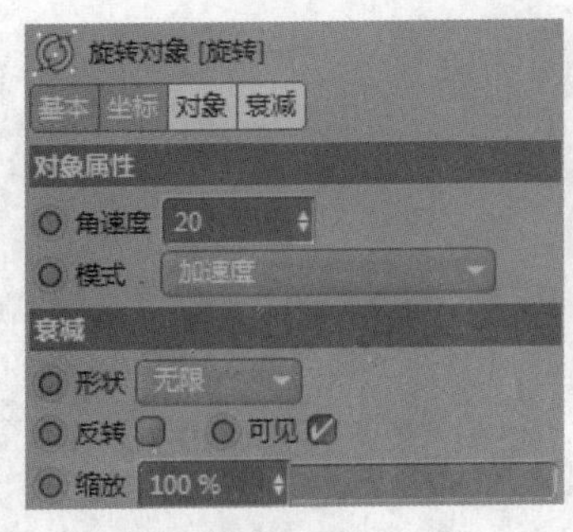

图 9-34

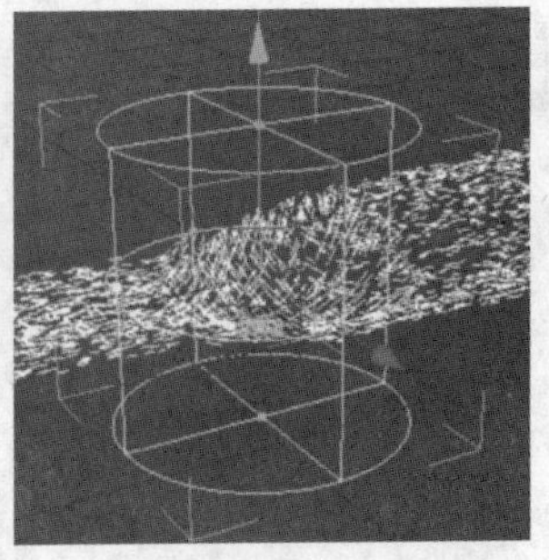

图 9-35

7. 湍流

湍流力场能使粒子做无规则运动，其“属性”窗口如图 9-36 所示。下面对其中的一些参数进行介绍。

- 强度：设定湍流的力度。
- 缩放：设定粒子流无规则运动的散开与聚集强度，图9-37所示为缩放值调大后所生成的粒子效果。

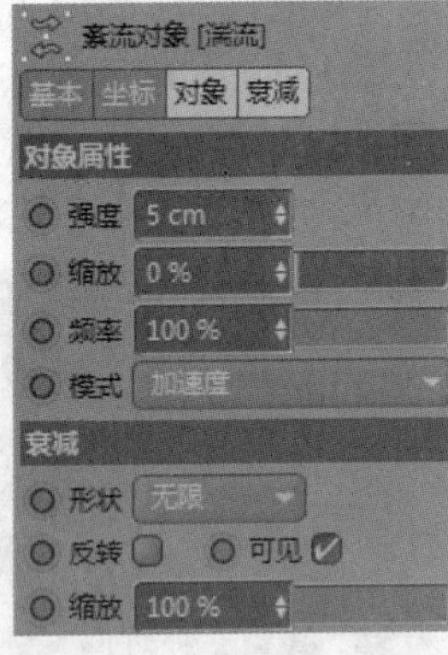

图 9-36

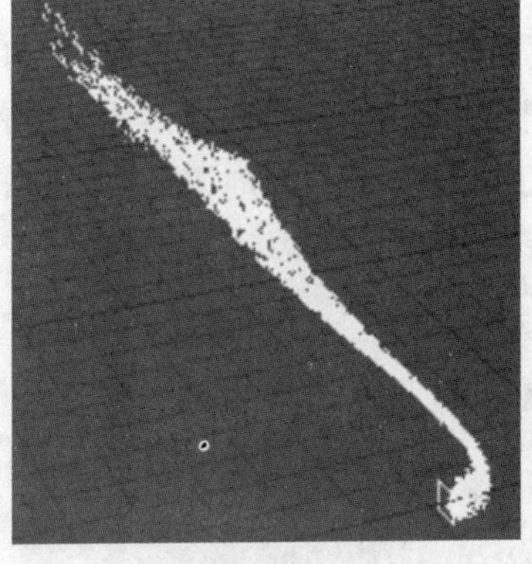

图 9-37

- 频率：设定粒子流的抖动幅度和次数，图9-38所示为大频率时所产生的效果。
- 形状：其下拉列表中有多种形状可供选择，并可设定所选形状的“尺寸”“缩放”等参数。图9-39所示为圆柱形状的湍流衰减，黄色线框内为湍流的作用范围，黄色线框到红色线框之间为湍流衰减区域，红色线框内为无衰减的湍流区域。

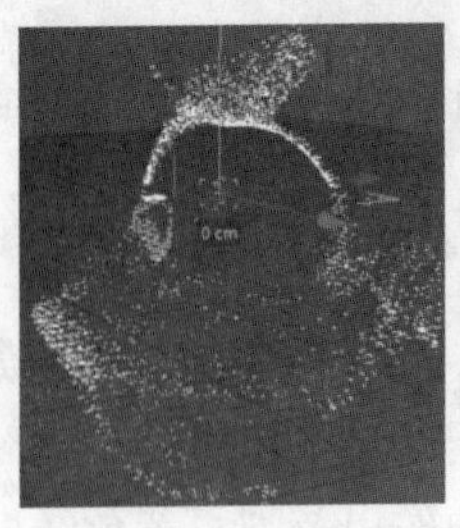

图 9-38

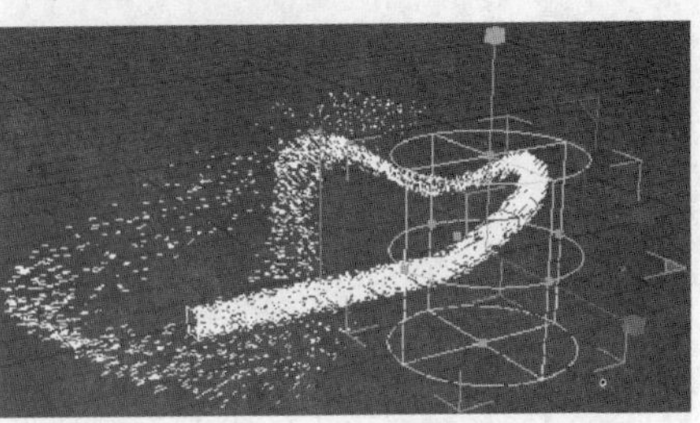

图 9-39

8. 风力

风力场可以驱使粒子按照指定方向运动，其“属性”窗口如图 9-40 所示。下面对其中的一些参数进行介绍。

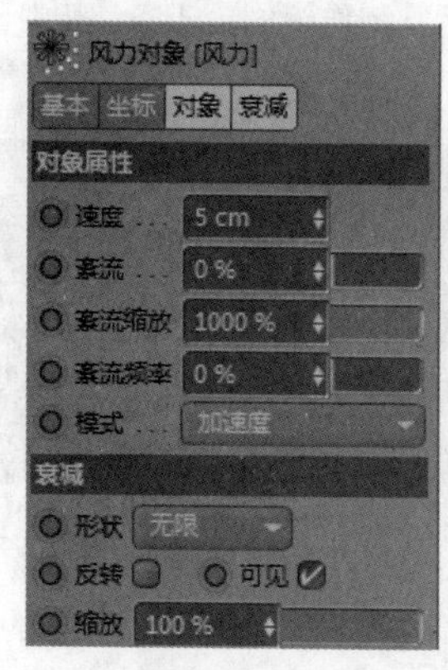

图 9-40

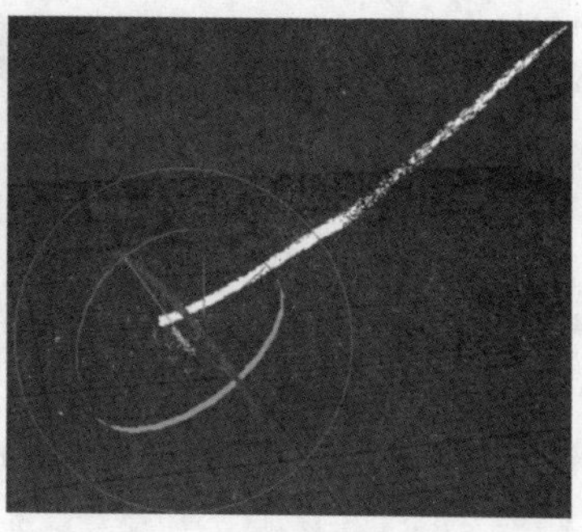

图 9-41

- 速度：设定风力驱使粒子运动的速度。
- 紊流：设定粒子流被驱使时的湍流强度。
- 紊流缩放：设定粒子流受湍流时的散开聚集强度，图9-41所示为缩放值调大后的效果。
- 紊流频率：设定粒子流的抖动幅度和次数，图9-42所示为频率增大时的效果。
- 形状：其下拉列表中有多种形状可供选择，并可设定所选形状的“尺寸”“缩放”等参数。图9-43所示为圆柱形状的风力衰减，黄色线框内为风力的作用范围，黄色线框到红色线框之间为风力衰减区域，红色线框内为无衰减的风力区域。

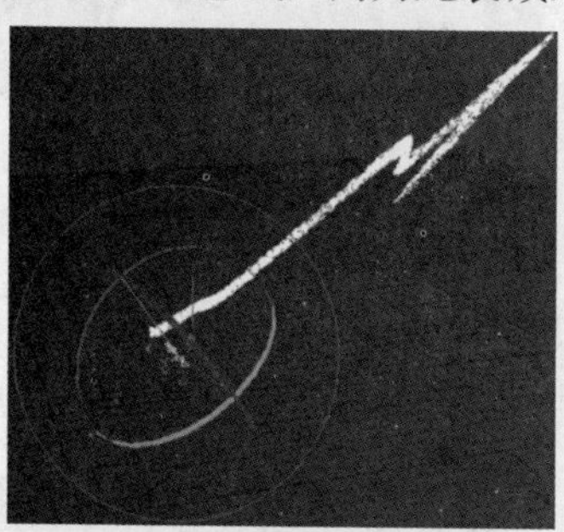

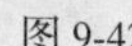

图 9-42

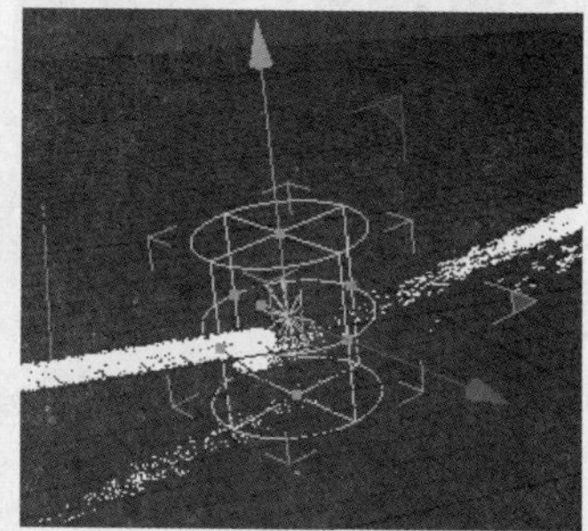

图 9-43

9.2 毛发系统

本节将为大家讲解 CINEMA 4D 的毛发技术，利用该技术可以模拟布料、刷子、头发和草坪等实物；通过引导线和毛发材质的相互作用，可以形成逼真的模型效果。

9.2.1 课堂案例：通过毛发制作笔刷

【学习目标】掌握创建毛发和调整毛发材质的方法。

【知识要点】选择要创建毛发的区域而不是整个模型，然后通过菜单栏添加毛发，最后修改毛发的各项参数，得到最终的笔刷效果，如图 9-44 所示。

【所在位置】Ch09\ 素材 \ 通过毛发制作笔刷 .c4d

（1）启动 CINEMA 4D 软件，打开文件“Ch09\ 素材 \ 通过毛发制作笔刷 . c4d”，其中已经创建好了笔刷模型，场景中也创建好了摄像机、灯光及材质，如图 9-45 所示。

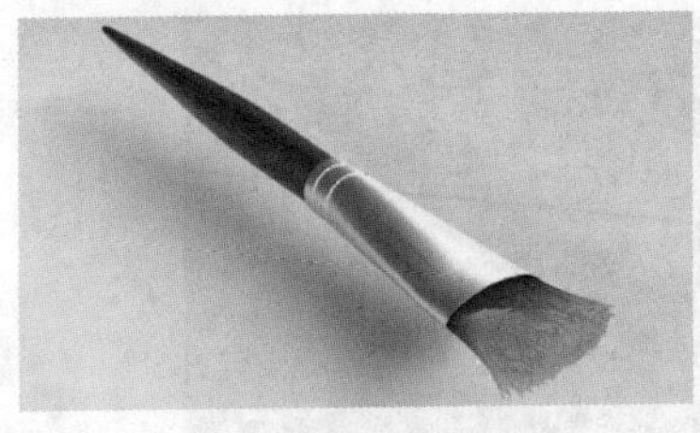

图 9-44

图 9-45

（2）此时的笔刷并没有笔头，接下来将通过毛发系统来制作笔头。选择笔刷前端的椭圆面，然后在菜单栏中选择“模拟”|“毛发对象”|“添加毛发”选项，如图 9-46 所示，为其添加毛发模型。

（3）设置毛发长度。选择新添加的毛发对象，在操作界面右下角的“属性”窗口中切换至“引导线”选项卡，设置“长度”为 10cm，其余选项保持默认，如图 9-47 所示。

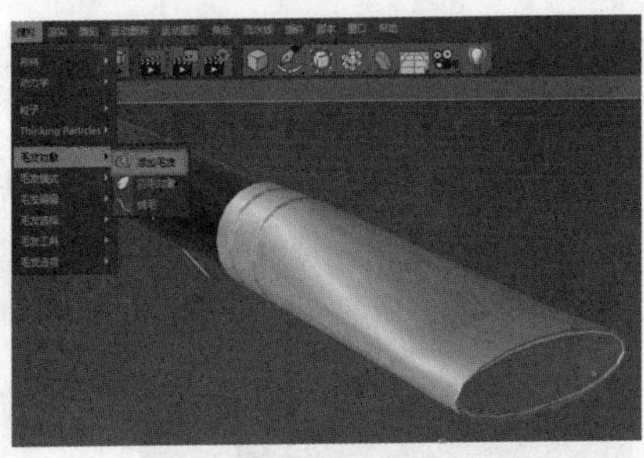

图 9-46

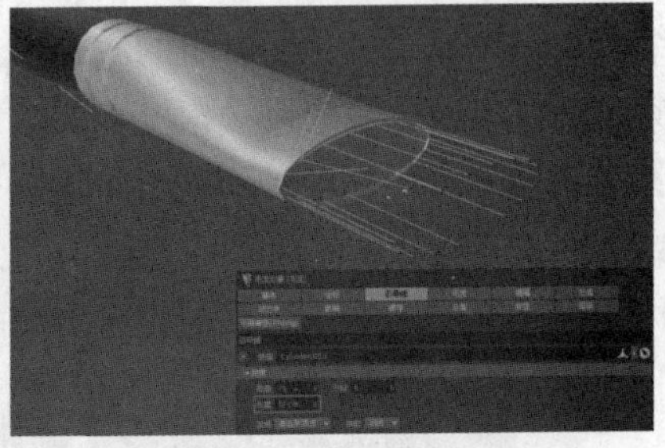

图 9-47

（4）设置毛发颜色。系统在添加毛发的同时，会自动在软件操作界面左下角的材质窗口中新建一个“毛发材质”，如果要修改毛发的颜色或添加其他外观效果，可以通过编辑该材质来完成。双击该材质，弹出“材料编辑器”对话框，勾选“颜色”通道复选框，并在对话框右侧设置颜色，具体如图 9-48 所示。

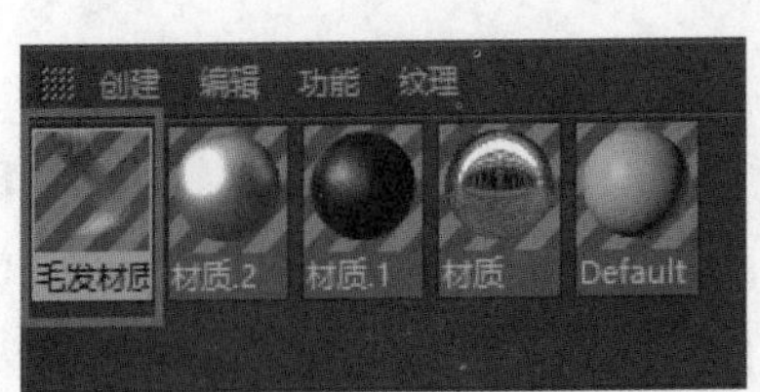

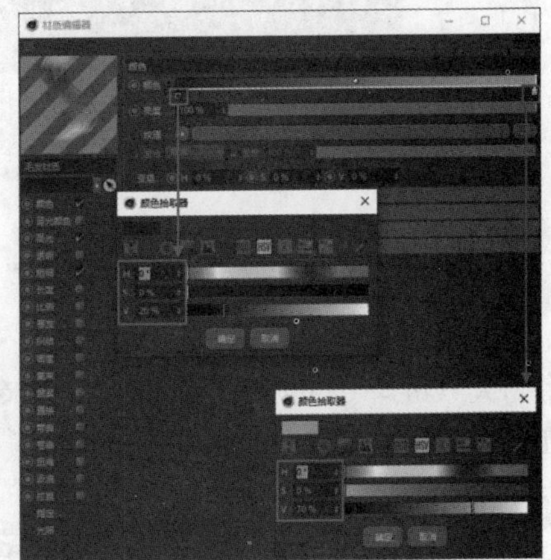

图 9-48

（5）调整毛发细节。勾选“高光”通道复选框，然后在对话框右侧设置“强度”为 10%，如图 9-49 所示。

（6）勾选“粗细”通道复选框，在对话框右侧设置“发根”为 0.5cm，“发梢”为 0.2cm，“变化”为 0.02cm，如图 9-50 所示。

图 9-49

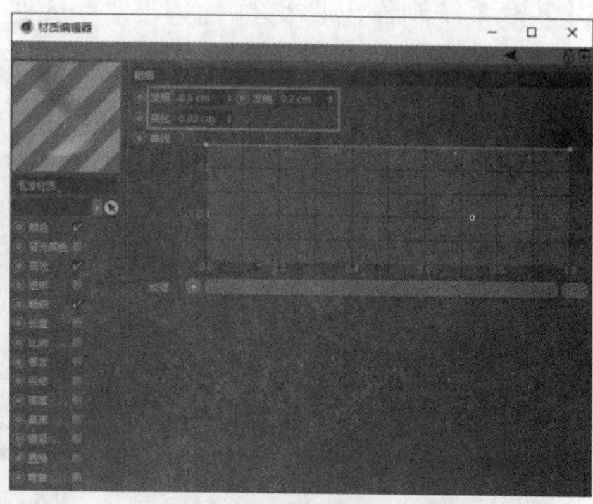

图 9-50

（7）勾选“长度”通道复选框，在对话框右侧设置“变化”为 20%，如图 9-51 所示。

（8）勾选“弯曲”通道复选框，在对话框右侧设置“弯曲”为 15%，“变化”为 5%，如图 9-52 所示。此时毛发的材质细节已经设置完毕。用户也可以自行调整参数值，来观察不同参数值所生成的效果的差别。

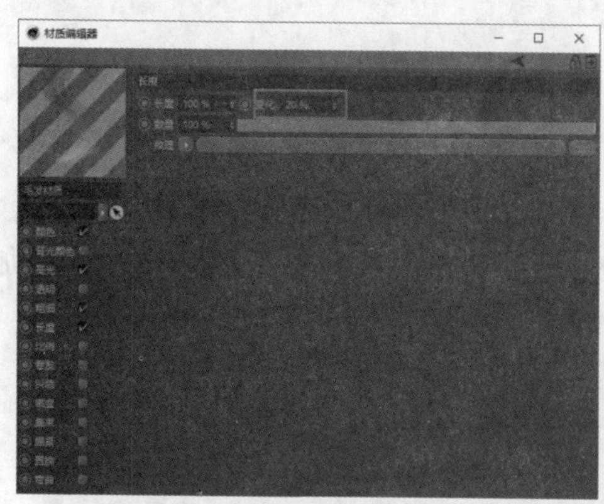

图 9-51

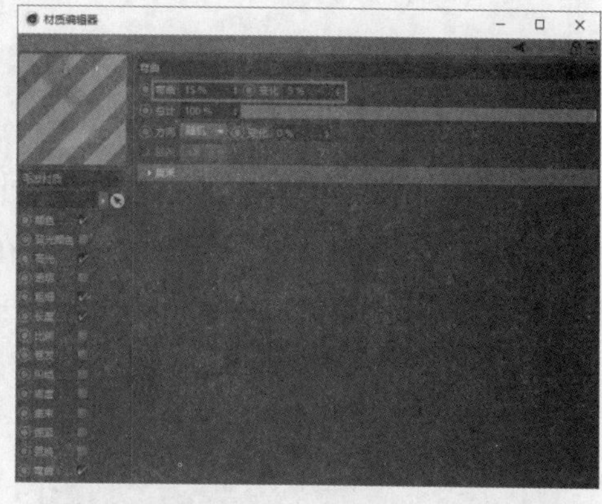

图 9-52

（9）按快捷键 Ctrl+R 快速渲染当前模型，效果如图 9-53 所示。

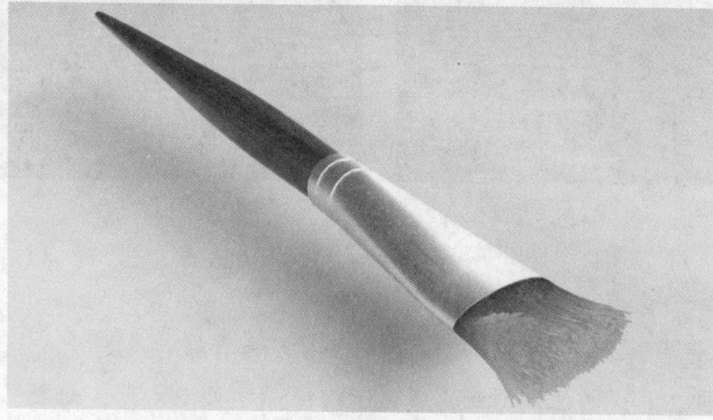

图 9-53

9.2.2 毛发系统的概念

CINEMA 4D 的毛发系统是一个非常强大，可用于制作细丝状物体并模拟丝状物体的工具。用户可以通过毛发系统制作出真实的毛发效果，或是其他与毛发相似的形状对象，从而让动画角色、动物等看起来更加真实。此外，毛发系统还可以用于模拟叶片、草坪等具有高密集特点的物体，如图 9-54 所示。

图 9-54

9.2.3 毛发的创建

毛发系统与布料、粒子、动力学等都放置在 CINEMA 4D 的“模拟”菜单下，因此可以通过“模拟”菜单创建毛发。选择需要添加毛发的对象，然后在菜单栏中选择“模拟”|“毛发对象”|“添加毛发”选项，即可为对象添加毛发，添加的毛发会以引导线的形式呈现，如图 9-55 所示。

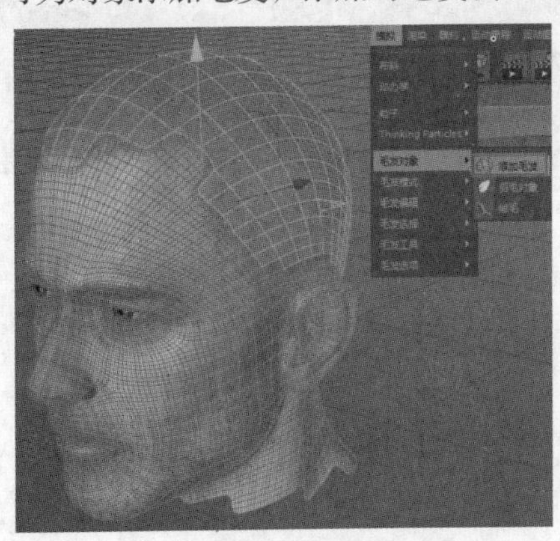
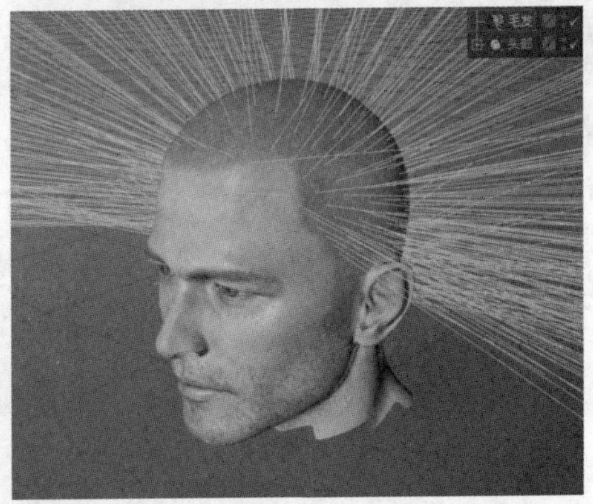

图 9-55

提示

引导线是场景中替代毛发进行显示的基准线，具有引导毛发生长的作用，能有效节省建模时的计算机运算时间。真正的毛发形状需要进行渲染后才可以看见，如图 9-56 所示。

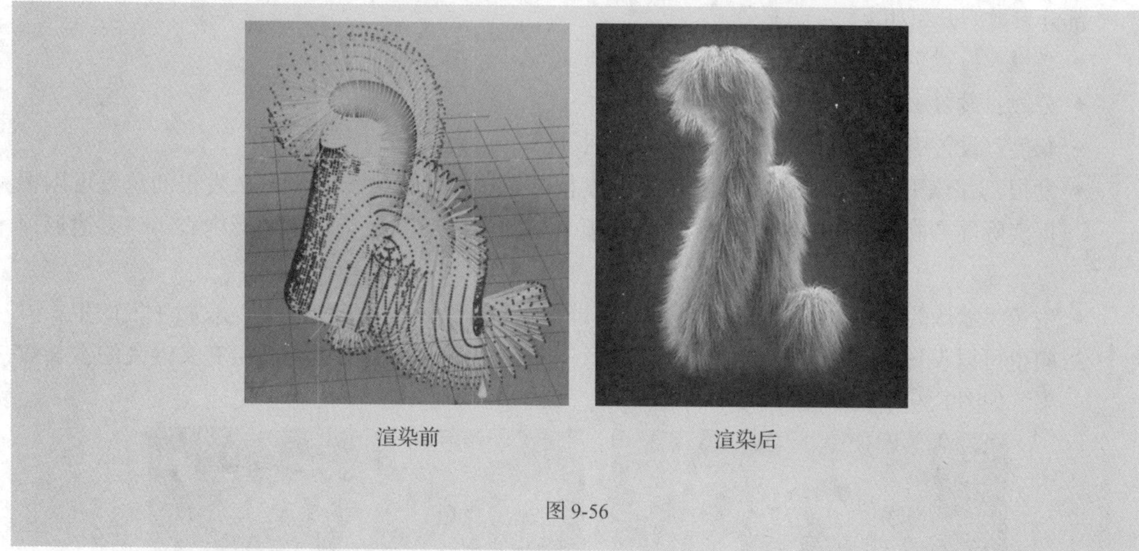

图 9-56

在“对象”窗口中选择“毛发”对象，在下方的“属性”窗口中可以调节毛发的相关属性，如图 9-57 所示。此窗口具有多个选项卡，有大量毛发细节可以进行调节。

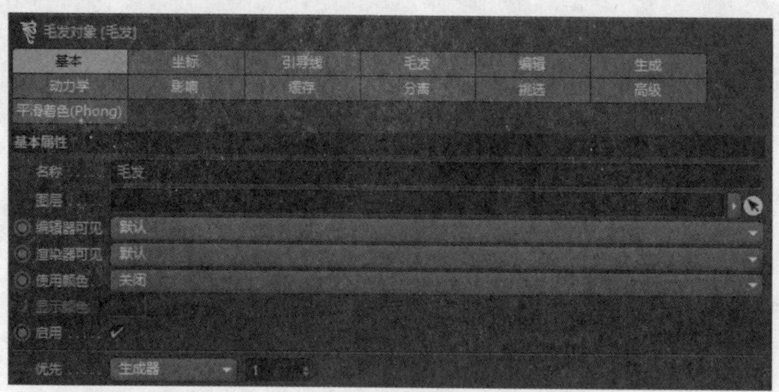

图 9-57

9.2.4 “引导线”选项卡

“引导线”选项卡用于设置毛发引导线的相关参数，如图 9-58 所示。通过引导线，用户可以直观地观察毛发的生长效果。

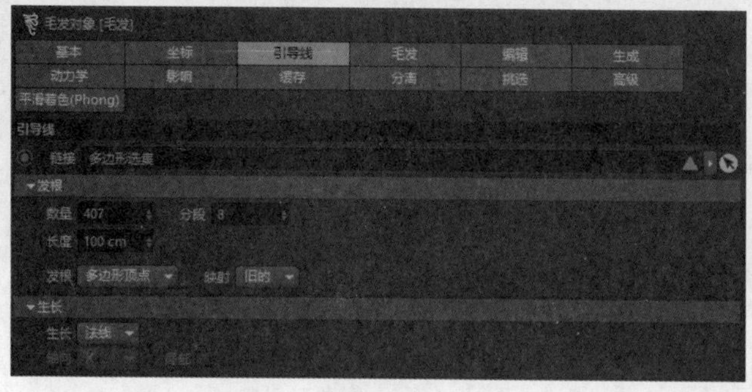

图 9-58

部分参数的介绍如下。

◆ 数量：设置引导线的显示数量。

◆ 分段：设置引导线的分段数。

◆ 长度：设置引导线的长度，也就是毛发的长度。

◆ 发根：在该下拉列表中可以设置毛发的发根数量、细分段数、长度等，发根的位置可以根据实际需要在下拉列表中选择合适的选项，如“多边形区域”“多边形中心”“多边形顶点”等。

◆ 生长：默认的毛发生长方向为“法线”，即根据物体法线的方向来生成毛发；毛发的生长方向也可以设置为“任意”，设置为“任意”后，视图中的引导线将产生交叉混乱的生长效果，如图9-59所示。

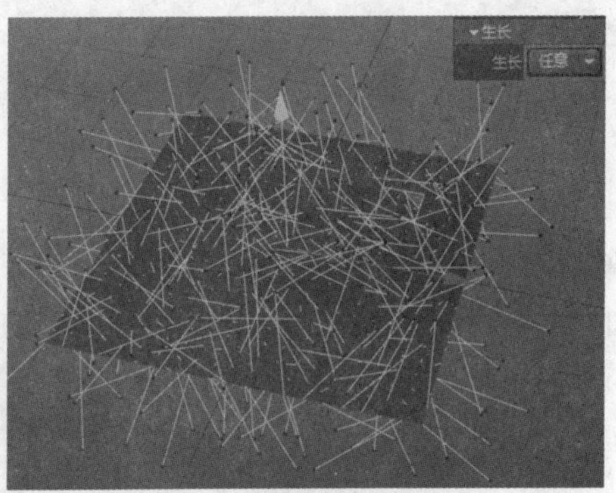

图 9-59

9.2.5 “毛发”选项卡

“毛发”选项卡如图 9-60 所示，主要用于设置毛发生长“数量”“分段”等参数。“毛发”选项卡设置的是真正渲染输出时的毛发属性。

图 9-60

部分参数的介绍如下。

◆ 数量：为渲染时真正的毛发数量，与引导线数量无关，如图 9-61所示。

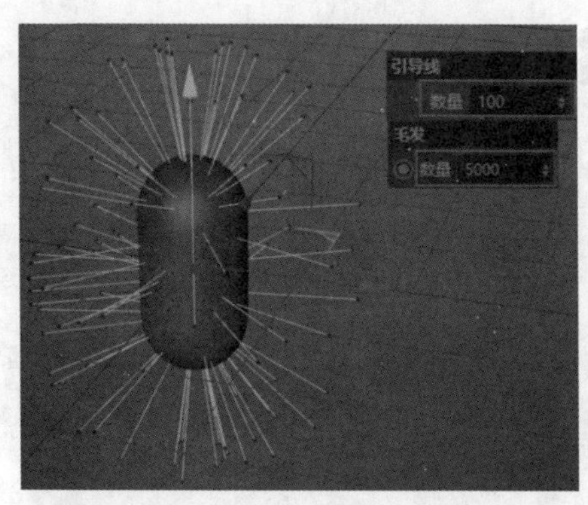

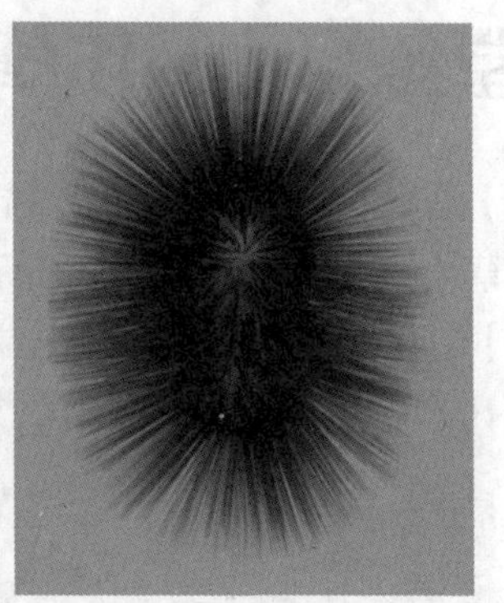

图 9-61

- 分段：设置毛发的分段数。
- 发根：设置毛发的分布形式。
- 偏移：设置发根与模型对象表面的距离，如图 9-62所示。

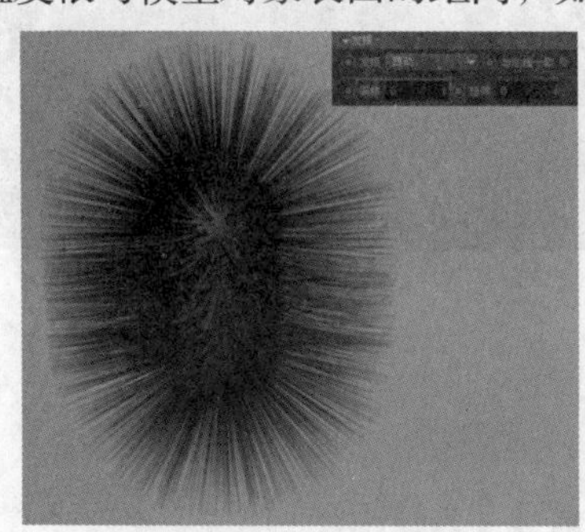

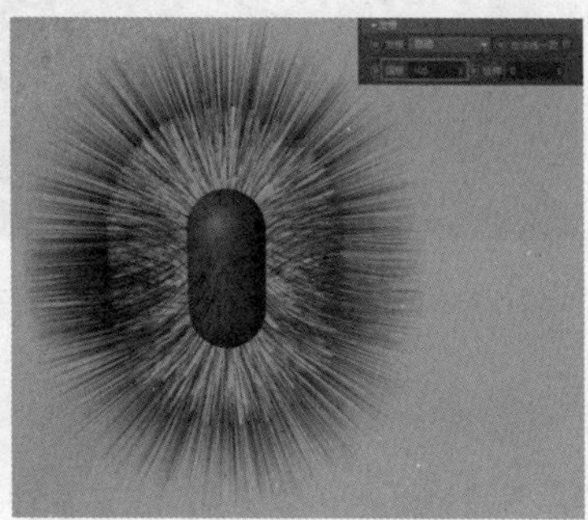

图 9-62

9.2.6 毛发材质

当创建毛发模型时，系统会在“材质”窗口自动创建对应的毛发材质。双击“毛发材质”会打开“材质编辑器”对话框，如图 9-63 所示。其编辑的方法与普通材质基本一致，只是相比普通材质的材质面板，毛发材质的属性更多。

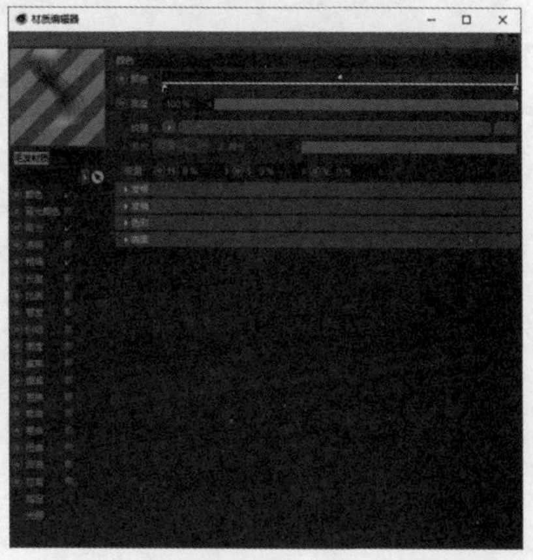

图 9-63

9.3 课堂练习：制作草地效果

【知识要点】结合本章所学的毛发系统的相关知识，新建文件并创建模型对象，再为其添加毛发，制作出模拟草地的效果，如图 9-64 所示。

【所在位置】Ch09\ 素材 \ 制作草地效果 .c4d

图 9-64

9.4 课后习题：制作气球飞升动画

【知识要点】利用本章介绍的粒子与力场的相关知识，创建发射器，并将气球设置为发射粒子，模拟真实的起风环境，从而制作出气球的飞升动画，如图 9-65 所示。

【所在位置】Ch09\ 素材 \ 制作气球飞升动画 .c4d

图 9-65

第10章 运动图形和效果器

本章介绍

运动图形和效果器是 CINEMA 4D 中极具实用价值的建模和动画制作模块，二者凭借简洁的工作流程、快速的渲染速度以及优异的对接性能，赢得了设计师们的青睐。运动图形和效果器可以快速表现设计师们的创意与想法，并能结合部分动力学原理和关键帧动画效果来实现高精度的特效镜头，从而高效率地完成项目的制作。

学习目标

- 了解运动图形的类型与作用
- 掌握运动图形的创建方法
- 掌握运动图形和效果器的配合使用

技能目标

- 掌握“简单文字海报”的制作方法
- 掌握“音乐节奏显示面板”的制作方法
- 掌握“生日蛋糕”的制作方法
- 掌握“文字散乱效果”的制作方法

10.1 运动图形

运动图形为用户提供了一个全新的制作动画的维度和方法，结合效果器能创建出引人注目的动画效果。根据不同的使用方法，菜单栏中的“运动图形”选项被划分为以下几组，如图 10-1 所示。本节仅介绍其中应用较多的几项。

图 10-1

10.1.1 课堂案例：制作简单文字海报

【学习目标】了解克隆、文字等运动图形的创建方法，并通过为对象指定效果器，得到常规建模时无法创建的效果。

【知识要点】通过运动图形创建文字效果，而不是直接使用曲线工具组里的文本工具创建文字效果。接着通过创建效果器的方式创建文字背景，最后通过渲染得到图 10-2 所示的效果。

【所在位置】Ch10\ 素材 \ 制作简单文字海报 .c4d

（1）启动 CINEMA 4D 软件，新建一个空白文件，然后在菜单栏中选择“运动图形”|“文本”选项，在“属性”窗口的“文本”栏中输入文本“开心学动画”，并设置其“深度”为 90cm，“对齐”方式为“中对齐”，“高度”为 200cm，最后选择一款宽笔画字体即可，如图 10-3 所示。

图 10-2

图 10-3

（2）在“属性”窗口中切换至“封顶”选项卡，设置“顶端”和“末端”的封顶方式为“圆角封顶”，然后修改“半径”为 1cm，如图 10-4 所示。

（3）创建文字的外框。单纯的文字看起来会很单薄，渲染时也不会有立体感，因此可以为文字外围添加一圈凸边，即设计工作中所说的“描边”。

（4）在“对象”窗口中，选择创建好的“文本”对象，按快捷键 Ctrl+C 进行复制，再按快捷键 Ctrl+V 粘贴，即可在“对象”窗口中复制出一个新的“文本 .1”对象，如图 10-5 所示。

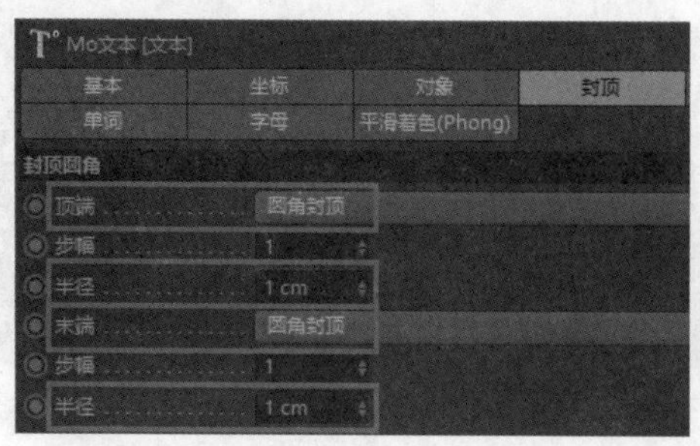

图 10-4

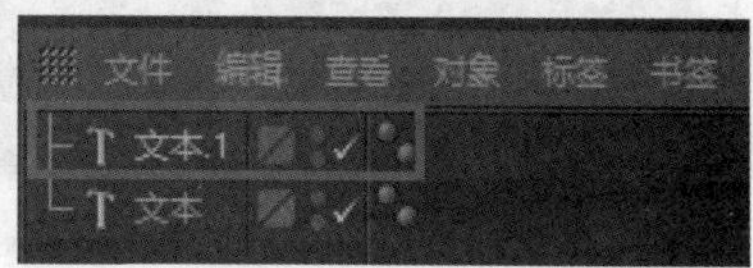

图 10-5

（5）选择“文本 .1”对象，在下方的“属性”窗口中切换至“封顶”选项卡，设置“顶端”和“末端”的封顶方式为“圆角”，修改“半径”为 3cm，此时文字的外围便有了一圈描边，描边在添加材质后会更加明显，如图 10-6 所示。

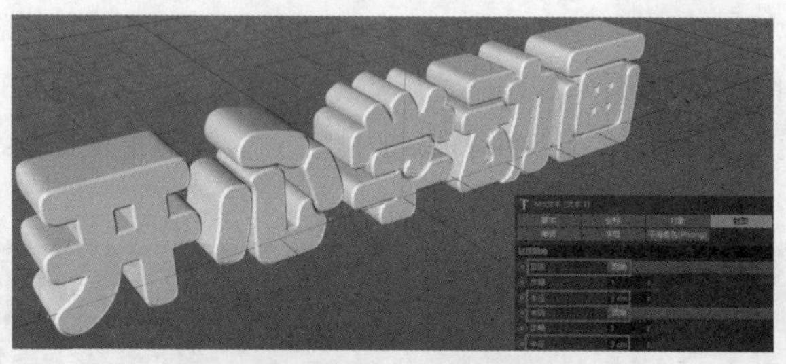

图 10-6

（6）创建海报背景。本例所创建的海报背景由简单的矩形方块组合而成，看起来杂乱无序，单纯从建模的角度去考虑工作量会非常大。但是，CINEMA 4D 可以通过运动图形配合效果器来创建海报背景，在解决这类杂乱、随机的图形建模上很有优势。

（7）在 CINEMA 4D 工具栏中单击“立方体”按钮，创建一个立方体，设置边长为 50cm，设置“圆角半径”和“圆角细分”均为 10cm，如图 10-7 所示。创建完成后，按快捷键 C 将其转换为可编辑对象。

（8）在菜单栏中选择“运动图形”|“克隆”选项，然后在“对象”窗口中选择“立方体”对象，将其拖至“克隆”对象的下方，使其成为“克隆”对象的子对象，如图 10-8 所示。

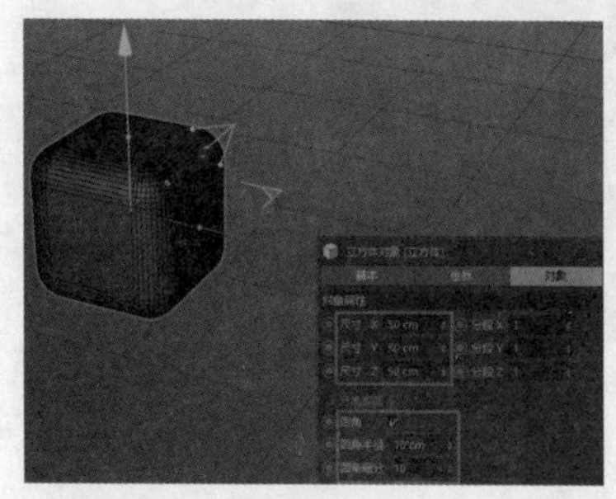

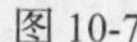

图 10-7

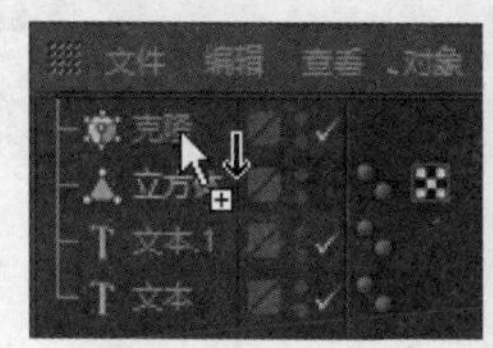

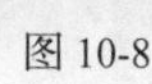

图 10-8

（9）选择“克隆”对象，然后在下方的“属性”窗口中设置“模式”为“网格排列”，并调整“数量”和“尺寸”参数，具体如图 10-9 所示。其中，“数量”表示各坐标轴上的克隆数量，“尺寸”表示整个克隆区域的大小，可手动进行调整。

（10）选择“克隆”对象，在菜单栏中选择“运动图形”|“效果器”|“随机”选项，可以发现克隆后的立方体出现了随机的分散效果，如图 10-10 所示。

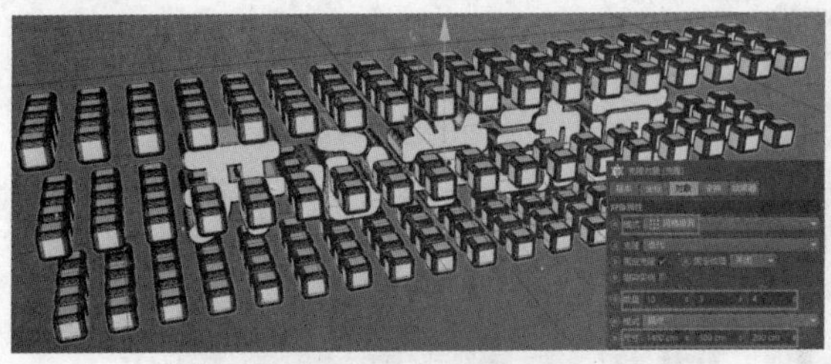

图 10-9

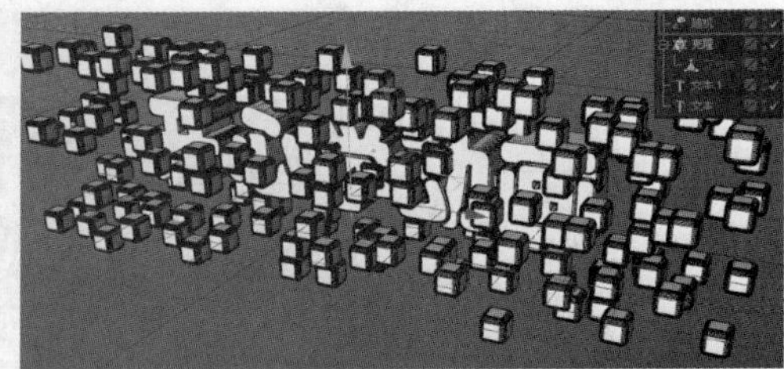

图 10-10

提示

在添加“随机”效果器时，一定要先选择需要随机的对象，否则就不会有随机效果。

（11）选择“随机”对象，然后在下方的“属性”窗口中勾选“位置”“缩放”“旋转”复选框，并手动对这些参数进行微调，这样“克隆”对象中每个立方体的位置、大小和旋转角度将产生差异，呈现随机效果，如图 10-11 所示。

（12）因为最终海报上出现了两种颜色的立方体，所以接下来要通过复制、粘贴的方式创建出第 2 层背景。

（13）为文字添加随机效果。目前的文字仍然是常规的排列方式，这里可以选中文字，然后通过添加“随机”效果器的方式来使其形态变得随机，如图 10-12 所示。

图 10-11

图 10-12

（14）最后分别为文字、文字描边、两种颜色的“克隆”对象添加材质并进行渲染，即可得到图 10-13 所示的海报效果。

图 10-13

10.1.2 克隆

在菜单栏中选择“运动图形”|“克隆”选项，如图 10-14 所示，在“属性”窗口中会显示“克隆”对象的基本参数。克隆具有生成器特性，因此至少需要一个对象作为克隆的子对象才能实现克隆。

克隆的“属性”窗口含 5 个选项卡，分别是“基本”选项卡、“坐标”选项卡、“对象”选项卡、“变换”选项卡和“效果器”选项卡。

1. “基本”选项卡

“基本”选项卡如图 10-15 所示，主要用于设置克隆的名称、颜色等基本参数。下面对各参数进行介绍。

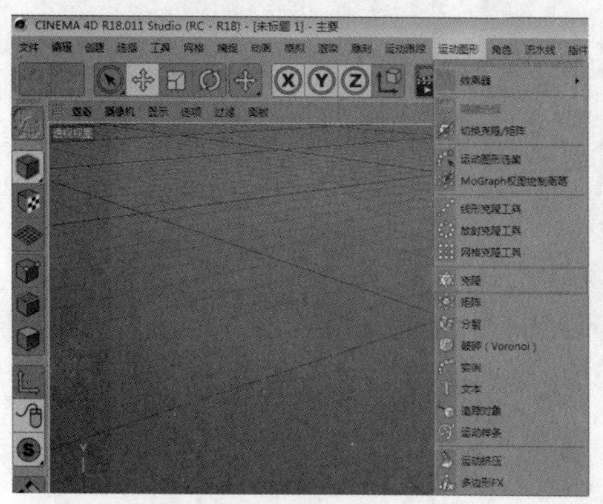

图 10-14

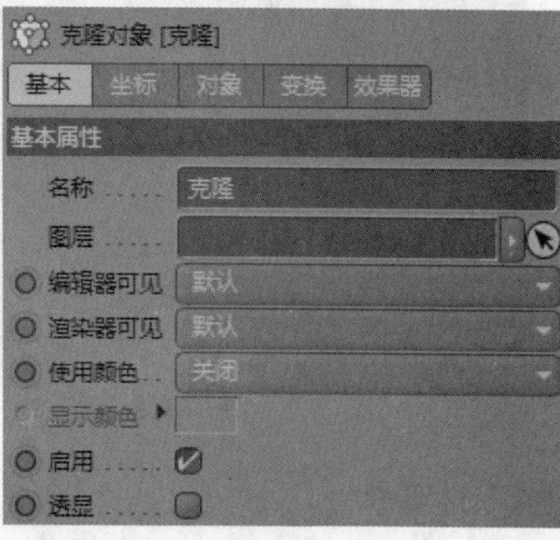

图 10-15

- 名称：可在右侧空白区域处重新命名。
- 图层：如果对当前克隆指定过图层设置，这里将显示当前克隆属于哪一图层。
- 编辑器可见：默认在视图窗口可见；选择“关闭”选项，克隆在视图窗口不可见；选择“开启”选项，将和默认结果一致。
- 渲染器可见：控制当前克隆在渲染时是否可见，默认为可见状态；关闭后，当前克隆将不被渲染。
- 使用颜色：默认为关闭，如果开启，“显示颜色”将被激活。此时可从“显示颜色”中拾取任意颜色作为当前克隆在场景中的显示色。
- 启用：选择是否开启当前的克隆功能，默认为勾选状态；若取消勾选，则当前克隆失效。
- 透显：勾选该复选框后，当前克隆物体将以半透明方式显示，如图10-16所示。

2. “坐标”选项卡

“坐标”选项卡如图 10-17 所示，主要用于设置克隆的位置参数。下面对其中的一些参数进行介绍。

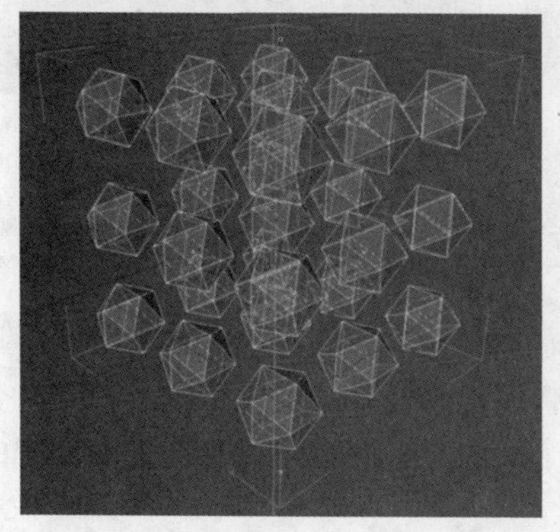

图 10-16

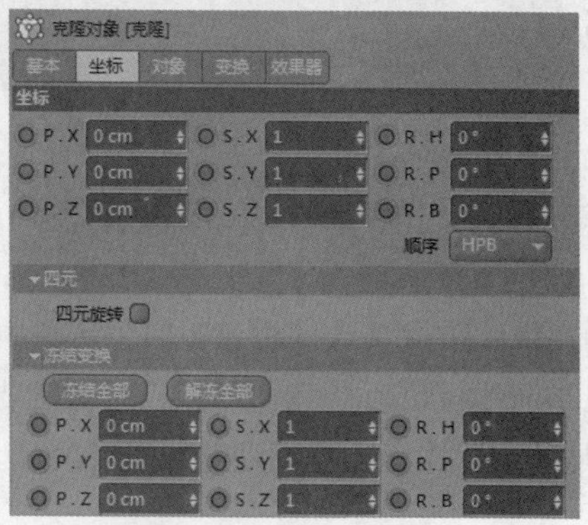

图 10-17

- 坐标：用于设置当前克隆所处P、S、R的参数。
- 顺序：默认克隆的旋转轴向为“HPB”，可更换为“XYZ”或其他方式，如图10-18所示。
- 冻结变换：单击“冻结全部”按钮将克隆的位移、比例、旋转参数全部归零；单击“冻结P”“冻结S”“冻结R”中的一个按钮将某一属性单独冻结；单击“解冻全部”按钮可以恢复冻结之前的参数，如图10-19所示。

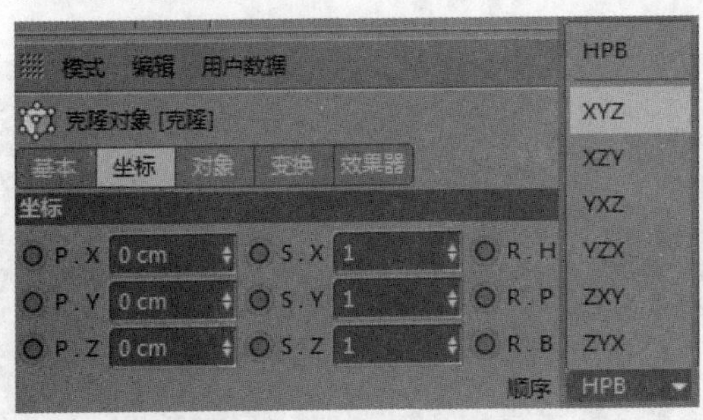

图 10-18

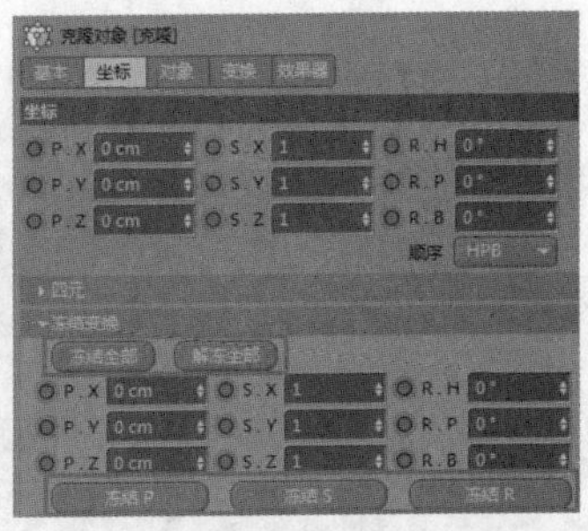

图 10-19

3. “对象”选项卡

“对象”选项卡如图 10-20 所示，它既是默认的选项卡，也是最主要的选项卡，主要用于设置克隆对象的参数。最上方的“模式”下拉列表用于设置克隆模式，共有“对象”“线性”“放射”“网格排列”“蜂窝排列”5 种克隆模式，如图 10-21 所示。

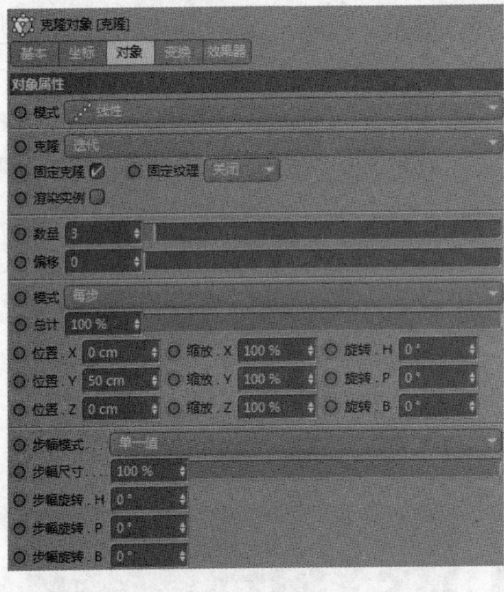

图 10-20

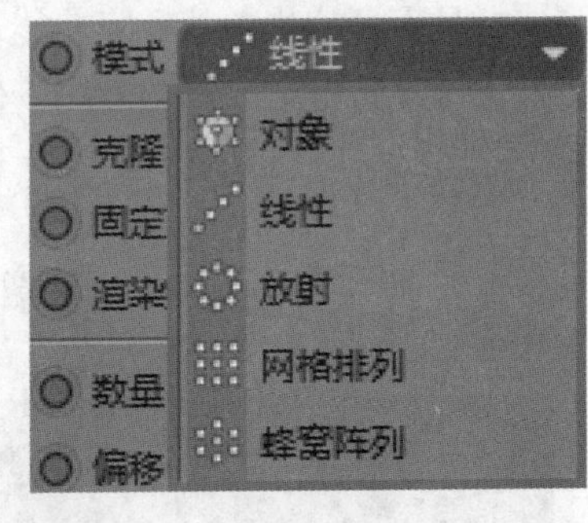

图 10-21

下面对其中常用的“对象”“线性”“放射”这 3 种克隆模式进行讲解。

对象

当克隆的“模式”设置为“对象”时，场景中需要有一个物体作为克隆对象分布的参考对象，这个对象可以是曲线也可以是几何体。应用时需要将该对象拖入“对象”参数右侧的空白区域，图 10-22 所示便是一个球体模型克隆到宝石模型顶点上的效果，可以观察其中“对象”窗口和“属性”窗口的设置。

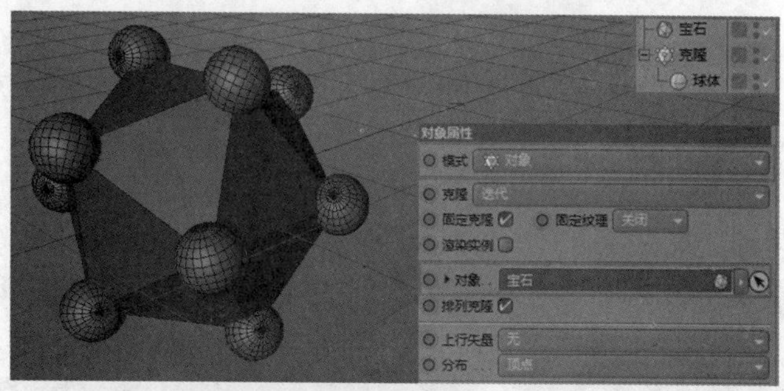

图 10-22

“对象”模式下，“对象”选项卡中常用的参数介绍如下。

- 排列克隆：用于设置克隆物体在对象物体上的排列方式，勾选该复选框后将激活“上行矢量”参数。
- 上行矢量：勾选“排列克隆”复选框后，该项才会被激活。将“上行矢量”设定为某一轴向时，当前被克隆物体则指向被设置的轴向，图10-23所示为“上行矢量”设置为+ x轴向时的状态。
- 分布：用于设置当前克隆物体在对象物体表面的分布方式，默认以对象物体的顶点作为克隆的分布方式。图10-24所示为“边”分布方式时的效果，可以发现克隆物体均分布在模型各边的中点位置。

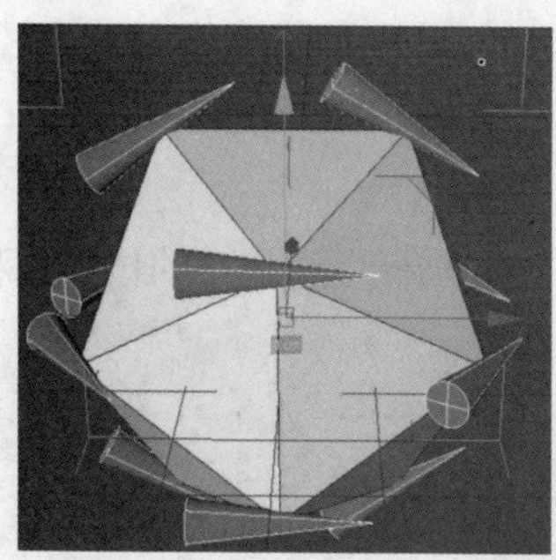

图 10-23

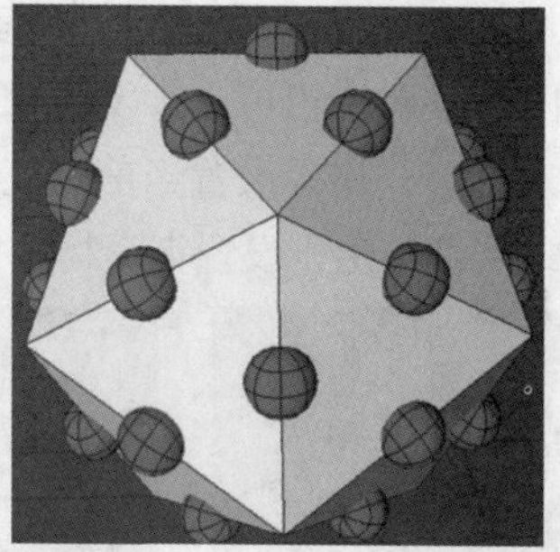

图 10-24

- 偏移：当“分布”设置为“边”时，该参数用于设置克隆物体在对象物体边上的位置偏移。
- 种子：当“克隆”设置为“随机”时，该项被激活，用于随机调节克隆物体在对象物体表面的分布方式。
- 选集：如果为对象物体设置过选集，可将选集拖动至该参数右侧的空白区域，针对选集部分进行克隆。图10-25所示为为宝石物体上半部分设置选集，并针对该选集得到的克隆效果。

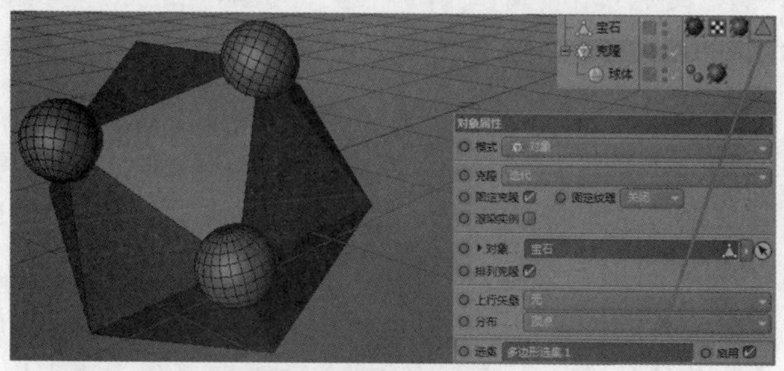

图 10-25

线性

线性可以用来制作类似于线性阵列的克隆效果，该模式下“对象”选项卡如图 10-26 所示。下面为大家介绍其中较常用的参数。

- 克隆：当有多个克隆物体时，用于设置当前每种克隆物体的排列方式。
- 固定克隆：如果同一个克隆下有多个被克隆物体，并且这些被克隆物体的位置不同，勾选该复选框后，每个物体的克隆结果将以自身所在位置为准，如图10-27所示，否则将统一以克隆位置为准。

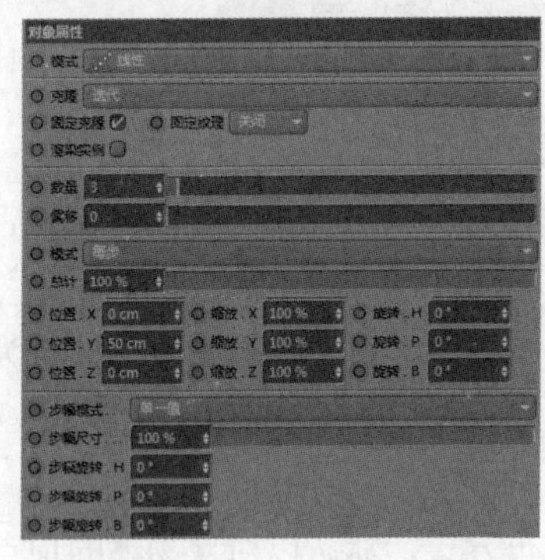

图 10-26

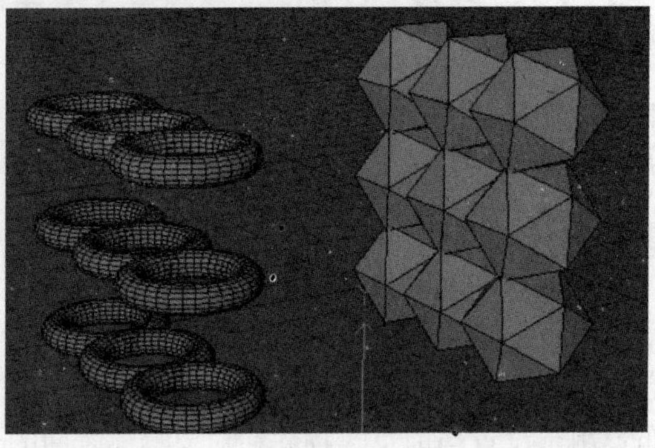

图 10-27

- 渲染实例：如果被克隆物体为粒子发射器，那么除原始发射器外，其余的克隆发射器在视图窗口及渲染窗口均不可见；而勾选该复选框后，其余的克隆发射器在视图窗口和渲染窗口中可见，且被克隆的发射器也可正常发射粒子，如图10-28所示。
- 数量（线性模式下）：用于设置当前的克隆数量。
- 偏移（线性模式下）：用于设置克隆物体相对于原有克隆状态的位置偏移，如图10-29所示。

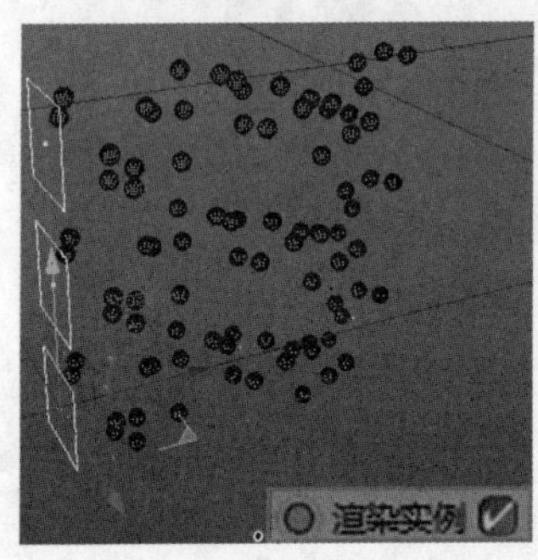

图 10-28

图 10-29

- 模式：下拉列表中有“终点”和“每步”两个选项。选择“终点”模式，克隆计算的是从克隆的初始位置到结束位置的属性变化；选择“每步”模式，克隆计算的是相邻两个克隆物体间的属性变化。
- 总计：用于设置当前克隆物体占原有设置的位置、缩放、旋转的比重。图10-30中为两个设置完全一样的克隆效果，左侧的“总计”为50%，右侧的“总计”为100%。可以明显看出在相同的设置下，左侧的空间位置只占“总计”为100%时的一半。
- 位置：用于设置克隆物体的位置范围。数值越大，克隆物体间的间距越大。
- 缩放：用于设置克隆物体的缩放比例，该参数会在克隆数量上进行累计，即后一物体的缩放在前一物体大小的基础上进行。如图10-31所示，在“终点”模式下缩放X、Y、Z参数，从左到右依次为10%、30%、50%时所得到的结果。

图 10-30

图 10-31

◆ 旋转：用于设置当前克隆物体的旋转角度，如图10-32所示，分别为克隆物体统一旋转H轴、P轴、B轴的不同效果。

旋转 H 轴

旋转 P 轴

旋转 B 轴

图 10-32

◆ 步幅模式：有“单一值”和“累积”两种模式。设置为“单一值”时，每个克隆物体间的属性变化量一致；设置为“累积”时，每相邻两个物体间的属性变化量将进行累计。步幅模式通常配合步幅尺寸和步幅旋转一起使用。图10-33所示为参数设置完全相同的两次克隆，左侧的“步幅模式”设置为“累积”，右侧的“步幅模式”设置为“单一值”，两次克隆的步幅旋转值均为5°。

◆ 步幅尺寸：如果降低该参数值，会逐渐缩短克隆物体间的间距，如图10-34所示，图中“步幅尺寸”分别为100%、95%、90%和85%。

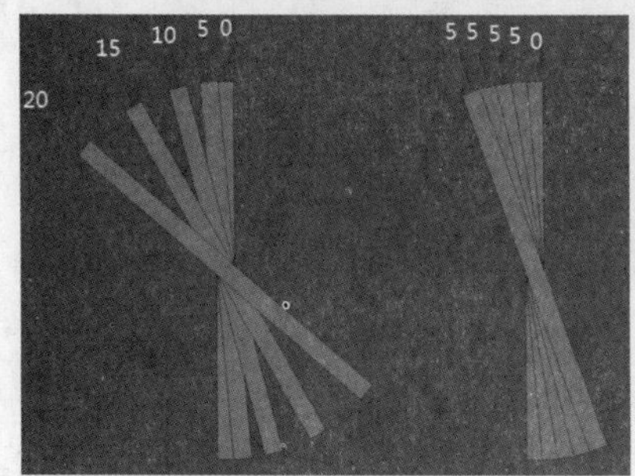

图 10-33

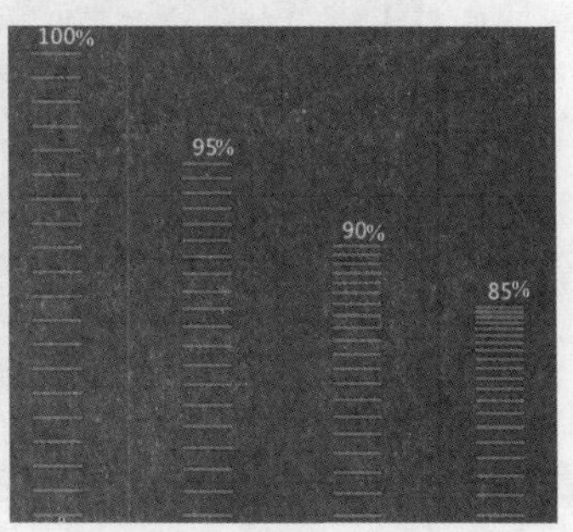

图 10-34

放射

“放射”模式下，“对象”选项卡的常用参数如下。

- 数量：用于设置克隆物体的数量。
- 半径：用于设置放射克隆的范围，数值越大，范围越大。
- 平面：用于设置克隆的平面方式，如图10-35所示。

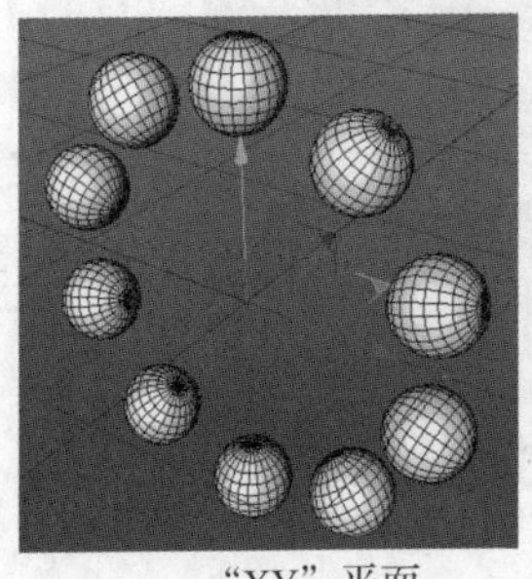

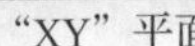
“XY”平面

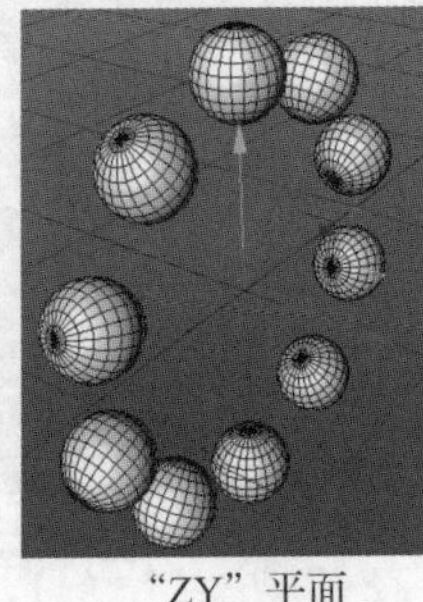
“ZY”平面

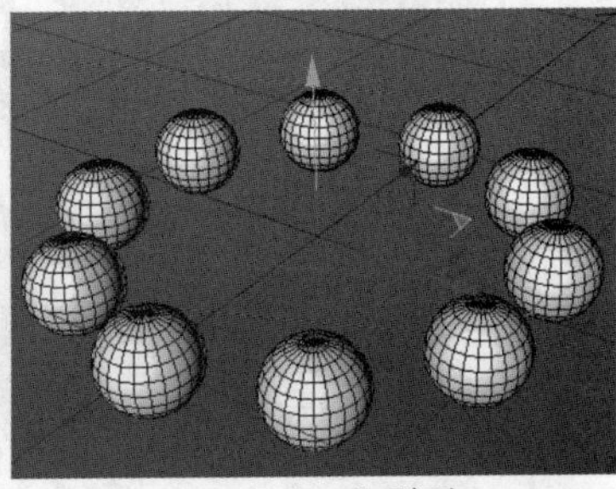
“XZ”平面

图 10-35

- 对齐：用于设置克隆物体的方向。勾选该复选框后，克隆物体指向克隆中心。图10-36左侧为勾选“对齐”时的效果，右侧为未勾选“对齐”复选框时的效果。默认为勾选状态。
- 开始角度：用于设置克隆的起始角度。默认值为0°，提高该数值可将克隆以顺时针打开一个相对应角度的缺口。图10-37所示为“开始角度”为45°，“结束角度”为360°时的克隆状态。

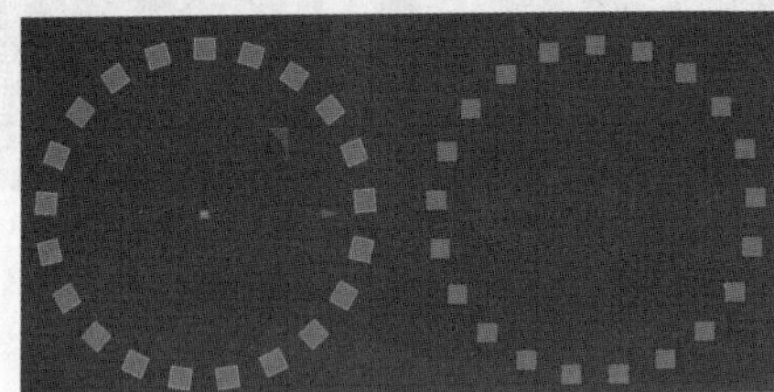
图 10-36

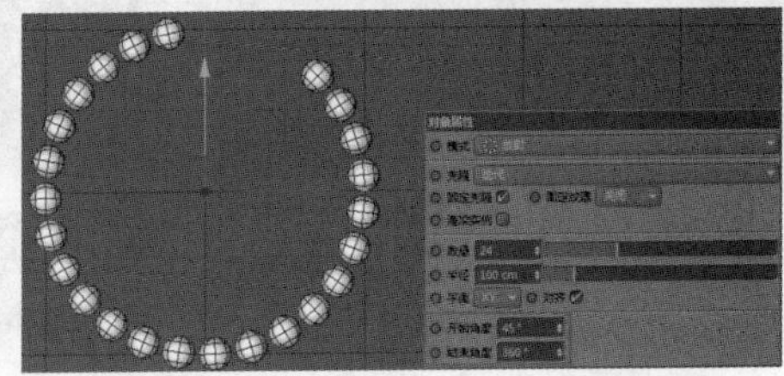
图 10-37

- 结束角度：用于设置克隆的结束角度。默认值为360°，降低该数值可让克隆以逆时针打开一个相对应角度的缺口。图10-38所示为“开始角度”为0°，“结束角度”为270°时的克隆状态。

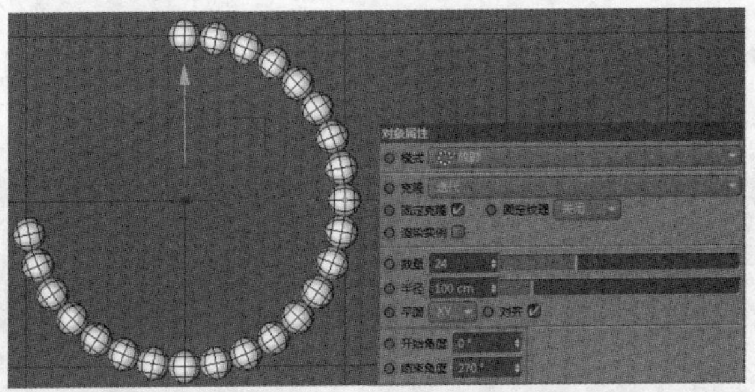

图 10-38

- 偏移：设置克隆物体相对于原有克隆状态的位置偏移。
- 偏移变化：如果该数值为0%，在偏移的过程中，克隆物体就会保持相等的间距；调整该数值后，克隆物体间的间距将不再相同。

- 偏移种子：用于设置在偏移过程中，克隆物体间间距的随机性。只有在“偏移变化”不为0%的情况下，该参数才有效。

4.“变换”选项卡

“变换”选项卡的面板如图 10-39 所示，各参数具体介绍如下。

- 显示：用于设置当前克隆物体的显示状态。
- 位置/缩放/旋转：用于设置当前克隆物体沿自身轴向的位移、缩放、旋转。
- 颜色：设置克隆物体的颜色。
- 权重：用于设置每个克隆物体的初始权重，每个效果器都可影响每个克隆的权重。
- 时间：如果被克隆物体带有动画（除位移、缩放、旋转以外），该参数用于设置该物体被克隆后的动画起始帧。
- 动画模式：设置被克隆物体动画的播放方式。

5.“效果器”选项卡

“效果器”选项卡的面板如图 10-40 所示，可以在“效果器”面板中加入相应的效果器，使效果器对克隆的结果产生作用。

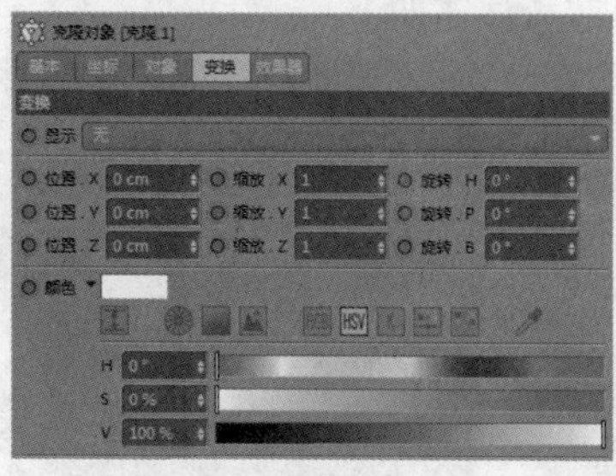

图 10-39

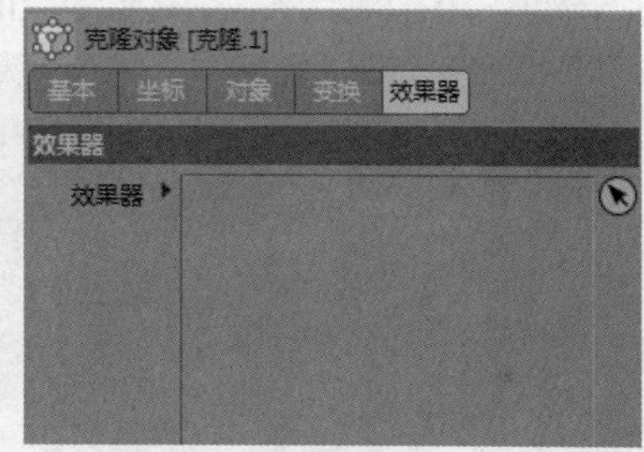

图 10-40

10.1.3 矩阵

用户可以选择“运动图形”|“矩阵”选项，为场景添加一个矩阵对象，如图 10-41 所示。矩阵的效果和克隆非常类似，相比之下二者的不同点在于矩阵虽然是生成器，但它不需要使用一个物体作为它的子对象来实现效果，如图 10-42 所示。

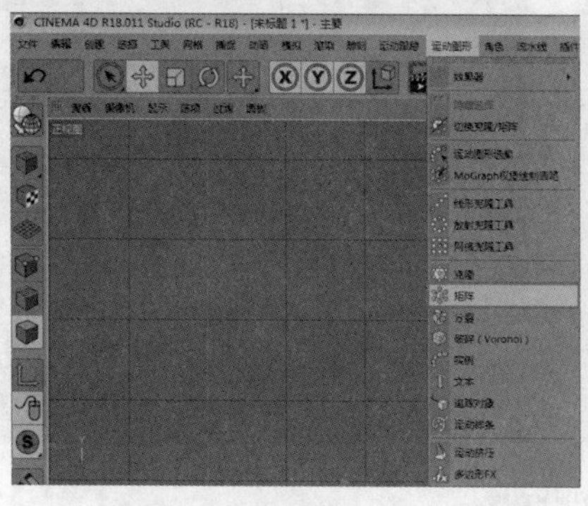

图 10-41

图 10-42

矩阵的“属性”窗口如图 10-43 所示。矩阵的绝大多数参数和克隆一致，如需了解矩阵的参数及属性，可参照克隆部分的讲解内容。

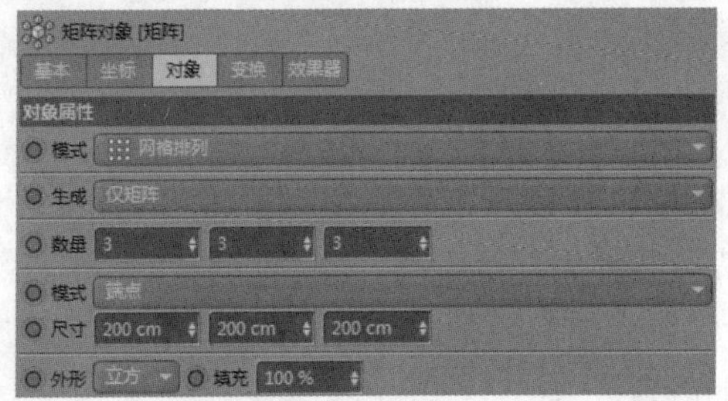

图 10-43

10.1.4　文本

“文本”工具可以直接创建立体的文字效果。用户可以选择“运动图形”|“文本”选项，为场景添加一个文本对象，如图 10-44 所示。下面对文本的“属性”窗口的重要选项卡进行介绍。

1.“对象”选项卡

“对象”选项卡如图 10-45 所示，各主要参数的含义具体如下。

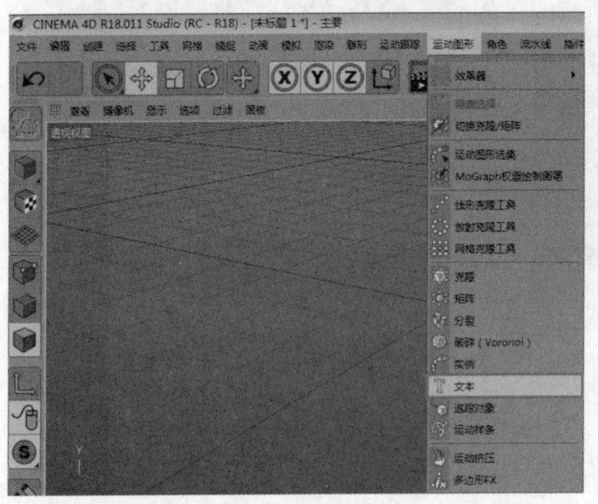

图 10-44

图 10-45

◆ 深度：用来设置文字的挤压厚度，数值越大，文字越厚，如图10-46所示。

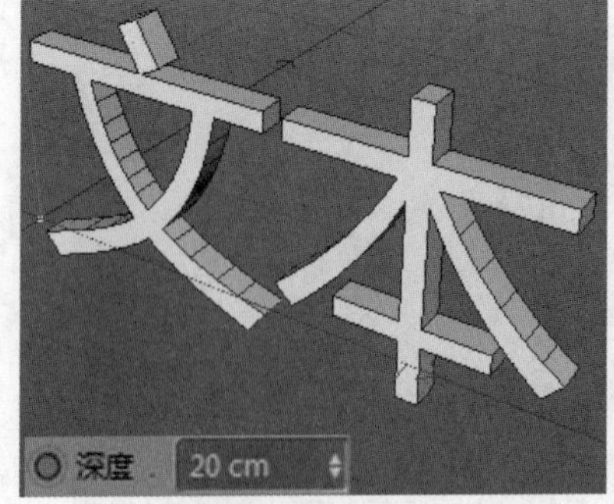

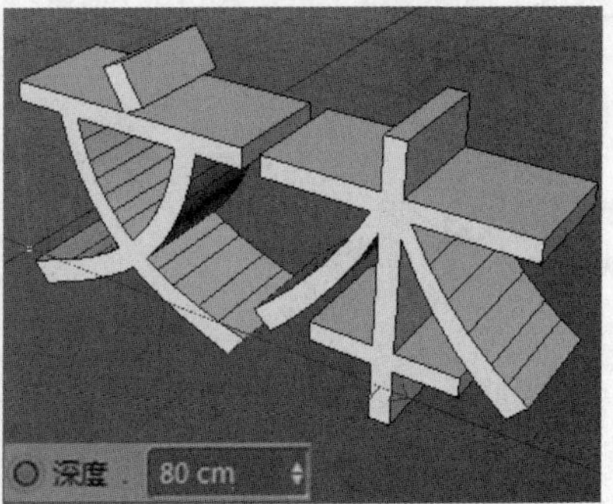

图 10-46

- 细分数：用来设置文字厚度的分段数量，增大该数值可以提高文字厚度的细分数量，如图10-47所示。
- 文本：在右侧的空白区域输入需要生成的文字信息。
- 字体：用于设置文字的字体。
- 对齐：设置文本的对齐方式，包含“左”“中对齐”“右”3个选项，如图10-48所示。选项默认为“左对齐”，即字体的最左边位于世界坐标原点。
- 高度：用来设置文字在场景中的大小。
- 水平间隔：用来设置文字的水平间距。
- 垂直间隔：用来设置文字的行间距。
- 点插值方式：用于进一步细分中间点样条，会影响创建时的细分数，如图10-49所示。选择任意一种点插值方式，都可以配合“点插值方式”参数下方的“数量”“角度”“最大长度”参数，进行细分方式的调节。不同的点插值方式所使用的调节属性也是不一样的。
- 着色器指数：只有当场景中的文本被赋予了一个材质，并且该材质使用了颜色着色器时，着色器指数才会起作用，如图10-50所示。

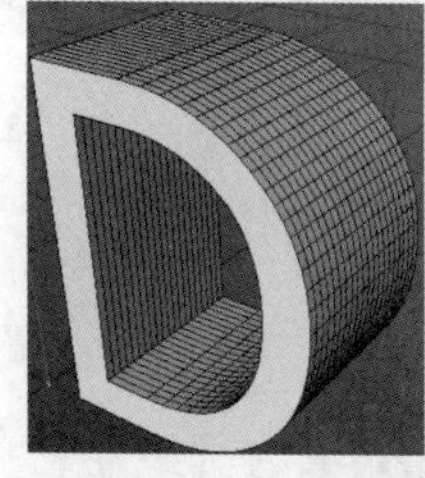

图 10-47

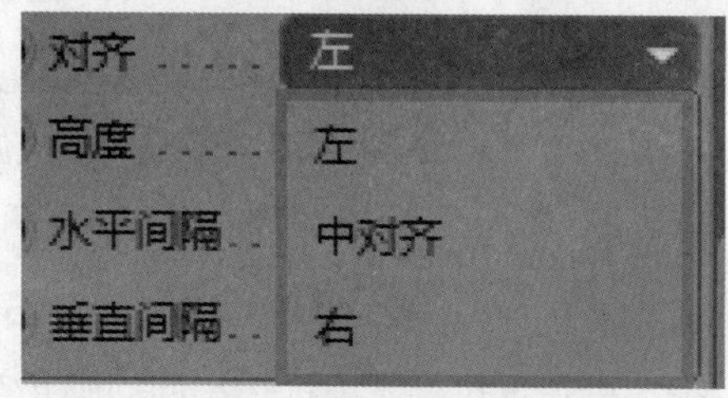

图 10-48

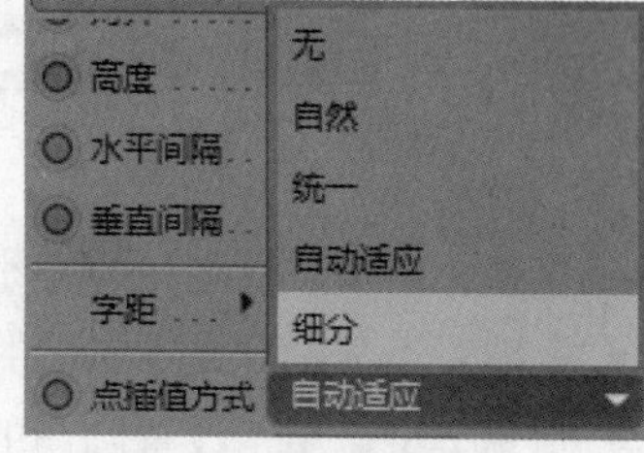

图 10-49

2.“封顶”选项卡

“封顶”选项卡如图 10-51 所示，各主要参数的含义具体如下。

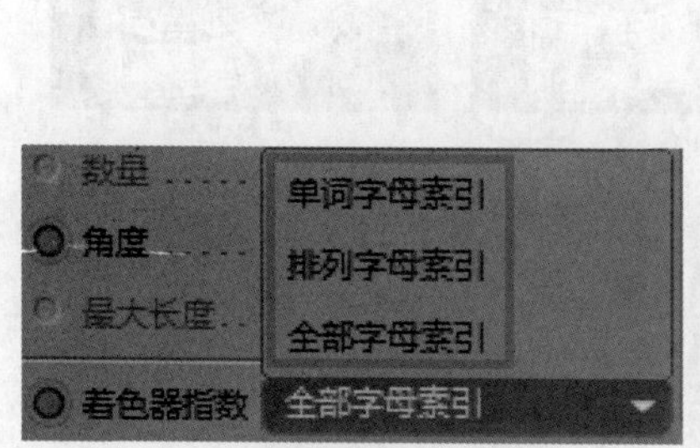

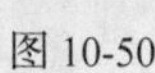

图 10-50

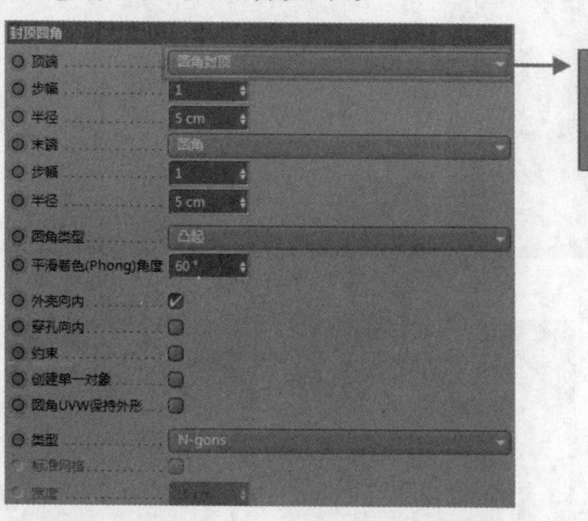

图 10-51

- 顶端：用于设置文本顶端的封顶方式，包含“无”“封顶”“圆角”“圆角封顶”4个选项，如图10-52所示。

无　　封顶　　圆角　　圆角封顶

图 10-52

- 步幅：用于设置圆角的分段数，步幅值越大，圆角越光滑，如图10-53所示。

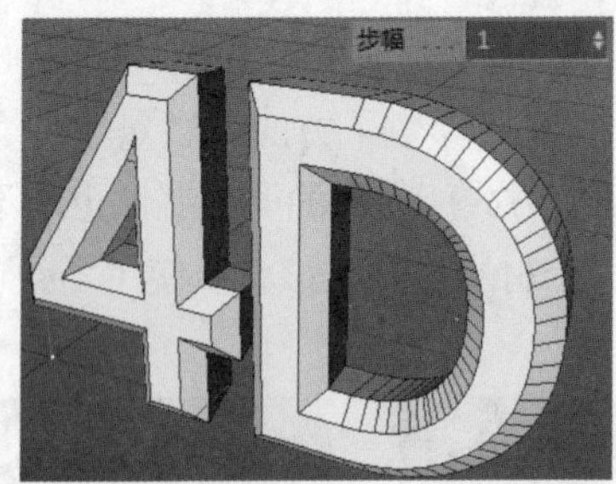

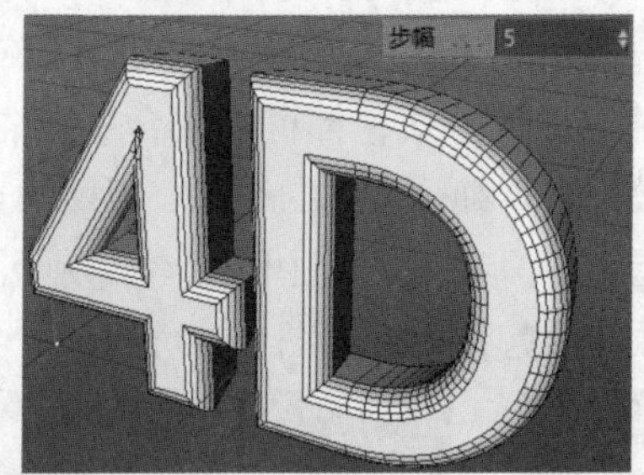

图 10-53

- 半径：用于设置圆角的大小，值越大，圆角越大。
- 末端：用于设置文本末端的封顶方式。
- 圆角类型：用于设置圆角的类型，可在下拉列表中选择不同的圆角类型，共有“线性”“凸起”“凹陷”“半圆”“1步幅”“2步幅”“雕刻”7种类型，如图10-54所示。

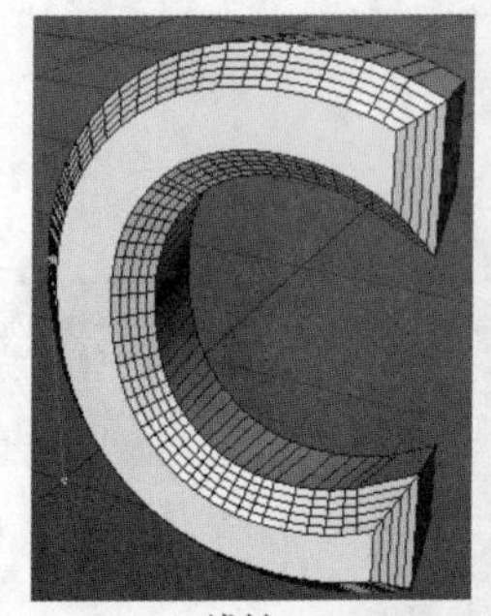

线性

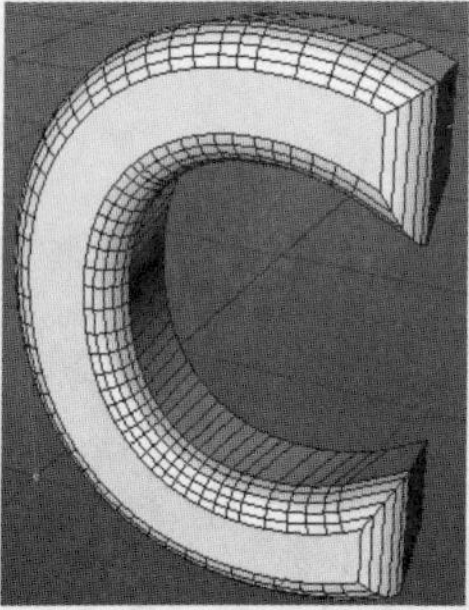

凸起

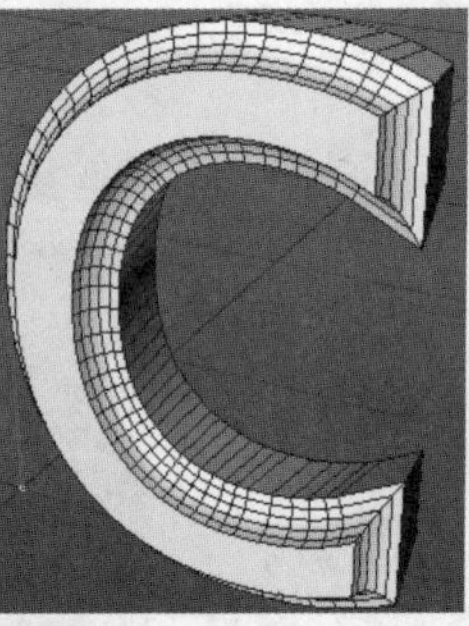

凹陷

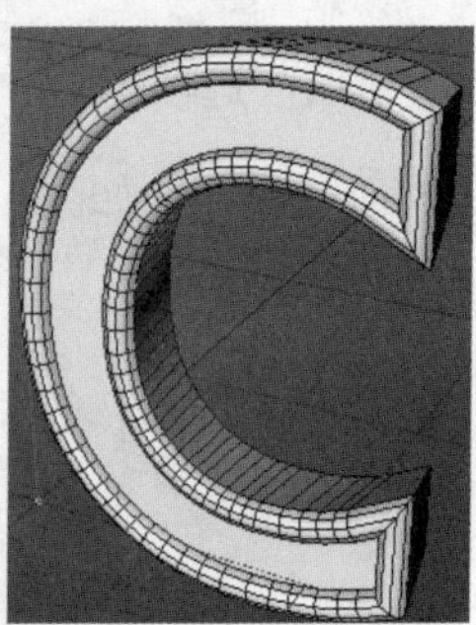

半圆

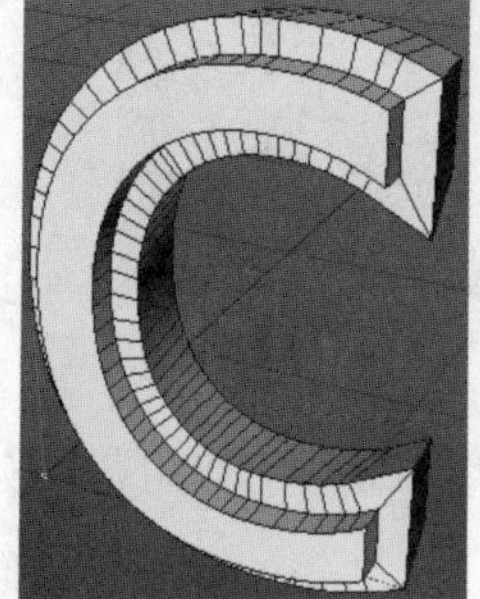

1 步幅

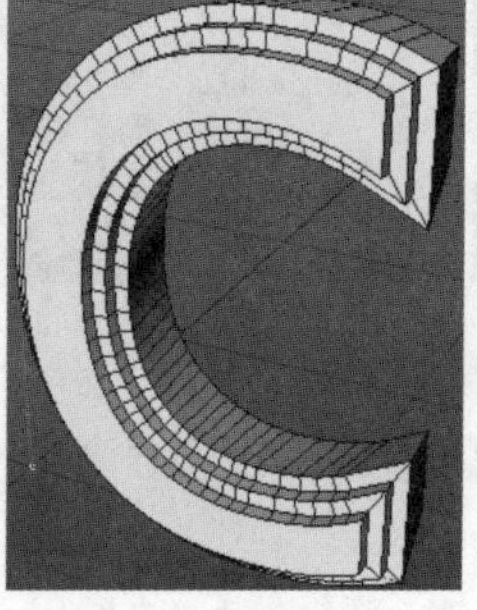

2 步幅

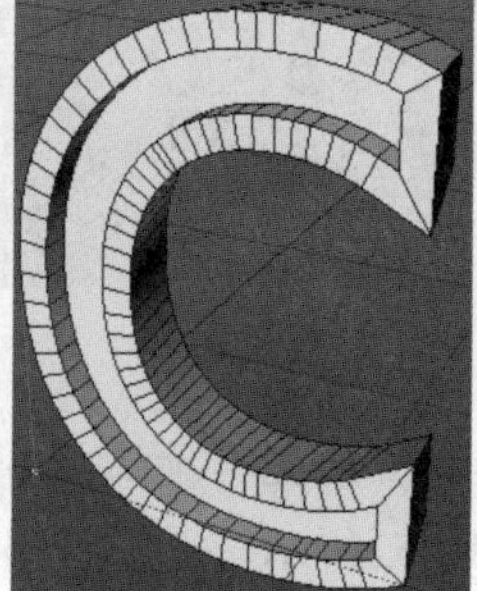

雕刻

图 10-54

◆ 平滑着色（Phong）角度：当圆角的相邻面之间的法线夹角小于当前设定值时，这两个面的公共边就会呈现锐利的过渡效果，要避免这一现象可以适当提高平滑着色的参数。

◆ 穿孔向内：当文本含有嵌套式结构（如字母a、o、p）时，该参数有效。勾选该复选框后，可将内侧轮廓的圆角方向反转，如图10-55所示。

图 10-55

◆ 约束：勾选该复选框后，使用封顶时不会改变原有文字的大小。

◆ 类型：用于设置文本表面的多边形分割方式。

◆ 标准网格：用于设置文本表面三角形面或四边形面的分布方式。

10.1.5 运动样条

使用运动样条工具可以创建出一些特殊形状的样条曲线。下面对运动样条的“属性”窗口的重要选项卡进行介绍。

1.“对象”选项卡

在“对象”选项卡中可以设置运动样条的“模式”“偏移”“显示模式”等。

◆ 模式：包含“简单”“样条”“Turtle”这3个选项。选择不同的模式时，“对象”选项卡后的选项卡也会随之变化，每一种模式都有独立的参数设置，如图10-56所示。

◆ 生长模式：包含“完整样条”和“独立的分段”两个选项。选择任意一种模式，都需要配合下方“开始”和“终点”的参数产生效果。设置为“完整样条”时，调节“开始”参数，运动样条生成的样条曲线会逐个产生生长变化，如图10-57所示。

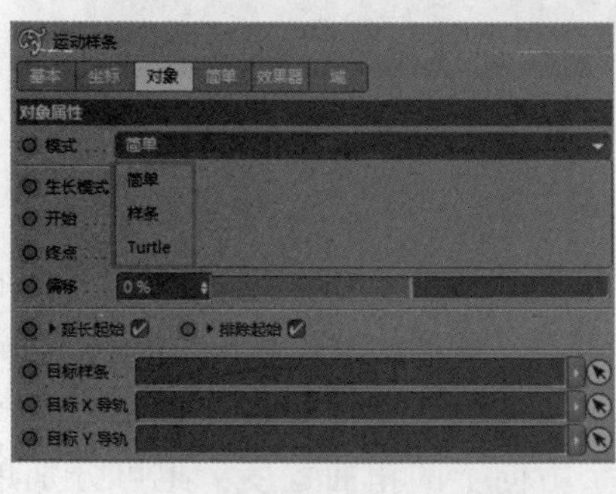

图 10-56

图 10-57

◆ 开始：用于设置样条曲线起始处的生长值。

◆ 终点：用于设置样条曲线结束处的生长值。

- 偏移：用于设置样条曲线从起点到终点范围内的位置变化。
- 延长起始：勾选该复选框后，偏移值如果小于0%，那么运动样条会在起点处继续延伸；取消勾选该复选框后，偏移值如果小于0%，那么运动样条会在起点处终止。
- 排除起始：勾选该复选框后，偏移值如果大于0%，那么运动样条曲线会在结束处继续延伸；取消勾选该复选框后，偏移值如果大于0%，那么运动样条曲线会在结束处终止。

2. “简单”选项卡

当运动样条“对象”选项卡中的“模式”为“简单”时，才会出现“简单”选项卡，“简单”选项卡如图 10-58 所示。下面对该选项卡的重要参数进行介绍。

- 长度：用于设置运动样条产生曲线的长度。也可以单击“长度”左侧的小箭头，弹出“样条”面板，通过控制样条曲线来设置运动样条产生曲线的长度，如图10-59所示。

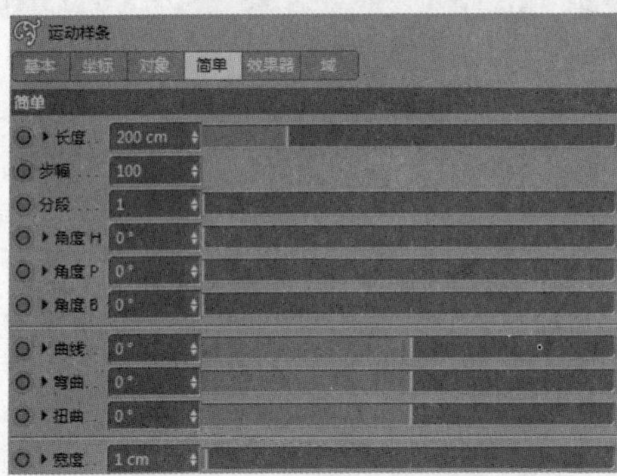

图 10-58

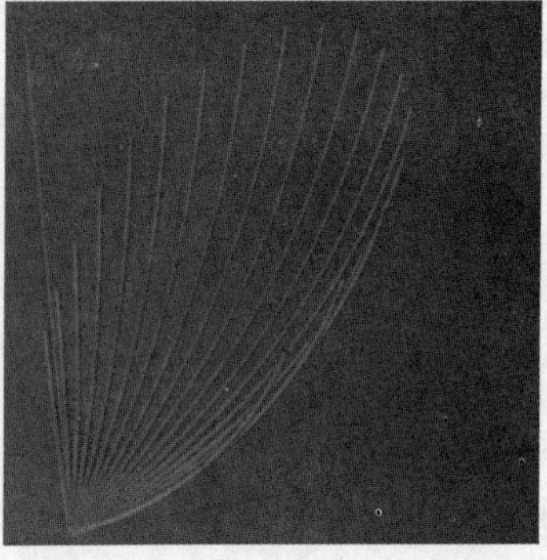

图 10-59

- 步幅：用来控制运动样条产生曲线的分段数。数值越大，曲线越光滑，如图10-60所示。

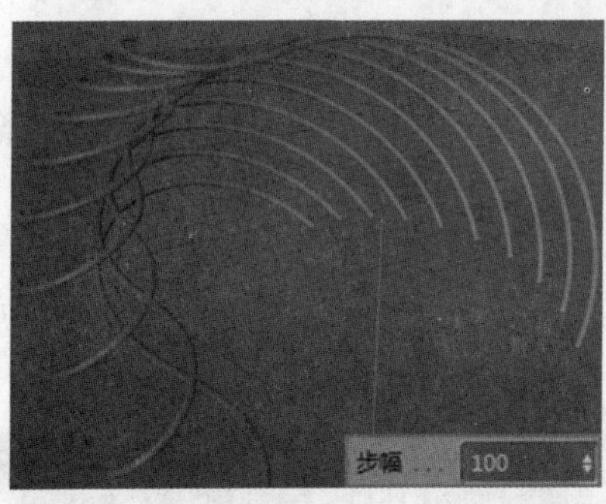

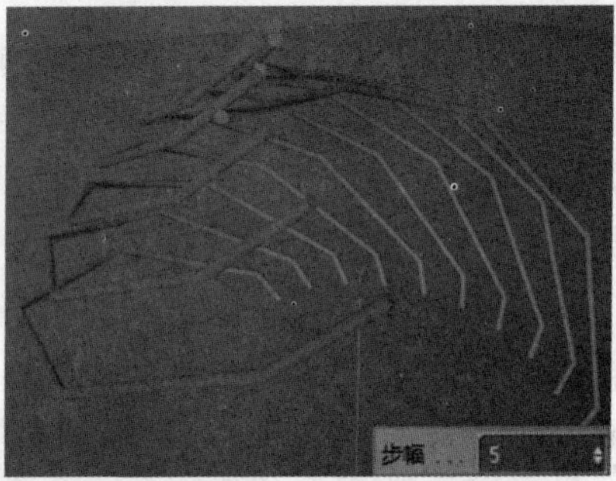

图 10-60

- 分段：用于设置运动样条产生曲线的数量。
- 角度H/角度P/角度B：分别用于设置运动样条在H、P、B这3个方向上的旋转角度，也可分别单击“角度H”“角度P”“角度B”左侧的小箭头，在弹出的“样条”面板中，通过控制样条曲线来设置产生曲线的角度。
- 曲线/弯曲/扭曲：分别用于设置运动样条在3个方向上的扭曲程度，也可分别单击“曲线”“弯曲”“扭曲”左侧的小箭头，在弹出的“样条”面板中，通过控制样条曲线来设置产生曲线的扭曲程度。

10.1.6　运动挤压

运动挤压在使用的过程中，需要将被变形物体作为运动挤压的父层级，或者与被变形物体在同一层级内，如图 10-61 所示。

1.“对象”选项卡

该选项卡用于设置运动挤压的主要变形效果，主要参数介绍如下。

- 变形：当“效果器”选项卡中连入了效果器时，该参数用于设置效果器对变形物体作用的方式，其下有“从根部”和“每步”两个选项。选择“从根部”选项后，物体在效果器作用下整体的变化一致，如图10-62所示；选择“每步”选项后，物体在效果器作用下将发生递进式的变化效果，如图10-63所示。

图 10-61

图 10-62

图 10-63

- 挤出步幅：用于设置变形物体挤出的距离和分段，数值越大，距离越大，分段也越多。
- 多边形选集：通过设置多边形选集，指定只有多边形物体表面的一部分受到挤压变形器的作用。
- 扫描样条：当“变形”设置为“从根部”时，该参数可用。用户可指定一条曲线作为变形物体挤出时的形状，调节曲线的形态可以影响最终变形物体挤出的形态，如图10-64所示。

2.“效果器”选项卡

可添加一个或多个效果器，效果器会作用于变形物体。将效果器名称拖动至“效果器”右侧的空白区域即可，如图 10-65 所示。

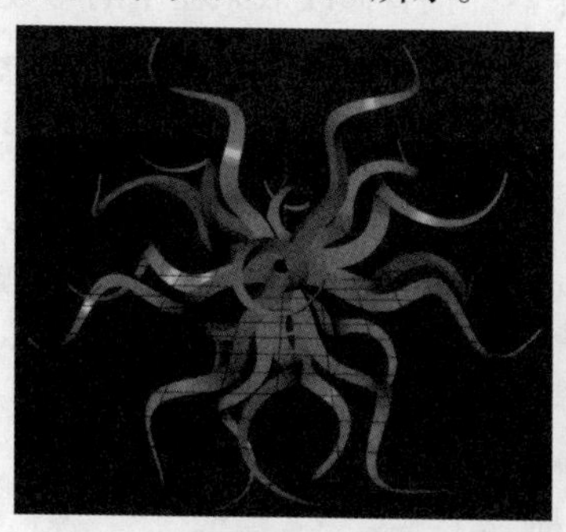

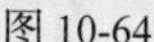

图 10-64

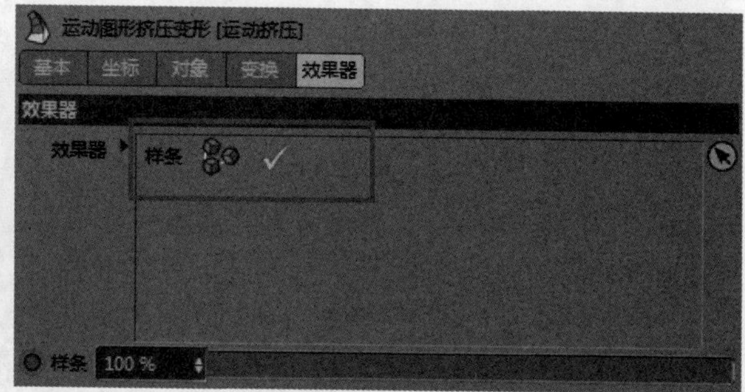

图 10-65

10.2 效果器

CINEMA 4D 中效果器的功能十分强大，它可以让单调的物体产生不可思议的效果。在“运动图形”的展开菜单中选择“效果器”选项，可以看到其中有 10 多种效果器，如“随机”“声音”“步幅”等，如图 10-66 所示。

效果器可以按照自身的操作特性对克隆物体产生不同效果的影响，同时效果器也可以使物体直接变形。效果器的使用非常灵活，可单独使用，也可以让多个效果器配合使用，从而达到某种用户所需要的效果。如果需要为克隆或者其他运动图形对象添加效果器，只需要将效果器拖动到运动图形工具的“效果器”的右侧空白区域即可，如图 10-67 所示。

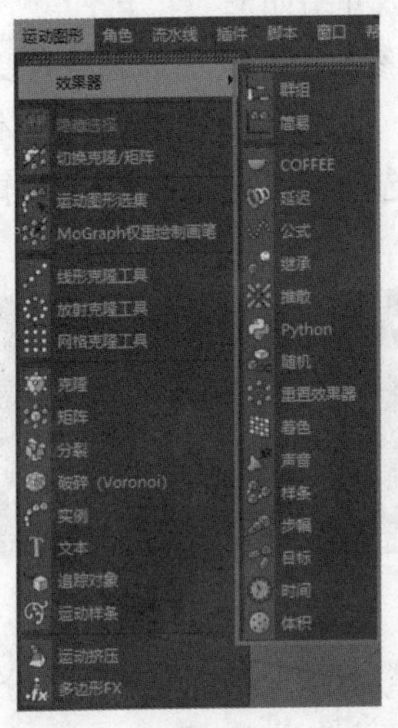

图 10-66

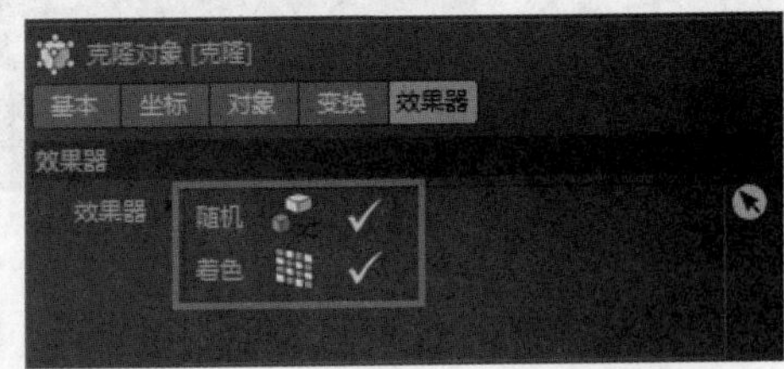

图 10-67

10.2.1 课堂案例：制作音乐节奏显示面板

【学习目标】了解运动图形和效果器互相结合的使用方法，创建出与其他三维软件风格迥异的效果。

【知识要点】通过运动图形创建面板，然后添加声音效果器，接着修改效果器中的参数，添加音频文件，最后预览得到会随着音乐节奏实时跳动的面板，如图 10-68 所示。

【所在位置】Ch10\素材\制作音乐节奏显示面板.c4d

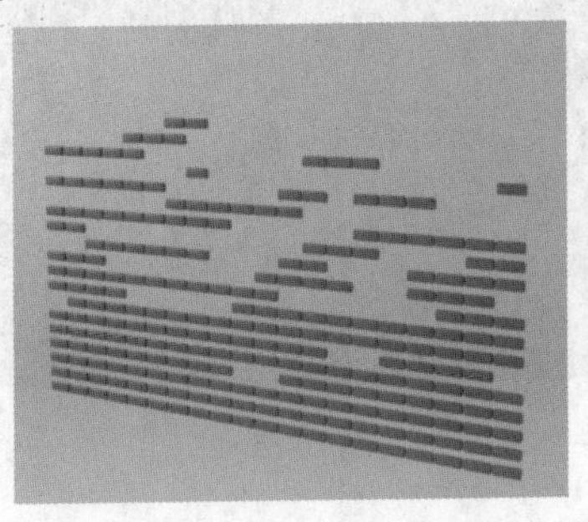

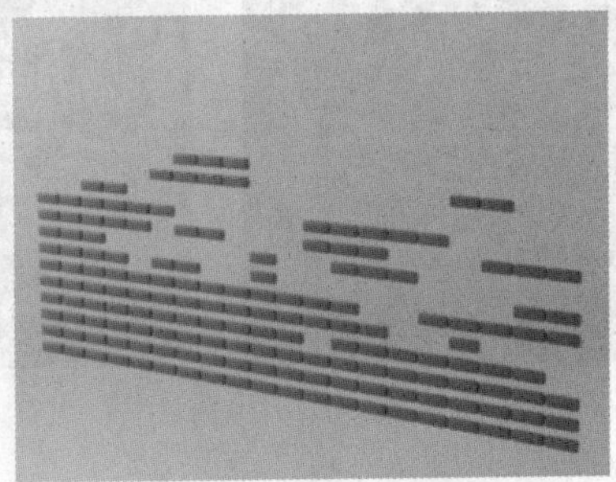

图 10-68

（1）启动 CINEMA 4D 软件，新建空白文件，然后单击工具栏中的“立方体”按钮，设置其尺寸值为 6cm×30cm×10cm，同时设置“圆角半径”为 2cm，如图 10-69 所示。

（2）在菜单栏中选择“运动图形”|“克隆”选项，并将上述步骤中创建的“立方体”对象拖动至“克隆”

对象的下方，成为其子对象。在克隆对象的“属性”窗口中切换至“对象”选项卡，选择模式为“网格排列”，设置“数量”为 1、20、20，设置“尺寸”为 200cm、600cm、300cm，如图 10-70 所示。

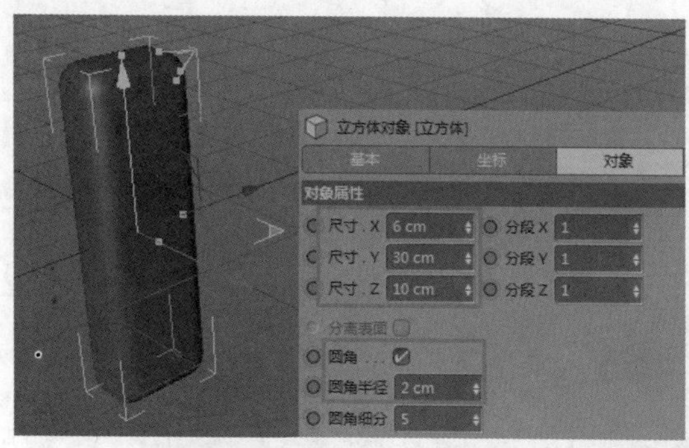

图 10-69

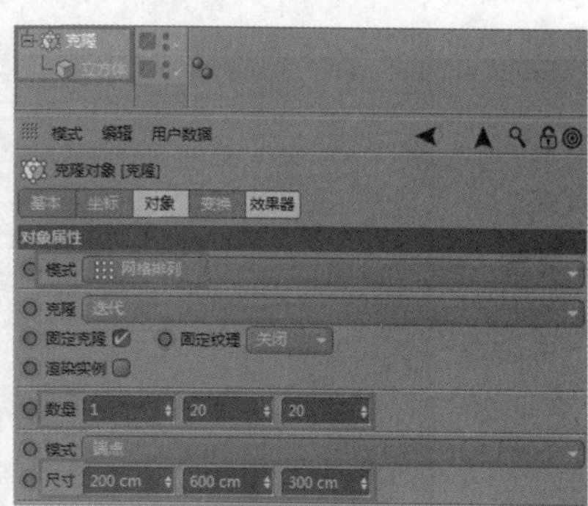

图 10-70

（3）在菜单栏中选择“运动图形”|“效果器”|“声音”选项，在“对象”窗口中添加“声音”对象，如图 10-71 所示。

（4）在“对象”窗口中选择“克隆”对象，然后在“属性”窗口中切换至“效果器”选项卡，接着将“声音”对象拖动至“效果器”右侧的空白区域，如图 10-72 所示。

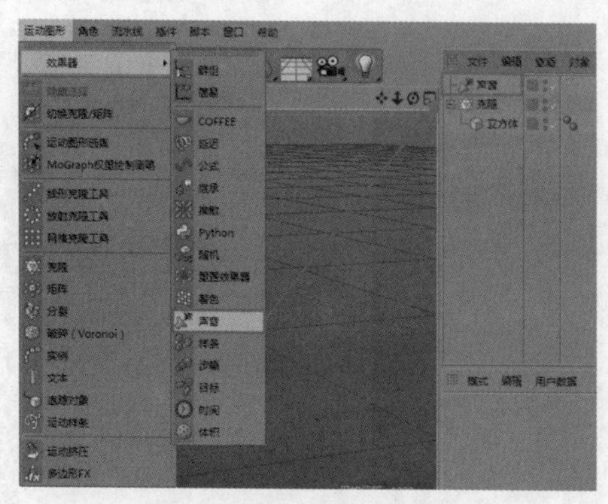

图 10-71

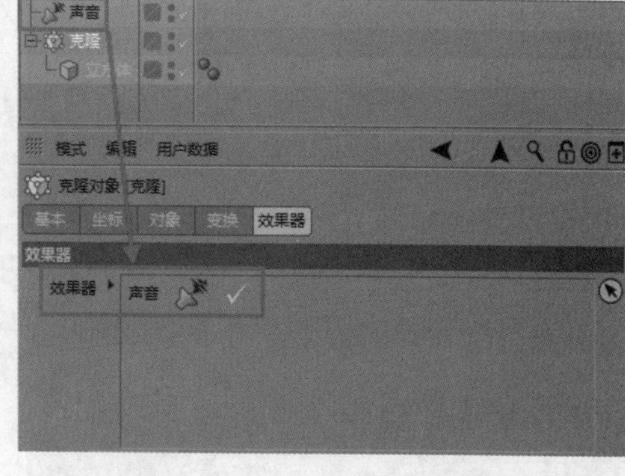

图 10-72

（5）在“对象”窗口中选择“声音”对象，然后在“属性”窗口的“效果器”选项卡中单击“声音文件”右侧的按钮，弹出“打开文件”对话框，然后选择素材中提供的“素材音频.wav”文件，如图 10-73 所示。

（6）在“效果器”选项卡中设置“应用模式”为“步幅”，如图 10-74 所示。

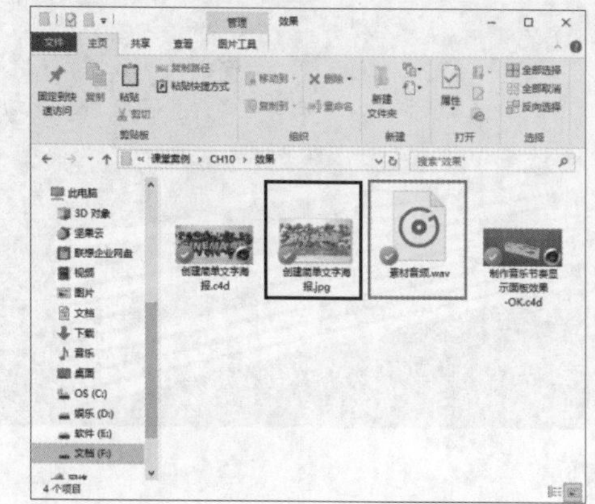

图 10-73

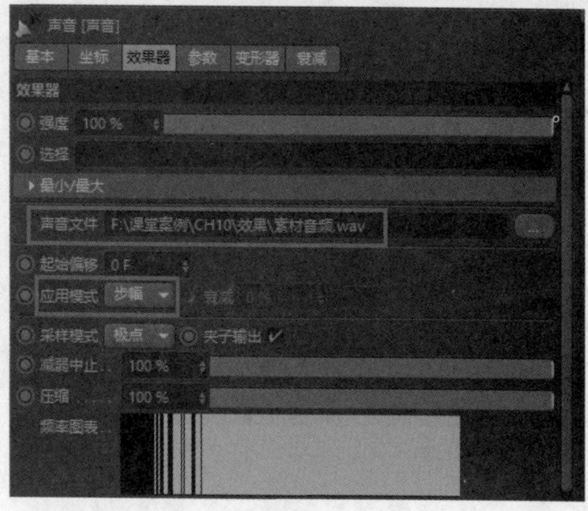

图 10-74

（7）选择“克隆”对象，将其沿 y 轴向左旋转 90°，即在坐标窗口的“P”参数栏中输入 90°，此时克隆出来的长方体呈横向排列，如图 10-75 所示。

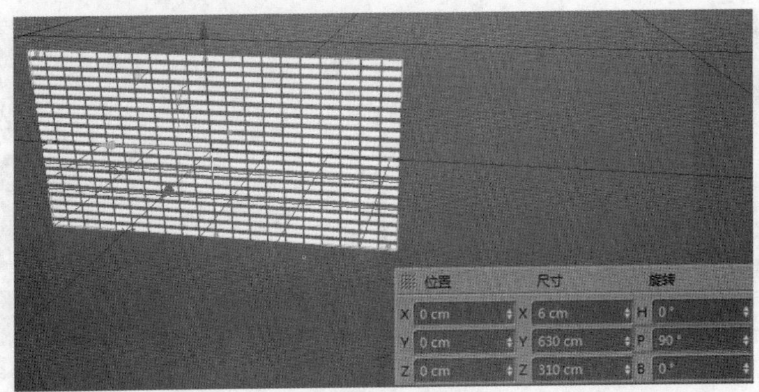

图 10-75

（8）回到“对象”窗口中选择“声音”对象，在“属性”窗口中切换至“参数”选项卡，取消勾选其中的“位置”复选框，如图 10-76 所示。

（9）切换到“效果器”选项卡，将其中的“减弱中止”和“压缩”都设置为 100%，如图 10-77 所示。

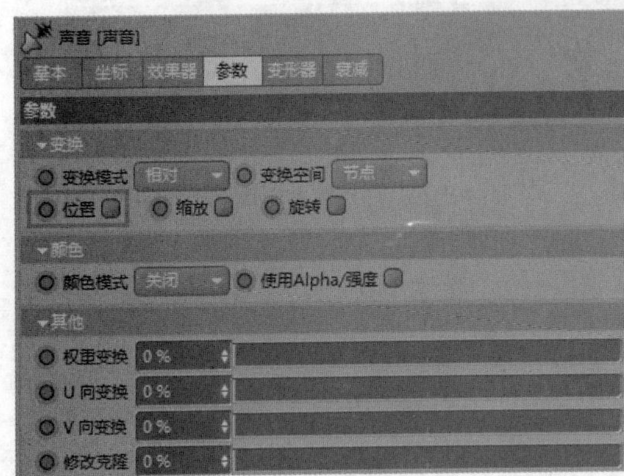

图 10-76

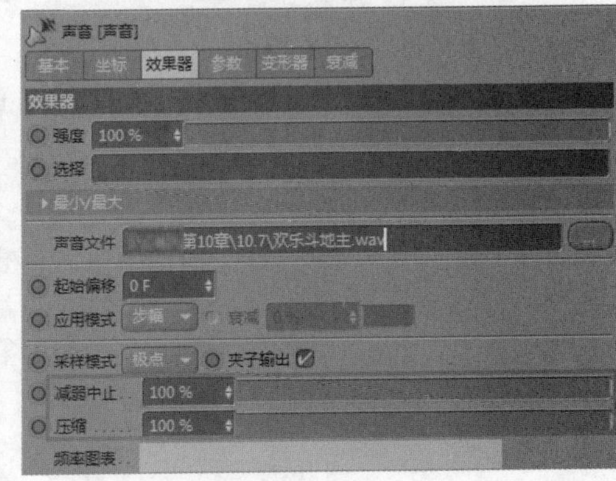

图 10-77

（10）单击“向前播放”按钮▷，即可欣赏导入进来的音频文件效果，同时视图窗口中所创建的立方体也会随着节奏产生变化，类似于音乐播放器中常见的节奏面板效果，如图 10-78 所示。

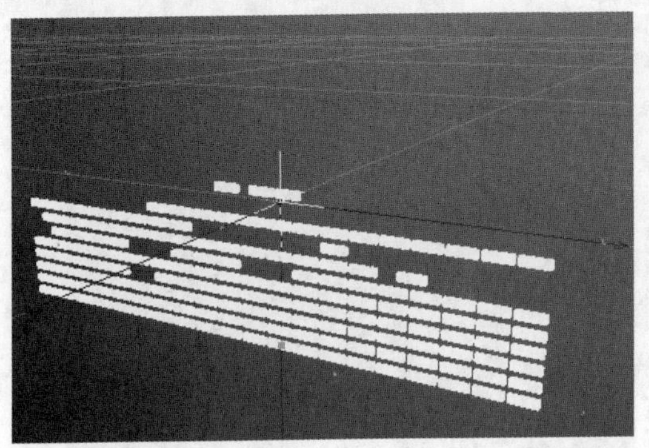

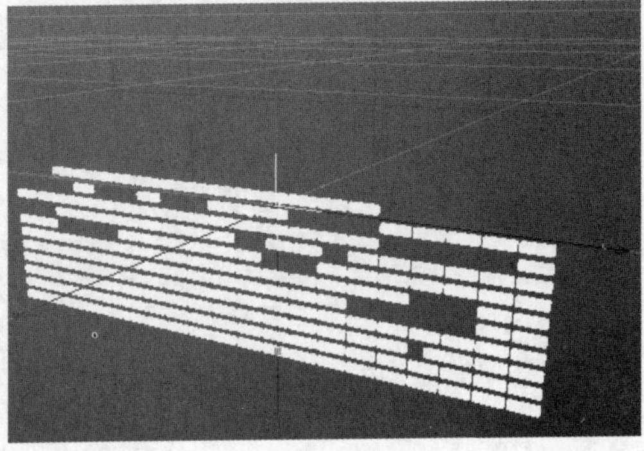

图 10-78

10.2.2 随机

随机效果器对克隆物体的位置、大小、旋转以及颜色都可以随机产生影响，配合其他运动图形可以产生丰富的动画效果。随机效果器在实际工作中是应用最为频繁的效果器之一，在充分掌握了随机效果器的参数设置和使用方式后，可以创建出更加自然的图形效果。

1.“效果器”选项卡

“效果器”选项卡如图 10-79 所示，主要用来设置随机效果器的“随机模式”“强度”“动画速率”“缩放”等。各主要参数的含义具体如下。

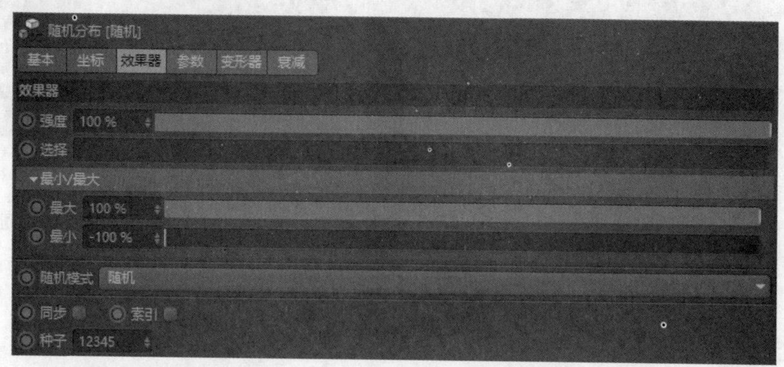

图 10-79

- 强度：用来调节当前效果器影响力的强度。当设置为0%时，将终止效果器本身的效果，此处可以输入小于0%或者大于100%的数值。
- 选择：可以使随机效果只作用于运动图形选集范围内的部分。
- 最大/最小：通过设置“最大”和“最小”两个参数来控制当前变换的范围，对比效果如图10-80所示。

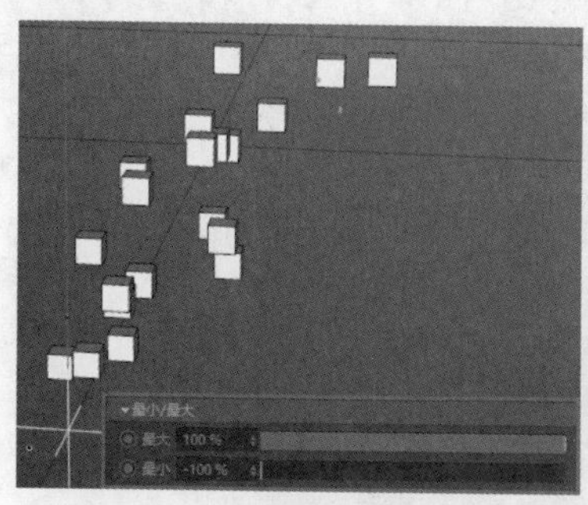

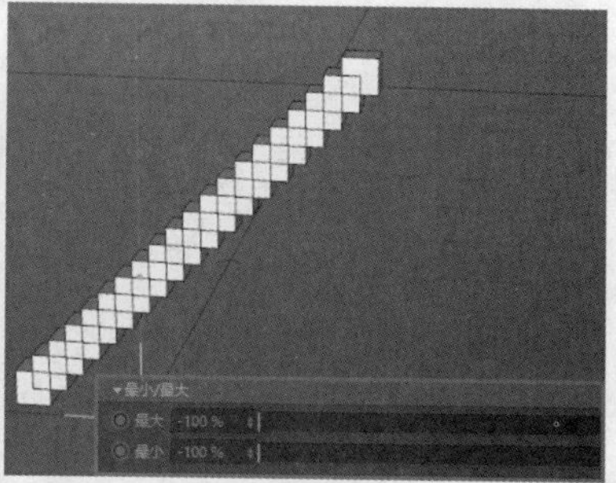

图 10-80

- 随机模式：包含“随机”“高斯（Gaussian）”“噪波”“湍流”“类别”这5种不同的随机模式，不同的模式会产生不同的随机效果，通常默认使用“随机”模式即可。
- 种子：调节该参数可以重置当前的随机效果。

2.“参数”选项卡

“参数”选项卡如图 10-81 所示，其中的参数可用来调节随机效果器作用在对象上的强度和方式，不同的效果器对物体产生的影响不一样，但是所有效果器的参数基本都是一致的。

- 变换模式：提供“相对”“绝对”“重映射”3个模式，如图10-82所示。选择不同的模式，可以指定不同的坐标系统，这样就可以影响到“位置”“旋转”“缩放”这些参数作用到克隆物体上的方式。
- 变换空间：提供“节点”“效果器”“对象”3个选项，如图10-83所示。不同的选项决定了随机效果器以何种对象的坐标为基准进行变换。

图 10-81

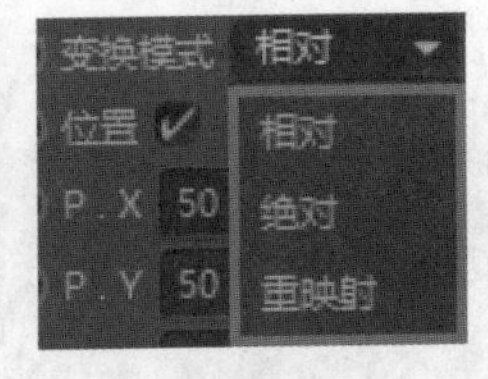

图 10-82

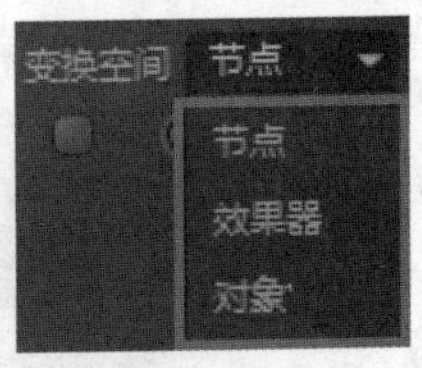

图 10-83

- 颜色模式：用于设置效果器的颜色以何种方式作用于运动图形，其下拉列表中包含“关闭”“开启”“自定义”3个选项，默认选择“关闭”。

10.2.3 声音

声音效果器通过添加一个 wav 或者 aif 格式的音频文件，并调节该音频文件的频率波形高低来对物体的变换属性产生影响。简单来说，就是声音效果器可以随着音频文件声音的起伏来自行变换物体效果。

1. “效果器”选项卡

声音效果器的“效果器”选项卡如图 10-84 所示，可以用来导入声音文件和设置声音效果器的“强度”“应用模式”“采样模式”“压缩”等参数。各主要参数的含义具体如下。

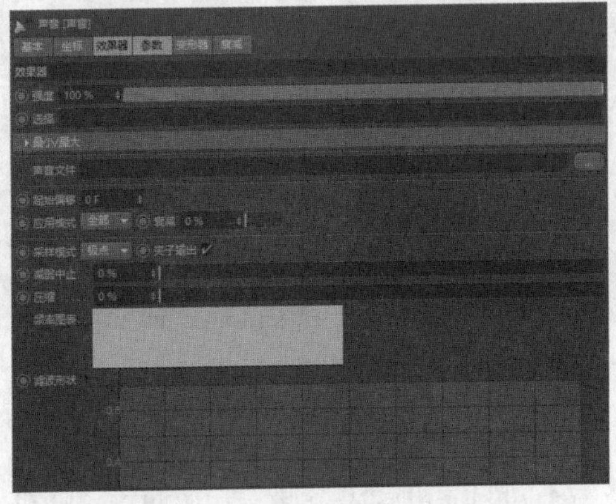

图 10-84

- 声音文件：单击右侧的按钮 ，可以加载并导入一个wav或者aif格式的音频文件。
- 起始偏移：在此输入数值后音频文件将从输入的帧数开始播放，如果输入的值为50，那么就会从第50帧开始播放当前音频文件。

- 应用模式：用于设置音频文件是如何影响运动图形的，包含“全部”和“步幅”两个选项，默认选择“全部”。选择“全部”选项时，每个运动图形中的物体受到的影响都是相同的，彼此之间的变化都是同步的，如图10-85所示，即随着音乐节拍“同起同落”；而选择“步幅”选项时，运动图形中的物体会根据音频文件的频率高低产生不同的影响，彼此之间是不关联的，如图10-86所示。

图 10-85

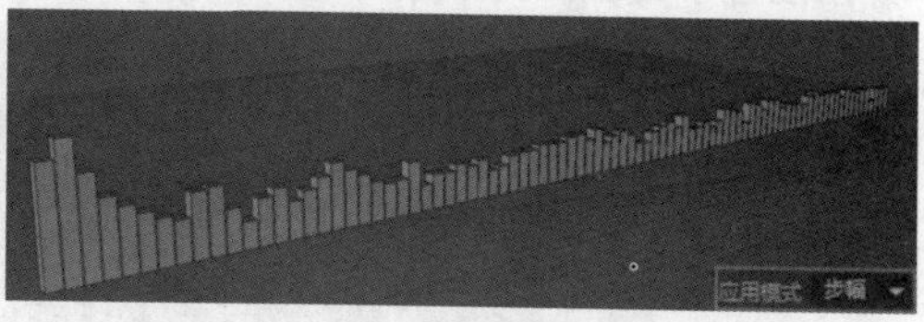

图 10-86

- 衰减：当应用模式为“全部”时，该参数可用。使用“衰减”可调整运动图形中的物体在变换效果达到顶峰时，会以何种方式下降。衰减值越大，下降幅度便越小，反之则越大。
- 采样模式：控制声音效果器对音频文件频率的采样方式。右侧的下拉列表中提供了3种音频文件的采样方式，如图10-87所示。
- 夹子输出：该复选框只有在采样模式为“极点”或“平均”时才能被激活。勾选该复选框后，就可以通过调节压缩属性来控制物体振幅波动的上限。
- 减弱中止：它可以把较低的声音频率去除，这样就可以从音频文件中移除一些混乱的频率，从而只让频率高的部分对克隆物体产生影响。
- 频率图表：用于实时显示音频文件的波形，横轴代表频率，纵轴代表振幅。
- 滤波形状：通过曲线编辑面板中的曲线调节可以对音频文件的频率波形进行修改，修改后的结果会实时地显示在频率图表上，从而对运动图形中的物体再次产生影响，如图10-88所示。

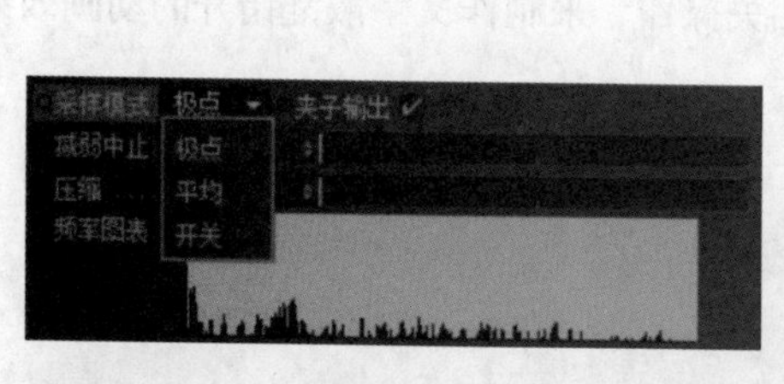

图 10-87

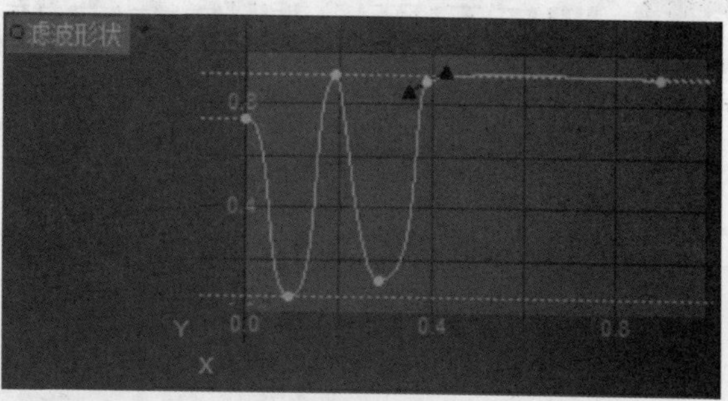

图 10-88

2.“参数”选项卡

声音效果器的“参数”选项卡中的参数和随机效果器的“参数”选项卡中的参数是一样的，可以直接参考随机效果器的介绍，这里不做重复讲解。

10.3 课堂练习：制作生日蛋糕

【知识要点】结合本章介绍的运动图形的相关知识点，对蛋糕模型上的蜡烛进行克隆，并修改参数使其呈环形分布于蛋糕上，最后渲染得到图 10-89 所示的效果。

【所在位置】Ch10\ 素材 \ 制作生日蛋糕 .c4d

图 10-89

10.4 课后习题：制作文字散乱效果

【知识要点】结合本章所学的运动图形和效果器的相关操作，来制作文字散乱错开的动画效果，如图 10-90 所示。

【所在位置】Ch10\ 素材 \ 制作文字散乱效果 .c4d

图 10-90

第11章 商业案例实训

本章介绍

本章将为大家讲解 CINEMA 4D 在不同类型的商业实例中的具体应用，通过案例分析、案例设计、案例制作的流程，进一步详解 CINEMA 4D 强大的软件功能和制作技巧。希望读者在学习了商业案例制作方法，并完成大量相关习题制作后，可以快速地掌握商业案例设计的理念和软件的技术要点，从而达到满足工作实际需求的目的。

学习目标

- 掌握产品建模的方法
- 掌握海报设计的方法
- 掌握动画制作的方法

11.1 制作猫爪杯产品模型

猫爪杯是粉色猫爪状双层玻璃杯，杯子因造型独特、外观精美可爱而广受网友好评。本节便为大家介绍如何使用 CINEMA 4D 软件来制作猫爪杯产品模型。

11.1.1 案例分析

猫爪杯造型独特，整体结构流畅光顺，杯身为双层透明的玻璃材质，杯子内层设计成猫爪形状，外层印有樱花图案，当向杯子内部倒入有颜色的液体时，猫爪形状便会浮现，如图 11-1 所示。本例的教学重点是掌握可编辑对象的调整，以及“循环 / 路径选择”“填充选择”等选择方法的相关操作，因此会对模型的创建过程做重点介绍，而渲染方面从略。

图 11-1

11.1.2 案例设计

猫爪杯的创建可以大致分为 3 个部分：内部猫爪形状的创建、外围杯身的创建和模型的最终渲染。

内部猫爪可以通过复制参考底图至 CINEMA 4D，然后通过“画笔”或者“草绘”工具描出对应的轮廓线，接着通过轮廓线来进行创建。也可以直接创建立方体，然后通过可编辑对象来使其渐渐变为猫爪的形状，这种方法相对来说更为简便，本例就采用这种方法来创建猫爪，大致过程如图 11-2 所示。

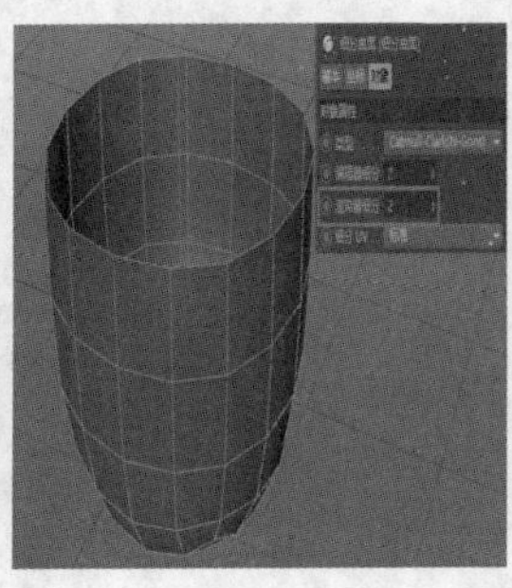
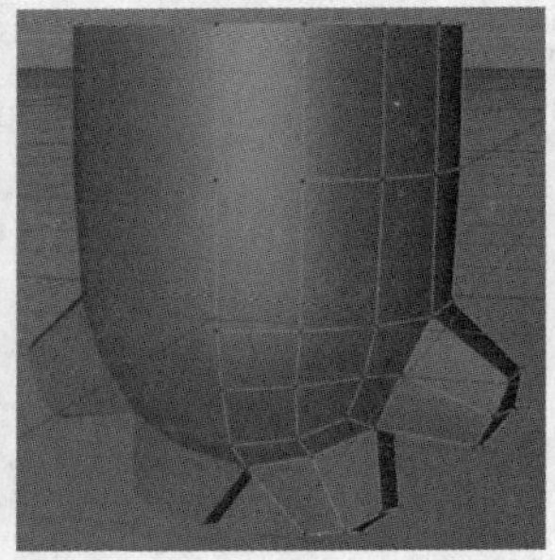
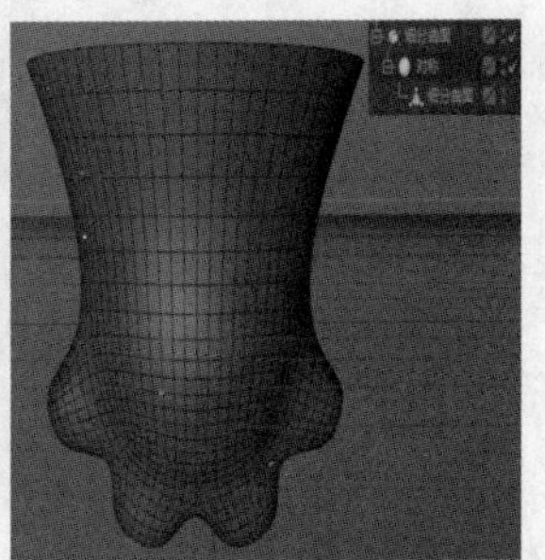

图 11-2

外围杯身可以通过创建一个圆柱，然后通过可编辑对象将其调整为中间粗、两端窄的桶状，如图 11-3 所示。

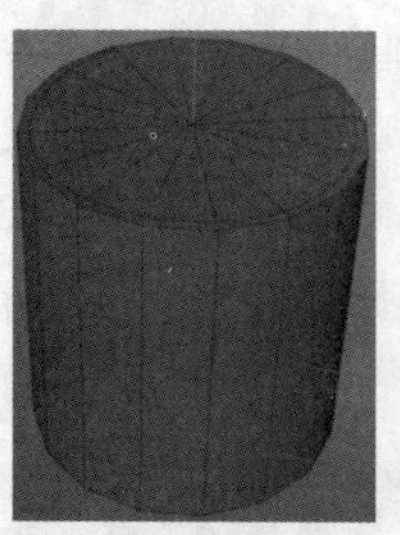 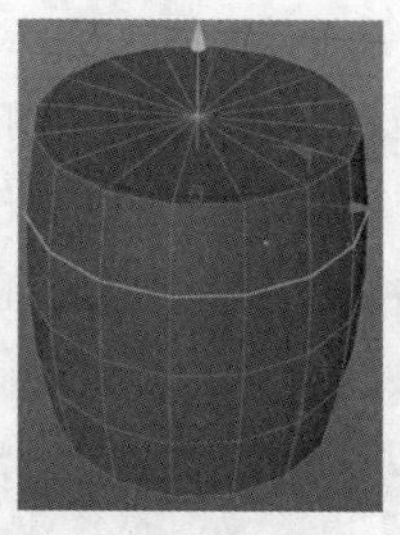 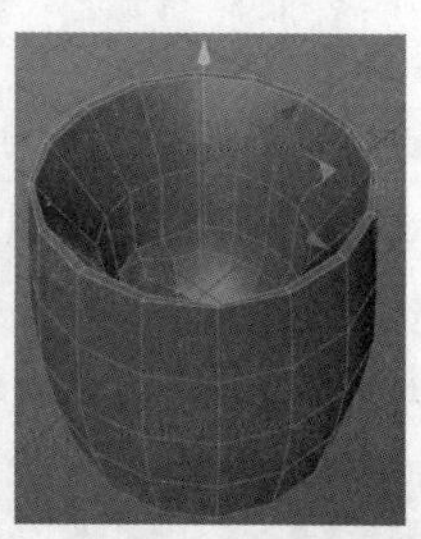

图 11-3

模型在渲染时要注意：由于猫爪杯为双层玻璃结构，因此内部是中空的，在添加材质时不能直接拖动一个简单的玻璃材质球至模型对象上，而需要重新对模型做一个类似“抽壳”的处理，这样才能得到想要的渲染效果。猫爪杯身上的樱花等装饰可以通过贴图来完成。

11.1.3 案例制作

1. 创建猫爪部分

（1）启动 CINEMA 4D 软件，然后单击工具栏中的“立方体”按钮，创建一个立方体，所有参数均保持默认，如图 11-4 所示。

（2）单击编辑模式工具栏中的“转为可编辑对象”按钮，或者按键盘上的快捷键 C，将其转换为可编辑的立方体，此时立方体的每一个点、每一条线、每一个面都可以被单独选择。选择立方体顶部的面，按 Delete 键删除，如图 11-5 所示。

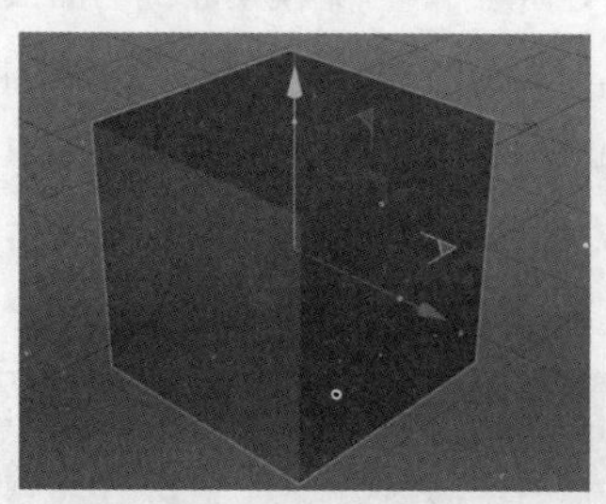 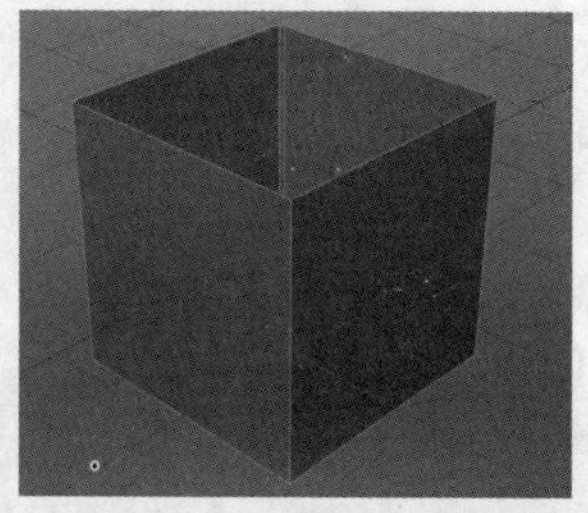

图 11-4　　图 11-5

（3）在工具栏中单击“细分曲面”按钮，在“对象”窗口中创建一个“细分曲面”对象。然后在“对象”窗口中选中上一步骤中创建的“立方体”对象，将其移动至“细分曲面”对象的下方，待鼠标指针变为符号时释放，“立方体”对象即可成为细分曲面的子对象，同时立方体也有了细分曲面作用——外表变得圆滑，并且其表面会被细分，如图 11-6 所示。

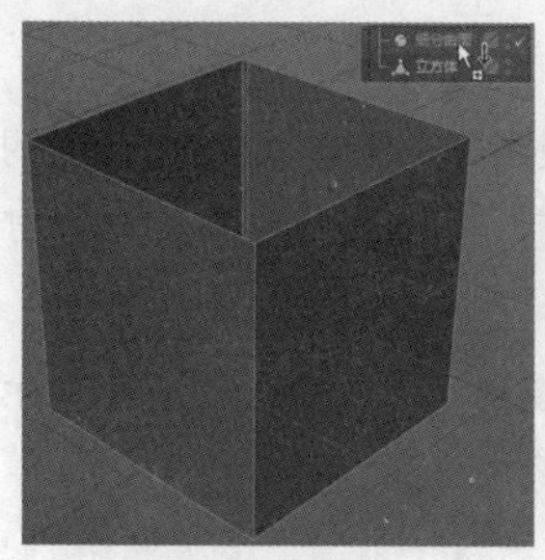 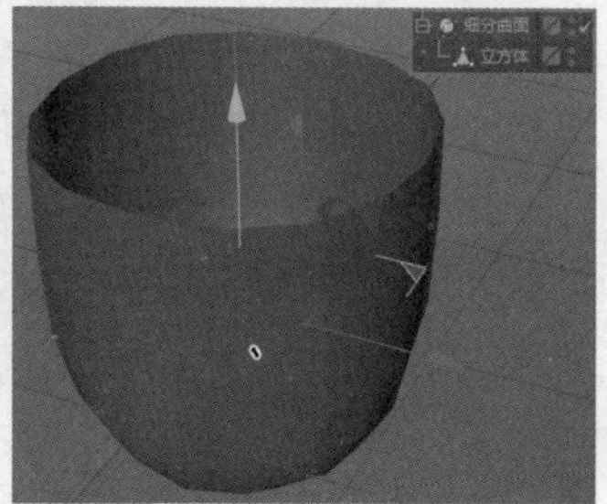

图 11-6

（4）将细分曲面对象转换为可编辑对象。选择前面创建好的细分曲面，在操作界面右下角的“属性”窗口中设置“渲染器细分”参数为 2，然后按快捷键 C，将其转换为可编辑对象，如图 11-7 所示。

（5）删除一半模型。由于内部的猫爪可以看作对称的图形，因此可以借助“对称”工具来进行创建，这样将减少一半的工作量。按快捷键 F4 切换至正视图模式，然后单击编辑模式工具栏中的“多边形”按钮，使用“框选”工具框选左半边的模型，接着按 Delete 键删除，即可得到右半边的模型，如图 11-8 所示。

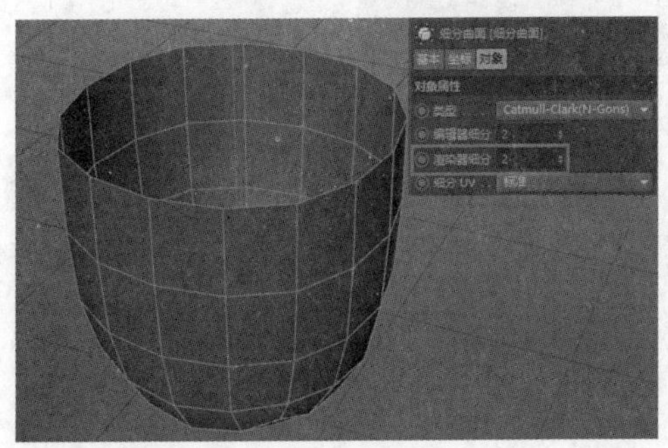

图 11-7

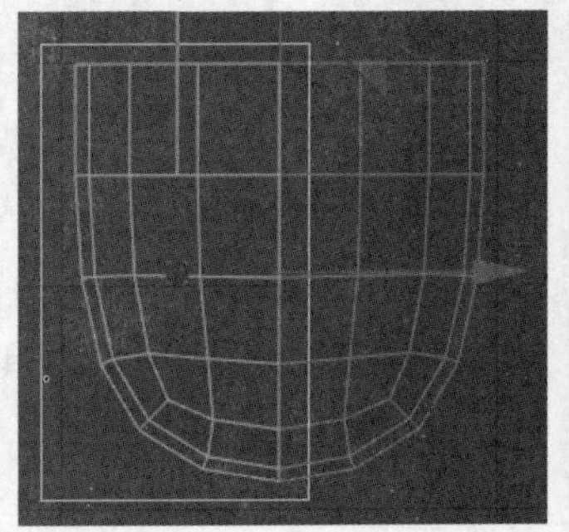

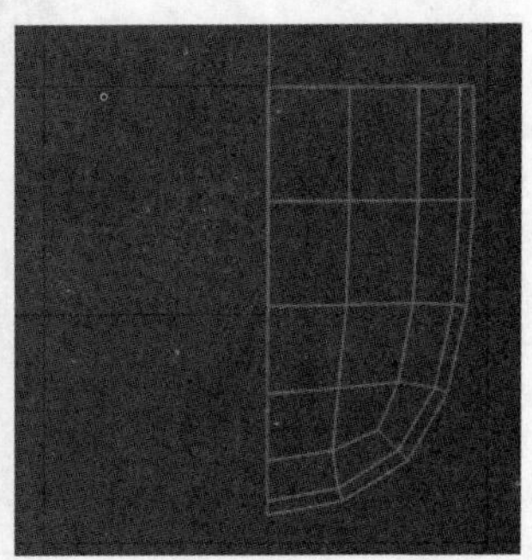

图 11-8

提示

键盘上的 F1~F4 键分别为轴测图（默认视图）、顶视图、右视图和正视图的快捷键，借助不同的视图可以以更好的角度进行选择或其他操作。这几个键盘键在实际工作中应用较多，读者可以多加练习来帮助掌握。

（6）单击编辑模式工具栏中的“点”按钮，进入点模式，可见模型左侧的面虽然被删除了，但是点的部分仍然存在，此时可以按快捷键 Ctrl+A 全选所有的点，然后单击鼠标右键，在弹出的快捷菜单中选择“优化”选项，即可删除左半边的点，同时优化右半边的面，如图 11-9 所示。

（7）在工具栏中单击“对称”按钮，然后选择“细分曲面”对象，将其拖至“对称”对象的下方，成为其子对象，便可得到对称效果，如图 11-10 所示。

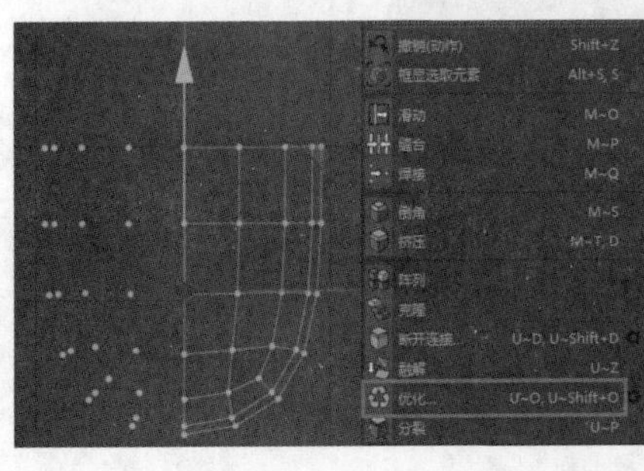

图 11-9

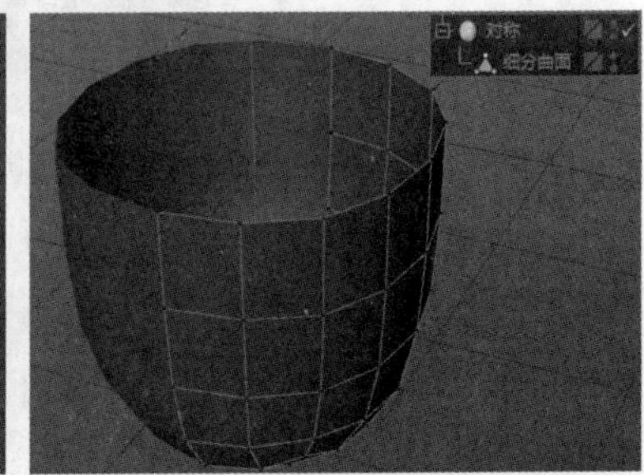

图 11-10

（8）单击编辑模式工具栏中的“多边形”按钮，使用“实时选择”工具选择模型右下角的 4 个面，然后单击鼠标右键，在弹出的快捷菜单中选择“挤压”选项，或按快捷键 D，执行“挤压”命令。接着进行拖动，即可得到所选面的挤压效果。同时由于对称关系，模型左半边相同位置也会出现挤压，如图 11-11 所示。

（9）使用同样的方法，对底部剩余的 4 个面进行挤压操作，得到图 11-12 所示的效果，此时猫爪雏形的制作工作已完成。

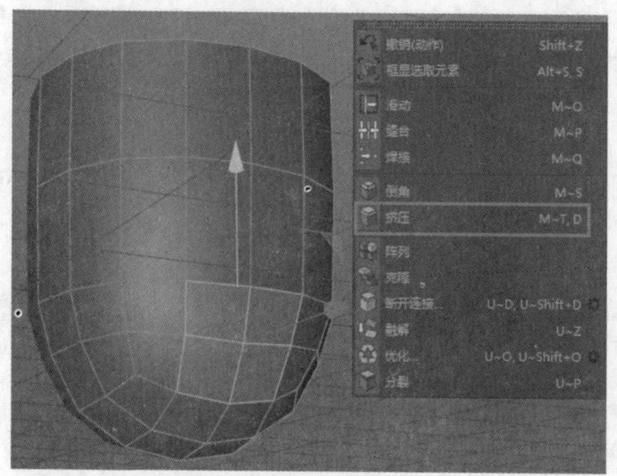

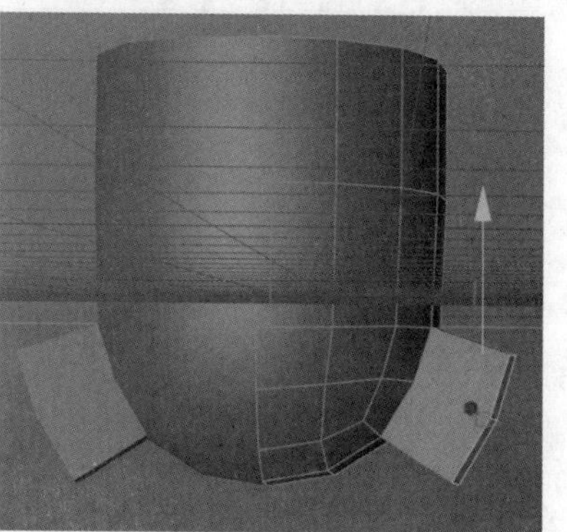

图 11-11

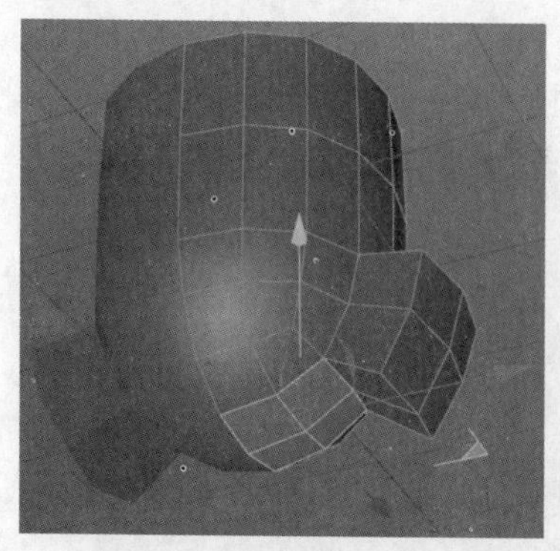
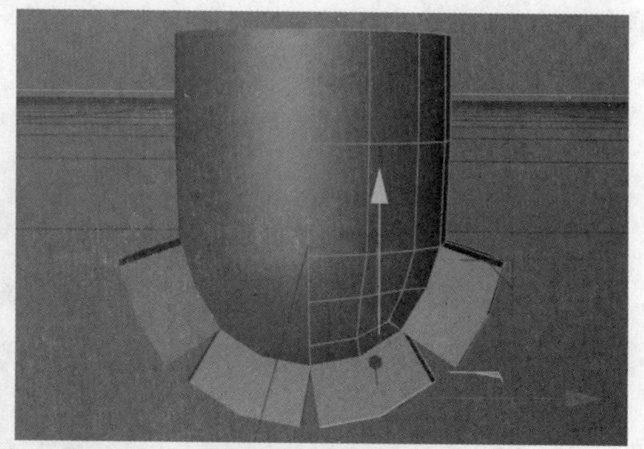

图 11-12

（10）精修爪子部分。单击编辑模式工具栏中的“点”按钮，进入点模式，然后选择爪子底部面上的点，按快捷键 T 执行缩放操作，缩小爪子底部的面，如图 11-13 所示。

（11）再选择爪子根部上的点，单击鼠标右键，在弹出的快捷菜单中选择“滑动”选项，沿边线对其进行微调，让爪子根部尽量变得圆润，如图 11-14 所示。

（12）使用相同方法对剩余的爪子进行调整，可以反复调试修改，得到的猫爪效果如图 11-15 所示。

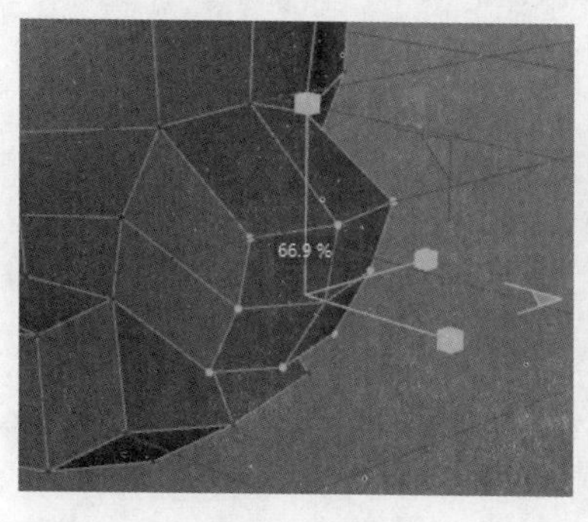

图 11-13

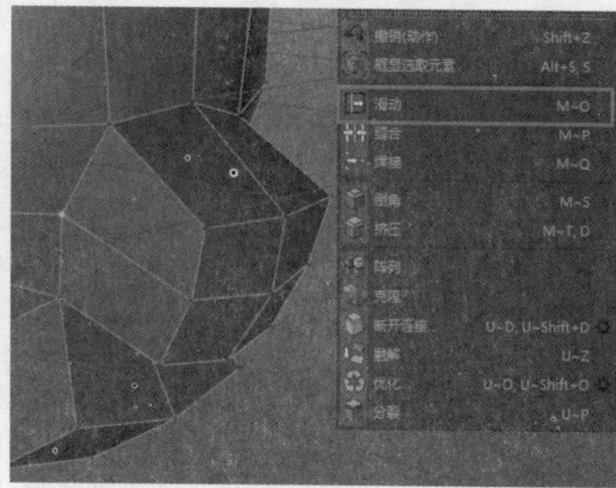

图 11-14

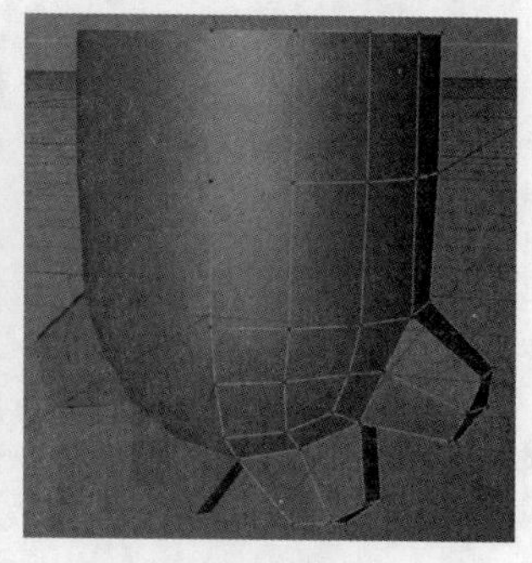

图 11-15

（13）创建猫爪顶部扩口。猫爪顶部是一个流畅的扩口图形，因此可以选择猫爪顶部的点进行缩放操作。按快捷键 F4 切换至正视图模式，使用“框选”工具框选顶部的点，如图 11-16 所示。

（14）此时需要注意模型上显示的坐标位置，可见并不在模型的中心位置上，因此需单击编辑模式工具栏中的“启用轴心”按钮，然后在坐标窗口中将“位置”下“X”的数值设置为 0cm，这样坐标将回到模型的中心位置上，如图 11-17 所示。

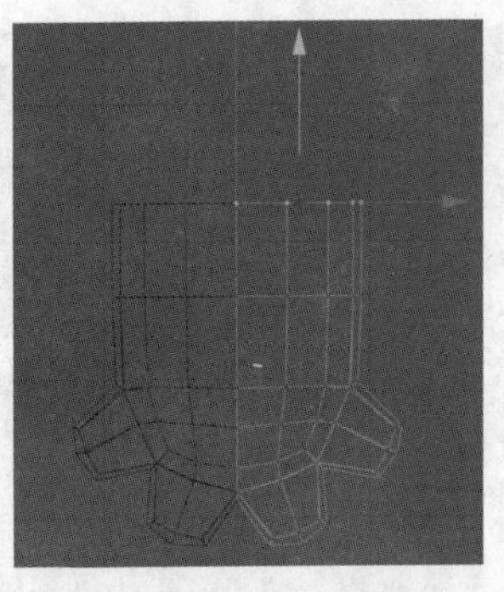
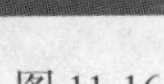

图 11-16

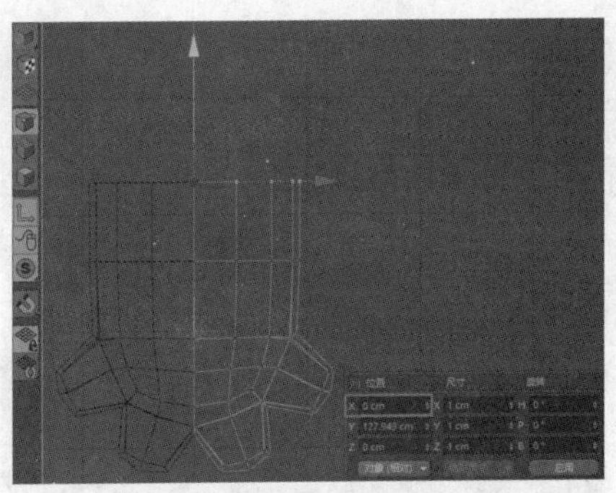

图 11-17

（15）坐标回到模型的中心位置后，再次单击“启用轴心”按钮，即可关闭此工具。然后再次按快捷键 T 对模型顶部的点进行缩放，即可得到图 11-18 所示的效果。

（16）猫爪部分已创建完成，为其添加一个“细分曲面”对象，即可得到完整的猫爪效果，如图 11-19 所示。

图 11-18

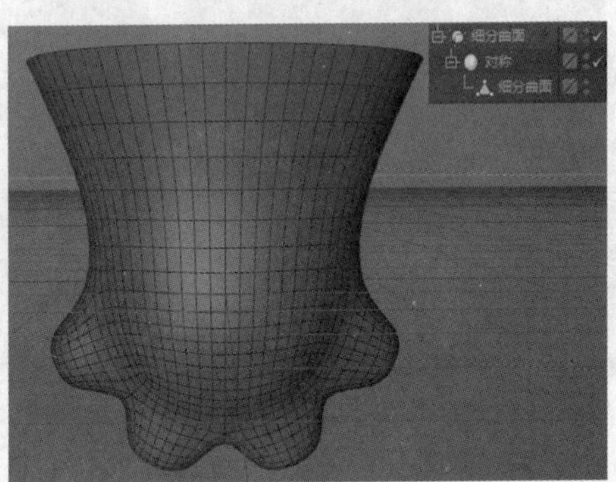

图 11-19

提示

如果不将坐标回归至中心位置，那么进行缩放时将不会得到圆形的顶部效果，而是椭圆形的，如图 11-20 所示，这是因为缩放的中心位置并不在圆心位置上。

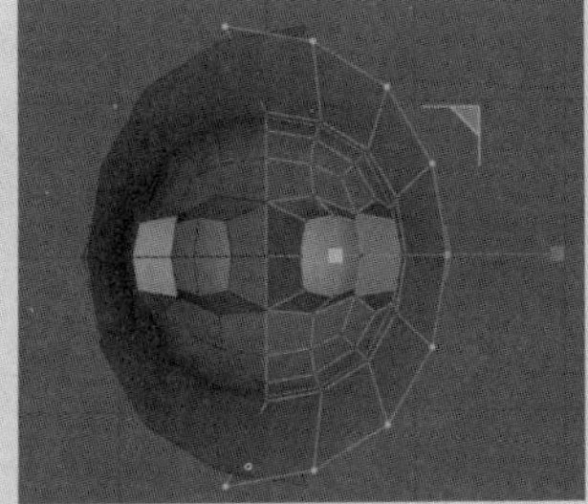

图 11-20

2. 创建杯身部分

（1）杯身可以直接使用圆柱来进行创建。在工具栏中单击“圆柱”按钮，然后调整创建的圆柱的大小和高度，略大于猫爪即可，然后设置“旋转分段”为 16，如图 11-21 所示。

（2）选择创建好的圆柱，按快捷键 C 将其转换为可编辑对象，接着删除圆柱顶部的面，如图 11-22 所示。

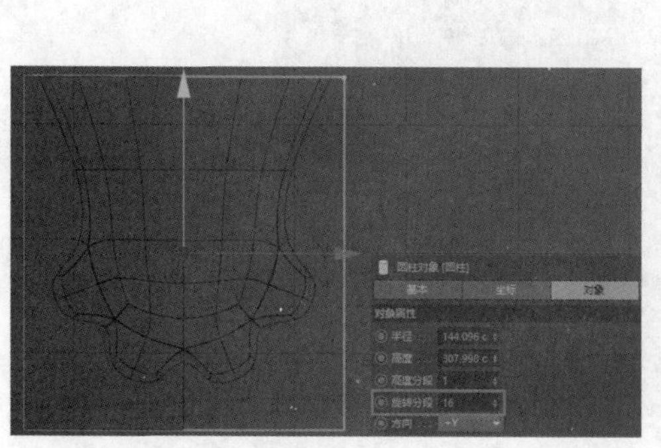

图 11-21

图 11-22

（3）单击编辑方式工具栏中的“多边形”按钮，接着单击鼠标右键，在弹出的快捷菜单中选择“循环 / 路径切割”选项，选择纵向的边线即可得到横向的切割效果。在“属性”窗口中设置“切割数量”为 3，如图 11-23 所示。

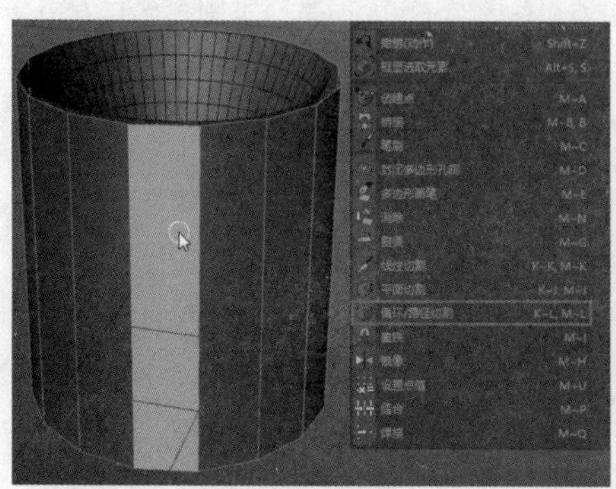

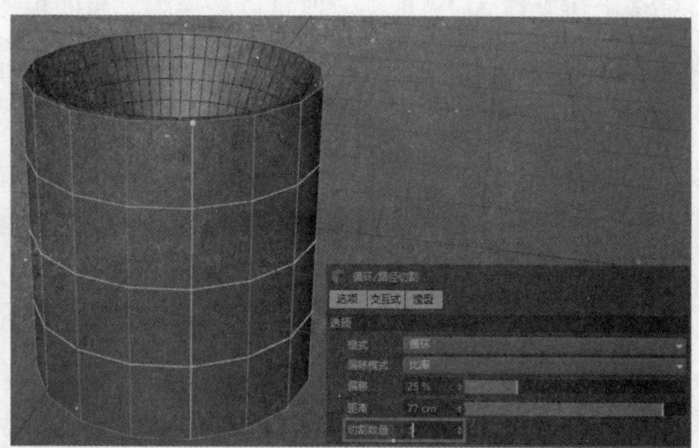

图 11-23

（4）选择相应的边线，按快捷键 T 执行“缩放”命令，按照中间宽、两头窄的方案进行缩放调整，即可得到图 11-24 所示的桶状模型。

（5）创建杯身底部的凹陷。选择杯身底部的面，然后单击鼠标右键，在弹出的快捷菜单中选择“内部挤压”选项，或按快捷键 I 执行“内部挤压”命令，接着拖动鼠标指针，向内得到一个挤压的面，如图 11-25 所示。

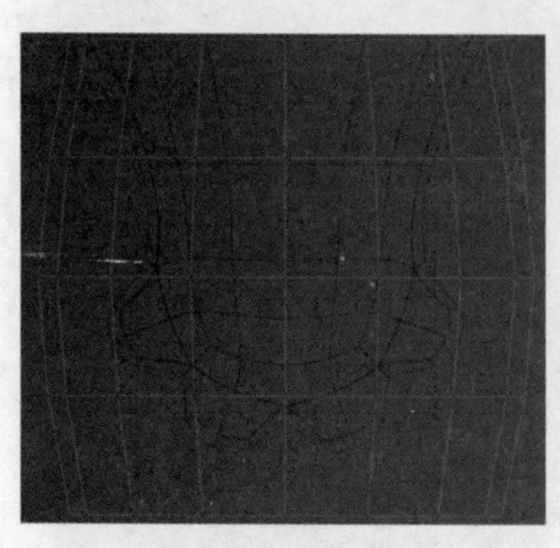

图 11-24

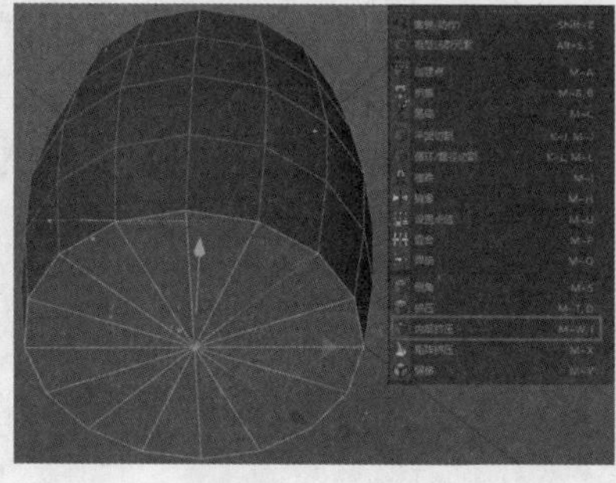

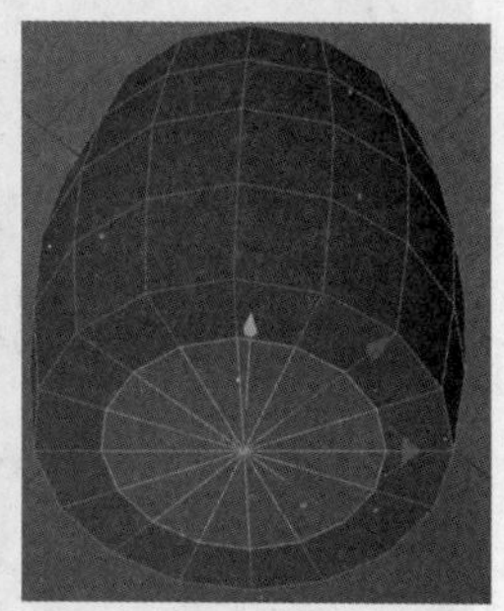

图 11-25

（6）按快捷键 D 执行“挤压”命令，向上拖动鼠标指针，即可将得到的内部挤压面向上移动，从而得到一个凹陷的效果，如图 11-26 所示。

（7）按快捷键 T 执行“缩放”命令，缩放凹陷的面，如图 11-27 所示，这样在细分曲面后便可以得到类似圆角的效果。

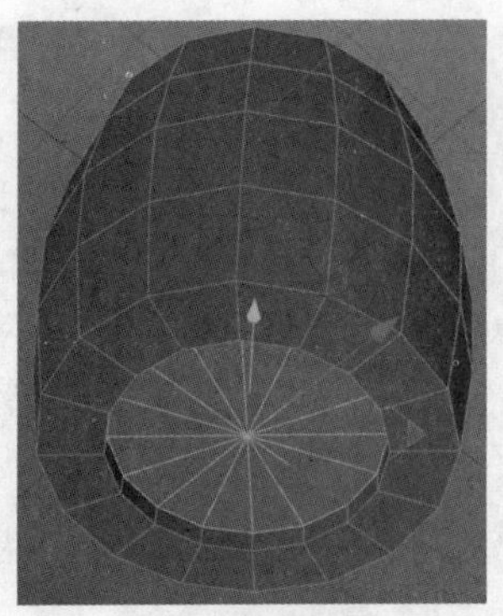
图 11-26

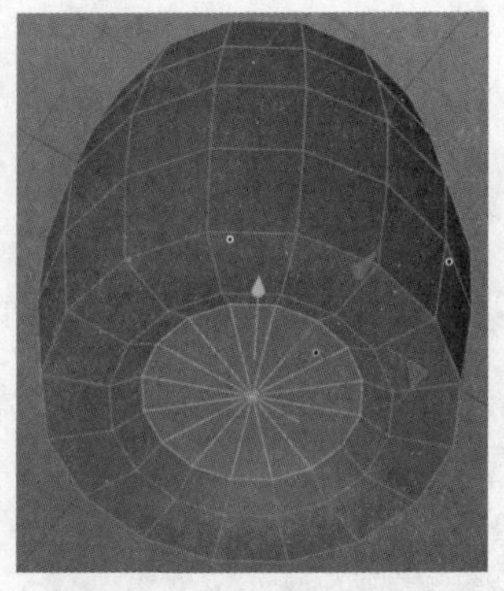
图 11-27

（8）杯身和猫爪部分之间还存在空隙，需要进行填补。首先隐藏杯身部分，然后将猫爪部分的细分曲面效果删除，接着选择“对称”对象，再单击鼠标右键，在弹出的快捷菜单中选择“当前状态转对象”选项，如图 11-28 所示。

（9）完成上述操作后，猫爪部分便可以转换为完整的可编辑对象，如图 11-29 所示，否则仍然只有半边的点、线、面可以选择。

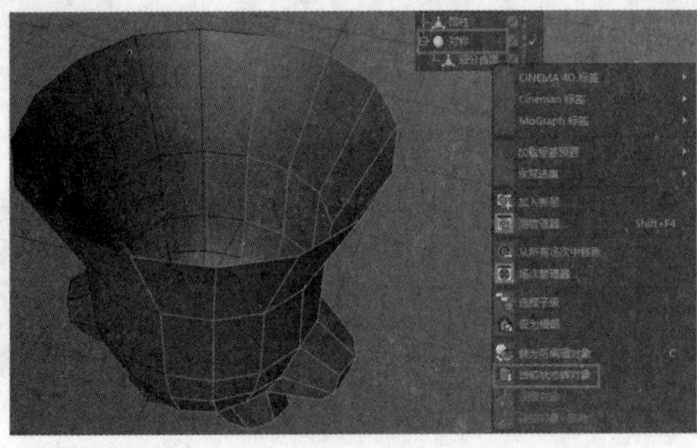
图 11-28

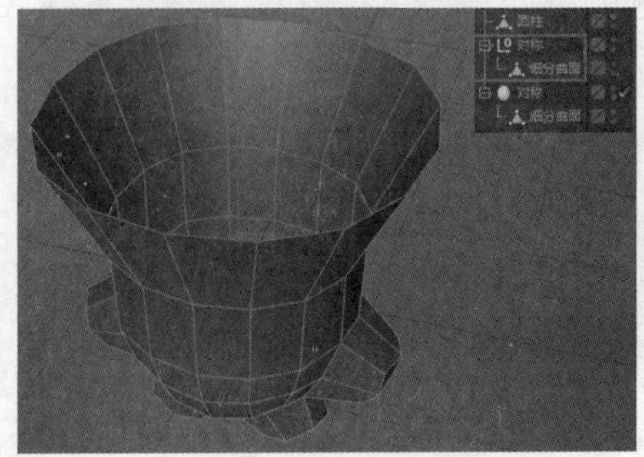
图 11-29

（10）显示杯身，然后选择猫爪部分和杯身，再在“对象”窗口中单击鼠标右键，在弹出的快捷菜单中选择“连接对象 + 删除”选项，这样杯身和猫爪就可以合并为一个模型，如图 11-30 所示，在此基础上才能进行后续的封口操作。

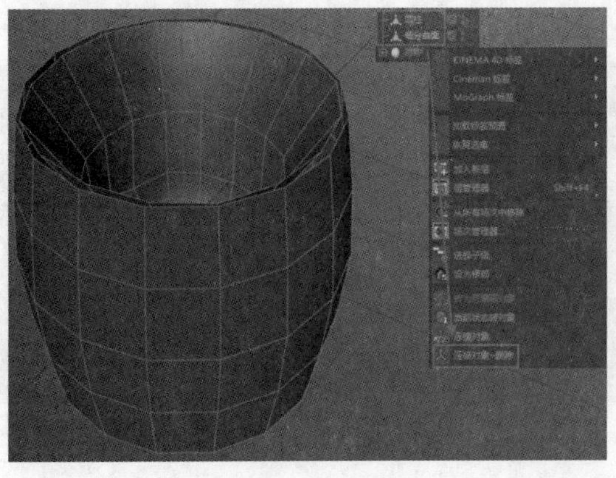

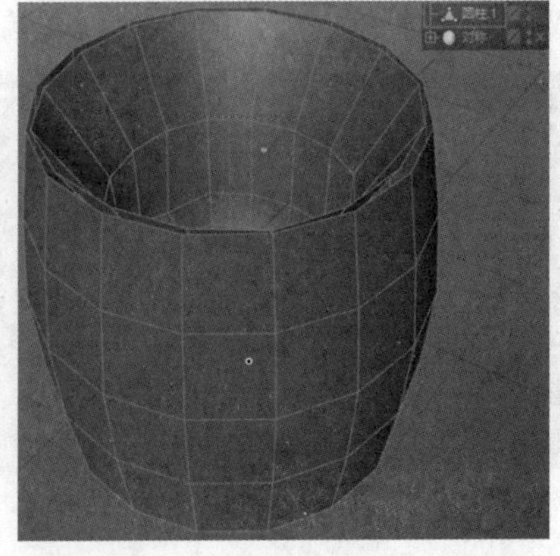
图 11-30

（11）框选猫爪和杯身位于杯口的两条边线，单击鼠标右键，在弹出的快捷菜单中选择“缝合”选项，按住 Shift 键进行拖动，即可对杯身和猫爪顶部之间的空隙进行填补，如图 11-31 所示。

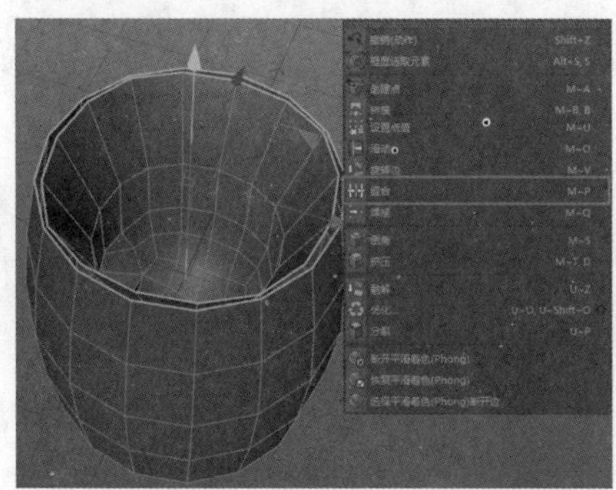
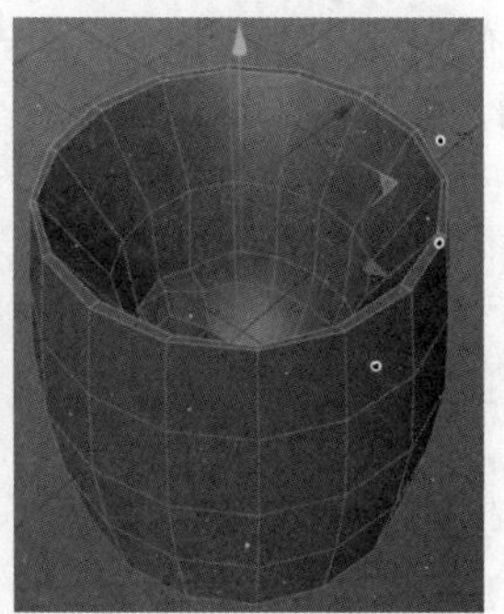

图 11-31

提示 如果在进行缝合操作时，没有按住 Shift 键进行拖动，那么将会得到尖锐的封口效果，两条边会直接合并，如图 11-32 所示，而不会像图 11-31 那样生成面。

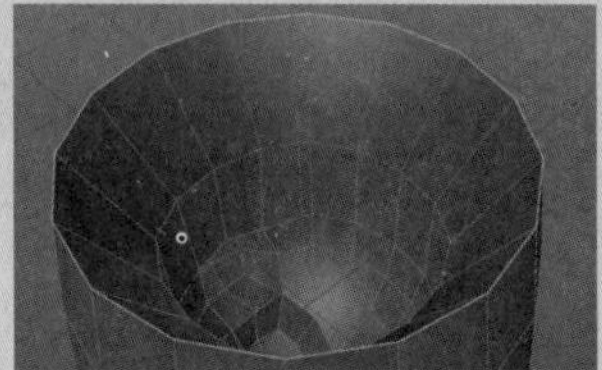

图 11-32

（12）此时杯子创建完毕，接着为模型整体添加一个细分曲面对象，即可得到最终的猫爪杯模型，效果如图 11-33 所示。

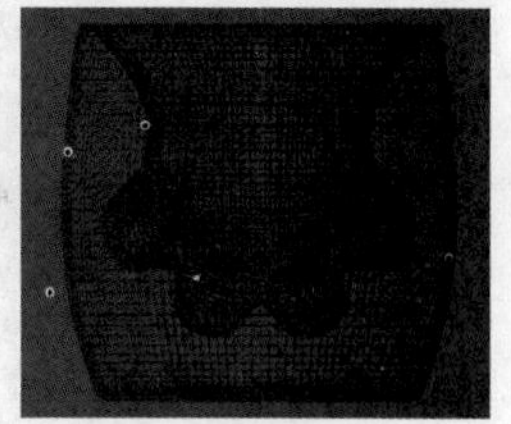

图 11-33

3. 模型的最终渲染

（1）由于猫爪杯是双层玻璃、内部中空的结构，因此需要对现有的模型进行一个类似“抽壳”的操作。本例将使用“布料曲面”进行制作。在菜单栏中选择“模拟”|“布料”|“布料曲面”选项，即可在“对象”窗口中得到一个“布料曲面”对象，同时在“属性”窗口中设置“细分数”为 0，设置“厚度”为 3cm，如图 11-34 所示。

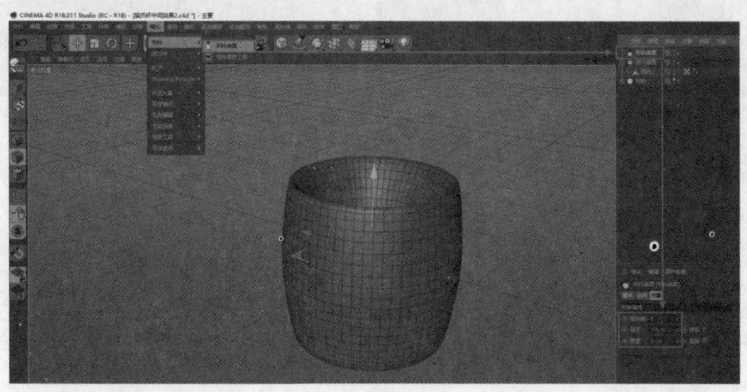

图 11-34

（2）将得到的“布料曲面”对象拖至“细分曲面”对象和“圆柱.1”对象之间，此时模型便可以生成想要的壳体效果，如图 11-35所示。

提示

此操作可以理解为先对合并后的猫爪杯模型添加一个布料曲面对象，使其变为具有厚度的“布料”，从而得到中空的壳体效果，然后再进行细分曲面操作。

（3）至此，猫爪杯的建模过程就全部结束了。接下来可以选择“细分曲面”对象，然后按快捷键 C，这样会将猫爪杯以一个单独的可编辑对象进行显示，同时模型本身也会更为细化，如图 11-36 所示。

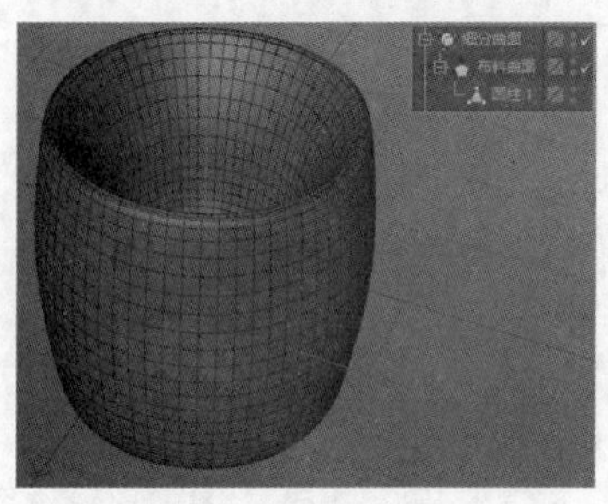

图 11-35

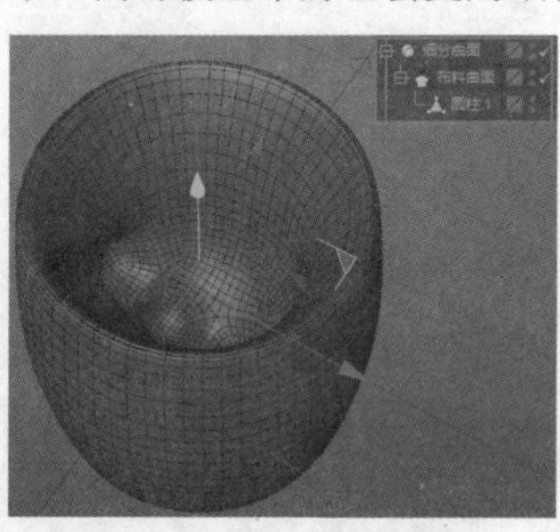

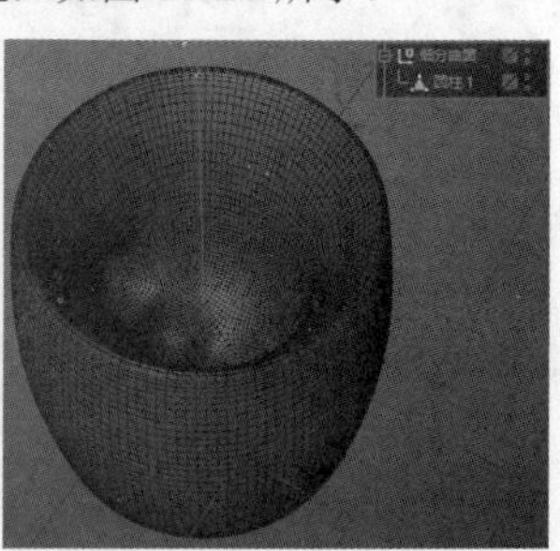

图 11-36

（4）创建猫爪杯中的液体。在进行产品的最终渲染时，可以将其功能性一并体现出来，比如制作猫爪杯模型时就可以显示用它盛放液体时的效果。本例可以借助现有的猫爪杯模型进行盛放液体的创建。

（5）单击编辑模式工具栏中的“多边形”按钮，然后按快捷键 U，弹出命令扩展菜单，再选择菜单中对应的“L... 循环选择”选项，然后选择猫爪杯内部的一圈细分面，如图 11-37 所示。

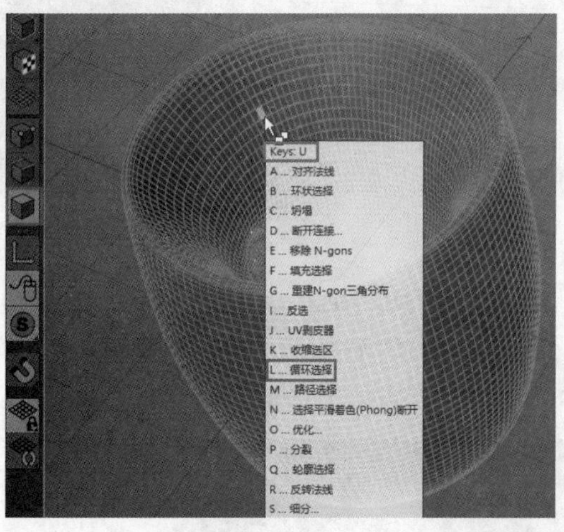

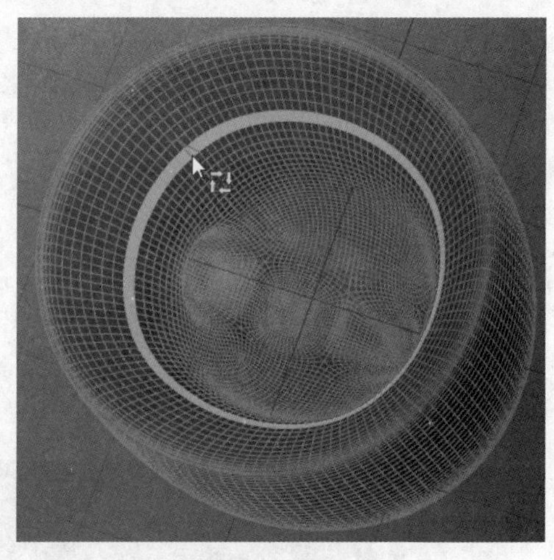

图 11-37

提示

用户也可以通过菜单栏中的“选择”|“循环选择”命令来执行该操作。

（6）选择好一圈细分面后，执行菜单栏中的“选择”|“填充选择”命令，即可将所选细分面之下的所有猫爪部分选择，如图 11-38 所示。

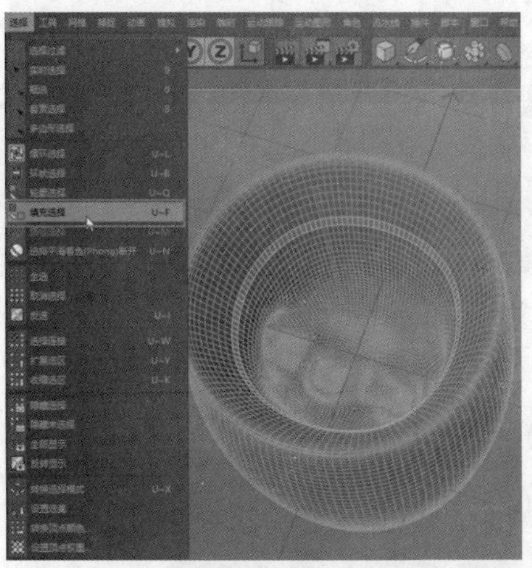

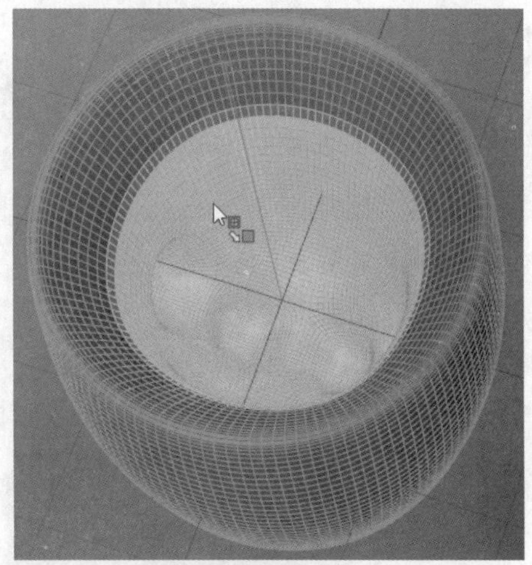

图 11-38

（7）选择猫爪部分的局部细分面后，单击鼠标右键，在弹出的快捷菜单中选择“分裂”选项，即可将所选部分分裂出来，如图 11-39 所示。

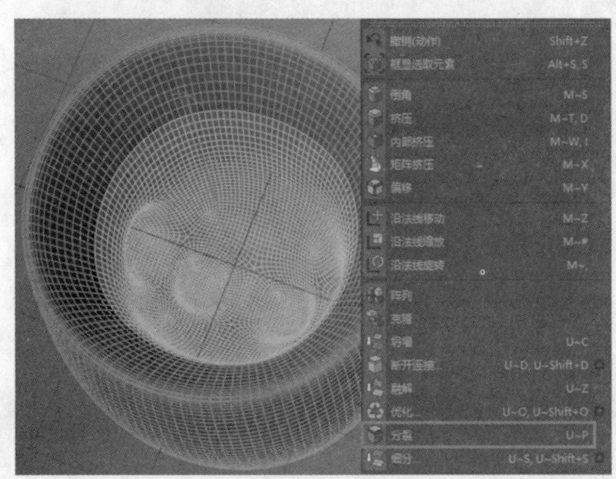

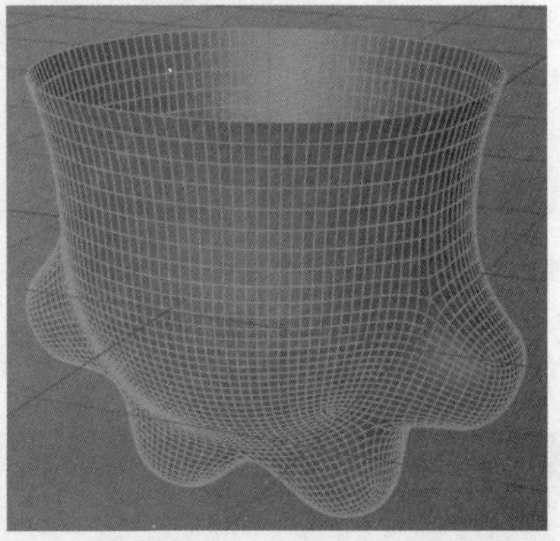

图 11-39

（8）接下来对分裂部分进行封顶操作，即可得到猫爪杯盛放液体时的效果。单击鼠标右键，在弹出的快捷菜单中选择“封闭多边形孔洞”选项，再选择最上沿的边线，即可实现封闭，如图 11-40 所示。

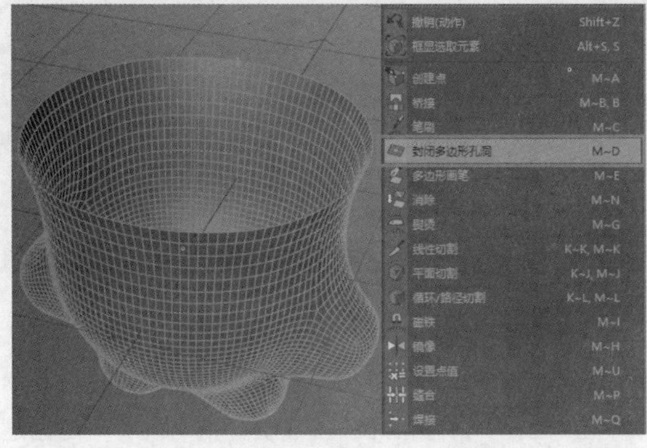

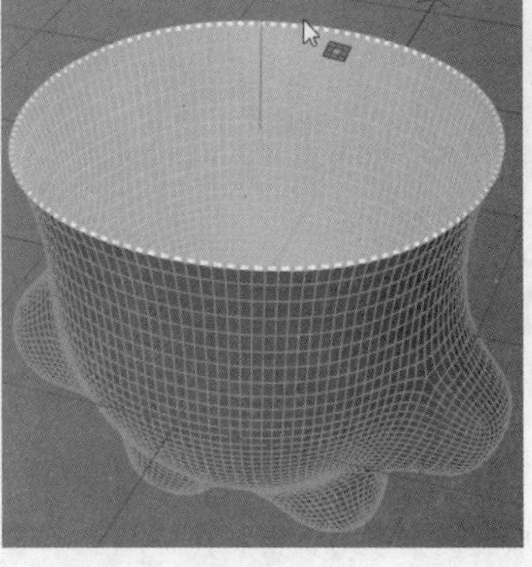

图 11-40

提示

目前的液体模型完全与猫爪杯的内部尺寸一致，二者严丝合缝，这其实并不符合实际情况，因此可以适当地将液体模型整体缩小一点，使其与猫爪杯的内部存在一定间隙，这样最后得到的渲染效果也会更加逼真。

（9）创建外围的樱花装饰。通过观察产品效果图，可知樱花花瓣只出现在猫爪杯杯身外部，因此在添加材质时可以用局部添加，否则樱花会出现在整个杯子上。首先，通过“循环选择”的方法，在杯身上、下位置各选择一圈细分面，如图 11-41 所示。

（10）执行“填充选择”，即可选择中间部分的细分面，如图 11-42 所示，这里就是用来添加樱花装饰的部分。

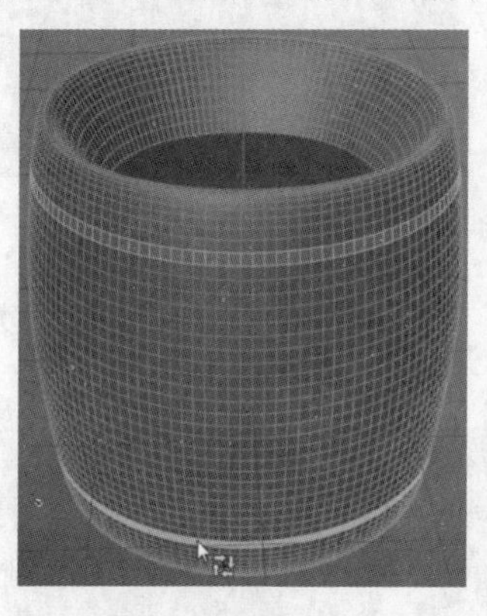

图 11-41

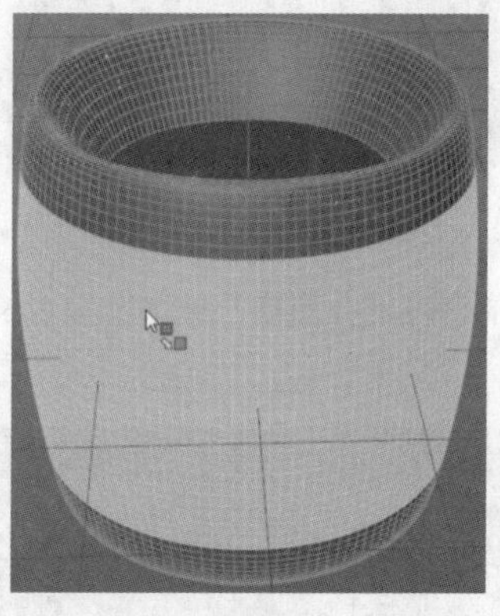

图 11-42

（11）执行“选择”|“设置选集”命令，即可将所选细分面设置为一个单独的选集，同时在“对象”窗口中会出现“多边形选集”标签▲，如图 11-43 所示。这表示该部分可以进行独立选择或添加材质操作，但本身仍是猫爪杯的组成部分。

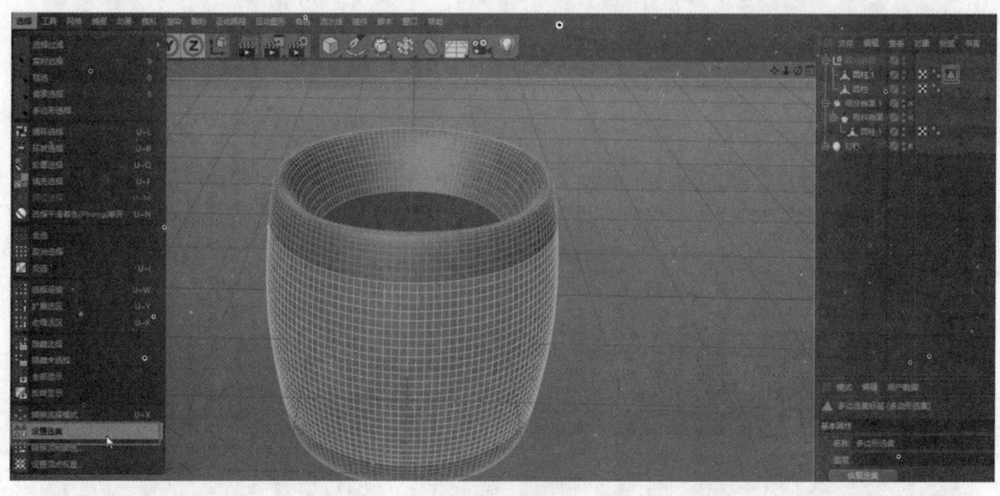

图 11-43

（12）创建樱花材质。在软件操作界面左下角的空白处双击，新建一个材质球，再双击该材质球，打开对应的“材质编辑器”对话框。在“颜色”通道中单击“纹理”右侧的长条，弹出“打开文件”对话框，在其中定位至“Ch11\ 素材 \11.1 制作猫爪杯产品模型”文件夹，选择其中的“杯子花纹 .png”素材，如图 11-44 所示，单击“打开”按钮。

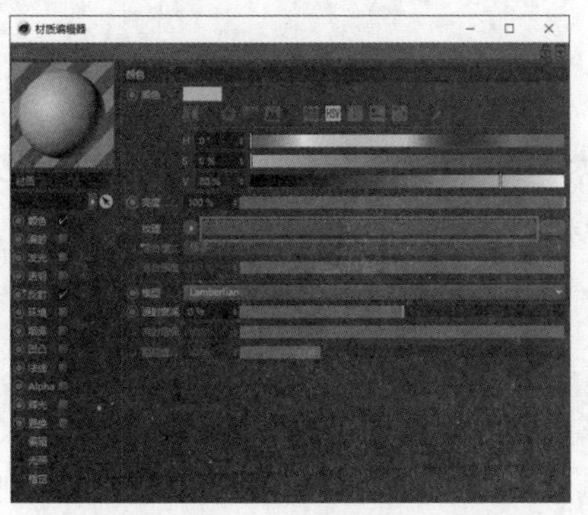

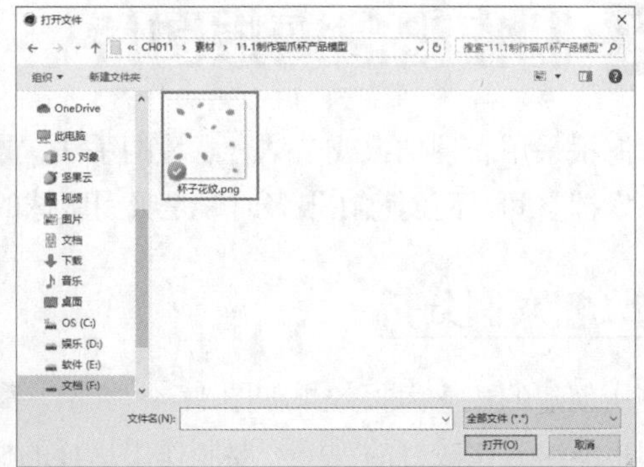

图 11-44

（13）勾选并切换至“Alpha”通道，然后单击“纹理”右侧的长条，载入相同的素材，即可得到底图透明的樱花装饰材质，如图 11-45 所示。

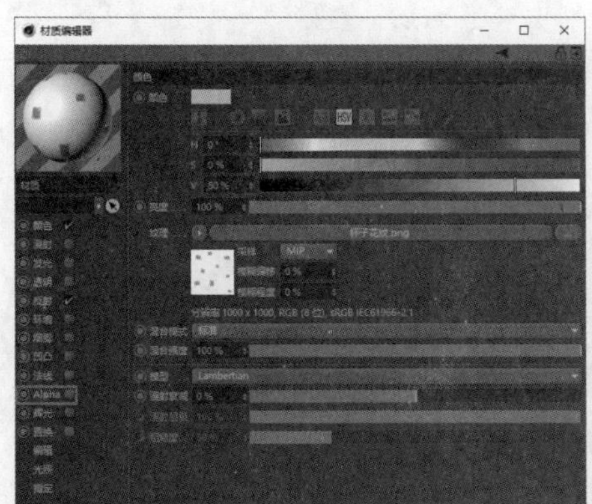

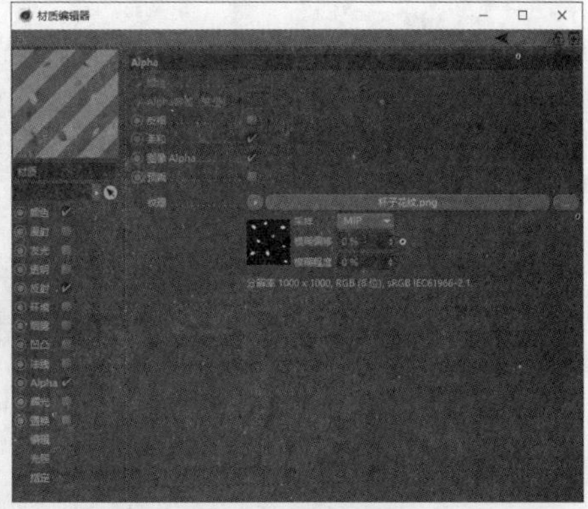

图 11-45

提示

CINEMA 4D 会自动读取所加载图片的透明通道，因此通过“颜色”和“Alpha”两个通道加载相同的纹理图片，即可快速创建底图透明的材质。

（14）将创建好的材质拖至“对象”窗口中的“圆柱.1”上，然后拖动“多边形选集”标签到材质的“选集”上，同时设置“投射”方式为“立方体”，即可创建仅限杯身的樱花装饰，如图 11-46 所示。

（15）最后为模型的杯身部分添加玻璃材质，为液体部分添加对应颜色的材质，再置入对应的场景进行渲染，最终效果如图 11-47 所示。

图 11-46

图 11-47

11.2 制作概念海报图片

概念海报采用一种抽象或是结合意境的手法，以海报的形式将某种思想表现出来。它通常有很大的创意发挥空间，而创意在很多时候是吸引眼球的利器，是吸纳财富的“聚宝盆”。

11.2.1 案例分析

本例所创建的概念海报效果如图 11-48 所示，海报界面简洁，色彩靓丽，虽然没有太多复杂的元素，但也能给人比较好的观感。要制作出这样的概念海报，首先应使用简单的工具来创建海报的前景群山效果；然后调节参数使图形边缘柔和，贴合海报的整体氛围；最后通过调节材质参数，让海报中的各个图形呈现偏梦幻的通透色彩。本例将重点讲解海报主体模型的创建和材质的调节，后期主要通过 Photoshop 进行精修。Photoshop 相关内容不在本书的讲解范围之内，读者可以自行研究学习。

图 11-48

11.2.2 案例设计

本例的制作工作大致可以分成 3 个部分：首先通过建模工具创建出海报的主体模型，然后使用摄像机工具固定视角；接着创建不同的材质球，将这些材质分别赋予模型的各个组成部分，得到海报的原始图样；最后对模型本身进行进一步调整，添加背景、灯光等要素，最终通过渲染便能得到海报的最终草图。

11.2.3 案例制作

1. 创建海报主体模型

（1）启动 CINEMA 4D 软件，然后单击工具栏中的“平面”按钮，创建一个平面，设置平面的“宽度分段”和“高度分段”均为 80，其他参数均保持默认，如图 11-49 所示。创建完成后，按快捷键 C 将平面转换为可编辑对象。

（2）在 CINEMA 4D 的工具栏中长按按钮，展开变形工具组菜单，然后单击其中的“置换”按钮，接着在“对象”窗口中，将“置换”对象拖动至“平面”对象下，如图 11-50 所示。

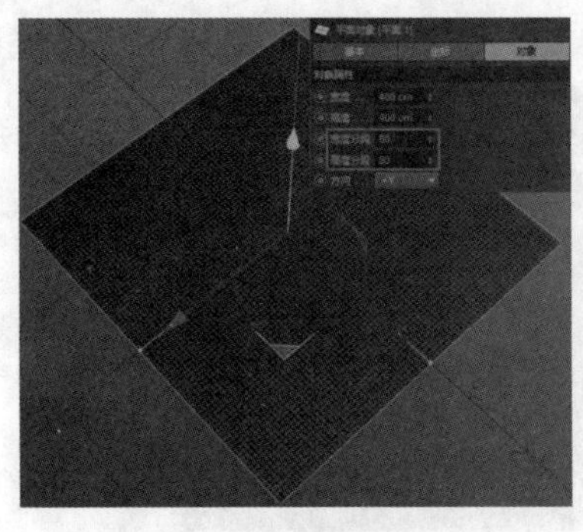

图 11-49

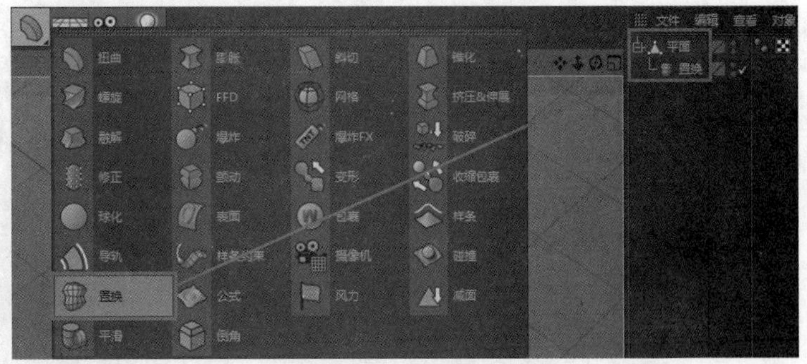

图 11-50

（3）在“对象”窗口中选择“置换”对象，然后在下方的“属性”窗口中单击“着色器”右侧按钮，选择其中的“噪波”选项，如图 11-51 所示。

（4）此时会发现平面上出现了非常多的褶皱，这便是创建海报中前景群山效果的原理，如图 11-52 所示。

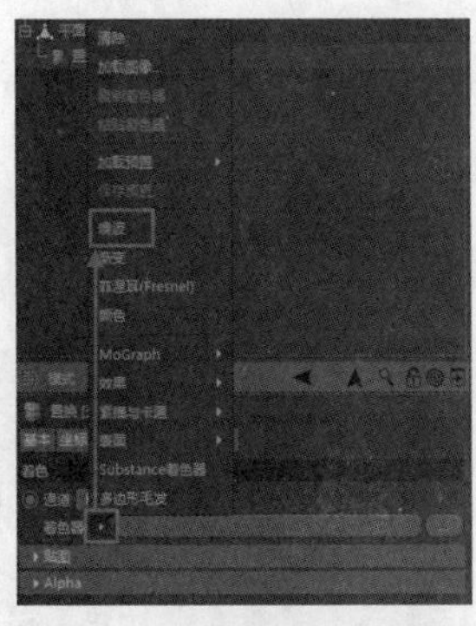

图 11-51

图 11-52

（5）选择“噪波”选项后，着色器下方会出现若干新参数，单击其中的色块，进入“着色器属性”面板，设置其中的“全局缩放”参数为 600%，此时平面上的褶皱数量明显减少，但是单个褶皱的区域被放大，这就是缩放的效果，如图 11-53 所示。

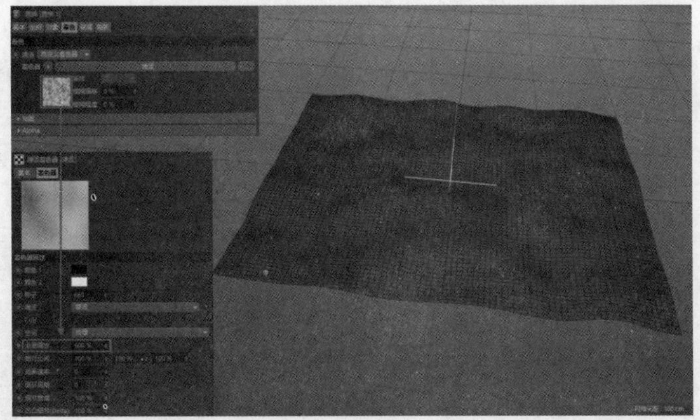

图 11-53

（6）切换至“对象”选项卡，然后调整其中的“高度”参数，此时平面上会出现明显的起伏，即得到了所需的群山效果，如图 11-54 所示。

（7）自行寻找一个较好的视角，然后单击工具栏中的“摄像机”按钮，保存当前的视角，如图 11-55 所示。

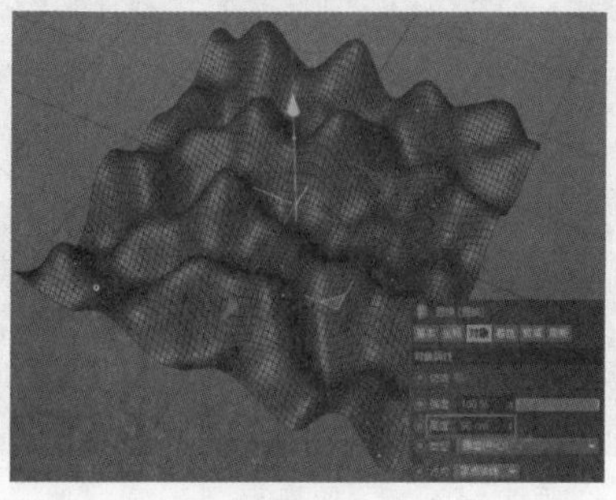

图 11-54

图 11-55

（8）此时海报中的前景群山效果已经创建完成，接下来创建其他的装饰部分，如后景中的各个球体。虽然这些球体数量较多，但在 CINEMA 4D 中仍然可以通过简单的方法来进行创建。单击工具栏中的“球体”按钮，创建一个球体对象，如图 11-56 所示。

（9）在菜单栏中选择“运动图形”|“克隆”选项，接着将“球体”对象拖动至“克隆”对象下，得到球体的克隆效果，如图 11-57 所示。

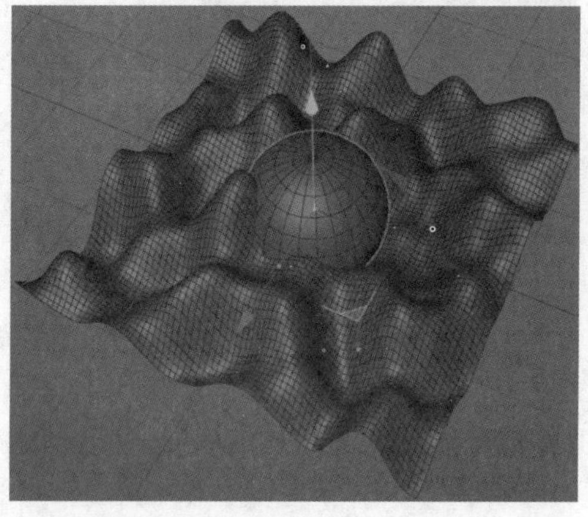

图 11-56

图 11-57

（10）修改克隆的“模式”为“网格排列”，然后调整“数量”为 4、1、4，手动调整球体的大小，使其符合平面区域，效果如图 11-58 所示。

（11）现在球体的布置过于平均，可以添加随机效果器让其自行散乱分布。选择“克隆”对象，然后在菜单栏中选择“运动图形”|“效果器”|“随机”选项，得到图 11-59 所示的效果。

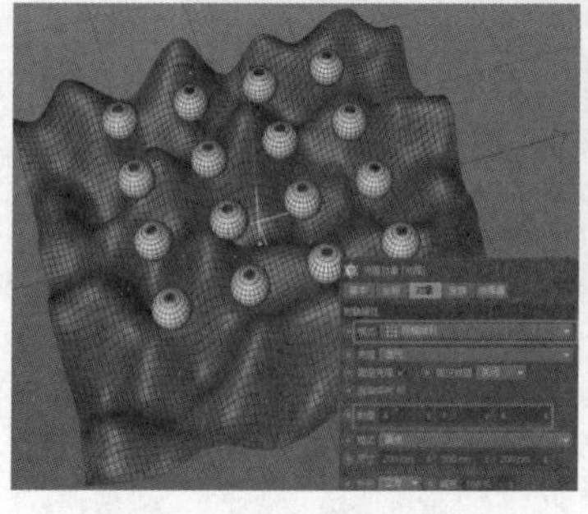

图 11-58

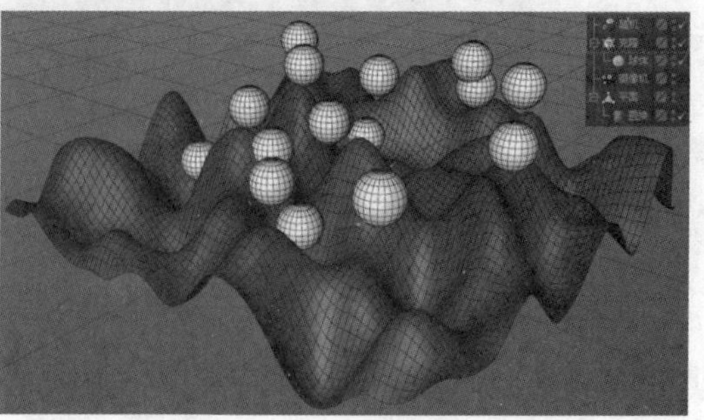

图 11-59

（12）调节球体的大小。单击“随机”对象，在下方的“属性”窗口中切换至“参数”选项卡，勾选其中的“缩放”复选框，再勾选“等比缩放”复选框，手动调节缩放参数，这样就有了不同大小的球体，这些球体呈现出完全随机的效果，如图 11-60 所示。

（13）单击“对象”窗口中摄像机后面的按钮，进入摄像机视图，然后在“随机”对象的“属性”窗口中调整“参数”选项卡中的位置参数，即可调整球体的位置，这里可以根据用户的自身喜好调整至合适位置，如图 11-61 所示。至此，海报的主体模型就已创建完毕。

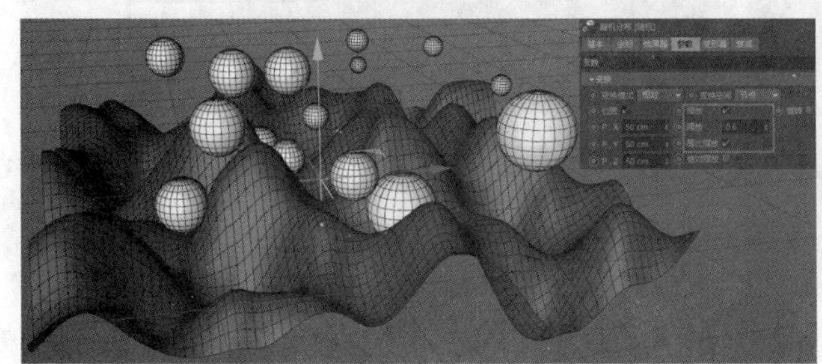

图 11-60

图 11-61

提示

如果对当前的随机效果不满意，可以切换至“效果器”选项卡，然后修改“种子”参数，不同的种子参数对应不同的随机效果。此外，也可以通过单击工具栏中的“球体”按钮，在平面上自行创建新的球体，配合随机效果填补镜头空白。

2. 创建模型材质

（1）本例的关键是创建模型的材质，要通过各项参数设置出海报中的通透配色效果。

（2）在软件操作界面左下角的材质窗口的空白处双击，新建一个材质球，再双击该材质球，打开对应的“材质编辑器”对话框，如图 11-62 所示。

（3）由于本例所制作的海报主要通过丰富、灵活的色泽转变来吸引观众，因此配色需要通过渐变来完成，不能直接在“颜色”栏中进行配色，而应该单击下方“纹理”选项旁的按钮，在弹出的扩展菜单中选择“渐变”选项，如图 11-63 所示。

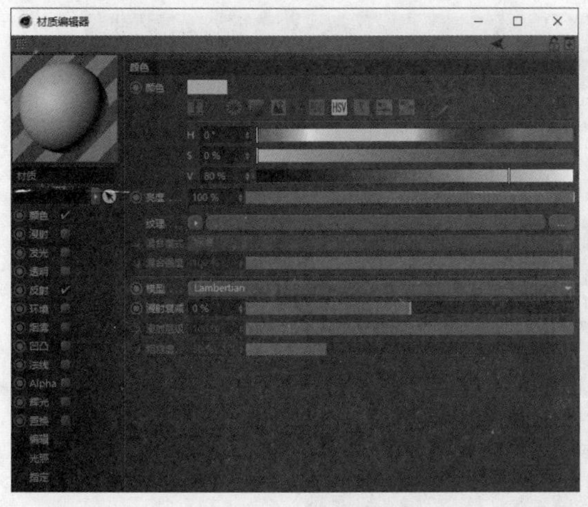

图 11-62

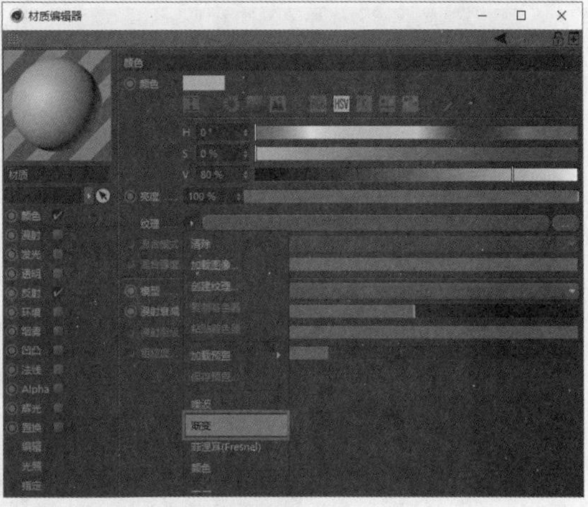

图 11-63

（4）单击“渐变”下的色标方块，进入“材质编辑器”中的渐变参数编辑面板，切换至“着色器”选项卡，如图 11-64 所示。

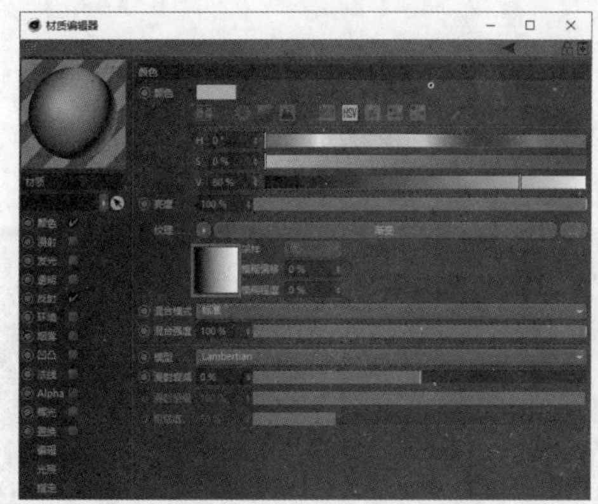

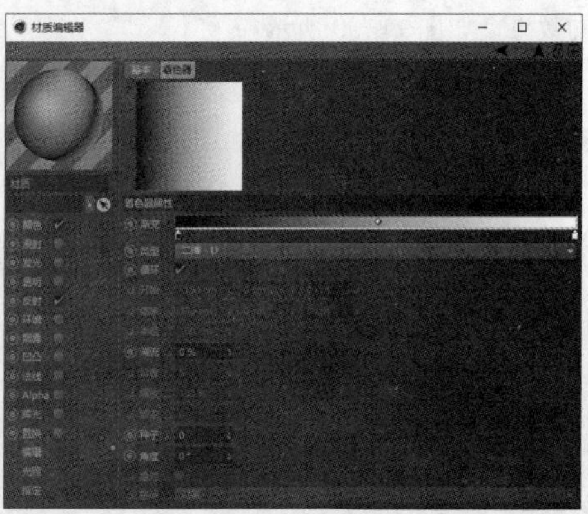

图 11-64

（5）在“着色器”选项卡的“渐变”栏右侧有一个长条形状的色条，用来预览渐变配色。单击色条最左侧的控制符，然后在下方的“H”“S”“V”色条中调整值为 292°、79%、93%，即可观察到渐变配色的色条发生改变，如图 11-65 所示。

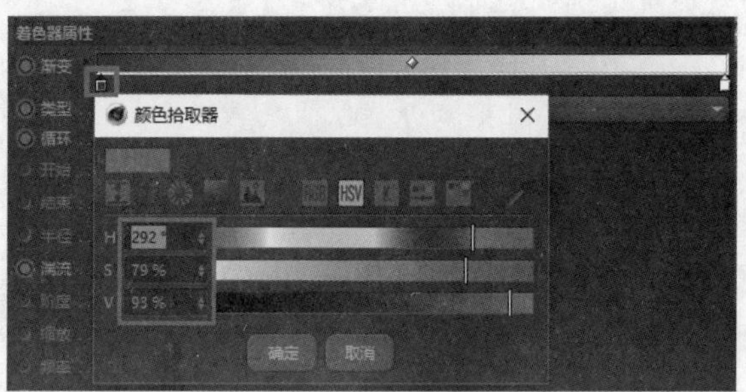

图 11-65

（6）海报中的配色较为丰富，而平常的渐变效果只能在两个颜色之间进行渐变，因此可以在“渐变”色条下边框位置单击，单击处将出现一个新的控制符，从而可以创建第 3 个渐变色，如图 11-66 所示。

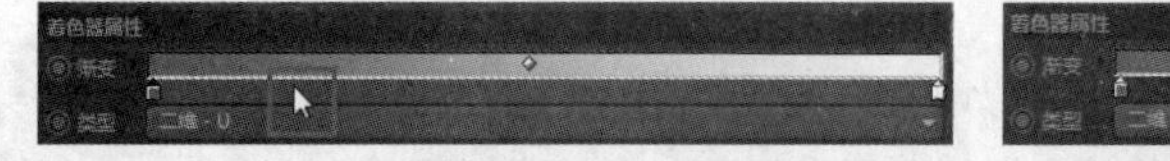

图 11-66

（7）双击该控制符，在弹出的“颜色拾取器”对话框中定义新的颜色，如图 11-67 所示。

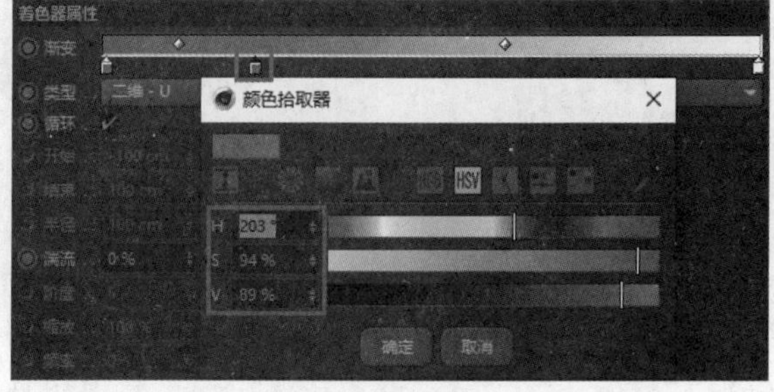

图 11-67

（8）使用同样的方法，在色条的其他位置创建控制符，并自行修改对应的颜色，最终的渐变颜色效果如图 11-68 所示。

（9）在“类型”的下拉列表中选择“二维 -V”选项，这样颜色就会从下往上渐变，而不是从左往右渐变，如图 11-69 所示。

图 11-68

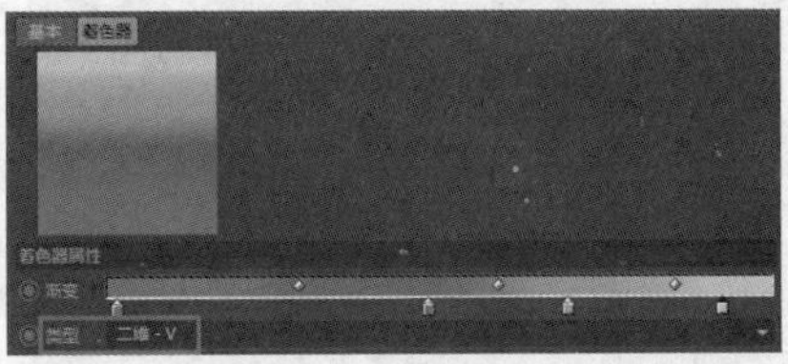

图 11-69

提示

如果不修改类型，而是选择直接将材质赋予主体模型，模型的颜色就只会从水平方向进行渐变，这明显不符合实际规律。在修改类型为“二维 -V”后，渐变方向也变为从下至上进行渐变，这才是海报中所要呈现的渐变效果，如图 11-70 所示。

图 11-70

（10）单击“纹理”旁的按钮，在展开的扩展菜单中选择“复制着色器”选项，如图 11-71 所示。

（11）在“材质编辑器”对话框中取消勾选“反射”通道的复选框，接着勾选并切换至“发光”通道，单击下方“纹理”旁的按钮，在下拉列表中选择“粘贴着色器”选项，这样在“颜色”通道中设置的渐变效果就会直接粘贴至“发光”通道中，如图 11-72 所示。

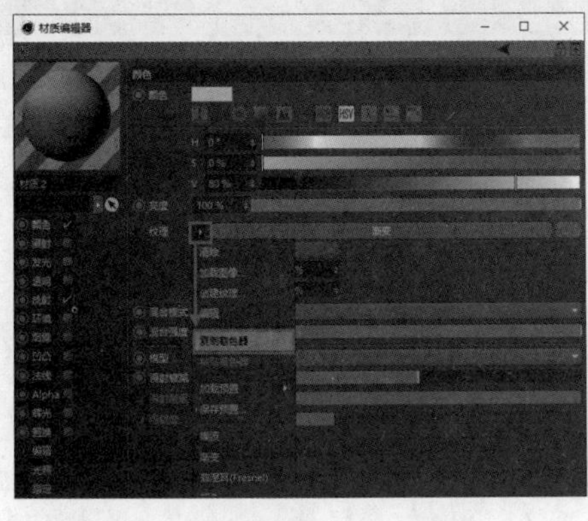

图 11-71

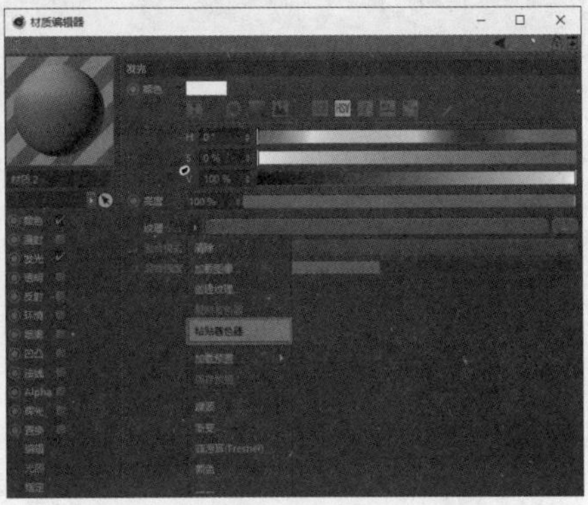

图 11-72

（12）在“发光”通道中，将“亮度”设置为1%，将“混合强度”设置为40%，如图11-73所示。

（13）其余参数保持不变，关闭“材质编辑器”对话框，然后直接将定义好的材质球拖到“对象”窗口中的“平面”对象上，即可为创建的群山效果添加材质，效果如图11-74所示。

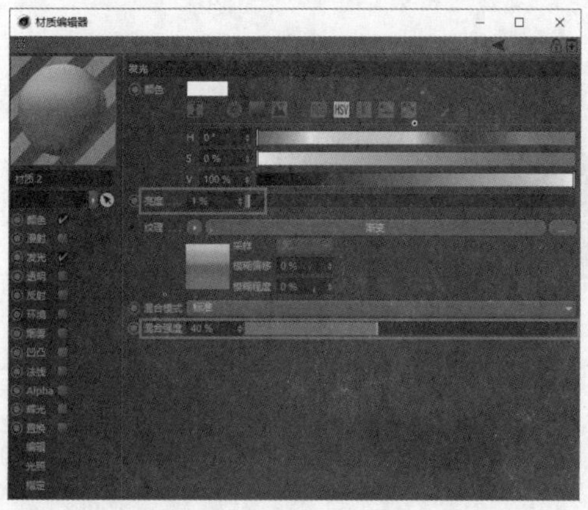

图 11-73

图 11-74

提示

如果添加材质后模型的颜色仍然是水平渐变状态，那么可以在“对象”窗口中选择材质标签，然后单击右键，在弹出的快捷菜单中选择“适合区域”选项，接着按快捷键F4进入正视图，框选正视图中的整个模型，这样操作后模型颜色的渐变方向就不会出现错误，如图11-75所示。

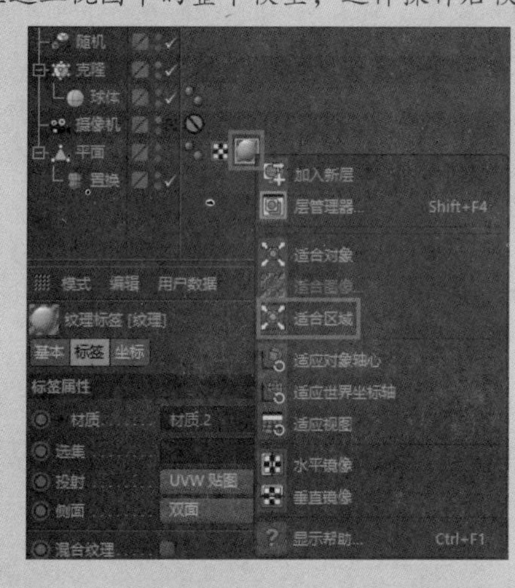

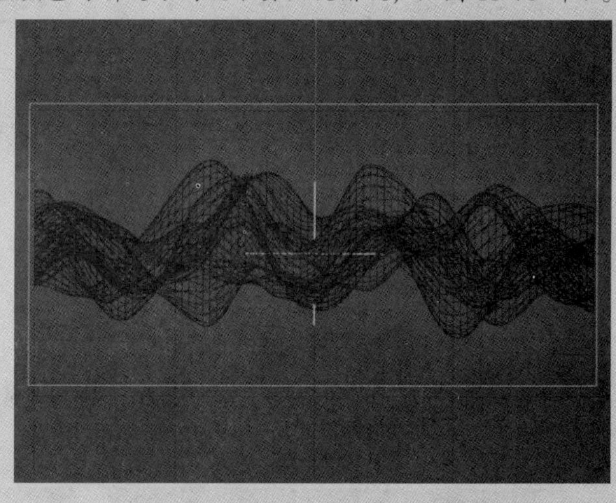

图 11-75

（14）此时可进入摄像机视口，按快捷键Shift+R执行一次快速渲染，观察当前的渲染效果，如图11-76所示。此时会发现模型的边缘并不是很圆滑，转角处以及和背景接触的边缘部分仍显得非常生硬。

（15）这里可以对模型进行一次细化操作，以解决这些细节问题。在工具栏中单击“细分曲面”按钮，然后在“对象”窗口中将代表群山效果的“平面”对象拖动至“细分曲面”对象下方，如图11-77所示。

图 11-76

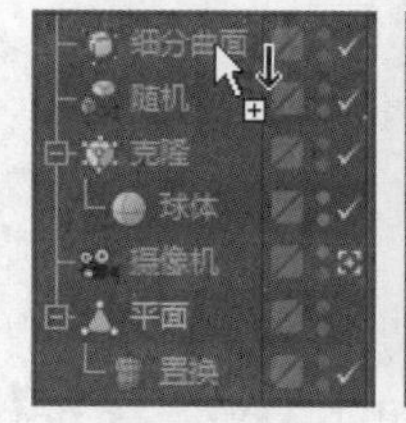

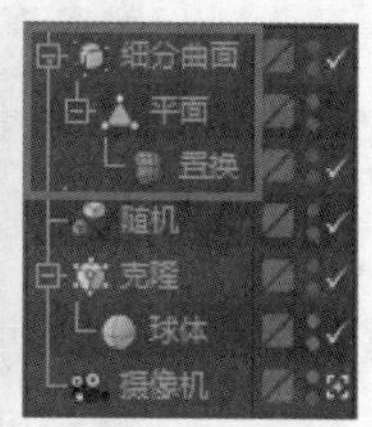

图 11-77

（16）再次执行一次快速渲染，会发现整个模型的边缘和转角处都圆滑了许多，如图 11-78 所示，这样就得到了所需的材质效果。

（17）使用同样的方法对球体创建相同材质，颜色可以按照自己的喜好进行设置，完成操作后得到的渲染效果如图 11-79 所示。

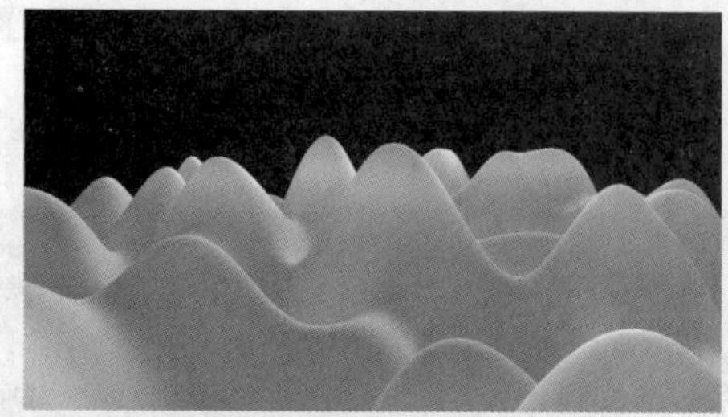

图 11-78

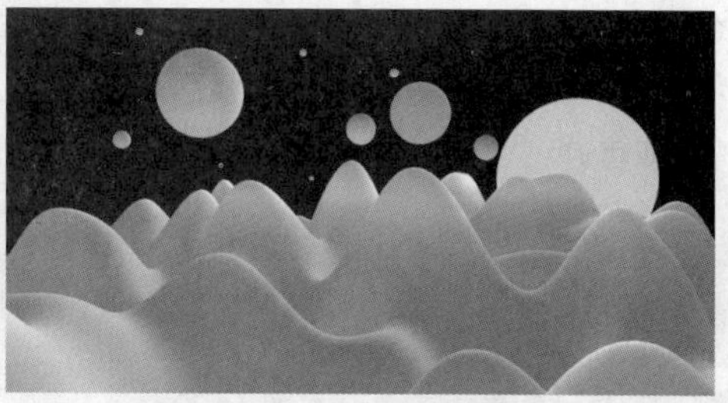

图 11-79

3. 添加其他要素

（1）此时进行渲染整个背景都是黑色的，要得到完整的最终效果，还需要添加背景。单击工具栏中的“背景”按钮，即可自动创建一个“背景”对象，如图 11-80 所示。

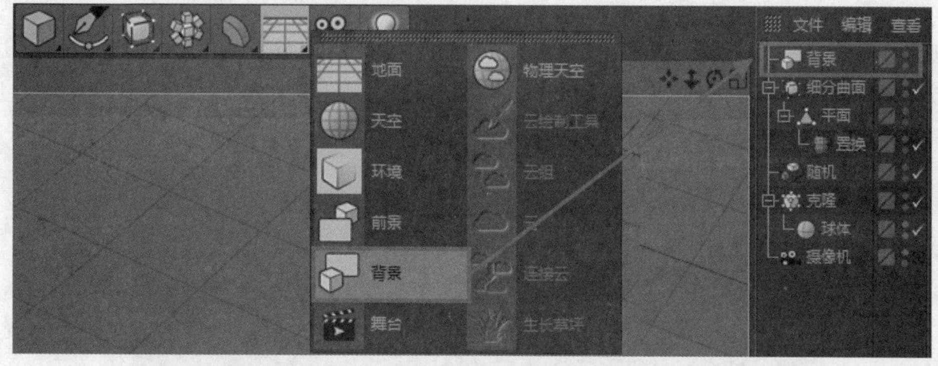

图 11-80

（2）根据之前介绍的操作方法，为背景也创建一个材质球，然后双击该材质球进入“材质编辑器”对话框，取消勾选“颜色”通道的复选框，仅保留“发光”通道。单击“发光”通道中“纹理”旁的按钮，在下拉列表中选择“渐变”选项并调整颜色，如图 11-81 所示。其中，色条左侧控制符的“H”“S”“V”中的参考值为 320°、47%、90%，右侧为 53°、64%、83%。

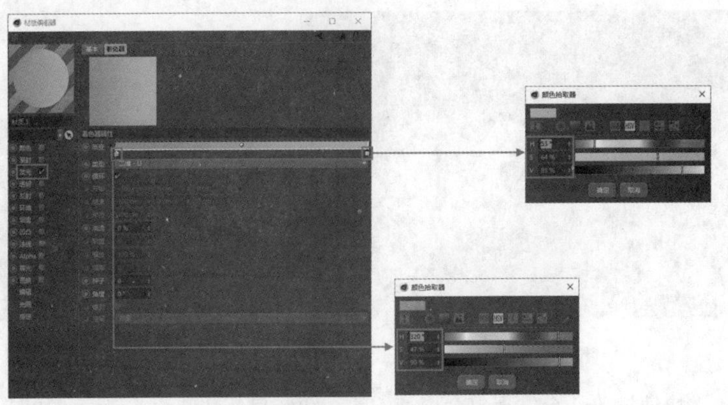

图 11-81

（3）将材质添加到“背景”对象上，再次执行快速渲染，背景就产生了渐变效果。此时已经有了最终效果的雏形，只是整体颜色稍显暗淡，如图 11-82 所示。

（4）创建灯光。单击工具栏中的“区域光”按钮，创建一个区域光对象作为主光源，将其放置在主体模型的前方，并设置其“投影”效果为“无”，如图 11-83 所示。由于本例所创建的是一款平面海报，因此指定一个主光源即可。

图 11-82

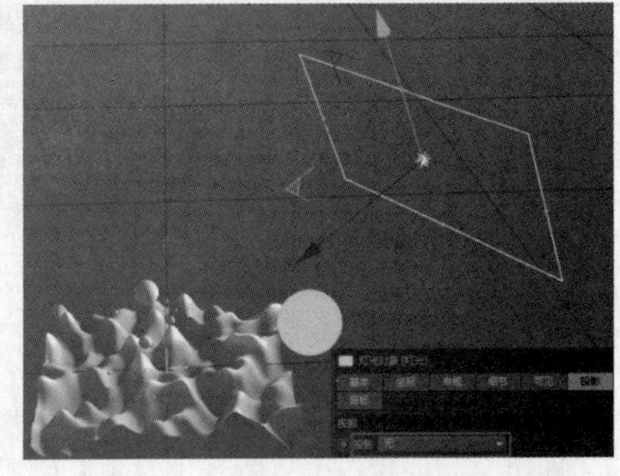

图 11-83

（5）进入摄像机视图，按快捷键 Shift+R 执行一次快速渲染，得到图 11-84 所示的渲染效果，这是使用 CINEMA 4D 创建海报的最后环节。接下来，输出 PSD 格式的文件并导入 Photoshop 进行精修和文字添加工作，即可完成最终效果的制作。

图 11-84

11.3 制作单车变摩托动画

动画看似简单，但其实是融合了平面设计、动画设计和电影语言等多门专业技术在内的综合产品，具有较高的技术水准。如今使用 CINEMA 4D 来制作动画已经非常常见，相较于其他的三维软件，CINEMA 4D 的技术种类更全面，操作也更方便。本例通过 CINEMA 4D 来创建一个简单的变形动画，帮助读者认识 CINEMA 4D 在动画创作方面的优势。

11.3.1 案例分析

本节所创建的变形动画效果如图 11-85 所示，可以看到对象刚开始是一辆单车，然后像变魔术一样将单车变为摩托车，这种效果在一些科幻、魔幻类的电影中非常常见，类似观众所看到的人物变身效果。如果使用 3ds Max 或者 Maya 来进行制作，过程会比较复杂，而使用 CINEMA 4D 来制作，只需分别对单车和摩托车添加运动图形和效果器，并设置相关参数即可完成动画制作。

图 11-85

11.3.2 案例设计

本例的制作可以分为 3 个部分，分别是单车的处理、摩托车的处理以及最后的渲染输出。由于本例的总体效果比较简单，重点在于演示用 CINEMA 4D 创建动画的便捷操作，因此不会涉及摄像机路径等镜头操作，感兴趣的读者可以自行摸索练习。

11.3.3 案例制作

1. 单车的处理

（1）启动 CINEMA 4D 软件，打开文件“Ch11\素材\单车变摩托动画.c4d”，其中已经创建好了单车和摩托车的模型，并都添加好了材质，如图 11-86 所示。

（2）选择单车模型，在坐标窗口中设置“位置”栏下方的“X”“Y”“Z”的值为 0cm，同时隐藏摩托模型，如图 11-87 所示。

图 11-86

图 11-87

（3）添加分解效果。最终的变形动画是从单车的分解开始的，而要创建这个分解动画效果，只需选择单车模型，然后在菜单栏中选择“运动图形”|“分裂”选项，如图 11-88 所示。

（4）在“对象”窗口中将“单车”对象移动至“分裂”对象的下方，待鼠标指针变为符号时释放，让单车成为“分裂”对象的子对象。接着在“分裂”对象的“属性”窗口中选择“对象”选项卡，设置“模式”为“分裂片段 & 连接”，如图 11-89 所示，这样整个单车模型在创建动画时就有了分解效果。

图 11-88

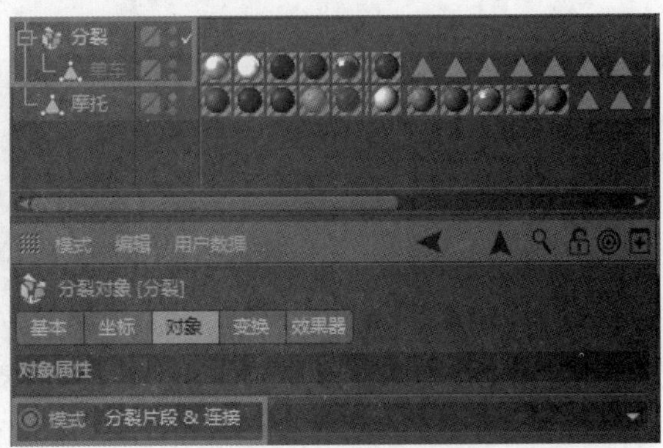

图 11-89

（5）创建消失效果。单车在分解之后便马上消失，这种效果可以通过对“分裂”对象添加“简易”效果器来完成。

（6）在菜单栏中选择“运动图形”|“效果器”|“简易”选项，“对象”窗口中便添加了“简易”对象，如图 11-90 所示。

（7）在“对象”窗口中选择“分裂”对象，然后在下方的“属性”窗口中切换至“效果器”选项卡，将“简易”对象拖动至“效果器”框内，如图 11-91 所示。

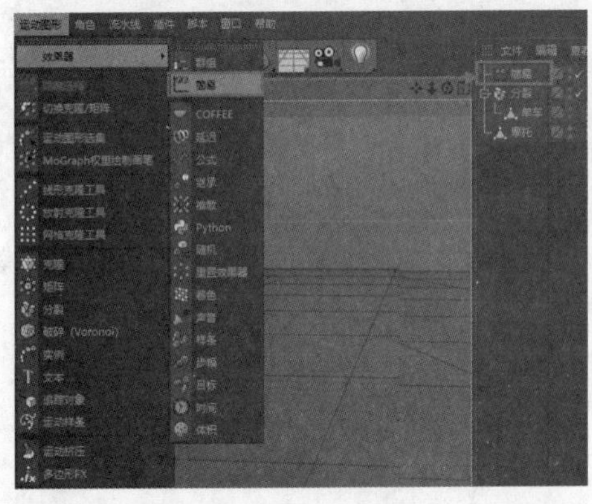

图 11-90

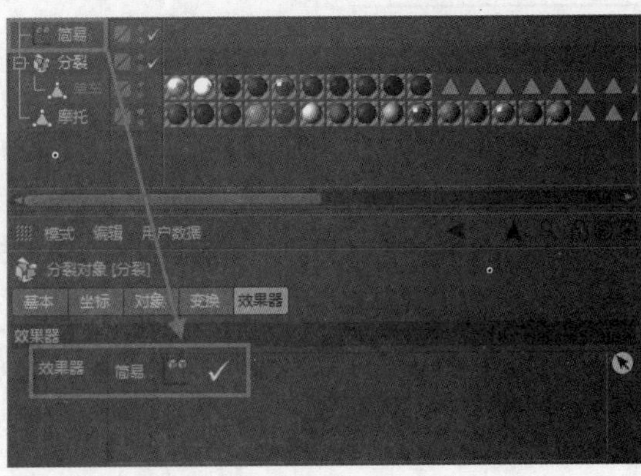

图 11-91

提示

也可以先选择“分裂”对象，然后在菜单栏中选择“运动图形”|“效果器”|“简易”选项，这样创建出来的“简易”效果器就会自动添加给“分裂”对象了。

（8）选择“简易”对象，然后在下方的“属性”窗口中选择“参数”选项卡，设置“位置”栏下方的“P.X”“P.Y”“P.Z”的值均为 0cm，和原位置保持一致，因为动画中单车只有消失效果，并无位移。再勾选“缩放”复选框，以及“等比缩放”和“绝对缩放”复选框，并设置“缩放”参数为 -1，如图 11-92 所示。

（9）切换至“衰减”选项卡，然后在“形状”下拉列表中选择“线性”选项，在“定位”下拉列表中选择“+X”，再设置尺寸，如图 11-93 所示。

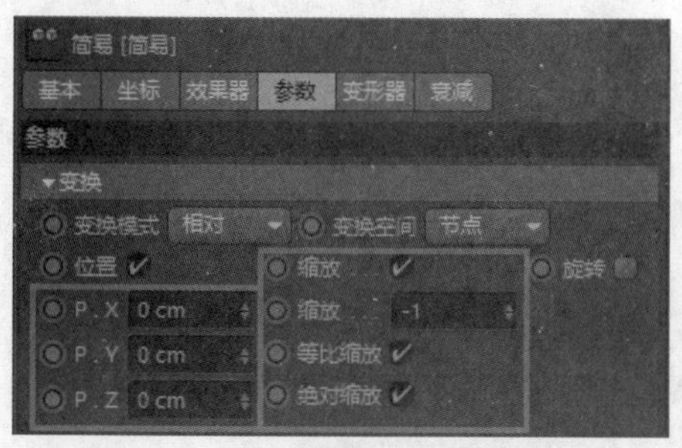

图 11-92

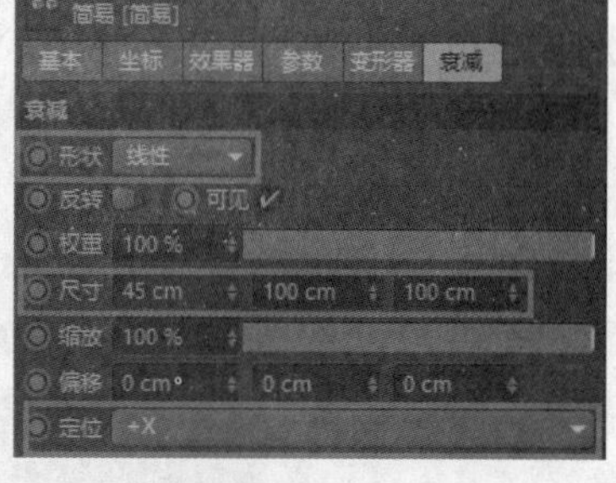

图 11-93

缩放的值为负数，即可让原来的模型消失。

（10）设置完毕后，可见视图中多出了几个线框，如图 11-94 所示。这便是“简易”效果器的作用区域，它的大小和方向就是上一步骤所定义的“尺寸”和“定位”。

（11）预览消失动画。在“对象”窗口中选择“简易”对象，即可选择视图中的这些线框，然后沿 $+x$ 轴方向进行拖动，可见在接触单车模型时，单车模型就会消失，如图 11-95 所示。这便是本例创建变形动画的原理，因此只需对“简易”对象的 x 坐标添加关键帧，就可以创建消失动画了。

图 11-94

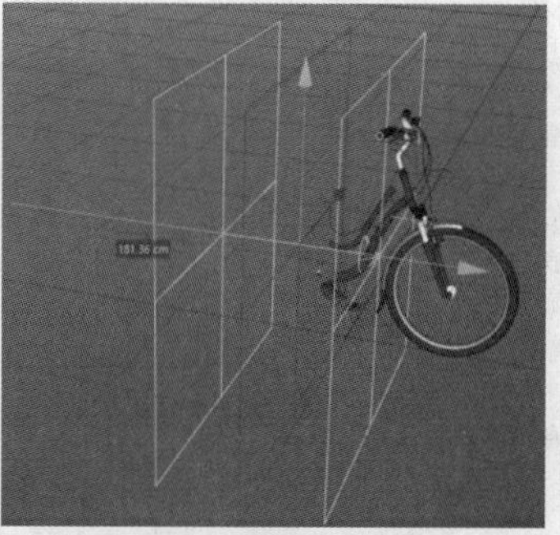

图 11-95

2. 摩托车的处理

（1）单车已经处理完毕，接下来就要对摩托车进行操作。为了便于观察，可以将单车进行隐藏，同时移动摩托车至坐标原点处，和单车的位置保持一致，如图 11-96 所示。

（2）添加分解效果。参照之前介绍的方法，在菜单栏中选择“运动图形”|“分裂”选项，然后让摩托成为“分裂”对象的子对象，同时设置“模式”为“分裂片段 & 连接”，如图 11-97 所示。

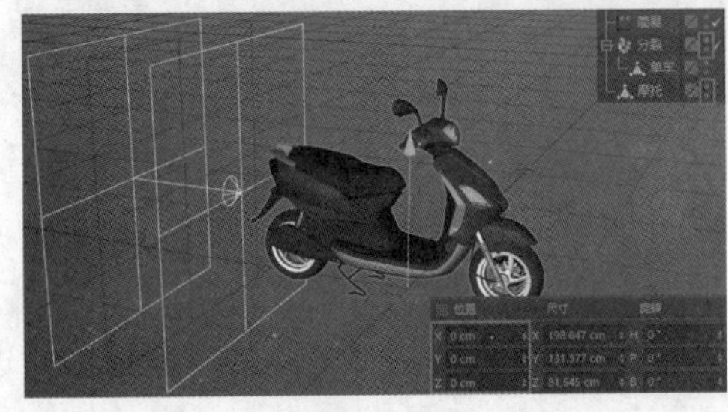

图 11-96

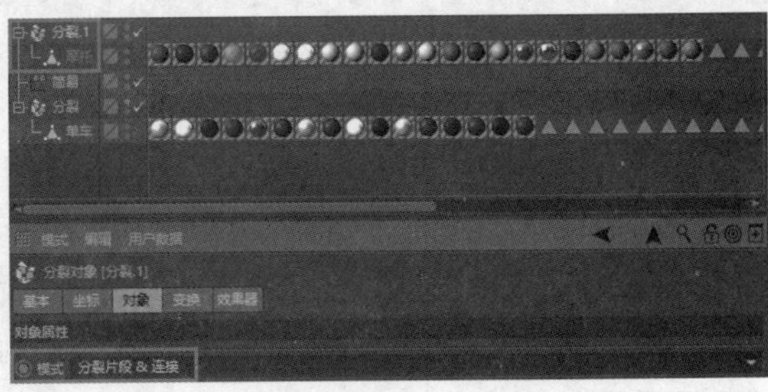

图 11-97

（3）创建分解效果。摩托车和单车的动画效果是相反的：单车是从有到无，而摩托车是从无到有。选择前面创建的“简易”对象，然后按快捷键 Ctrl+C 进行复制，再按快捷键 Ctrl+V 进行粘贴，得到一个完全一样的“简易 .1”对象，如图 11-98 所示。

（4）重命名对象名。为了更好地进行说明和区分，可以双击对应的对象名然后进行修改，本例的修改结果如图 11-99 所示。

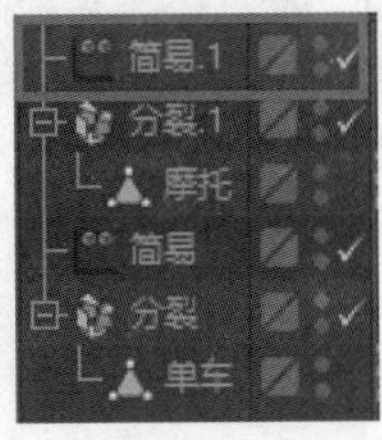

图 11-98

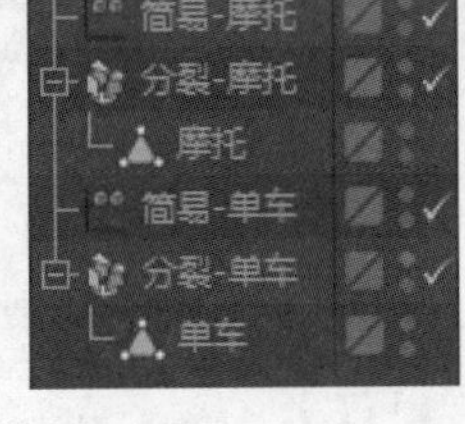

图 11-99

（5）在“对象”窗口中选择“分裂 - 摩托”对象，然后在下方的“属性”窗口中切换至“效果器”选项卡，再将“简易 - 摩托”对象拖动至“效果器”框内，如图 11-100 所示。

（6）选择“简易 - 摩托”对象，然后在下方的“属性”窗口中切换至“衰减”选项卡，仅将“定位”下拉列表中的选项改为“-X”，如图 11-101 所示，和单车的方向相反，其余参数保持不变，这样就能实现摩托车从无到有的效果。

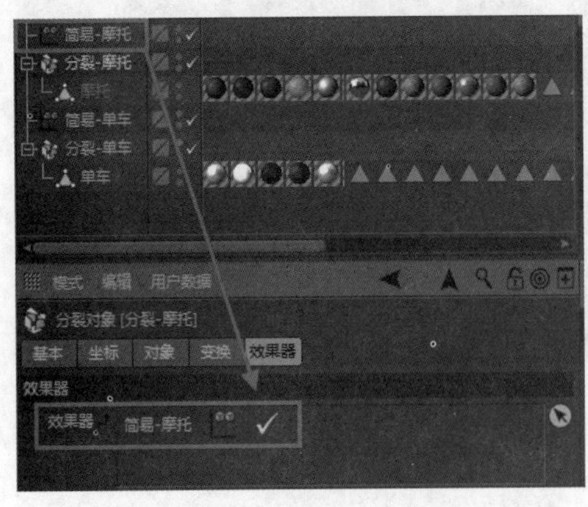

图 11-100

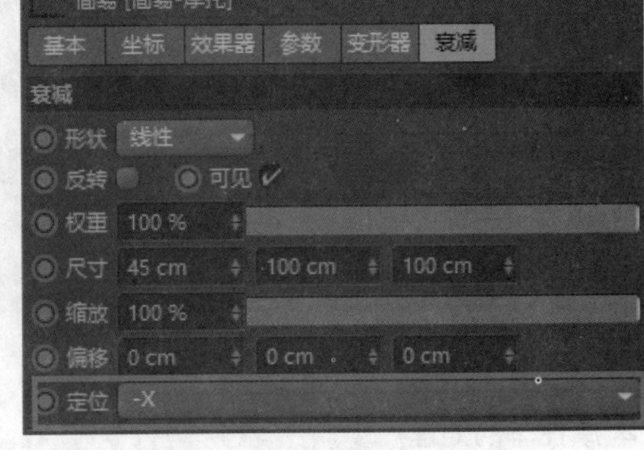

图 11-101

（7）设置完毕后，视图窗口中的摩托车模型会消失，和动画初始阶段的效果一致，如图 11-102 所示。

（8）预览摩托车出现动画。在“对象”窗口中选择“简易－摩托”对象，然后在视图中沿 +x 轴方向进行拖动，摩托车会随着拖动而渐渐出现，如图 11-103 所示。

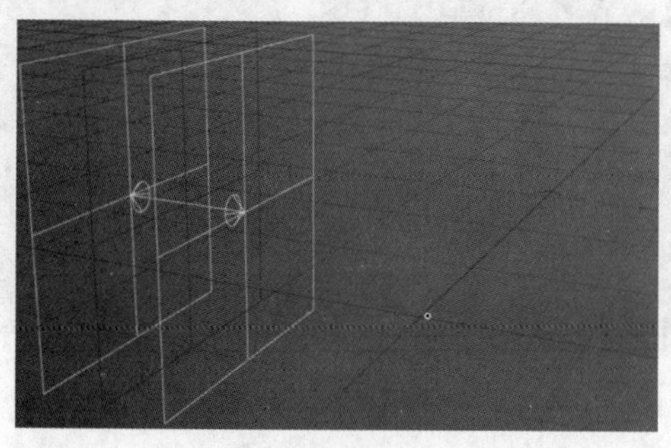

图 11-102

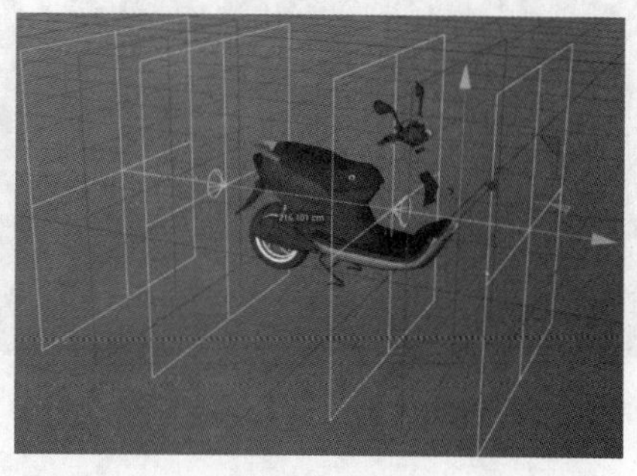

图 11-103

（9）创建摩托车的抖动效果。摩托车在最终完全展现时会伴随着一定程度的抖动，这样会让整个变形过程看起来更加真实，要实现这个效果，同样可以通过添加效果器来完成。

（10）在菜单栏中选择“运动图形”|“效果器”|“延迟”选项，然后将“对象”窗口中新添加的“延迟”对象添加到“分裂－摩托”对象的“效果器”框中，如图 11-104 所示。

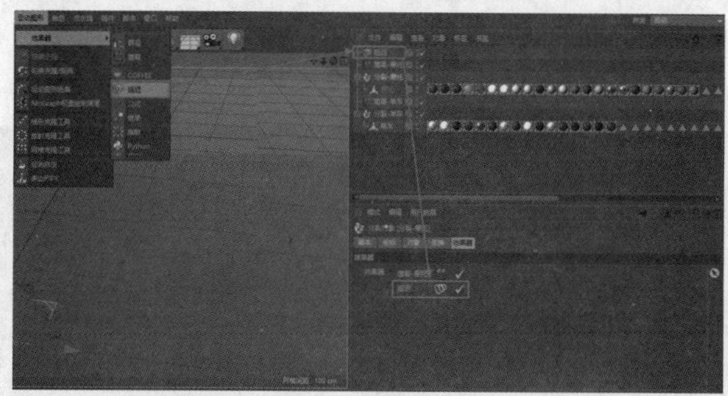

图 11-104

（11）选择新添加的“延迟”对象，在下方的“属性”窗口中切换至“效果器”选项卡，选择“模式”为“弹簧”，设置“强度”为 70%，如图 11-105 所示，这样摩托车在最终出现时就会产生抖动效果。

图 11-105

3. 渲染输出

（1）将单车还原为显示状态，在第 0 帧的状态下，模型的显示效果如图 11-106 所示，此时会发现视图窗口中只有单车模型。

（2）添加第 0 帧的关键帧。在“对象”窗口中选择“简易－单车”和“简易－摩托”对象，然后在下方的“属性”窗口中切换至“坐标”选项卡，在“P.X”栏中输入值为 -160cm，然后单击“P.X”文本框左侧的黑色标记，即对当前动画记录了关键帧，同时黑色标记变为红色标记，这是第 0 帧的画面，如图 11-107 所示。

图 11-106

图 11-107

要同时选择两个对象时，可以先选择其中一个，然后按 Ctrl 键再进行后续选择。

（3）添加第 50 帧的关键帧。将时间轴上的时间标记移动至第 50 帧，然后在视图窗口中拖动“简易 - 单车”和“简易 - 摩托”效果器，将其移动至单车和摩托车的正前方。也可以选择在“坐标”选项卡中修改，设置“P. X”参数为 160cm，同时添加关键帧，如图 11-108 所示。

（4）预览动画。将时间轴拖回第 0 帧，然后单击时间轴工具上的“向前播放”按钮，即可观察当前的变形动画效果，如图 11-109 所示。

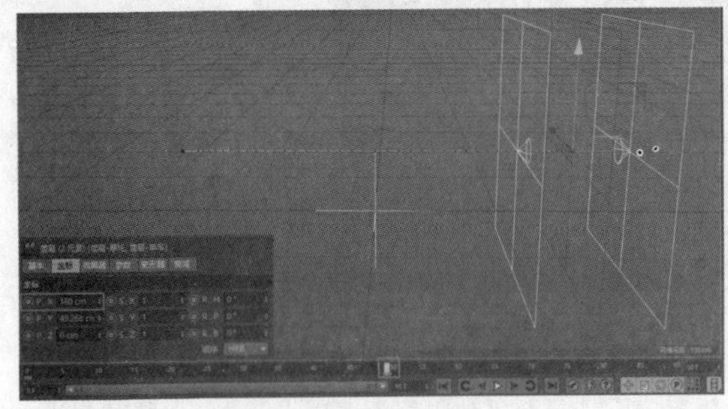

图 11-108

图 11-109

（5）最后根据实际需要添加灯光或场景文件，即可得到最终的动画效果，如图 11-110 所示。

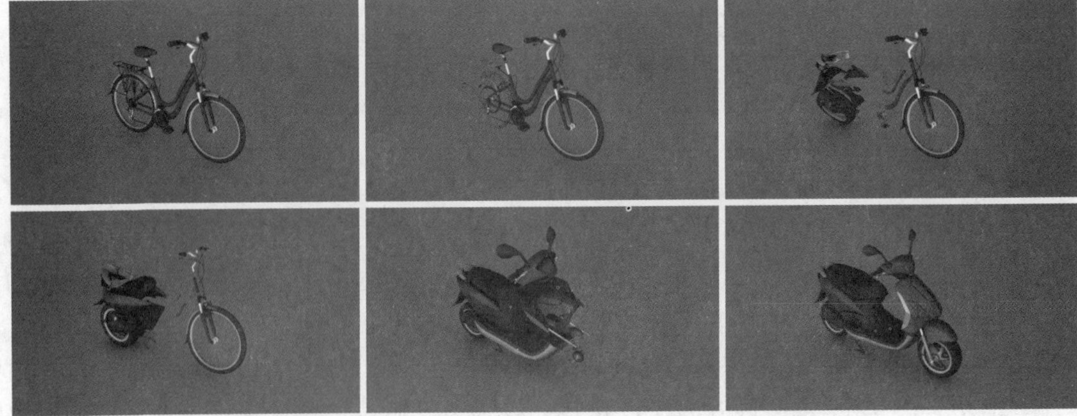

图 11-110